中药大品种二次开发研究丛书

张伯礼　刘昌孝　总主编

痹祺胶囊二次开发研究

主　编　张铁军　王　磊

副主编　许　浚　王　杰

编　者（按姓氏笔画排序）

卜睿臻　王　杰　王　静　王　磊

王玉丽　王春芳　刘　冰　刘建庭

许　浚　杜思邈　李　新　宋紫腾

张洪兵　张铁军　张祥麒　周　军

郑新元　赵　晨　赵专友　韩彦琪

科学出版社

北京

内 容 简 介

本书是对中药大品种痹祺胶囊进行系统二次开发研究的成果。首先，通过对痹祺胶囊的原料药材、制剂、入血成分及其代谢产物的化学物质组的系统辨识，明确了痹祺胶囊的化学物质基础及其传递规律；其次，通过建立类风湿性关节炎相关疾病模型和功能评价模型，结合蛋白质组学与代谢组学技术，深入揭示了痹祺胶囊的多靶点作用机制；整合网络药理学预测、体外细胞模型验证以及分子水平活性检测等多种方法，明确了痹祺胶囊的药效物质基础；再次，基于功能导向的研究策略，通过拆方实验和配伍分析，阐明了该复方的组方原理和配伍规律，提炼出其独特的作用特点、临床比较优势和核心治疗价值；最后，基于质量标志物研究五原则，确定了痹祺胶囊质量标志物，并对原有的质量标准进行了全面的提升。本研究不仅为痹祺胶囊的临床应用提供了坚实的科学依据，也为中药大品种的二次开发提供了可借鉴的研究范式。

本书适合从事中药研发、教学、生产和临床工作者使用。

图书在版编目（CIP）数据

痹祺胶囊二次开发研究 / 张铁军，王磊主编. 北京 : 科学出版社，2025. 6. -- （中药大品种二次开发研究丛书 / 张伯礼，刘昌孝主编）.
ISBN 978-7-03-082186-7

Ⅰ. TQ461

中国国家版本馆 CIP 数据核字第 20252TF271 号

责任编辑：刘　亚　鲍　燕 / 责任校对：何艳萍
责任印制：徐晓晨 / 封面设计：陈　敬

科学出版社 出版
北京东黄城根北街16号
邮政编码：100717
http://www.sciencep.com

北京九天鸿程印刷有限责任公司印刷
科学出版社发行　各地新华书店经销

*

2025年6月第 一 版　开本：787×1092　1/16
2025年6月第一次印刷　印张：22 1/2
字数：576 000

定价：258.00元
（如有印装质量问题，我社负责调换）

前　　言

习近平总书记强调："我们要发展中医药，注重用现代科学解读中医药学原理，走中西医结合的道路"，"既用好现代评价手段，也要充分尊重几千年的经验，说明白、讲清楚中医药的疗效"。中医药作为世界上历史最为悠久、体系最为完善的传统医学，为人类健康发挥愈来愈重要的作用。随着科学的发展和人类的进步，不同医学体系之间的交叉融合、互为借鉴，临床运用互为补充、兼收并蓄日益明显。特别是中药"走出去"和在西医临床应用，需要有效地沟通学术语言和形成针对疾病干预原理的共识。中药大品种是中医药理论的载体，是中医临床用药的主要形式，是支撑中医药工业的重要内容。以确有疗效的中药大品种为载体进行系统研究，是继承和发展中医药理论、突破制约中医药理论和中药产业发展瓶颈的重要路径。对于培育新质生产力、促进中药产业的转型升级具有重要的意义。

2006年张伯礼院士提出了对名优中成药进行二次开发的创新策略，并在天津市率先开展中药大品种二次开发研究，取得了良好的成效。科技部、国家发展和改革委员会、国家中医药管理局等对中药大品种的二次开发给予高度重视，并列入多项国家重要科技规划和专项之中，中药大品种二次开发研究将是当前乃至今后一个时期中药创新研究的重要任务。通过中药大品种的二次开发研究，以现代化学生物学模型方法和客观指标，阐释中医药针对疾病的治法原理、配伍理论和方剂的配伍规律，发展和完善中医药理论；以现代科学方法、客观指标和实验证据阐明中药复杂体系的药效物质基础和作用机制；发现和提炼中药大品种的作用特点和比较优势，挖掘其临床核心价值，指导临床实践，提高临床疗效；并建立科学、有效的质量控制方法，保证药品的质量均一、稳定、可控。

天津药物研究院长期致力于中药大品种二次开发研究，持续近20年对"麻仁软胶囊""清咽滴丸""牛黄降压片""疏风解毒胶囊""六经头痛片""元胡止痛滴丸""强肝胶囊""丹红化瘀口服液""海马补肾丸""活血止痛胶囊""复方鱼腥草合剂""痹祺胶囊""消痔丸""乌鸡白凤软胶囊"等多个中药大品种进行了系统的二次开发研究，主编出版了《中药大品种质量标准提升研究》《疏风解毒胶囊二次开发研究》《元胡止痛滴丸二次开发研究》《六经头痛片二次开发研究》等学术专著，通过这些课题的系统研究，阐释中药大品种的药效物质基础和作用机理，挖掘其临床核心价值，形成了中药大品种二次开发研究思路和模式。

痹祺胶囊为治疗风湿骨病的中成药大品种，由马钱子、党参、白术等10味药材组成，具有益气养血，祛风除湿，活血止痛的功效，临床用于治疗气血不足，风湿瘀阻，肌肉关节酸痛，关节肿大、僵硬变形或肌肉萎缩，气短乏力；风湿、类风湿关节炎，腰肌劳损，软组织损伤属上述证候者。该品种为《类风湿关节炎病证结合诊疗指南》（2018年）、《国际中医临床实践指南　类风湿关节炎》（2019年）和《中成药治疗膝骨关节炎临床应用指南》（2020年）等诊疗指南的推荐用药。该药组方精练，疗效确切，临床应用广泛。天津药物研究院针对该药的临床应用与市场推广的需求，开展了系统的二次开发研究，通过药效物质基础、作用机制、组方特点、配伍合理性、比较优势以及质量标准提升等方面的系统研究，阐释中医治疗类风湿关节炎的科学原理，揭示了中药治疗类风湿关节炎的路径及其化学生物学实质；阐明了痹祺胶囊的药效物质基础和作用机制；提炼和发现其作用特点、比较优势和临床核心价值，进一步聚焦临床定位；全面提升其质量控制水平；为该品种的临床推广应用提供重要的理论和实验依据，并为其他中药大品种的二次开发研究提供可借鉴的模式和方法。

本书为痹祺胶囊二次开发研究的系统总结，全书共六章，第一章总结和分析了痹祺胶囊品种概况及现代研究进展、存在问题及二次开发研究总体思路；第二章系统研究了痹祺胶囊原料药材和制剂化学物质组、血行成分及其传递规律；第三章阐释了痹祺胶囊治疗类风湿关节炎的功能和药效作用，并通过蛋白质组学和代谢组学阐释其作用机制；第四章应用网络药理学、体外细胞模型以及G蛋白偶联受体和酶活检测等方法，明确了痹祺胶囊的药效物质基础；第五章基于功能作用、体外细胞模型以及网络药理学方法，通过拆方实验阐释了痹祺胶囊的配伍规律；第六章在以上研究的基础上，确定了痹祺胶囊质量标志物，并对其质量标准进行提升研究。

本书为作者主编的第四个单品种中药大品种二次开发研究专著，可为其他中药大品种的二次开发研究提供可参考的思路与模式。适合从事中药研究、教学、生产和临床工作者使用。

编　者

2025年3月

目　　录

前言

第一章　痹祺胶囊品种概况及研究背景 ···1

第一节　品种概况及现代研究进展 ···1

第二节　存在问题及二次开发研究思路 ···5

第二章　痹祺胶囊化学物质组系统辨识研究 ·····························**15**

第一节　痹祺胶囊原料药材的化学物质组研究 ·····························15

第二节　痹祺胶囊化学物质组研究 ···48

第三节　口服痹祺胶囊主要入血成分及其代谢产物辨识 ···············65

第三章　痹祺胶囊药效及作用机制研究 ·····································**74**

第一节　痹祺胶囊治疗类风湿关节炎的药效作用研究 ···················74

第二节　痹祺胶囊益气养血、祛风除湿及活血止痛功能研究 ·········83

第三节　痹祺胶囊治疗类风湿关节炎的蛋白质组学研究 ···············101

第四节　痹祺胶囊治疗类风湿关节炎的代谢组学研究 ···············124

第四章　痹祺胶囊药效物质基础研究 ···**147**

第一节　基于网络药理学的痹祺胶囊作用机制及药效物质基础预测 ···147

第二节　基于体外细胞模型的药效物质基础及作用机制研究 ·········167

第三节　基于G蛋白偶联受体和酶活检测的痹祺胶囊药效物质基础研究···204

第五章　痹祺胶囊配伍规律研究 ···**248**

第一节　基于功能作用的痹祺胶囊配伍规律研究 ·························248

第二节　基于体外细胞模型的痹祺胶囊配伍规律研究 ···················272

第三节　基于网络药理学的痹祺胶囊配伍规律研究 ·····················282

第六章　痹祺胶囊质量标志物确定及质量标准提升研究 ·············**306**

第一节　痹祺胶囊质量标志物确定 ···306

第二节　痹祺胶囊质量标准提升研究 ···329

第一章 | 痹祺胶囊品种概况及研究背景

第一节 品种概况及现代研究进展

一、品 种 概 况

痹祺胶囊是津药达仁堂集团京万红药业有限公司生产的独家处方药产品，处方由马钱子粉、地龙、党参、茯苓、白术、川芎、丹参、三七、牛膝、甘草10味中药组成。具有益气养血，祛风除湿，活血止痛的功效。临床用于气血不足，风湿瘀阻，肌肉关节酸痛，关节肿大、僵硬变形或肌肉萎缩，气短乏力；风湿、类风湿关节炎，腰肌劳损，软组织损伤属上述证候者[1]。方中马钱子粉为君药，有大毒，具有通络止痛、散结消肿的作用；党参、白术、茯苓、丹参为臣药，党参、白术、茯苓健脾益气，丹参养血和血，4药合用发挥益气养血的作用；佐药为三七、川芎、牛膝、地龙，具有活血化瘀，通络止痛的功效；甘草调和诸药为使药。诸药配伍，共奏益气养血、祛风除湿、活血止痛之效。临床用于治疗气血不足证、风湿性关节炎、类风湿关节炎、肌肉关节酸痛、颈椎病、肩周炎、骨质增生、腰椎间盘突出、腰肌劳损、髌骨软骨病、关节肿大、僵硬变形或肌肉萎缩、急慢性软组织损伤和血栓性浅静脉炎等多种疾病[2]。痹祺胶囊临床疗效确切，为《类风湿关节炎病证结合诊疗指南》（2018年）、《国际中医临床实践指南类风湿关节炎》（2019年）、《中成药治疗膝骨关节炎临床应用指南》（2020年）、《中成药治疗类风湿关节炎临床应用指南》（2022年）等多项诊疗指南的推荐用药[3-6]。

二、现代研究进展

（一）化学成分研究

痹祺胶囊由马钱子粉等10味中药组成，化学成分复杂，目前，仅有少量制剂化学成分研究相关报道。郑浩[7]运用高效液相-高分辨质谱联用法（HPLC-LTQ/FTICR MS/MSn）分析了痹祺胶囊内容物以及大鼠灌胃给药痹祺胶囊后尿液、粪便、胆汁、血浆样本，采用质谱树状图相似度过滤（MTSF）技术，对口服痹祺胶囊后大鼠尿液、粪便、胆汁、血浆中的原型成分和代谢产物进行分析和鉴定。在痹祺胶囊内容物中共鉴定出23个主要化学成分，包括7个生物碱类成分，分别为马钱子碱、士的宁、马钱子新碱、伪番木鳖碱、β-克鲁勃林、士的宁氮氧化物、番木鳖次碱；5个皂苷类成分，分别为人参皂苷Rg₁、人参皂苷Rb₁、人参皂苷Rg₂、人参皂苷Re、甘草酸；2个酚酸类成分，分别为丹酚酸B和紫草酸；2个内酯类成分，分别为藁本内酯和3-丁基苯酞；2个甾酮类成分，分别为脱皮甾酮和牛膝甾酮；2个菲醌类成分，分别为丹参酮ⅡA和隐丹参酮；2个黄酮类成分，分别为芒柄花素和甘草苷；1个糖类成分，为棉子糖。在大鼠的尿液、粪便、胆汁、血浆样品中共发现了来源于痹祺胶囊的16个原型成分和56个代谢产物。

（二）药理作用研究

现代药理学研究表明，痹祺胶囊主要有抗炎镇痛、保护关节软骨、免疫调节、改善动脉血流等作用。

1. 抗炎镇痛作用

刘维等[8]采用小鼠热板法和扭体法检测痹祺胶囊的抗炎和镇痛作用，研究表明，痹祺胶囊可以通过提高热板所致小鼠疼痛的痛阈值，减少醋酸所致小鼠扭体反应的次数来抑制小鼠佐剂性关节炎的关节肿胀度，从而抑制免疫性炎症，改善小鼠的疼痛症状。郑双融等[9]发现痹祺胶囊可能是通过抑制IL-18、TNF-α等促炎因子的含量来抑制胶原诱发关节炎（CIA）大鼠炎性反应，减轻关节滑膜增殖，从而治疗类风湿关节炎病。痹祺胶囊能明显减轻CIA大鼠关节炎症、滑膜增生、血管翳形成及关节软骨和骨破坏。徐艳明等[10]在痹祺胶囊对CIA大鼠的作用及对细胞因子IL-6、JAK-STAT信号通路的影响的研究中发现，痹祺胶囊能明显减轻CIA大鼠关节炎症、滑膜增生、血管翳形成及关节软骨和骨破坏，其机制可能与抑制炎症因子IL-6、调控JAK-STAT信号通路中JAK3、STAT3的表达有关。

2. 保护关节软骨作用

张冬梅等[11]探讨痹祺胶囊对CIA大鼠骨桥蛋白（OPN）表达的影响，发现治疗组较模型组大鼠OPN的血清、滑膜及软骨表达量及血清TNF-α表达量降低，各治疗组较模型组软骨损伤明显改善，提示痹祺胶囊能够抑制类风湿关节炎（rheumatoid arthritis，RA）的软骨破坏，其治疗RA机制可能与降低OPN表达及血清TNF-α水平有关。谭洪发等[12]实验证明痹祺胶囊能增加CIA大鼠OPGmRNA及蛋白表达，降低CIA大鼠RANKL mRNA及其蛋白表达，抑制CIA大鼠滑膜增生，减轻关节软骨及骨破坏。许放等[13]研究阐明了痹祺胶囊可降低OA大鼠血清NO的含量来减轻由NO介导的对关节软骨的损伤作用，从而保护关节软骨。

3. 免疫调节作用

研究发现[13]，痹祺胶囊对体液的免疫细胞具有明显的调节作用，痹祺胶囊全方的免疫调节作用较君、臣、佐、使拆方配伍后作用更强。痹祺胶囊及各个拆方配伍组可以明显降低血清IL-1β、TNF-α、IFN-γ、CRP水平，升高IL-4、IL-10水平，表明痹祺胶囊及拆方配伍能够通过调节Th1/Th2细胞因子的失衡而产生抑制作用。刘维等[14]通过观察兔骨关节炎模型血清、尿、组织匀浆中氧自由基相关生化指标，研究痹祺胶囊对骨关节炎软骨的抗氧化作用，发现痹祺胶囊中、高剂量组血清，尿MDA及NO含量低于模型对照组水平，SOD活性高于模型对照组水平，表明痹祺胶囊能够对抗过氧化、保护关节软骨，维持机体健康状态，从而达到增强免疫的作用。

4. 改善动脉血流作用

王景文等[15]研究表明，痹祺胶囊可以增加狗股动脉血流量，并且能增加肢体血流，显示痹祺胶囊具有明显的活血、增加动脉血流的作用。

5. 消肿作用

王景文等[15]研究了痹祺胶囊对大鼠足趾消肿的作用，实验分为空白对照组，痹祺胶囊低、高剂量组，消炎痛阳性药组，灌胃给药后测定足趾肿胀程度。结果显示，大鼠给药组各时段的足趾肿胀程度均低于对照组大鼠，说明痹祺胶囊对大鼠的足趾肿胀有消肿作用。

（三）药代动力学研究

许妍妍[16]在中药复方配伍理论的指导下，以君药主要效应成分士的宁和马钱子碱为指标，对痹祺胶囊开展了药代动力学研究。首次建立了生物样品中士的宁和马钱子碱的LC-MS定量分析方法，其灵敏度高，专属性强，操作简单快捷。采用建立的分析方法，比较了大鼠灌胃相同剂量后马钱子效应成分化学单体、痹祺胶囊君药以及全药的药代动力学差异。首次发现士的宁和马钱子碱在单体组和君药组的药动学参数没有显著差别，而痹祺胶囊全药组能够显著延长士的宁和马钱子碱的血药浓度达峰时间，降低峰浓度，并显著延长有效浓度在体内的滞留时间，但不影响其吸收总程度。表明痹祺胶囊复方中除君药外的其他配伍组分影响了士的宁和马钱子碱在大鼠体内的药动学行为，并且差异主要体现在吸收过程。按照中药复方配伍的君臣佐使原则，对痹祺胶囊进行拆方配伍的药代动力学研究，结果表明臣药组和佐药组均能显著延长士的宁和马钱子碱的达峰时间，延缓吸收，避免过快产生毒副作用。将臣、佐药拆方的单味药组分别与君药配伍，未见明显的药代动力学差异。揭示了臣、佐、使药相互作用对君药药动学的影响，体现痹祺胶囊复方配伍的科学性。以离体外翻肠囊为模型进行大鼠小肠吸收研究，结果表明士的宁和马钱子碱在单体组、痹祺胶囊君药和全药组中在小肠各区段均容易透过肠壁被吸收，其吸收呈线性，属于一级动力学过程，且最佳吸收位置为空肠。士的宁和马钱子碱在痹祺胶囊全药中的大鼠空肠吸收速率和累积吸收量低于单体组和君药组，有显著性差异。加入P-gp抑制剂维拉帕米后士的宁和马钱子碱的吸收没有显著增强，表明二者不是P-gp底物。首次从肠吸收角度探讨了痹祺胶囊配伍对士的宁和马钱子碱的影响，验证了大鼠体内药动学实验结果。相同给药剂量的痹祺胶囊全方士的宁较之单体在脑组织分布的达峰时间显著减慢，峰浓度显著减小，维持曲线下面积（AUC）不变，但两个给药组脑组织浓度和血药浓度比值没有显著差异。揭示吸收过程的配伍变化是痹祺胶囊对中枢系统增效减毒作用的影响因素。

（四）质量研究

痹祺胶囊成分复杂，其质量标准收载于《中国药典》2020年版一部，含量测定项仅对马钱子粉中士的宁和马钱子碱进行含量测定。刘建等[17]建立了一种同时测定痹祺胶囊中士的宁、马钱子碱和丹酚酸B含量的HPLC方法，结果表明，该方法能快速、准确地定量分析痹祺胶囊中上述3种主要活性/毒性成分的含量。经雅昆等[18]建立HPLC-UV-MS法同时测定痹祺胶囊中7个有效成分的方法。结果表明，士的宁、马钱子碱、甘草苷、丹酚酸B、甘草酸、隐丹参酮和丹参酮ⅡA在相应的质量浓度范围内与峰面积呈良好的线性关系，且方法简便快捷、精密度高、重复性好，适用于痹祺胶囊的质量控制。张星艳等[19]以质量标志物（Q-Marker）理论为指导，从特有性、可测性、有效性和中药理论关联性等方面对痹祺胶囊的Q-Marker进行预测分析，发现士的宁、马钱子碱、甘草苷、丹酚酸B、甘草酸、隐丹参酮和丹参酮ⅡA可作为该复方的Q-Marker，为痹祺胶囊的质量控制及二次开发提供基础和依据。

（五）临床研究

1. 治疗类风湿关节炎

刘维等[20]观察痹祺胶囊治疗类风湿关节炎的临床疗效，将RA患者随机分为对照组和治疗组，每组各71例。治疗组采用痹祺胶囊治疗，对照组采用非甾体抗炎药普威片（尼美舒利）治疗8周。结果治疗组总有效率66.2%（47例），仅有1例发生轻度不良反应，对照组总有效率60.6%（43例）。白人骁[21]采用多中心、随机、对照临床研究观察痹祺胶囊治疗类风湿关节炎的临床疗效及安全性。将RA患者236例随机分为2组，Ⅰ组口服痹祺胶囊（178例），Ⅱ组口服正清风痛宁片（58例）。2组均以4周为1个疗程，连续观察4个疗程。结果表明，治疗后，Ⅰ组对中医证候的总体改善程度优于Ⅱ组。治疗16周后两组的症状、体征指标均较治疗前的差异有统计学意义（$P < 0.05$），两组间比较在休息痛、晨僵时间方面有统计学差异（$P < 0.05$）。饶莉等[22]观察痹祺胶囊联合托珠单抗治疗类风湿关节炎的临床效果，类风湿关节炎患者分为观察组（49例）和对照组（48例），对照组采用托珠单抗治疗，观察组在对照组基础上加用痹祺胶囊。结果治疗前两组患者晨僵时间、关节肿胀数目、关节压痛数、握力等指标无统计学差异（$P > 0.05$）；治疗后两组上述指标较治疗前均显著改善（$P < 0.05$）。结果表明，痹祺胶囊联合托珠单抗治疗类风湿关节炎对于改善患者的临床症状、实验室指标，提高疗效均有显著的作用。

2. 治疗膝骨关节炎

白卫飞等[23]对痹祺胶囊治疗膝骨关节炎的临床疗效进行了研究，选取中轻度膝骨关节炎患者90例并随机分为观察组和对照组，发现观察组有效率明显优于对照组，提示痹祺胶囊对膝骨关节炎具有良好的治疗效果。龚韶华等[24]运用痹祺胶囊对120例老年性膝骨关节炎患者进行治疗，结果显示观察组患者的总有效率为93.33%，高于对照组的84.75%，其机制可能与抑制患者血清内MMP-2、MMMP-9的表达，减少软骨基质蛋白降解有关。

3. 治疗神经根型颈椎病

袁刚等[25]研究发现，神经根型颈椎病患者初次发作服用痹祺胶囊，可以改善疼痛、麻木、冷胀等症状，促进受损的脊髓神经功能恢复，并有效地维持疗效。赵冀伟[26]对痹祺胶囊治疗神经根型颈椎病进行了研究，将120例神经根型颈椎病患者随机分为观察组和对照组，结果发现痹祺胶囊治疗神经根型颈椎病疗效方面明显优于颈复康颗粒，提示痹祺胶囊是治疗神经根型颈椎病的有效药物。

4. 治疗强直性脊柱炎

王桂珍等[27]研究发现痹祺胶囊对强直性脊柱炎有一定治疗作用，痹祺胶囊可能通过升高抗炎因子，降低致炎因子，调节炎症免疫，从而改善强直性脊柱炎患者的症状。刘燊亿[28]采用痹祺胶囊联合非甾体类抗炎镇痛药及柳氮磺吡啶对60例强直性脊柱炎患者进行了治疗，发现治疗组的效果明显优于对照组，表明痹祺胶囊联合西药可用于治疗强直性脊柱炎。

5. 其他

痹祺胶囊临床还可用于治疗关节痛、腰椎间盘突出、椎动脉型颈椎病等疾病。关节痛是关节疾病常见的症状，关节疼痛严重时会使得患者活动受限。吴忠建[29]运用痹祺胶囊对关节痛的患者进行治疗，结果治疗组总有效率明显高于对照组，提示痹祺胶囊可以显著缓解患者关节疼痛的临床症状。孔令勤等[30]观察了痹祺胶囊对60例腰椎间盘突出患者的治疗情况，结果显示，治疗组有效率明显优于对照组，表明痹祺胶囊可显著缓解腰椎间盘突出患者的临床症状。袁博[31]观察痹祺胶囊对86例椎动脉型颈椎病患者的治疗情况，结果显示，86例椎动脉型颈椎病患者服用痹祺胶囊2个疗程后，症状完全缓解61例，好转20例，总有效率高达94%，表明痹祺胶囊治疗椎动脉型颈椎病有明显疗效。此外，痹祺胶囊还可用于肩周炎、骨质增生、髌骨软骨病、急慢性软组织损伤和血栓性浅静脉炎等病症。

第二节　存在问题及二次开发研究思路

一、痹祺胶囊存在的问题

1. 药效物质基础不清楚

痹祺胶囊是一个由10味药材组成的中药复方制剂，其化学物质基础极其复杂，虽然目前已经有一些化学物质组的研究，但这些研究只是一些散在的化学成分鉴别，由于未进行系统的与活性相关的物质基础研究，不能针对性地阐明痹祺胶囊的药效物质基础。

2. 尚未全面阐释其作用机制

虽然已经开展了一些痹祺胶囊的抗炎镇痛药效评价及作用机制研究，但这些研究并没有针对痹祺胶囊特点进行针对性研究，特别是没有开展过系统的整体动物、离体器官、细胞及分子水平的作用机制研究，未能系统阐释其作用机制，不能对该药的临床推广与合理使用提供足够的证据支持。

3. 配伍规律、临床作用特点和优势未突显

痹祺胶囊处方由10味中药组成，共同起到益气养血，祛风除湿，活血止痛的功效。用于气血不足，风湿瘀阻，肌肉关节酸痛，关节肿大、僵硬变形或肌肉萎缩，气短乏力；风湿、类风湿关节炎，腰肌劳损，软组织损伤属上述证候者。组方严谨，配伍精当，临床疗效突出。但其配伍原理的现代化学生物学规律尚未得到科学阐释，不能凸显中药多组分、多靶点、多途径协同作用的优势，难以被广大的临床医生特别是西医医生理解，并指导临床合理运用；痹祺胶囊治疗类风湿关节炎，适应面广，但也缺乏临床特点的深入挖掘，特别是基于适应证的病因病机，从患者临床获益的角度，与同类中药和西药比较，对痹祺胶囊的临床作用特点和比较优势的挖掘还有相当大的空间。

4. 质量标准简单

痹祺胶囊药效物质基础和作用机制不清楚，导致质控指标不明确，现标准除了性状、鉴别检查，仅对士的宁和马钱子碱进行含量测定，未能体现中药多组分整体功效的特点，难以实现对其质量的有效控制。

二、痹祺胶囊二次开发的必要性及其意义

痹祺胶囊为医保品种，临床疗效确切。其适应证广，市场需求量大，目前的基础研究薄弱是制约其市场拓展的主要因素。为了进一步发掘痹祺胶囊的临床价值，系统阐释该药的作用特点、临床优势以及组方配伍的科学内涵，全面提高该产品的科技含量，扩大市场占有率，有必要对该产品进行系统研究。

通过痹祺胶囊的系统研究，发掘其临床核心价值，进一步聚焦临床定位，系统阐释该药的作用特点、临床优势以及组方配伍的科学内涵，明确其药效物质基础和作用机制，建立有效的质量控制方法和技术壁垒，全面提高该产品的科技含量，增强其与同类品种的竞争力，为市场营销、临床医生用药以及患者消费提供理论依据和实验证据，扩大市场占有率，为产品取得更大的经济效益提供强有力的技术支撑。挖掘该品种的科学价值、技术价值、临床价值和市场价值，并构建中药大品种的核心价值品牌。

1. 科学价值

（1）阐释中医针对疾病的治法原理　中药大品种是中医理论的载体，是中医临床治疗疾病的主要施用手段和形式。因此，痹祺胶囊的二次开发，首先阐释中医针对类风湿关节炎的治法原理，对中医理论及中药的临床运用原理进一步丰富和完善。

（2）阐释中医理论的配伍原理　中药大品种多为中药复方制剂，而中药复方的配伍原理是中医理论的精髓，以痹祺胶囊为研究的模式药物，通过配伍规律研究，用现代科学方法手段和实验证据，阐释中医药配伍理论。

（3）阐明药效物质基础和作用机制　痹祺胶囊是经过多年临床实践，并通过大量临床样本检验证实的有效药物，但其药效物质基础和作用机制尚不完全清楚，通过二次开发研究，以现代科学方法、客观指标和实验证据阐明其药效物质基础和作用机制，在此基础上建立科学的质量控制方法，并指导临床实践。

2. 技术价值

中药大品种二次开发研究核心技术价值主要反映在以下4个方面：

（1）基于中医理论和多组分药物评价技术　目前，中药复杂体系的物质基础、有效性评价、作用机制等方面的研究仍处于探索阶段，中药大品种二次开发研究整合现代分析技术、化学生物学、系统生物学、网络药理学、生物信息学等技术方法，在阐释中药大品种作用机制方面发挥重要作用，通过痹祺胶囊的二次开发研究，为中药复杂体系疗效特点、作用机制及配伍合理性研究提供可行研究路径和可参照的研究范式，并建立系统的评价方法和技术手段。

（2）制药工艺技术　中药大品种二次开发研究的重要内容之一就是对制药过程的改造、优化和技术升级，通过痹祺胶囊的二次开发，建立质量溯源的制备工艺体系，实现工艺参数优化、在线监测等技术升级。

（3）中药现代制剂和释药技术　制剂处方、工艺优化和剂型改进也是中药大品种二次开发的重要内容，其中，引进和应用适宜的释药技术和新型制剂技术，并应用于中药复方的复杂体系，对于推动中药现代制剂和释药技术的发展具有重要的意义。

（4）质量控制技术　质量标准提升研究是中药大品种二次开发研究的重要内容，以质量标志物为引领，通过痹祺胶囊的质量标准提升研究，建立可溯源的、与疗效高度关联的质量标准和全程质量控制系统，为中药质量控制提供可参照的模式和研究范例。

3. 临床价值

主要体现在4个方面：

1）通过二次开发研究，进一步评价、发现其临床特点，聚焦和明确临床定位。

2）基于中医理论，应用现代研究手段，阐明药物干预原理，为临床应用提供明确的理论和实验依据。

3）进一步明确患者获益。

4）指导临床实践、实现更加精准用药，提高临床疗效。

4. 市场价值

痹祺胶囊的二次开发研究，可促进形成产品品牌，为市场推广和临床应用提供重要的理论和实验证据，扩大市场占有率，并带动全产业链的发展，从而创造出更大的经济效益和社会效益。

最后，通过二次开发系统研究，构建痹祺胶囊品种核心价值品牌。见图1-2-1。

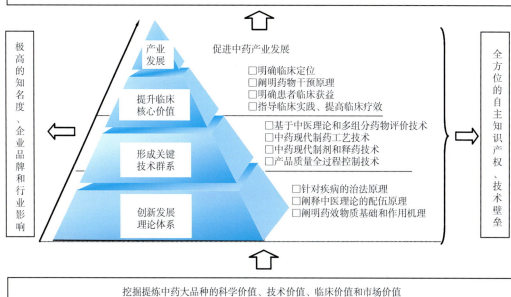

图1-2-1　痹祺胶囊价值品牌构建

三、痹祺胶囊二次开发研究思路及科研设计

（一）临床需求及用药情况分析

1. 类风湿关节炎（RA）流行病学

RA是一种慢性、炎症性自身免疫性疾病，伴随关节或全身症状。类风湿关节炎患者的临床表现为关节僵硬、关节疼痛及肿胀，这会导致关节损伤、畸形、严重残疾甚至死亡。

RA的发病机制目前尚不明确，基本病理表现为滑膜炎、血管翳形成，并逐渐出现关节软骨和骨破坏，最终导致关节畸形和功能丧失，可并发肺部疾病、心血管疾病、恶性肿瘤及抑郁症等。

流行病学调查显示，RA的全球发病率为0.5%～1%，中国大陆地区发病率为0.42%，总患病人群约500万，男女患病比率约为1：4。我国RA患者在病程1～5年、6～10年、11～15年及>15年的致残率分别为18.6%、43.5%、48.1%、61.3%，随着病程的延长，残疾及功能受限发生率升高。RA不仅造成患者身体机能、生活质量和社会参与度下降，也给患者家庭和社会带来巨大的经济负担。

2. 类风湿关节炎中医病因病机

中医认为本病属于"尪痹""骨痹""肾痹""历节""顽痹""鹤膝风""鼓槌风"等范畴。主要是由禀赋不足、正气虚损，营卫失调，又感风寒湿热等外邪而引起脏腑功能失调、经络气血运行不畅的全身性综合病证，同时受饮食的影响，痰瘀等作为病理产物又反过来影响该病的发生、转归及预后。此病多属本虚标实、虚实夹杂之证，虚乃正气不足或正气亏虚，脏腑气血失调；实则由风、寒、湿、痰、瘀等邪气为患，正所谓"虚处易留邪"。其病因病机与一般的痹证有所不同，其以正气亏虚为本病发病的内因和先决条件，外邪多数只是起病或加重病情的诱因，并不是病变的本质所在，也不是发病的必然因素，其对该病的转归和预后有着一定的影响。因此在临床治疗时应在祛风散寒化湿散外邪的同时，注意调理气血营卫等方法共同使用。

根据《类风湿关节炎病证结合诊疗指南》，类风湿关节炎分为 8 种中医证型：风湿痹阻证、寒湿痹阻证、湿热痹阻证、痰瘀痹阻证、瘀血阻络证、气血两虚证、肝肾不足证、气阴两虚证。

3. 现代医学对RA的认识

RA是以滑膜增生和骨侵蚀为主要特征的自身免疫病的一种，病人在病程初期表现某些关节受累，病程后期可发展为全身性的关节畸形，对病人的身体和心理造成严重损害。RA在临床上的病理特征主要表现为：关节局部炎症细胞浸润引发慢性炎症；关节滑膜细胞浸润生长导致滑膜增厚；骨侵蚀和软骨组织受损。临床症状表现为关节的晨僵、肿胀、疼痛及活动受限等。

类风湿关节炎的发病机制是复杂的，主要发病因素包括细胞、细胞因子、信号通路等。细胞与类风湿关节炎具体表现在免疫细胞功能紊乱、滑膜细胞过度增殖、成骨细胞和破骨细胞失衡等。细胞因子与类风湿关节炎，表现为由肿瘤坏死因子（TNF）-α、白细胞介素（IL）-6、IL-8、IL-17等炎性细胞因子所引发的炎症反应。而类风湿关节炎和信号通路之间的表现为MAPK信号通路、JAK-STAT信号通路、核转录因子（NF）-κB信号通路、Toll样受体信号通路以及Wnt信号通路等。

（1）细胞因子释放 RA发病的核心是关节滑膜处细胞因子的释放，促炎和抗炎细胞因子之间失衡引发自身免疫疾病、慢性炎症，导致关节损伤。不同细胞因子的表达水平可能会随着疾病进展的时间而改变，早期RA具有不同的细胞因子表达谱系，包括IL-4、IL-13和IL-15，后续逐渐进展为慢性疾病。TNF-α可激活细胞因子和趋化因子表达，促进血管生成，保护RASF，抑制Treg细胞，趋化白细胞促进溶菌酶表达进而破坏细胞、损伤组织。滑膜成纤维细胞在TNF-α刺激后可持续产生IL-6活化白细胞，促进自身抗体产生，介导急性期反应。包括IL-1α、IL-1β、IL-18、IL-33在内的IL-1家族的细胞因子大量表达于RA患者体内，其均可促进白细胞、内皮细胞、软骨细胞、破骨细胞等活化。T细胞活化产生IL-15、IL-1、IL-6、TGF-β、IL-22、IL-23引发炎症；B细胞受到IL-6、IL-10、B细胞活化因子和增殖诱导配体刺激在滑膜组织中增殖分化；巨噬细胞分泌TNF-α、IL-1、IL-6、IL-15、IL-18等细胞因子引发炎症；RANKL、TNF-α、IL-17、IL-1等细胞因子促进破骨细胞的生成活化。

（2）滑膜增生 正常滑膜由成纤维细胞基质组织内分散的巨噬细胞和稀少的血管组成。同时也存在大量免疫细胞，如淋巴细胞、肥大细胞和树突细胞，并且主要定位在衬里下层的血管周围区域。在RA中，滑膜衬里层扩张，类风湿关节炎滑膜成纤维细胞（rheumatoid arthritis synovial fibroblast，RASF）呈现半自主性特征，表现为锚定非依赖性、接触抑制丧失、高水平表达疾病相关细胞因子、趋化因子、黏附因子、基质金属蛋白酶（matrix metalloproteinases，MMPs）分子和金属蛋白酶组织抑制剂（tissue inhibitor of metalloproteinases，TIMPs）。因此，RASF直接导致局部的慢性炎症，并提供促进T细胞、B细胞存活和激活适应性免疫的免疫微环境。RA滑膜免疫微环境中，RASF增殖率异常高，呈"肿瘤样"生长变化，原因之一可能是RASF由多种途径介导抵抗凋亡，其中包括抑癌基因p53的突变，促进RASF存活的应激蛋白表达增加，细胞因子诱导RASF的NF-κB信号通路激活，细胞周期调控基因的甲基化、乙酰化。

（3）软骨损伤 RASF是RA血管翳和软骨连接处最为常见的细胞类型，在正常情况下，滑膜表达润滑素对关节处软骨起保护作用；增生滑膜是RA软骨损伤的主要原因，其可改变软骨表面的蛋白结合特性，促进RASF的黏附与侵入。RASF分泌的MMPs主要包括MMP1、MMP3、MMP8、MMP13、MMP14和MMP16促进Ⅱ型胶原降解，其中MMP14是RASF降解软骨的主要类型。其他类型的基质酶降解蛋白聚糖，进一步破坏软骨完整性。软骨细胞可调节基质的形成分裂，但是在炎性因子充斥的环境中，软骨细胞发生凋亡，加之关节软骨本身再生能力有限，最后造成了软骨的破坏以及在临床影像学中出现关节间隙变窄的现象。

（4）骨侵蚀 骨侵蚀是RA的重要病理特征，表现为关节及全身性的骨丧失。骨丧失是破骨细胞与成骨细胞失衡造成的结果。破骨细胞起源于骨髓造血谱系的单核细胞在RA关节滑膜处的炎性因子。炎性因子如TNF-α、IL-1、IL-6以及IL-17均可增强破骨细胞的生成与活化。破骨细胞高表达抗酒石酸酸性磷酸酶破坏矿化组织（比如骨和软骨），破坏的区域被增生的滑膜组织填充。但是阻断RANKL仅可作用于骨组织，对炎症的缓解和软骨的破坏并没有影响。不同于其他炎性疾病，RA关节处被侵蚀的关节周围骨和软骨几乎没有修复迹象，细胞因子诱导的炎性介质如dickkopf-1和frizzled-related蛋白1抑制间充质前体细胞分化为软骨细胞和成骨细胞。

4. 类风湿关节炎药物治疗

类风湿关节炎患者的治疗目标是减少炎症、抑制关节损伤、防止功能丧失、减轻疼痛以及改善功能及生活质量。RA急性活动期主要采用非甾体类抗炎药（NSAIDs）、改善病情抗风湿药（DMARDs）、糖皮质激素等。

（1）非甾体抗炎药 临床常见非选择性环氧合酶抑制剂（阿司匹林、吲哚美辛、美洛昔康等）和选择性环氧合酶-2抑制剂（塞来昔布、依托考昔等）。非甾体抗炎药主要通过抑制环氧合酶活性、抑制前列环素和前列腺素E2的生成和释放，发挥镇痛抗炎作用，对于缓解患者疼痛、发热、炎症及关节肿胀等症状起效快；但因其难以控制疾病进展，且存在增加RA患者罹患心血管、肾脏及胃肠道等相关疾病的风险，故临床多将其作为基础用药与其他药物配合使用。

（2）改善病情抗风湿药（DMARDs） DMARDs是RA主要治疗药物，可以改善疾病进程，有效控制骨破坏和残疾。该类药物较非甾体抗炎药发挥作用慢，大约需要1～6个月，故又称慢作用抗风湿药。这些药物不具备明显的止痛和抗炎作用，但可延缓或控制病情的进展。分为传统合成DMARDs（csDMARDs）、生物制剂类DMARDs（bDMARDs）和靶向合成DMARDs（tsDMARDs）。

传统合成DMARDs（csDMARDs）如甲氨蝶呤（MTX）、硫唑嘌呤、环孢素、环磷酰胺（CTX）、来氟米特（LEF）、柳氮磺吡啶、羟氯喹等。此类药物的起效时间较长，通常需联合使用3个月及以上才有显著疗效。甲氨蝶呤作为RA治疗的首选药物，应用广泛，疗效肯定，但该类药物在部分难治和重症RA患者中的疗效欠佳，且长时间、大剂量应用易引起骨髓抑制、肝功能不全等不良反应，在临床应用中具有一定的局限性。

生物制剂类DMARDs（bDMARDs）包括TNF-α抑制剂阿达木单抗、IL-6受体拮抗剂托珠单抗、IL-1拮抗剂阿那白滞素、抗CD20单抗利妥昔单抗、选择性T细胞共刺激调节剂阿巴西普等。

靶向合成DMARDs（tsDMARDs）如托法替布、乌帕替尼、巴瑞替尼等。

（3）糖皮质激素　糖皮质激素具有较强的抗炎、镇痛和免疫抑制作用，可迅速改善RA急性期患者的关节肿痛及全身症状，常单独使用或与其他药物联合应用。糖皮质激素无法阻止RA的疾病进展和关节破坏，并可引发骨质疏松和电解质紊乱等不良反应，因此不建议RA患者长期使用。在重症RA伴有心、肺或神经系统等受累的患者，可给予短效激素，其剂量依病情严重程度而定。针对关节病变，如需要使用，常为小剂量激素，如泼尼松。激素治疗仅适用于少数RA患者，一般可用于以下几种情况：①伴有血管炎等关节外表现的重症RA；②不能耐受NAAIDs的RA患者作为"桥梁"治疗；③其他治疗方法效果不佳的RA患者；④伴局部激素治疗指征（如关节腔内注射）。激素治疗RA的原则是小剂量、短疗程。使用激素必须同时应用DMARDs。在激素治疗过程中，应补充钙剂和维生素D。

（4）中成药　随着中医药基础实验和临床研究的发展，中医药在治疗RA方面也发挥着越来越重要的作用。雷公藤制剂如雷公藤多苷及昆仙胶囊可用于类风湿关节炎的辨病治疗，对于有生育需求的类风湿关节炎患者应慎用（推荐使用：A级）。白芍总苷常与其他药物联合使用治疗类风湿关节炎（推荐使用：A级）。正清风痛宁具有镇痛、抗炎，抑制肉芽组织增生作用（推荐使用：B级）。湿热痹冲剂主要用于类风湿关节炎湿热痹阻证的治疗（推荐使用：C级）。寒湿痹片主要用于类风湿关节炎寒湿痹阻证的治疗（推荐使用：C级）。尪痹片主要用于类风湿关节炎肝肾亏虚、寒湿痹阻证的治疗（推荐使用：B级）。瘀血痹胶囊（片）主要用于类风湿关节炎瘀血痹阻证的治疗（推荐使用：C级）。益肾蠲痹丸用于类风湿关节炎肾阳不足证或痰瘀痹阻证的治疗（推荐使用：B级）。痹祺胶囊用于类风湿关节炎气血不足证（有选择推荐使用：B级）。四妙丸主要用于类风湿关节炎湿热痹阻证（推荐使用：专家共识）。新癀片主要用于类风湿关节炎湿热痹阻证，或外用（用冷开水调化，敷患处）（有选择推荐使用：D级）。通痹胶囊用于类风湿关节炎肝肾亏虚证、寒湿痹阻证（有选择推荐使用：C级）。盘龙七片用于类风湿关节炎风湿痹阻证、瘀血阻络证（有选择推荐使用：C级）。祖师麻膏药用于类风湿关节炎风湿痹阻证、寒湿痹阻证（有选择推荐使用：C级）。

（二）整体研究和实施流程

虽然中药大品种二次开发研究具有普遍适用的研究模式，但针对具体品种更应具体分析，制订个性化的研究方案。因此，对具体品种潜在的临床核心价值和存在问题的诊断是研究的第一步，是二次开发研究科研设计的基础。二次开发研究的科研设计是整个研究工作的灵魂，决定整个研究工作的合理性和价值，二次开发研究必须基于中医理论，同时注重现代科学方法和实验证据，其关键点是二者的相关性。同时，方案的设计还要体现对具体品种的针对性和整个工作的系统性；在研究方案的实施环节，更宜体现多学科的整合研究。为了避免研究工作的重复化和碎片化，应以统一设计和分步实施的方式进行方案的落实。最后，也是最重要的环节是研究结果的应用，笔者主张只有二次开发研究结果必须实现产业或临床应用之后，才能变"结果"为"成果"，体现二次开发研究的价值。二次开发研究的技术成果可以用于提升质量标准、提高制造水平、指导临床实践、拓展市场应用等。见图1-2-2。

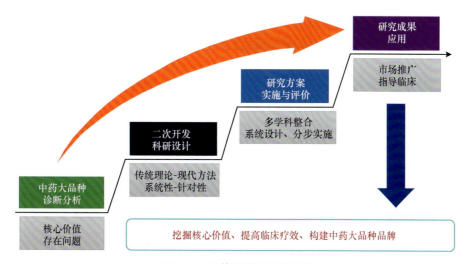

图1-2-2　整体研究和实施流程

（三）痹祺胶囊二次开发主要研究内容

1. 痹祺胶囊化学物质组系统辨识研究

中药化学成分是其药效表达的物质基础，痹祺胶囊为中药复方制剂，物质基础复杂，同时，经历药材采收加工、饮片炮制以及制剂成型工艺等复杂的药物制备过程，药物传输及体内过程也具有多组分的交互作用的特点。因此，本部分采用多种联用分析方法，通过对痹祺胶囊原料药材、制剂、入血成分及其代谢产物的化学物质组进行系统的表征和辨识，阐明其物质"传递与溯源"及其变化规律。

（1）原料药材化学物质组表征和辨识　采用UPLC-Q/TOF-MS法，对痹祺胶囊10味原料药材（饮片）马钱子粉、党参、白术、丹参、茯苓、牛膝、地龙、川芎、三七和甘草所含主要化学成分进行表征和辨识，阐明其10味原料药材（饮片）的主要化学物质组。

（2）制剂中化学物质组表征和辨识　采用UPLC-Q/TOF-MS法，对痹祺胶囊所含化学成分进行表征，对其所含主要化学成分进行辨识，阐明痹祺胶囊制剂的主要化学物质组。

（3）口服入血成分及其代谢产物表征和辨识　采用血清药物化学方法，运用UPLC-Q/TOF-MS技术，对痹祺胶囊的主要血中移行成分进行比对和指认，分析其入血成分及其可能的代谢规律，阐释痹祺胶囊潜在的生物活性成分。

2. 痹祺胶囊药效及作用机制系统研究

（1）痹祺胶囊对类风湿关节炎大鼠的药效研究　采用胶原诱导的关节炎（CIA）大鼠模型，通过大鼠体征、足肿情况、关节炎评分、血清类风湿因子及炎症因子的表达水平、脾脏及胸腺指数、踝关节组织病理学实验等指标检测，探究痹祺胶囊对类风湿关节炎模型大鼠的药效作用。

（2）基于功能模型的痹祺胶囊药效研究　从痹祺胶囊益气养血、祛风除湿、活血止痛功效作用出发，通过环磷酰胺诱导的大鼠气血两虚模型，高分子右旋糖酐诱导的微循环障碍模型，巴豆油致小鼠耳肿模型，醋酸致小鼠扭体实验和小鼠热板致痛实验分别考察痹祺胶囊益气养血、活血通络、抗炎及镇痛的药效作用。

（3）痹祺胶囊治疗类风湿关节炎的蛋白质组学研究　在试验（1）基础上，采用基于

TMT的蛋白质组学研究方法，筛选空白对照组、CIA模型组、痹祺胶囊给药组大鼠踝关节的差异表达蛋白，从蛋白表达层面解析痹祺胶囊对类风湿关节炎的干预机制。

（4）痹祺胶囊治疗类风湿关节炎的代谢组学研究　在试验（1）基础上，采用非靶向代谢组学实验，对空白对照组、CIA模型组、痹祺胶囊给药组的大鼠血清进行UPLC-Q/TOF-MS分析，建立CIA大鼠血清代谢指纹图谱，筛选鉴定类风湿关节炎潜在生物标志物，解析痹祺胶囊干预后对潜在生物标志物的影响，进而阐释其治疗类风湿关节炎的作用机制。

3. 痹祺胶囊药效物质基础研究

（1）基于网络药理学的痹祺胶囊作用机制及药效物质基础预测　在上述研究基础上，选择痹祺胶囊潜在药效成分为研究对象，采用网络药理学方法，构建痹祺胶囊的"药效化学成分-蛋白靶点-通路-药理作用-功效"的关联网络，预测痹祺胶囊的可能药效物质基础和作用机制。

（2）基于体外细胞模型的药效物质基础及作用机制研究　根据痹祺胶囊祛风除湿、活血止痛的功能，分别建立LPS诱导单核巨噬细胞RAW264.7炎症模型、RANKL和CM-CSF与RAW264.7共孵育诱导破骨细胞分化模型、TNF-α诱导人风湿性关节滑膜成纤维细胞RA-HFLS增殖模型，采用建立的体外细胞模型探究痹祺胶囊抗炎、抑制破骨细胞形成、抑制RA-HFLS细胞增殖的作用机制及药效物质基础。

（3）基于G蛋白偶联受体和酶活检测的痹祺胶囊药效物质基础研究　进一步利用酶、G蛋白偶联受体等体外高通量药物筛选技术，选取抗炎止痛、活血、抑制血管翳生成以及抑制基质降解相关受体为研究载体，通过运用胞内钙离子荧光检测和酶抑制剂检测技术评价痹祺胶囊及代表性单体成分干预后对受体的拮抗或激动作用以及对酶的抑制活性，对痹祺胶囊主要化学成分进行活性验证，最终从分子层次明确痹祺胶囊药效物质基础和作用机制。

4. 痹祺胶囊配伍规律研究

（1）基于功能作用的痹祺胶囊配伍规律研究　以痹祺胶囊功效为依据，将痹祺胶囊处方拆分为益气养血组（党参、茯苓、白术）、活血通络组（丹参、三七、川芎、牛膝、地龙）和抗炎（除湿）镇痛组（马钱子、甘草），通过环磷酰胺诱导的大鼠气血两虚模型、高分子右旋糖酐诱导的微循环障碍模型、巴豆油致小鼠耳肿模型、醋酸致小鼠扭体实验和小鼠热板致痛实验分别考察痹祺胶囊各拆方组的药效作用，阐释痹祺胶囊的配伍规律，揭示痹祺胶囊的组方特点。

（2）基于体外细胞模型的痹祺胶囊配伍规律研究　采用体外细胞模型，探究痹祺胶囊全方及除湿止痛组（马钱子、甘草）、活血通络组（川芎、丹参、三七、地龙、牛膝）、益气养血组（党参、白术、茯苓）拆方对成纤维细胞样滑膜细胞RA-HFLS增殖及炎症因子释放量的影响，分析比较全方及三组拆方抑制滑膜细胞增殖及抗炎药效作用，阐释其配伍规律。

（3）基于网络药理学的痹祺胶囊配伍规律研究　按照痹祺胶囊及其单味药材的功效将其分为益气养血组、活血通络组、抗炎镇痛组，并分别选取药材中的特征成分，采用网络药理学方法，针对类风湿关节炎相关靶点和作用通路，分别构建"药材-化合物-靶点-通路-功效"网络，剖析痹祺胶囊协同配伍特点，从网络药理学角度，阐释痹祺胶囊配伍规律。

5. 痹祺胶囊质量标志物确定及质量标准提升研究

（1）痹祺胶囊质量标志物确定

1）基于质量传递与溯源的质量标志物研究：通过对痹祺胶囊原料药材、制剂、入血成分及其代谢产物进行系统的表征、辨识，阐明痹祺胶囊药材成分组-制剂成分组-血行成分组逐级递进的质量传递过程与溯源路径。

2）基于特有性的质量标志物研究：根据痹祺胶囊组方药材的特点，系统分析马钱子粉、党参、白术、丹参、茯苓、牛膝、川芎、三七和甘草中特征性成分的生源途径，明确成分的生源学依据及其特有性。

3）基于有效性的质量标志物研究：在全面分析痹祺胶囊化学成分和作用特点的基础上，采用整体动物、细胞分子模型、系统生物学和网络药理学等方法，系统阐释痹祺胶囊治疗类风湿关节炎的药效物质基础和作用机制。

4）基于配伍环境的质量标志物研究：以中医理论为指导，以拆方研究为主要手段，采用整体动物、细胞分子模型以及网络药理学方法，在具体配伍环境下解析和阐释"传统功效-组方-药味-成分-生物效应"的递进关联关系。

（2）痹祺胶囊质量标准提升研究

1）基于质量标志物的多元质量控制方法研究：建立痹祺胶囊HPLC指纹图谱，包括色谱条件、供试品制备方法考察、方法学研究。采用所建立的方法对多批次痹祺胶囊进行HPLC指纹图谱测定，并进行主成分分析和相似度分析。建立痹祺胶囊HPLC标准指纹图谱，并对主要指纹峰进行指认和归属。

2）多指标成分含量测定方法研究：采用一测多评等方法，建立痹祺胶囊中质量标志物含量测定方法。包括色谱条件、供试品制备方法考察、方法学研究、耐用性试验。

3）基于药材-中间体-成品质量传递规律研究：采用建立的HPLC指纹图谱和多指标成分含量测定方法，对痹祺胶囊中制马钱子、党参、白术、丹参、茯苓、牛膝、地龙、川芎、三七和甘草等10味原料药材、制剂中间体（马钱子粉、其他药材粉）和制剂成品含有的主要化学成分进行测定，明确制剂中主要化学成分的药材来源归属及量值传递规律。

4）基于质量标志物的产品质量标准提升：择本品的优势指标，根据质量标志物"点-线-面-体"的原则，建立包括多指标单体成分含量测定和全息指纹图谱的痹祺胶囊质量标准，并根据多批次制剂实测结果制定合适的含量限度。

参 考 文 献

[1] 国家药典委员会.中华人民共和国药典：一部[M].北京：中国医药科技出版社，2020：1808-1809.

[2] 刘昌孝.中药药物代谢动力学研究思路与实践[M].北京：科学出版社，2013：187.

[3] 中华中医药学会风湿病分会.类风湿关节炎病证结合诊疗指南[J].中医杂志，2018，59（20）：1794-1800.

[4] 世界中医药学会联合会，中华中医药学会.国际中医临床实践指南　类风湿关节炎（2019-10-11）[J].世界中医药，2020，15（20）：3160-3168.

[5]《中成药治疗优势病种临床应用指南》标准化项目组.中成药治疗膝骨关节炎临床应用指南（2020年）[J].中国中西医结合杂志，2021，41（5）：522-533.

[6]《中成药治疗优势病种临床应用指南》标准化项目组.中成药治疗类风湿关节炎临床应用指南（2022年）[J].中国中西医结合杂志，2023，43（3）：261-273.

[7] 郑浩.中药痹祺胶囊主要成分在大鼠体内的代谢研究[D].北京：北京协和医学院，2018.

[8] 刘维，周艳丽，张磊，等.痹祺胶囊抗炎镇痛作用的实验研究[J].中国中医药科技，2006（5）：315-316.

[9] 郑双融，李宝丽.痹祺胶囊对Ⅱ型胶原诱导性关节炎大鼠滑膜增殖及血清IL-18、TNF-α水平的影响[J].中华中医药杂志，2016，31（8）：3330-3333.

[10] 徐艳明.痹祺胶囊对CIA大鼠IL-6及JAK-STAT信号通路的影响[D].重庆：重庆医科大学，2016.

[11] 张冬梅，李宝丽.痹祺胶囊对胶原诱导性关节炎大鼠骨桥蛋白表达的影响[J].中华中医药杂志，2017，

32（3）：1359-1362.

[12] 谭洪发，荣晓凤，徐艳明，等.痹祺胶囊对CIA大鼠OPG/RANKL表达的影响[J].免疫学杂志，2016，32（10）：878-883.

[13] 许放，师咏梅，柳占彪，等.痹祺胶囊对实验性骨关节炎大鼠NO、HYP的影响[J].天津中医药2011，28（3）：237-239.

[14] 刘维，吴沅皞，刘晓亚，等.痹祺胶囊对骨关节炎的抗氧化作用[J].中药药理与临床，2010，26（4）：67-69.

[15] 王景文，袁雪海，赵连根.痹祺胶囊对足跖肿胀及肢体血流作用的研究[J].中草药，1999，30（9）：686-688.

[16] 许妍妍.基于配伍理论的痹祺胶囊药代动力学研究[D].天津：天津大学，2010.

[17] 刘建，韩凤梅，陈勇.高效液相色谱法测定痹祺胶囊中马钱子碱、士的宁和丹酚酸B[J].分析化学，2009，37（4）：609-612.

[18] 经雅昆，江振作，刘亚男，等.HPLC-UV-MS法同时测定痹祺胶囊中7个有效成分[J].中成药，2012，34（8）：1492-1496.

[19] 张星艳，李虎玲，李新，等.痹祺胶囊研究进展及其质量标志物的预测分析[J].中草药，2021，52（9）：2746-2757.

[20] 刘维，张磊，徐照.痹祺胶囊治疗类风湿关节炎临床观察[J].中国中西医结合杂志，2006，26（2）：157-159.

[21] 白人骁.痹祺胶囊治疗类风湿关节炎的多中心随机对照临床试验[J].中华中医药杂志，2016，31（9）：3821-3825.

[22] 饶莉，石哲群，杨静.痹祺胶囊联合托珠单抗治疗类风湿关节炎的临床疗效观察[J].中药材，2015，（4）：866-868.

[23] 白卫飞，柴宏伟，余向前，等.痹祺胶囊治疗中轻度膝骨性关节炎的临床疗效研究[J].中华中医药杂志，2020，35（2）：1015-1017.

[24] 龚韶华，匡勇，郑煜新，等.痹祺胶囊对老年性膝关节炎的疗效及基质金属酶2/基质金属酶9表达的影响[J].世界中医药，2018，13（5）：1139-1142，1147.

[25] 袁刚，李峥.痹祺胶囊对神经根型颈椎病初次发作神经症状的影响[J].中华中医药杂志，2017，32（10）：4756-4758.

[26] 赵冀伟.痹祺胶囊治疗神经根型颈椎病的临床观察[J].中华中医药杂志，2010，25（11）：1911-1913.

[27] 王桂珍，黄传兵，汪元，等.痹祺胶囊对强直性脊柱炎患者的临床疗效及细胞因子的影响[J].中草药，2020，51（21）：5566-5570.

[28] 刘燊亿.痹祺胶囊治疗强直性脊柱炎临床疗效观察[J].中华中医药杂志，2016，31（7）：2855-2856.

[29] 吴忠建.痹祺胶囊治疗关节痛疗效分析[J].内蒙古中医药，2017，36（18）：13-14.

[30] 孔令勤，李昕晔，周天聪，等.痹祺胶囊治疗腰椎间盘突出症30例临床观察[J].中华中医药杂志，2014，29（10）：3351-3352.

[31] 袁博.痹祺胶囊治疗椎动脉型颈椎病疗效观察[J].中华中医药杂志，2010，25（7）：1148-1149.

第二章 | 痹祺胶囊化学物质组系统辨识研究

痹祺胶囊由马钱子粉、党参、白术、茯苓、丹参、三七、川芎、牛膝、地龙与甘草10味药材组成，具有益气养血、祛风除湿、活血止痛的功效。虽然其临床疗效确切，但其药效物质基础并不十分清楚，现行的质量标准较为简单，不能全面反映制剂质量与疗效的关系，一定程度上制约了其应用。中成药在制备过程中发生物质传递与化学变化，最终又通过药物体内传输发挥临床疗效，其功效是化学物质基础经过物质传递和代谢转化后生物效应的综合体现。因此，从中药的有效性角度认识和评价其质量，必须明确"药材成分组 - 制剂成分组 - 血行成分组"的传递与转化过程，才能为中药药效物质基础的传递过程提供清晰的路径。本研究采用UPLC-Q/TOF-MS技术，表征和辨识痹祺胶囊及其组方各药材中所含的主要化学成分；建立给药血浆的血行成分图谱，分析血中移行的原型药物成分及代谢物，明确"药材成分组 - 制剂成分组 - 血行成分组"的药效物质基础传递与转化过程，为痹祺胶囊的药效物质基础及深入分子作用机制研究奠定基础。

第一节　痹祺胶囊原料药材的化学物质组研究

痹祺胶囊由马钱子粉、党参、白术、茯苓、丹参、三七、川芎、牛膝、地龙与甘草10味药材组成。本部分采用UPLC-Q/TOF-MS技术，通过对照品比对，并结合相关文献，对痹祺胶囊组方药材中所含的主要化学成分进行鉴定，为痹祺胶囊制剂的化学物质组辨识及物质传递研究奠定基础。

一、仪器与材料

1. 仪器与试剂

Acquity UPLC超液相色谱仪（美国Waters公司），Xevo G2 Q-Tof高分辨质谱（美国Waters公司），AcquityUPLC BEH C$_{18}$色谱柱（美国Waters公司）；AB204-N电子天平（德国Mettler公司）；FW80万能粉碎机（天津泰思特仪器公司）；AS3120超声仪（奥特宝恩斯仪器有限公司）；Finnpipette F2微量移液器（美国Thermo Scientific公司）。

色谱纯乙腈（瑞典Oceanpak公司），色谱纯甲醇（瑞典Oceanpak公司），甲酸（德国Merck公司），纯净水（杭州娃哈哈集团有限公司），生理盐水（济宁辰欣药业股份有限公司）。

2. 试药

士的宁（批号110705-200306）、马钱子碱（批号110706-200505）、人参皂苷Rb₁（批号110704-201827）、人参皂苷Rg₁（批号110703-201731）、人参皂苷Rd（批号111818-201603）、人参皂苷Re（批号110754-202028）、三七皂苷R₁（批号110745-201921）、阿魏酸（批号110773-200611）、蜕皮甾酮（批号111638-200402）对照品均购自中国食品药品研究院。茯苓酸（批号MUST-18072910）、Z-藁本内酯（批号MUST-19041005）、原儿茶酸（批号MUST-20110310）、丹参素（批号MUST-18060920）、丹酚酸B（批号MUST-17040503）、丹参酮II$_A$（批号MUST-17101811）、迷迭香酸（批号MUST-18053110）、甘草次酸（批号MUST-16032217）对照品均购自成都曼斯特生物科技有限公司。甘草酸（批号Y02J11L113432）、原儿茶醛（批号YTO1013FB14）、去氢土莫酸（批号Z27M10S89331）、洋川芎内酯I（批号P27A11F122339）、白术内酯II（批号M22A10S95762）、白术内酯III（批号M13D10S105676）、党参炔苷（批号P13M11L112809）对照品均购自上海源叶生物科技有限公司。

马钱子粉、党参、白术、茯苓、丹参、三七、川芎、牛膝、地龙与甘草饮片均由天津达仁堂京万红药业有限公司提供。

二、实　验　方　法

1. 药材供试品溶液制备

分别取马钱子粉、地龙、丹参、三七、牛膝细粉0.25g，精密称定，置于100mL具塞锥形瓶中，加入75%甲醇，密塞，超声处理40min，放冷，摇匀，0.22μm滤膜滤过，取续滤液作为供试品溶液。

分别取党参、茯苓、白术、甘草细粉0.37g，精密称定，置于100mL具塞锥形瓶中，加入75%甲醇，密塞，超声处理40min，放冷，摇匀，0.22μm滤膜滤过，取续滤液作为供试品溶液。

取川芎细粉0.5g，精密称定，置100mL具塞锥形瓶中，加入75%甲醇，密塞，超声处理40min，放冷，摇匀，0.22μm滤膜滤过，取续滤液作为供试品溶液。

2. 对照品溶液的制备

精密称取士的宁、马钱子碱、人参皂苷Rb₁、人参皂苷Rg₁、人参皂苷Rd、人参皂苷Re、三七皂苷R₁、茯苓酸、去氢土莫酸、洋川芎内酯I、Z-藁本内酯、阿魏酸、原儿茶酸、原儿茶醛、丹参素、丹酚酸B、丹参酮II$_A$、甘草酸、迷迭香酸、甘草次酸、白术内酯II、白术内酯III、党参炔苷、蜕皮甾酮适量，加甲醇溶解制备成各成分浓度约为10μg/mL的混合对照品溶液。

3. LC-MS分析

色谱分析采用Acquity UPLC液相色谱系统，色谱柱为Acquity UPLC BEH C₁₈（2.1mm×100mm，1.7μm）柱，流动相系统由A（乙腈）和B（0.1%甲酸水溶液）组成，流速0.2mL/min，柱温35℃，进样量5μL。运用梯度洗脱，梯度程序设置如下（表2-1-1）：

表2-1-1　流动相梯度洗脱程序

时间/分钟	A/%	B/%
0	5	95
4	14	86
11	23	77
18	23	77
21	30	70
27	40	60
29	50	50
40	55	45
50	95	5
55	95	5

质谱分析采用Xevo G2 Q-Tof高分辨质谱，配备电喷雾离子源（ESI），毛细管电压正离子模式3.0kV，负离子模式2.0kV。离子源温度110℃，样品锥孔电压30V，锥孔气流速50L/h，氮气脱气温度350℃，脱气流速800L/h，扫描范围m/z 50～2000，内参校准液亮氨酸脑啡肽用于分子量实时校正。

4. 数据处理

通过标准品参照和文献检索，对比分析正负模式下的MS、MS/MS数据信息，结合保留时间、峰强度等对各色谱峰进行结构鉴定与确证，明确组方各药材所含的化学成分。

三、实验结果

（一）马钱子粉物质组辨识

采用上述优化的UPLC-Q/TOF-MS条件，对马钱子药材的样品溶液进行检测分析，正、负离子模式下，马钱子药材样品的基峰色谱图（BPI）如图2-1-1所示。通过检索文献数据和公共数据库，分析质谱裂解规律，对比各色谱峰的MS、MS/MS数据，在马钱子单味药材样品中鉴定得到21种化学成分，UPLC-Q/TOF-MS数据见表2-1-2，TOF-MS的测得值与理论值比较，精确质量数的误差均小于10ppm。

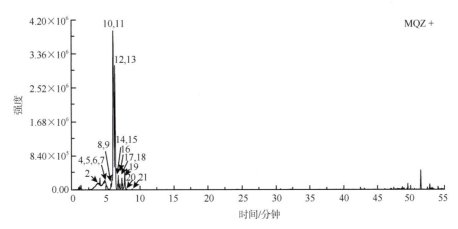

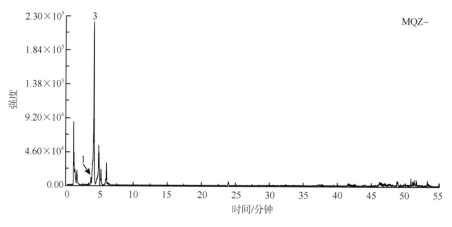

图 2-1-1　正、负离子模式下马钱子药材 BPI 色谱图

表 2-1-2　马钱子药材 LC-MS 数据

序号	保留时间/分钟	母离子	理论值	测得值	碎片离子	分子式	鉴定
1*	3.57	[M-H]⁻	153.0188	153.0198	109.03	$C_7H_6O_4$	protocatechuic acid 原儿茶酸
2	3.71	[M+H]⁺	355.1029	355.1034	163.03, 145.02, 135.04, 117.03	$C_{16}H_{18}O_9$	neochlorogenic acid 新绿原酸
3	4.13	[M-H]⁻	375.1291	375.1280	213.08, 169.09, 151.08	$C_{16}H_{24}O_{10}$	loganic acid 番木鳖苷酸
4	4.83	[M+H]⁺	335.1760	335.1743	307.14, 264.10, 184.07, 156.07	$C_{21}H_{22}N_2O_2$	isostrychnine 异士的宁
5	4.85	[M+H]⁺	355.1029	355.1034	163.03, 145.02, 135.04, 117.03	$C_{16}H_{18}O_9$	chlorogenic acid 绿原酸
6	4.90	[M+H]⁺	395.1971	395.1979	367.17, 335.18, 324.12	$C_{23}H_{26}N_2O_4$	isobrucine 异马钱子碱
7	5.17	[M+H]⁺	355.1029	355.1034	163.03, 145.02, 135.04, 117.03	$C_{16}H_{18}O_9$	cryptochlorogenic acid 隐绿原酸
8	5.46	[M+H]⁺	351.1709	351.1695	334.17, 319.14, 306.14	$C_{21}H_{22}N_2O_3$	strychnine-N-oxide 番木鳖碱 N-氧化物
9	5.74	[M+H]⁺	349.1916	349.1907	335.17, 321.16, 264.10	$C_{22}H_{24}N_2O_2$	23-methoxyisostrychnine 23-甲氧基异士的宁
10*	6.07	[M+H]⁺	335.1760	335.1743	307.14, 264.10, 184.07, 156.07	$C_{21}H_{22}N_2O_2$	strychnine 士的宁
11	6.23	[M+H]⁺	411.1920	411.1901	394.19, 379.17, 351.17	$C_{23}H_{26}N_2O_5$	brucine-N-oxide 马钱子碱 N-氧化物
12*	6.33	[M+H]⁺	395.1971	395.1952	367.16, 350.13, 324.12	$C_{23}H_{26}N_2O_4$	brucine 马钱子碱
13	6.37	[M+H]⁺	425.2076	425.2053	409.18, 368.15, 350.14	$C_{24}H_{28}N_2O_5$	novacine N-甲基-断-伪马钱子碱
14	6.73	[M+H]⁺	411.1920	411.1892	394.19, 379.16, 351.17	$C_{23}H_{26}N_2O_5$	pseudobrucine 伪马钱子碱
15	6.82	[M+H]⁺	351.1709	351.1714	334.17, 333.16, 306.14	$C_{21}H_{22}N_2O_3$	isostrychnine-N-oxide 异番木鳖碱 N-氧化物

续表

序号	保留时间/分钟	母离子	理论值	测得值	碎片离子	分子式	鉴定
16	7.06	[M+H]$^+$	365.1865	365.1842	335.17，294.11，264.10	$C_{22}H_{24}N_2O_3$	icajine N-甲基-断-伪番木鳖碱
17	7.35	[M+H]$^+$	365.1865	365.1841	337.15，294.11，252.10	$C_{22}H_{24}N_2O_3$	α（β）-colubrine α（β）-克鲁勃林
18	7.42	[M+H]$^+$	351.1709	351.1687	323.14，280.10，250.09	$C_{21}H_{22}N_2O_3$	hydroxyl-strychnine 羟基-士的宁
19	7.76	[M+H]$^+$	381.1814	381.1790	338.14，324.12，280.10	$C_{22}H_{24}N_2O_4$	vomicine 番木鳖次碱
20	8.51	[M+H]$^+$	503.2182	503.2099	475.19，443.18	$C_{29}H_{30}N_2O_6$	methyl-4-({(2E)-3-(3, 4-diethoxyphenyl)-2-[(2-methylbenzoyl) amino]-2-propenoyl}amino) benzoate
21	8.88	[M+H]$^+$	443.1971	443.1985	413.17，379.20，292.13，274.12	$C_{27}H_{26}N_2O_4$	1-（4-biphenylylcarbonyl）-N-（2, 3-dihydro-1, 4-benzodioxin-6-yl）-4-piperidinecarbox-amide

*：与标准品比较确认

马钱子主要含有生物碱类化合物[1, 2]，马钱子碱的准分子离子[M+H]$^+$ m/z 395.19容易丢失C_4H_9N，产生 m/z 324.12的碎片离子，或先后丢失C_2H_4与NH_3，分别产生 m/z 367.16和 m/z 350.13的碎片离子（图2-1-2）。士的宁的准分子离子为[M+H]$^+$ m/z 335.17，丢失C_2H_4产生 m/z 307.14的碎片离子，继续丢失C_2H_5N与C_5H_4O而分别产生 m/z 264.10和 m/z 184.07的碎片离子。

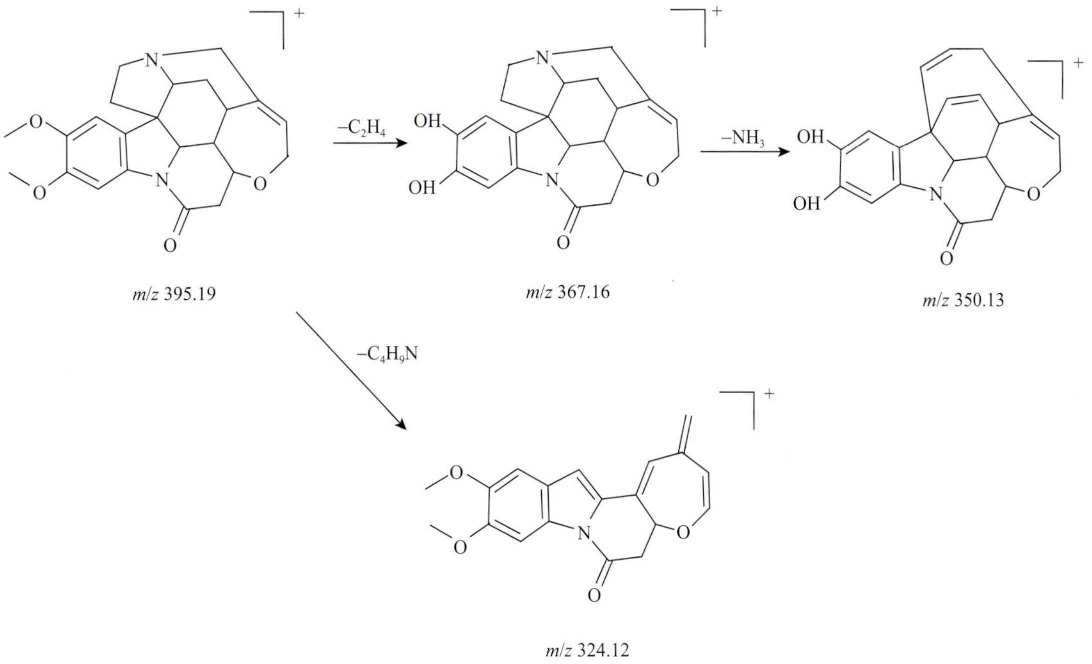

m/z 395.19　　　　　　m/z 367.16　　　　　　m/z 350.13

m/z 324.12

图2-1-2　马钱子碱质谱裂解途径

（二）党参物质组辨识

采用上述优化的UPLC-Q/TOF-MS条件，对党参药材的样品溶液进行检测分析，正、负离子模式下，党参药材样品的基峰色谱图（BPI）如图2-1-3所示。通过检索文献数据分析质谱裂解规律，对比各色谱峰的MS、MS/MS数据，在党参单味药材样品中共鉴定得到9种化学成分，主要为炔苷类化合物。UPLC-Q/TOF-MS数据见表2-1-3，TOF-MS的测得值与理论值比较，精确质量数的误差均小于10ppm。

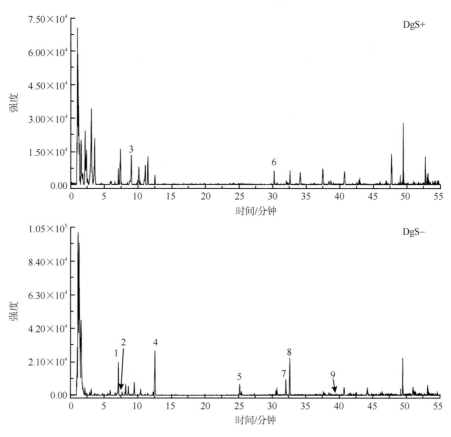

图2-1-3　正、负离子模式下党参药材BPI色谱图

表2-1-3　党参药材LC-MS数据

序号	保留时间/分钟	母离子	理论值	测得值	碎片离子	分子式	鉴定
1	7.15	[M-H]⁻	677.2293	677.2325	497.17，453.18，261.10	$C_{29}H_{42}O_{18}$	tangshenoside I 党参苷 I
2	7.71	[M-H]⁻	325.0923	325.0939	325.09	$C_{15}H_{18}O_8$	coumaric acid glucoside
3	9.05	[M+H]⁺	350.1967	350.1951	161.06	$C_{19}H_{28}NO_5^+$	codonopyrrolidium A
4*	12.61	[M+HCOO]⁻	441.1780	441.1793	215.10，185.10	$C_{20}H_{28}O_8$	lobetyolin 党参炔苷
5	25.25	[M-H]⁻	329.2328	329.2339	229.15，211.13	$C_{18}H_{34}O_5$	三羟基十八碳烯酸
6*	30.33	[M+H]⁺	249.1500	249.1500	231.14，213.12	$C_{15}H_{20}O_3$	白术内酯Ⅲ
7	32.13	[M-H]⁻	313.2379	313.2382	313.24	$C_{18}H_{34}O_4$	双羟基十八碳烯酸
8	32.69	[M-H]⁻	313.2379	313.2372	313.24	$C_{18}H_{34}O_4$	双羟基十八碳烯酸
9	39.16	[M-H]⁻	295.2273	295.2285	295.23	$C_{18}H_{32}O_3$	coronaric acid 蓟蒿酸

*：与标准品比较确认

党参炔苷是党参中主要的化学成分[3, 4]，在质谱中形成[M+HCOO]⁻ m/z 441.1793加合离子和[M-H⁻ m/z 395.17]的准分子离子，丢失糖基形成m/z 215.10的碎片离子，继续丢失末尾的CH_2O，产生m/z 185.10的碎片离子，或是丢失炔基侧的长链和糖基，产生m/z 143.07的碎片离子，再丢失H_2O形成m/z 125.06的碎片离子（图2-1-4）。

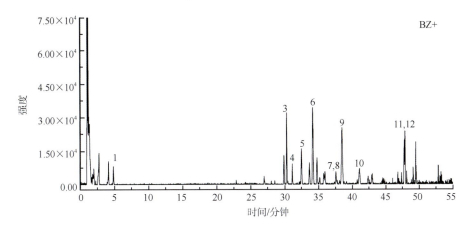

图2-1-4 党参炔苷质谱裂解途径

（三）白术物质组辨识

采用上述优化的UPLC-Q/TOF-MS条件，对白术药材的样品溶液进行检测分析，正、负离子模式下，白术药材样品的基峰色谱图（BPI）如图2-1-5所示。通过检索文献数据分析质谱裂解规律，对比各色谱峰的MS、MS/MS数据，在白术单味药材样品中共鉴定得到12种化学成分，主要为内酯类化合物。UPLC-Q/TOF-MS数据见表2-1-4，TOF-MS的测得值与理论值比较，精确质量数的误差均小于10ppm。

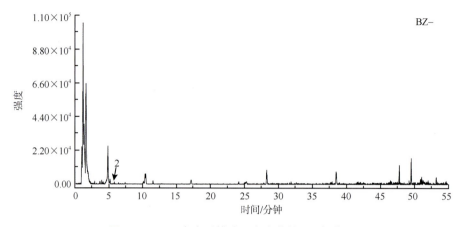

图 2-1-5 正、负离子模式下白术药材 BPI 色谱图

表 2-1-4 白术药材 LC-MS 数据

序号	保留时间/分钟	母离子	理论值	测得值	碎片离子	分子式	鉴定
1	4.85	[M+H]⁺	355.0986	355.0991	163.04	$C_{16}H_{18}O_9$	chlorogenic acid 绿原酸
2	5.75	[M-H]⁻	179.0344	179.0350	145.93, 96.96	$C_9H_8O_4$	caffeic acid 咖啡酸
3*	30.30	[M+H]⁺	249.1491	249.1457	231.13, 213.12, 203.14	$C_{15}H_{20}O_3$	atractylenolide Ⅲ 白术内酯Ⅲ
4	31.17	[M+H]⁺	230.1545	230.1519	196.11	$C_{15}H_{19}NO$	白术内酰胺
5	33.70	[M+H]⁺	233.1536	233.1532	215.15, 187.15, 145.10	$C_{15}H_{20}O_2$	costunolide 广木香内酯
6*	34.21	[M+H]⁺	233.1536	233.1532	215.15, 187.15, 145.10	$C_{15}H_{20}O_2$	atractylenolide Ⅱ 白术内酯Ⅱ
7	37.03	[M+H]⁺	263.1643	263.1646	263.16	$C_{16}H_{22}O_3$	8β-methoxyatractylenolide Ⅰ 8β-甲氧基白术内酯Ⅰ
8	37.37	[M+H]⁺	263.1643	263.1649	263.16	$C_{16}H_{22}O_3$	8β-甲氧基白术内酯Ⅰ异构体
9	38.46	[M+H]⁺	231.1379	231.1388	213.14, 185.13, 157.10	$C_{15}H_{18}O_2$	atractylenolide Ⅰ 白术内酯Ⅰ
10	41.12	[M+H]⁺	219.1749	219.1750	219.17	$C_{15}H_{22}O$	9, 10-dehydroisolongifolene 9, 10-去氢异长叶烯
11	47.91	[M+H]⁺	203.1791	203.1784	161.13, 147.12, 133.10	$C_{15}H_{22}$	atractylenolide Ⅵ 白术内酯Ⅵ
12	48.16	[M+H]⁺	217.1592	217.1575	203.18, 130.16	$C_{15}H_{20}O$	atractylone 苍术酮

*：与标准品比较确认

　　白术内酯类成分是白术的特征性成分，也是重要的活性成分[5, 6]。在质谱中，这类成分在正离子模式下响应好，内酯环中的酯键容易裂解，脱去 H_2O 和 CO 形成对应的碎片离子。以白术内酯Ⅲ为例，在质谱中显示[M+H]⁺ m/z 249.1457 的准分子离子，丢失 H_2O 形成 m/z 231.13 的碎片离子，分别发生完全或不完全环断裂，产生 m/z 163.07 和 m/z 189.09 的碎片离子，再发生内酯环上酯键断裂，产生 m/z 203.14 和 m/z 119.08 的碎片离子（图 2-1-6）。

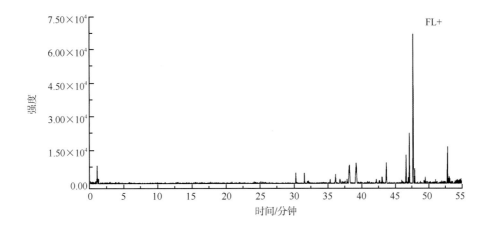

图 2-1-6　白术内酯Ⅲ质谱裂解途径

（四）茯苓物质组辨识

采用上述优化的UPLC-Q/TOF-MS条件，对茯苓药材的样品溶液进行检测分析，正、负离子模式下，茯苓药材样品的基峰色谱图（BPI）如图2-1-7所示。通过检索文献数据分析质谱裂解规律，对比各色谱峰的MS、MS/MS数据，在茯苓单味药材样品中共鉴定得到22种化学成分，主要为三萜类化合物。UPLC-Q/TOF-MS数据见表2-1-5，TOF-MS的测得值与理论值比较，精确质量数的误差均小于10ppm。

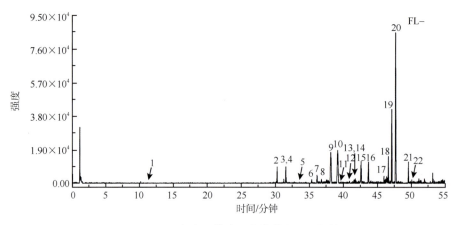

图2-1-7   正、负离子模式下茯苓药材BPI色谱图

表2-1-5   茯苓药材LC-MS数据

序号	保留时间/分钟	母离子	理论值	测得值	碎片离子	分子式	鉴定
1	11.43	[M-H]⁻	677.4992	677.4987	677.50	$C_{40}H_{70}O_8$	campechic acid A
2	30.33	[M-H]⁻	499.3423	499.3405	499.34	$C_{31}H_{48}O_5$	poricoic acid GM 茯苓酸GM
3	31.29	[M-H]⁻	513.3216	513.3227	481.33, 339.20	$C_{31}H_{46}O_6$	poricoic acid D 茯苓酸D
4	31.58	[M-H]⁻	497.3267	497.3242	497.33, 419.29	$C_{31}H_{46}O_5$	poricoic acid BM 茯苓酸BM
5	33.80	[M-H]⁻	497.3267	497.3285	497.33, 423.29	$C_{31}H_{46}O_5$	poriacosone A/B 茯苓羊毛脂酮 A/B
6	35.41	[M-H]⁻	469.3318	469.3305	351.12, 315.25	$C_{30}H_{46}O_4$	16α-hydroxydehydrotrametenolic acid 16α-羟基松苓新酸
7	36.19	[M-H]⁻	471.3474	471.3493	409.31	$C_{30}H_{48}O_4$	16α-hydroxytrametenolic acid 16α-羟基-氢化松苓酸
8	36.84	[M-H]⁻	481.3318	483.3331	466.31	$C_{31}H_{46}O_4$	poricoic acid C 茯苓酸C
9	37.88	[M-H]⁻	483.3110	483.3137	483.31	$C_{30}H_{44}O_5$	poricoic acid B 茯苓酸B
10*	38.20	[M-H]⁻	483.3476	483.3469	465.30, 421.31, 405.31	$C_{31}H_{48}O_4$	dehydrotumulosic acid 去氢土莫酸
11	39.22	[M-H]⁻	485.3631	485.3636	485.36, 471.35	$C_{31}H_{50}O_4$	tumulosic acid 土莫酸
12	40.93	[M-H]⁻	497.3267	497.3258	497.33, 423.29	$C_{31}H_{46}O_5$	poricoic acid A 茯苓酸A
13	41.21	[M-H]⁻	485.3267	485.3279	441.33	$C_{30}H_{46}O_5$	poricoic acid G 茯苓酸G
14	42.19	[M-H]⁻	543.3686	543.3656	465.30	$C_{33}H_{52}O_6$	25-hydroxypachymic acid 25-羟基茯苓酸
15	42.63	[M-H]⁻	481.3318	481.3298	421.31	$C_{31}H_{46}O_5$	polyporenic acid C 猪苓酸C
16	43.70	[M-H]⁻	483.3476	483.3499	465.30, 421.31, 337.26	$C_{31}H_{48}O_4$	isomer of dehydrotumulosic acid 去氢土莫酸异构体
17	46.02	[M-H]⁻	511.3423	511.3426	511.34	$C_{32}H_{48}O_5$	3-O-acetyl-16α-hydroxydehydrotrametenolic acid 3-O-乙酰基-16α-羟基松苓新酸
18	46.66	[M-H]⁻	513.3580	513.3560	339.20	$C_{32}H_{50}O_5$	poricoic acid HM 茯苓酸HM

续表

序号	保留时间/分钟	母离子	理论值	测得值	碎片离子	分子式	鉴定
19	47.15	[M-H]⁻	525.3580	525.3558	465.36，355.23	$C_{33}H_{50}O_5$	dehydropachymic acid 去氢茯苓酸
20*	47.69	[M-H]⁻	527.3736	527.3746	527.37，465.34	$C_{33}H_{52}O_5$	pachymic acid 茯苓酸
21	49.60	[M-H]⁻	453.3369	453.3359	435.33	$C_{30}H_{46}O_3$	dehydrotrametenolic acid 松苓新酸
22	50.13	[M-H]⁻	455.3525	455.3502	455.35	$C_{30}H_{48}O_3$	hydroxytrametenolic acid 氢化松苓酸

＊：与标准品比较确认

三萜类成分是茯苓的主要成分，主要为茯苓酸及其同系物[7, 8]。以茯苓酸A为例，在质谱中显示$[M-H]^-$ m/z 497.32的准分子离子，易脱去HCOOH形成m/z 451.3253的碎片离子，进一步脱去支链C_8H_{16}与CH_4形成m/z 325.18的碎片离子，或脱去CO_2形成m/z 453.33的碎片离子，进一步失去H_2O或CH_3，形成m/z 435.32和m/z 437.32的碎片离子（图2-1-8）。

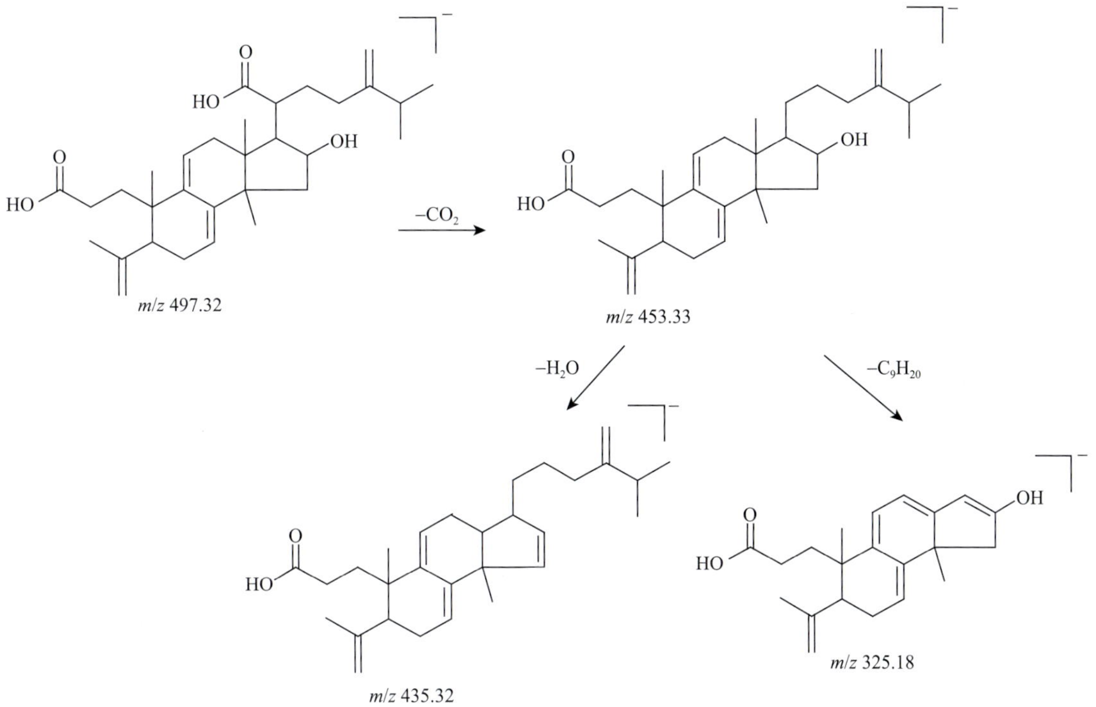

图2-1-8　茯苓酸A质谱裂解途径

茯苓酸在质谱中显示$[M-H]^-$ m/z 527.37的准分子离子，易脱去H_2O与CO_2形成m/z 465.33的碎片离子，进一步失去CH_3COOH形成m/z 405.31的碎片离子（图2-1-9）。

（五）丹参物质组辨识

采用上述优化的UPLC-Q/TOF-MS条件，对丹参药材的样品溶液进行检测分析，正、负离子模式下，丹参药材样品的基峰色谱图（BPI）如图2-1-10所示。通过检索文献数据和公共数据库，分析质谱裂解规律，对比各色谱峰的MS、MS/MS数据，在丹参单味药材样品中共鉴定得到53种化学成分，UPLC-Q/TOF-MS数据见表2-1-6，TOF-MS的测得值与理论值比较，精确质量数的误差均小于10ppm。

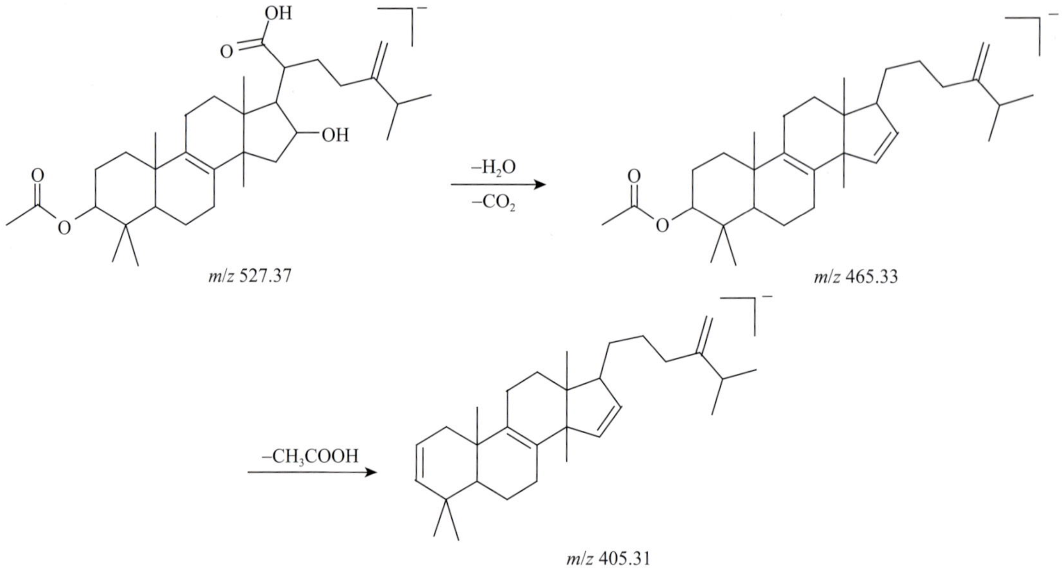

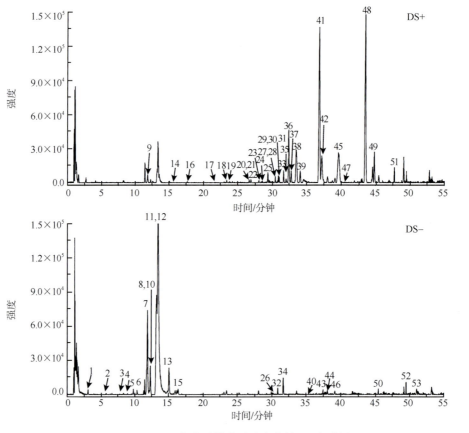

图 2-1-9　茯苓酸质谱裂解途径

图 2-1-10　正、负离子模式下丹参药材BPI色谱图

表2-1-6　丹参药材LC-MS数据

序号	保留时间/分钟	母离子	理论值	测得值	碎片离子	分子式	鉴定
1*	3.08	[M-H]⁻	197.0450	197.0462	179.03，135.04	$C_9H_{10}O_5$	danshensu 丹参素
2	5.74	[M-H]⁻	179.0344	179.0340	161.90，151.90，135.03	$C_9H_8O_4$	caffeic acid 咖啡酸
3	7.74	[M-H]⁻	537.1033	537.1022	519.07，339.03，321.02	$C_{27}H_{22}O_{12}$	salvianolic acid H/I/J/isomer 丹酚酸H/I/J/异构体
4	8.52	[M-H]⁻	539.1190	539.1121	521.98，495.01	$C_{27}H_{24}O_{12}$	yunnaneic acid D/isomer 云南丹参酸D/异构体
5	9.75	[M-H]⁻	521.1295	521.1182	498.07，359.07	$C_{24}H_{26}O_{13}$	salviaflaside 异迷迭香酸苷
6	10.29	[M-H]⁻	537.1033	537.1009	519.09，339.04，321.04	$C_{27}H_{22}O_{12}$	salvianolic acid H/I/J/isomer 丹酚酸H/I/J/异构体
7*	11.83	[M-H]⁻	359.0767	359.0782	179.04，161.03	$C_{18}H_{16}O_8$	rosmarinic acid 迷迭香酸
8	12.03	[M-H]⁻	537.1033	537.1014	519.08，339.05，321.01	$C_{27}H_{22}O_{12}$	salvianolic acid H/I/J/isomer 丹酚酸H/I/J/异构体
9	12.18	[M+H]⁺	315.1232	315.1209	297.07，279.06，251.07	$C_{18}H_{18}O_5$	17-hydroxytanshindiol B 17-羟基丹参二醇B
10	12.27	[M-H]⁻	493.1135	493.1164	383.06，295.06	$C_{26}H_{22}O_{10}$	salvianolic acid A 丹酚酸A
11	13.16	[M-H]⁻	717.1456	717.1461	519.09，339.05	$C_{36}H_{30}O_{16}$	iso salvianolic acid B 异丹酚酸B
12*	13.41	[M-H]⁻	717.1456	717.1469	519.09，339.04	$C_{36}H_{30}O_{16}$	salvianolic acid B 丹酚酸B
13	15.04	[M-H]⁻	717.1456	717.1461	519.09，339.04	$C_{36}H_{30}O_{16}$	salvianolic acid E 丹酚酸E
14	15.70	[M+H]⁺	313.1076	313.1072	295.06，279.07，251.07	$C_{18}H_{16}O_5$	tanshindiol B 丹参二醇B
15	16.36	[M-H]⁻	731.1612	731.1639	533.11，353.06，335.05	$C_{37}H_{32}O_{16}$	3′-O-monomethy lithospermic acid B 3′-O-单甲基紫草酸B
16	17.68	[M+H]⁺	313.1076	313.1064	295.06，267.10，249.09，221.10	$C_{18}H_{16}O_5$	tanshindiol C 丹参二醇C
17	21.61	[M+H]⁺	313.1076	313.1056	295.06，267.10，249.09，221.10	$C_{18}H_{16}O_5$	tanshindiol C isomer 丹参二醇C异构体
18	23.39	[M+H]⁺	313.1440	313.1434	295.06，285.06，269.13	$C_{19}H_{20}O_4$	17-hydroxycryptotanshinone 17-羟基隐丹参酮
19	23.81	[M+H]⁺	283.0970	283.0938	265.09，237.09，227.07	$C_{17}H_{14}O_4$	phenanthro[1, 2-b]furan-6, 10, 11(7H)-trione, 1, 2, 8, 9-tetrahydro-1-methyl-, (R)-
20	26.37	[M+H]⁺	293.0814	293.0843	263.07，247.08，235.08	$C_{18}H_{12}O_4$	tanshinol A 丹参醇A
21	26.63	[M+H]⁺	295.0970	295.0984	277.07，249.09	$C_{18}H_{14}O_4$	3α-hydroxymethylenetanshinquinone 3α-羟基次甲丹参醌
22	26.88	[M+H]⁺	297.1127	297.1155	279.08，261.09，233.09	$C_{18}H_{16}O_4$	tanshinone Ⅵ 丹参酮Ⅵ

续表

序号	保留时间/分钟	母离子	理论值	测得值	碎片离子	分子式	鉴定
23	28.40	[M+H]⁺	311.1283	311.1281	293.11，283.13，265.12	$C_{19}H_{18}O_4$	1-ketoisocryptotanshinone 1-酮异隐丹参醌
24	28.58	[M+H]⁺	295.0970	295.0954	277.07，263.07，249.09	$C_{18}H_{14}O_4$	trijuganone A 小红参醌A
25	29.36	[M+H]⁺	311.1283	311.1288	293.13，275.11，265.13	$C_{19}H_{18}O_4$	tanshinone ⅡB 丹参酮ⅡB
26	30.14	[M-H]⁻	327.1232	327.1266	299.10，284.10，253.09	$C_{19}H_{20}O_5$	phenanthro[1, 2-b]furan-10, 11-dione，1, 2, 6, 7, 8, 9-hexahydro-7（8or9）-hydroxy-1-（hydroxymethyl）-6, 6-dimethyl-,（1S）-
27	30.44	[M+H]⁺	341.1389	341.1436	281.11，263.11，207.10	$C_{20}H_{20}O_5$	methyldihydronortanshinonate 二氢丹参酸甲酯
28	30.50	[M+H]⁺	341.1389	341.1453	295.15	$C_{20}H_{20}O_5$	trijuganone C 小红参醌C
29	30.80	[M+H]⁺	297.1127	297.1124	279.11，261.10	$C_{18}H_{16}O_4$	tanshinol B 丹参醇B
30	30.89	[M+H]⁺	327.1232	327.1248	309.11，283.12，265.12	$C_{19}H_{18}O_5$	3-hydroxtanshinone ⅡB 3-羟基丹参酮ⅡB
31	30.96	[M+H]⁺	309.1127	309.1137	265.12，250.10，235.08	$C_{19}H_{16}O_4$	tanshinaldehyde 丹参醛
32	31.05	[M-H]⁻	487.3423	487.3460	469.35，443.32	$C_{30}H_{48}O_5$	tormentic acid 委陵菜酸
33	31.67	[M+H]⁺	297.1491	297.1474	278.09，279.09，253.16，251.14	$C_{19}H_{20}O_3$	cryptotanshinone 隐丹参酮
34	31.69	[M-H]⁻	313.1440	313.1458	269.15，241.12，226.09	$C_{19}H_{22}O_4$	neocryptotanshinone 新隐丹参酮
35	32.06	[M+H]⁺	281.1542	281.1540	266.12，253.11，238.10	$C_{19}H_{20}O_2$	1, 2-didehydromiltirone 去氢丹参新酮
36	32.44	[M+H]⁺	279.1021	279.1031	261.09，233.10，205.10	$C_{18}H_{14}O_3$	1,2-dihydrotanshinone Ⅰ/3,4-dihydrotanshinone Ⅰ 1, 2-二氢丹参酮Ⅰ/3, 4-二氢丹参酮Ⅰ
37	32.76	[M+H]⁺	297.1491	297.1463	269.15，251.14	$C_{19}H_{20}O_3$	1-oxomiltirone 1-羰基丹参新酮
38	33.49	[M+H]⁺	281.1178	281.1167	263.10，248.08，235.11	$C_{18}H_{16}O_3$	trijuganone B 小红参醌B
39	34.07	[M+H]⁺	339.1232	339.1226	279.10，261.09，233.10，205.10	$C_{20}H_{18}O_5$	methyltanshinonate 丹参酸甲酯
40	35.36	[M-H]⁻	293.2117	293.2142	265.15，249.88	$C_{18}H_{30}O_3$	9-oxo-10E, 12Z-octadecadienoic acid 9-羰基-10E, 12Z-十八碳二烯酸
41	36.84	[M+H]⁺	297.1491	297.1468	282.12，279.14，251.14	$C_{19}H_{20}O_3$	isocryptotanshinone Ⅱ 异隐丹参酮Ⅱ
42	37.20	[M+H]⁺	277.0865	277.0851	262.09，249.09，221.08	$C_{18}H_{12}O_3$	tanshinone Ⅰ 丹参酮Ⅰ
43	37.48	[M-H]⁻	315.1960	315.1966	297.15，269.11	$C_{20}H_{28}O_3$	20-deoxocarnosol 去氧鼠尾草酚

续表

序号	保留时间/分钟	母离子	理论值	测得值	碎片离子	分子式	鉴定
44	38.07	[M-H]$^-$	299.2011	299.2005	281.15，265.15	$C_{20}H_{28}O_2$	sugiol 柳杉酚
45	39.62	[M+H]$^+$	279.1021	279.0990	261.09，233.10，205.10	$C_{18}H_{14}O_3$	15, 16-dihydrotanshinone Ⅰ 15, 16-二氢丹参酮 Ⅰ
46	39.83	[M-H]$^-$	265.1229	265.1232	250.10	$C_{18}H_{18}O_2$	4-methylenemiltirone 4-亚甲基丹参新酮
47	40.63	[M+H]$^+$	293.1178	293.1183	275.10，247.11	$C_{19}H_{16}O_3$	1, 2-didehydrotanshinone Ⅱ$_A$ 1, 2-二氢丹参酮 Ⅱ$_A$
48*	43.52	[M+H]$^+$	295.1334	295.1340	277.12，262.09，249.12，234.10	$C_{19}H_{18}O_3$	tanshinone Ⅱ$_A$ 丹参酮 Ⅱ$_A$
49	44.85	[M+H]$^+$	283.1698	283.1698	268.14，265.16	$C_{19}H_{22}O_2$	miltirone 丹参新酮
50	45.83	[M-H]$^-$	317.2117	317.2127	299.16，281.15	$C_{20}H_{30}O_3$	1-naphthalenol, 1-（3-buten-1-yl）-1, 2, 3, 4-tetrahydro-5, 7-dimethoxy-2-methyl-6-（1-methylethyl）
51	47.78	[M+H]$^+$	279.2324	279.2307	261.22，235.05	$C_{18}H_{30}O_2$	linolenic acid 亚麻酸
52	49.54	[M-H]$^-$	279.2324	279.2334	261.12	$C_{18}H_{32}O_2$	linoleic acid 亚油酸
53	51.08	[M-H]$^-$	255.2324	255.2309	237.22，183.01	$C_{16}H_{32}O_2$	palmitic acid 棕榈酸

*：与标准品比较确认

丹参的化学成分主要包括二萜醌类和丹酚酸类[9-12]。二萜醌类化合物，由于酮基的烯醇重排容易丢失H_2O，再失去CO和CH_3等产生一系列碎片离子。以丹参酮Ⅱ$_A$为例，在质谱中准分子离子[M+H]$^+$ m/z 295.13先后丢失H_2O和CO形成m/z 277.12和m/z 249.12的碎片离子，再分别裂解失去CH_3产生m/z 262.09和m/z 234.10的碎片离子（图2-1-11）。

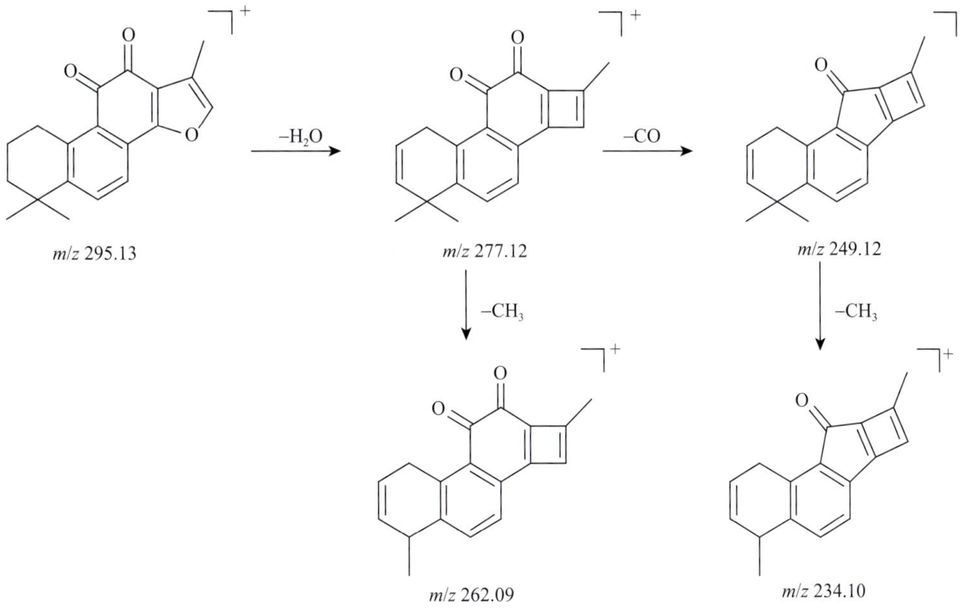

m/z 295.13　　　　*m/z* 277.12　　　　*m/z* 249.12

m/z 262.09　　　　*m/z* 234.10

图2-1-11　丹参酮Ⅱ$_A$质谱裂解途径

丹酚酸类成分在质谱中容易丢失丹参素（198Da）和咖啡酸（180Da）形成系列碎片离子。以丹酚酸B为例，准分子离子[M-H]⁻ *m/z* 717.14丢失丹参素产生*m/z* 519.09的碎片离子，先后丢失咖啡酸与丹参素产生*m/z* 339.04的碎片离子。此外，它们还容易丢失H_2O、CO_2及CO等产生一系列碎片离子（图2-1-12）。

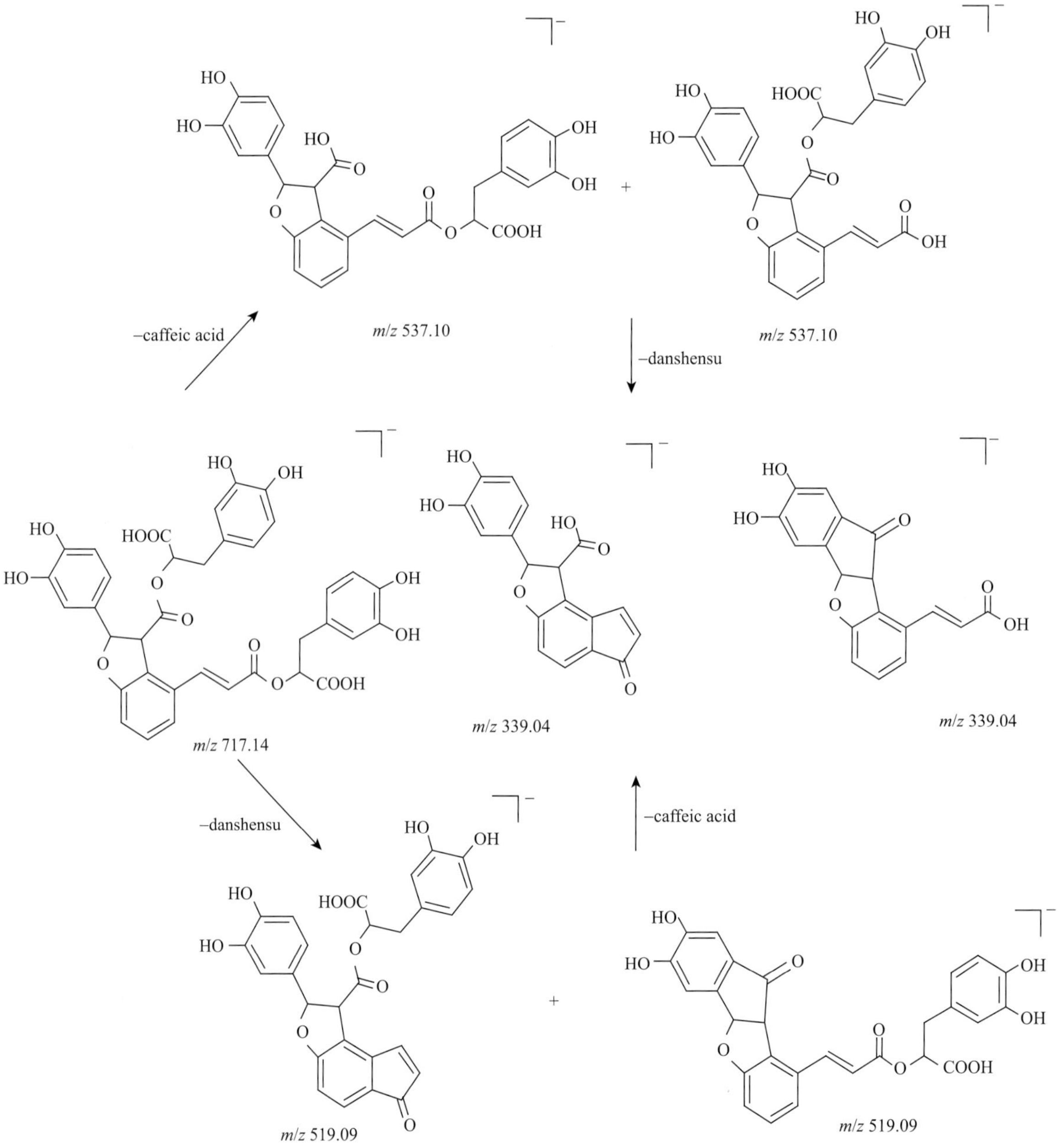

m/z 537.10

m/z 537.10

–caffeic acid

–danshensu

m/z 717.14

m/z 339.04

m/z 339.04

–danshensu

–caffeic acid

m/z 519.09

m/z 519.09

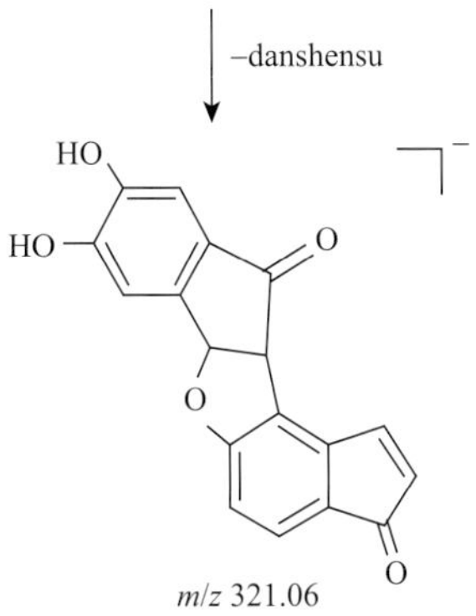

−danshensu

m/z 321.06

图2-1-12 丹酚酸B质谱裂解途径

（六）三七物质组辨识

采用上述优化的UPLC-Q/TOF-MS条件，对三七药材的样品溶液进行检测分析，正、负离子模式下，三七药材样品的基峰色谱图（BPI）如图2-1-13所示。通过检索文献数据和公共数据库，分析质谱裂解规律，对比各色谱峰的MS、MS/MS数据，在三七单味药材样品中共鉴定得到42种化学成分，UPLC-Q/TOF-MS数据见表2-1-7，TOF-MS的测得值与理论值比较，精确质量数的误差均小于10ppm。

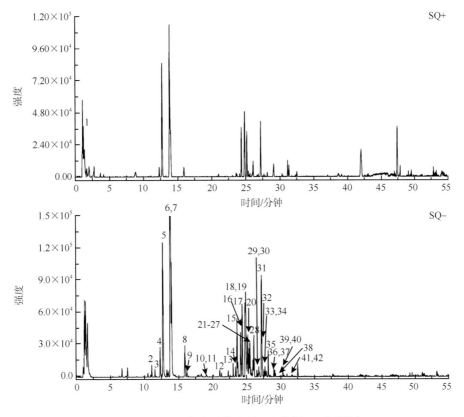

图2-1-13 正、负离子模式下三七药材BPI色谱图

表2-1-7　三七药材LC-MS数据

序号	保留时间/分钟	母离子	理论值	测得值	碎片离子	分子式	鉴定
1	1.37	[M+H]$^+$	177.0511	177.0508	160.02，133.06，116.04（-NH$_3$-CO$_2$）	C$_5$H$_8$O$_5$N$_2$	dencichine三七素
2	11.07	[M+HCOO]$^-$	1007.5427	1007.5351	961.54，799.48，637.44，475.39	C$_{48}$H$_{82}$O$_{19}$	notoginsenosideR$_3$/R$_6$/20-O-glucoginsenoside-Rf 三七皂苷R$_3$/R$_6$/20-氧代-人参皂苷Rf
3	11.55	[M+HCOO]$^-$	1007.5427	1007.5486	961.54，799.49，637.44，475.38	C$_{48}$H$_{82}$O$_{19}$	notoginsenosideR$_3$/R$_6$/20-O-glucoginsenoside-Rf 三七皂苷R$_3$/R$_6$/20-氧代人参皂苷Rf
4	12.32	[M+HCOO]$^-$	1007.5457	1007.5366	961.53，799.48，637.43，475.37	C$_{48}$H$_{82}$O$_{19}$	notoginsenoside M 三七皂苷M
5*	12.74	[M+HCOO]$^-$	977.5321	977.5263	931.52，799.48，637.43，475.38	C$_{47}$H$_{80}$O$_{18}$	notoginsenoside R$_1$ 三七皂苷R$_1$
6*	13.81	[M+HCOO]$^-$	845.4899	845.4930	799.49，637.43，475.38	C$_{42}$H$_{72}$O$_{14}$	ginsenoside Rg$_1$ 人参皂苷Rg$_1$
7*	14.02	[M+HCOO]$^-$	991.5478	991.5495	945.54，799.49，783.49，637.43	C$_{48}$H$_{82}$O$_{18}$	ginsenoside Re 人参皂苷Re
8	15.92	[M-H]$^-$	885.4848	885.4843	841.49，781.47，637.43，619.42	C$_{45}$H$_{74}$O$_{17}$	malonyl-ginsenoside Rg$_1$ 丙二酰基人参皂苷Rg$_1$
9	16.24	[M+HCOO]$^-$	1169.5955	1169.5966	1123.59，961.54，799.48	C$_{54}$H$_{92}$O$_{24}$	notoginsenoside A 人参皂苷A
10	19.10	[M+HCOO]$^-$	1005.5270	1005.5268	959.52，887.50，841.49，781.47	C$_{48}$H$_{80}$O$_{19}$	notoginsenoside G 三七皂苷G
11	19.12	[M-H]$^-$	885.4848	885.4791	841.49，781.47，637.43，619.42	C$_{45}$H$_{74}$O$_{17}$	isomer of malonyl-ginsenoside Rg$_1$ 丙二酰基人参皂苷Rg$_1$异构体
12	21.33	[M+HCOO]$^-$	1167.5799	1167.5762	1121.57，959.53，797.46	C$_{54}$H$_{90}$O$_{24}$	notoginsenoside B 三七皂苷B
13	23.42	[M+HCOO]$^-$	1315.6534	1315.6509	1269.65，1107.60	C$_{60}$H$_{102}$O$_{28}$	ginsenoside Ra$_0$ 人参皂苷Ra$_0$
14	23.66	[M+HCOO]$^-$	1285.6429	1285.6467	1239.63，945.54，783.49，619.31	C$_{59}$H$_{100}$O$_{27}$	notoginsenoside Fa 三七皂苷Fa
15	23.77	[M+HCOO]$^-$	845.4899	845.4893	799.48，637.44，619.32，475.38	C$_{42}$H$_{72}$O$_{14}$	ginsenoside Rf 人参皂苷Rf
16	24.18	[M+HCOO]$^-$	1285.6429	1285.6495	1239.64，1107.60，945.55	C$_{59}$H$_{100}$O$_{27}$	ginsenoside Ra$_3$ 人参皂苷Ra$_3$
17	24.42	[M+HCOO]$^-$	815.4793	815.4786	769.47，637.43，475.38	C$_{41}$H$_{70}$O$_{13}$	notoginsenoside R$_2$ 三七皂苷R$_2$
18	24.83	[M+HCOO]$^-$	1285.6429	1285.6492	1239.64，1107.60，945.54	C$_{59}$H$_{100}$O$_{27}$	notoginsenoside R$_4$ 三七皂苷R$_4$
19*	24.89	[M+HCOO]$^-$	1153.6006	1153.6074	1107.60，945.54，783.49，621.44	C$_{54}$H$_{92}$O$_{23}$	ginsenoside Rb$_1$ 人参皂苷Rb$_1$
20	25.20	[M-H]$^-$	1193.5955	1193.5970	1149.61，1107.60，783.49，637.43	C$_{57}$H$_{94}$O$_{26}$	malonyl-ginsenoside Rb$_1$ 丙二酰基人参皂苷Rb$_1$
21	25.22	[M+HCOO]$^-$	829.4949	829.4974	783.49，683.44，637.43，475.38	C$_{42}$H$_{72}$O$_{13}$	ginsenoside Rg$_2$ 人参皂苷Rg$_2$

续表

序号	保留时间/分钟	母离子	理论值	测得值	碎片离子	分子式	鉴定
22	25.25	[M+HCOO]$^-$	683.4370	683.4357	637.43，619.42，475.38	$C_{36}H_{62}O_9$	ginsenoside Rh$_1$ 人参皂苷Rh$_1$
23	25.43	[M+HCOO]$^-$	1193.5955	1193.5980	1149.61，1107.60	$C_{57}H_{94}O_{26}$	isomer of malonyl-ginsenoside Rb$_1$ 丙二酰基人参皂苷Rb$_1$异构体
24	25.54	[M+HCOO]$^-$	1193.5955	1193.5956	1149.61，1107.60，1089.59，945.54	$C_{57}H_{94}O_{26}$	isomer of malonyl-ginsenoside Rb$_1$ 丙二酰基人参皂苷Rb$_1$异构体
25	25.93	[M+HCOO]$^-$	1193.5955	1193.6002	1149.61，1107.60，1089.59，1077.60	$C_{57}H_{94}O_{26}$	isomer of malonyl-ginsenoside Rb$_1$ 丙二酰基人参皂苷Rb$_1$异构体
26	25.98	[M+HCOO]$^-$	1123.5900	1123.5916	1077.59，945.54，841.50	$C_{53}H_{90}O_{22}$	ginsenoside Rb$_2$ 人参皂苷Rb$_2$
27	25.99	[M-H]$^-$	885.4848	885.4862	841.50，783.49	$C_{45}H_{74}O_{17}$	isomer of malonyl-ginsenoside Rb$_1$ 丙二酰基人参皂苷Rg$_1$异构体
28	26.14	[M+HCOO]$^-$	1123.5900	1123.5903	1077.59，945.54，783.49	$C_{53}H_{90}O_{22}$	ginsenoside Rb$_3$ 人参皂苷Rb$_3$
29	26.51	[M+HCOO]$^-$	1123.5900	1123.6049	1077.59，945.55，783.49	$C_{53}H_{90}O_{22}$	ginsenoside Rc 人参皂苷Rc
30	26.83	[M-H]$^-$	683.4370	683.4390	637.44，475.38	$C_{36}H_{62}O_9$	ginsenoside F$_1$ 人参皂苷F$_1$
31*	27.22	[M+HCOO]$^-$	991.5478	991.5430	945.54，783.49，621.43，459.38	$C_{48}H_{82}O_{18}$	ginsenoside R$_d$ 人参皂苷R$_d$
32	27.55	[M+HCOO]$^-$	1031.5427	1031.5461	987.55，945.54，927.53，765.48	$C_{51}H_{84}O_{21}$	malonyl-ginsenoside R$_d$丙二酰基人参皂苷Rd
33	27.72	[M+HCOO]$^-$	1031.5427	1031.5428	987.55，945.54，927.53，783.49	$C_{51}H_{84}O_{21}$	isomer of malonyl-ginsenoside Rd 丙二酰基人参皂苷Rd异构体
34	27.91	[M+HCOO]$^-$	1031.5427	1031.5463	987.55，945.54，825.50	$C_{51}H_{84}O_{21}$	isomer of malonyl-ginsenoside Rd 丙二酰基人参皂苷Rd异构体
35	28.20	[M+HCOO]$^-$	991.5478	991.5510	945.54，783.49，621.44	$C_{48}H_{82}O_{18}$	notoginsenoside K 三七皂苷K
36	29.15	[M+HCOO]$^-$	961.5372	961.5376	915.53，783.49，621.44	$C_{47}H_{80}O_{17}$	notoginsenoside F$_e$ 三七皂苷Fe
37	29.24	[M+HCOO]$^-$	961.5372	961.5362	915.53，783.49，621.44	$C_{47}H_{80}O_{17}$	notoginsenoside F$_d$ 三七皂苷Fd
38	29.95	[M+HCOO]$^-$	797.4687	797.4614	751.46，619.42	$C_{41}H_{68}O_{12}$	notoginsenoside T$_5$ 三七皂苷T$_5$
39	30.26	[M+HCOO]$^-$	797.4687	797.4623	751.46，619.42	$C_{41}H_{68}O_{12}$	notoginsenoside T$_5$ 三七皂苷T$_5$
40	30.34	[M+HCOO]$^-$	829.4949	829.4852	783.48，751.44，621.44	$C_{42}H_{72}O_{13}$	ginsenoside F$_2$ 人参皂苷F$_2$
41	31.49	[M+HCOO]$^-$	829.4949	829.4918	783.49，621.43	$C_{42}H_{72}O_{13}$	20(S)-ginsenoside Rg$_3$ 20(S)-人参皂苷Rg$_3$
42	31.64	[M+HCOO]$^-$	829.4949	829.4882	783.49，621.43	$C_{42}H_{72}O_{13}$	20(R)-ginsenoside Rg$_3$ 20(R)-人参皂苷Rg$_3$

＊：与标准品比较确认

三七中的主要成分是皂苷类化合物[13]，其裂解规律多为皂苷上糖苷键的断裂，而很难发现负离子模式下苷元的进一步裂解。根据三萜皂苷中基团的取代位点不同，可以分为原人参二醇型皂苷和原人参三醇型皂苷等。原人参二醇型皂苷类化合物以人参皂苷Rb$_1$为例，准分子离子[M-H]$^-$ m/z 1107.60丢失葡萄糖产生m/z 945.54的碎片离子，再先后丢失两个葡萄糖分别产生m/z 783.49与m/z 621.43的碎片离子（图2-1-14）。

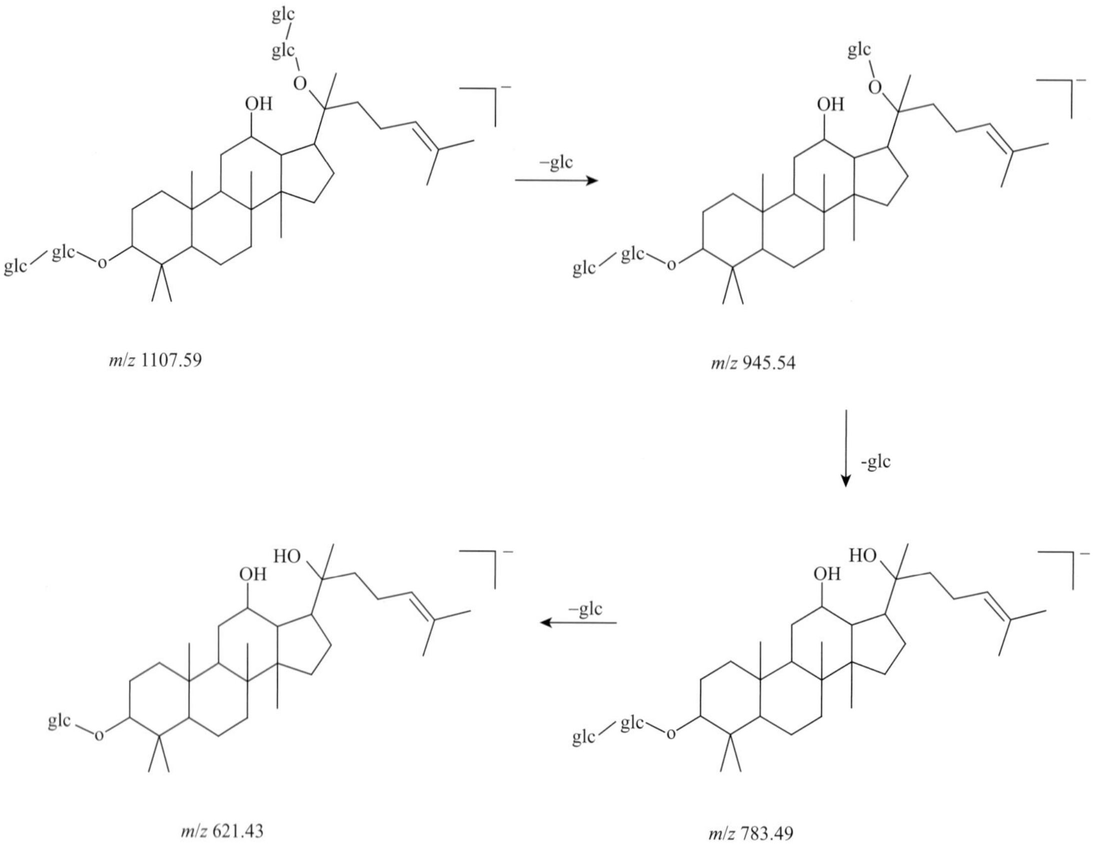

图2-1-14　人参皂苷Rb_1质谱裂解途径

三七皂苷R_1和人参皂苷Rg_1为原人参三醇型皂苷。三七皂苷R_1准分子离子$[M-H]^-$ m/z 931.52脱去木糖产生$[M-H-xyl]^-$ m/z 799.48的碎片离子，再先后脱去两个葡萄糖分别产生$[M-H-xyl-glc]^-$ m/z 637.42、$[M-H-xyl-glc-glc]^-$ m/z 475.37的碎片离子。人参皂苷Rg_1 $[M-H]^-$ m/z 799.48脱去葡萄糖产生$[M-H-glc]^-$ m/z 637.43和脱去两个葡萄糖产生$[M-H-glc-glc]^-$ m/z 475.38的碎片离子（图2-1-15）。

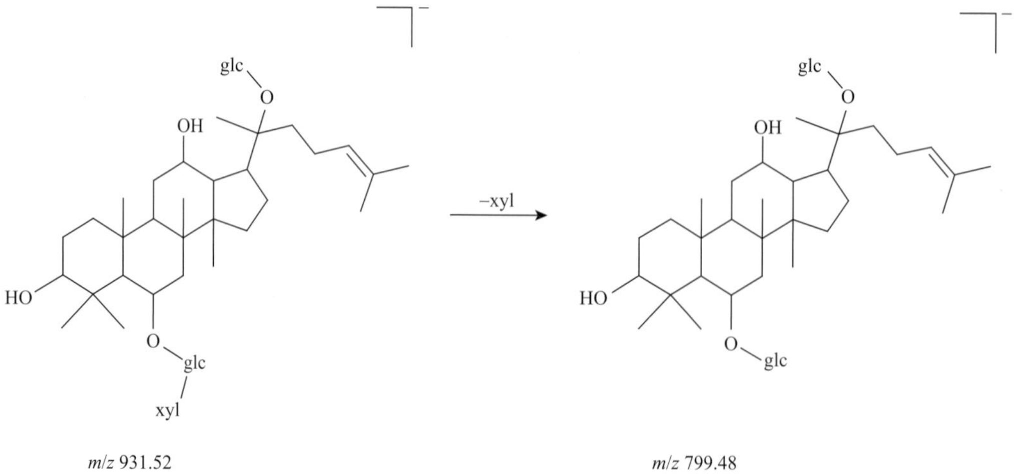

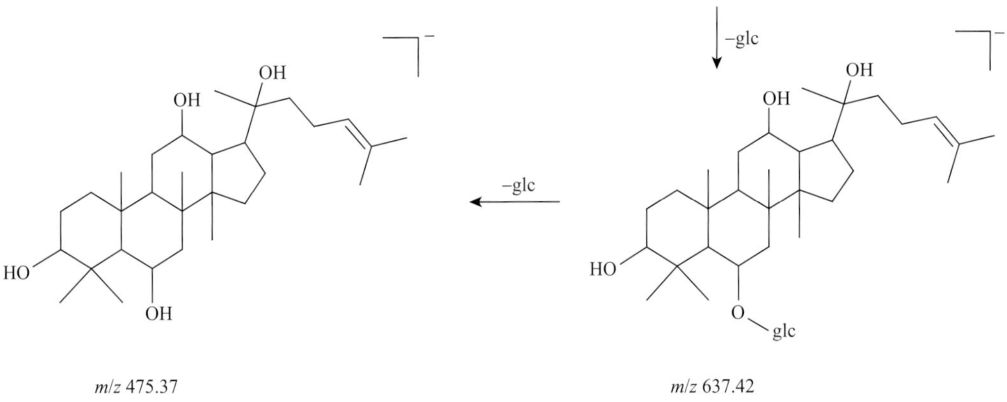

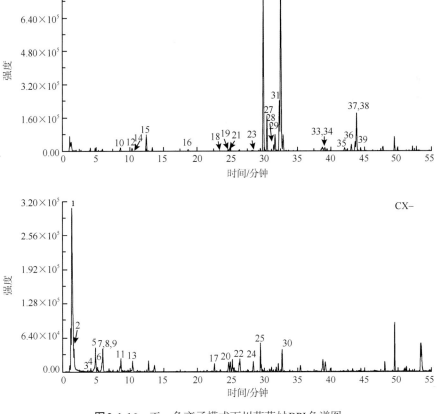

m/z 475.37　　　　　　　　　　　　*m/z* 637.42

图2-1-15　三七皂苷R₁质谱裂解途径

（七）川芎物质组辨识

采用上述优化的UPLC-Q/TOF-MS条件，对川芎药材的样品溶液进行检测分析，正、负离子模式下，川芎药材样品的基峰色谱图（BPI）如图2-1-16所示。通过检索文献数据分析质谱裂解规律，对比各色谱峰的MS、MS/MS数据，在川芎单味药材样品中共鉴定得到39种化学成分，主要为有机酸类和苯酞类化合物。UPLC-Q/TOF-MS数据见表2-1-8，TOF-MS的测得值与理论值比较，精确质量数的误差均小于10ppm。

图2-1-16　正、负离子模式下川芎药材BPI色谱图

表2-1-8　川芎药材化学成分LC-MS数据

序号	保留时间/分钟	母离子	理论值	测得值	碎片离子	分子式	鉴定
1	1.17	[M-H]⁻	191.0556	191.0514	179.06，161.05	$C_7H_{12}O_6$	quinic acid 奎宁酸
2	1.65	[M-H]⁻	128.0348	128.0358	119.04	$C_5H_7NO_3$	pyroglutamic acid 焦谷氨酸
3	2.75	[M-H]⁻	164.0712	164.0713	147.04，103.05	$C_9H_{11}NO_2$	phenylalanine 苯丙氨酸
4	3.71	[M-H]⁻	353.0873	353.0878	191.06，179.03，135.05	$C_{16}H_{18}O_9$	neochlorogenic acid 新绿原酸
5	4.85	[M-H]⁻	353.0873	353.0878	191.06，179.04，173.04	$C_{16}H_{18}O_9$	chlorogenic acid 绿原酸
6	5.17	[M-H]⁻	353.0873	353.0897	191.06，179.04，135.05	$C_{16}H_{18}O_9$	cryptochlorogenic acid 隐绿原酸
7	5.73	[M-H]⁻	179.0344	179.0344	135.04	$C_9H_8O_4$	caffeic acid 咖啡酸
8	5.75	[M-H]⁻	165.0188	165.0189	121.03	$C_8H_6O_4$	piperonylic acid 胡椒酸
9	5.94	[M-H]⁻	167.0344	167.0347	123.05	$C_8H_8O_4$	vanillic acid 香草酸
10	8.46	[M+H]⁺	243.1232	243.1230	225.11，207.10，179.11	$C_{12}H_{18}O_5$	3-丁基-3,6,7-三羟基-4,5,6,7-四氢苯酞
11*	8.62	[M-H]⁻	193.0501	193.0489	178.02，149.05，134.03	$C_{10}H_{10}O_4$	ferulic acid 阿魏酸
12	10.35	[M+H]⁺	227.1283	227.1270	209.12，181.12	$C_{12}H_{18}O_4$	senkyunolide J/N 洋川芎内酯J/N
13	10.36	[M-H]⁻	515.1190	515.1219	353.09，191.06，179.04	$C_{25}H_{24}O_{12}$	3,5-di-O-caffeoylquinic acid 3,5-二咖啡酰奎宁酸
14	10.64	[M+H]⁺	227.1283	227.1280	209.12，181.12	$C_{12}H_{18}O_4$	senkyunolide J/N 洋川芎内酯J/N
15*	12.49	[M+H]⁺	225.1127	225.1115	207.10，179.10，161.09	$C_{12}H_{16}O_4$	senkyunolide I 洋川芎内酯I
16	18.72	[M+H]⁺	189.0916	189.0893	171.08，161.09	$C_{12}H_{12}O_2$	E-butylidenephthalide E-丁烯基酞内酯
17	22.92	[M-H]⁻	355.1182	355.1174	193.09	$C_{20}H_{20}O_6$	coniferyl ferulate 阿魏酸松柏酯
18	23.42	[M+H]⁺	223.0970	223.0954	205.09，173.08	$C_{12}H_{14}O_4$	senkyunolide D 洋川芎内酯D
19	24.67	[M+H]⁺	189.0916	189.0932	171.10，153.07	$C_{12}H_{12}O_2$	Z-butylidenephthalide Z-丁烯基酞内酯
20	24.69	[M-H]⁻	205.0865	205.088	161.10	$C_{12}H_{14}O_3$	6,7-epoxyligustilide 6,7-环氧藁本内酯
21	24.89	[M+H]⁺	209.1178	209.1157	191.11，163.11	$C_{12}H_{16}O_3$	senkyunolide G/K 洋川芎内酯G/K
22	26.35	[M-H]⁻	205.0865	205.0872	161.10，106.04	$C_{12}H_{14}O_3$	senkyunolide F 洋川芎内酯F
23	28.17	[M+H]⁺	279.1596	279.1588	261.15，233.16	$C_{16}H_{22}O_4$	senkyunolide M/Q 洋川芎内酯M/Q
24	28.36	[M-H]⁻	203.0708	203.0705	173.02，160.02，145.03，132.02	$C_{12}H_{12}O_3$	3-butylidene-7-hydroxphthalide 川芎内酯酚
25	29.55	[M-H]⁻	203.0708	203.0717	159.08	$C_{12}H_{12}O_3$	senkyunolide E 洋川芎内酯E
26	29.91	[M+H]⁺	193.1229	193.1221	175.11，147.12，137.06	$C_{12}H_{16}O_2$	senkyunolide A 洋川芎内酯A
27	30.46	[M+H]⁺	191.1072	191.1065	173.10，145.10	$C_{12}H_{14}O_2$	butylphthalide 丁基苯酞
28	31.51	[M+H]⁺	191.1072	191.1064	173.10，145.10	$C_{12}H_{14}O_2$	E-ligustilde E-藁本内酯
29	31.70	[M+H]⁺	195.1385	195.1380	177.13，149.13	$C_{12}H_{18}O_2$	cnidilide 川芎内酯
30	31.82	[M-H]⁻	355.1182	355.1195	193.09	$C_{20}H_{20}O_6$	coniferyl ferulate 阿魏酸松柏酯

续表

序号	保留时间/分钟	母离子	理论值	测得值	碎片离子	分子式	鉴定
31	32.33	[M+H]⁺	195.1385	195.1378	177.13，149.13	$C_{12}H_{18}O_2$	cnidilide 川芎内酯
32*	32.53	[M+H]⁺	191.1072	191.1071	173.10，145.10	$C_{12}H_{14}O_2$	Z-ligustilde Z-藁本内酯
33	38.89	[M+H]⁺	381.2066	381.2073	213.09，191.11	$C_{24}H_{28}O_4$	riligustilide
34	39.43	[M+H]⁺	383.2220	383.2221	215.10，191.11	$C_{24}H_{30}O_4$	senkyunolide P 洋川芎内酯P
35	42.05	[M+H]⁺	383.2220	383.2220	215.10，191.11	$C_{24}H_{30}O_4$	isomer of senkyunolide P 洋川芎内酯P异构体
36	42.41	[M+H]⁺	381.2066	381.2063	213.09，191.11	$C_{24}H_{28}O_4$	tokinolide B
37	43.04	[M+H]⁺	381.2066	381.2064	191.11，173.10，149.02	$C_{24}H_{28}O_4$	levistolide A 欧当归内酯A
38	43.62	[M+H]⁺	381.2066	381.2058	213.09，191.11	$C_{24}H_{28}O_4$	Z-ligustilide dimmer
39	43.82	[M+H]⁺	381.2066	381.2080	213.09，191.11	$C_{24}H_{28}O_4$	Z, Z′-3, 3′, 8, 8′-diligustilide Z, Z′-3, 3′, 8, 8′-二藁本内酯

*：与标准品比较确认

　　川芎的化学成分分为两大类：有机酸类和苯酞类[14, 15]。在川芎药材提取液中检测出12种有机酸类化合物，在质谱中容易丢失取代基及羧基产生相应的碎片离子。在负离子模式下，绿原酸的准分子离子为[M-H]⁻ m/z 353.09，二级质谱中咖啡酯键断裂，形成 m/z 191.06和 m/z 179.04的碎片离子，m/z 191.06的离子丢失 H_2O 形成 m/z 173.04的碎片离子，碎片离子 m/z 179.04的羧基断裂失去 CO_2 形成 m/z 135.05的碎片离子（图2-1-17）。

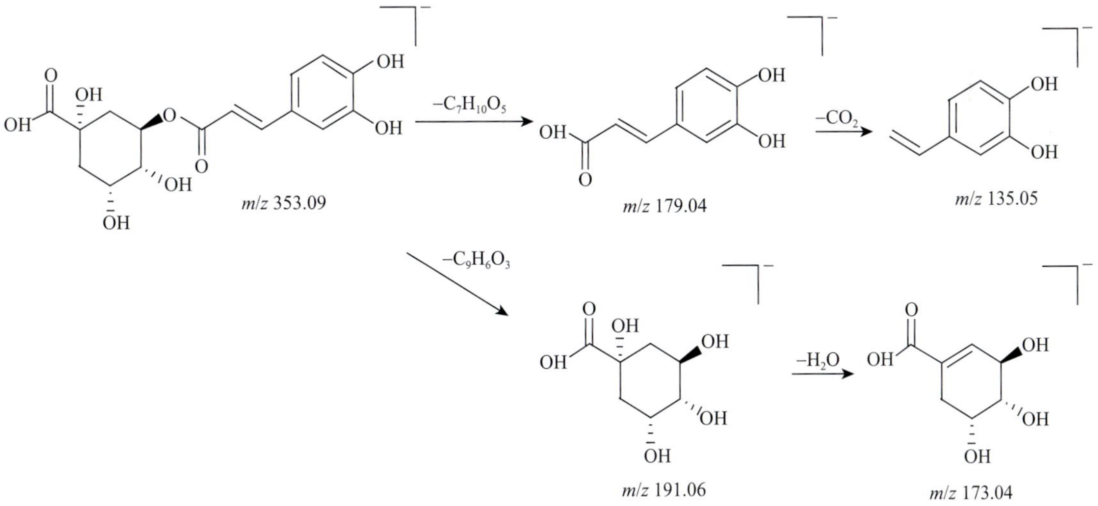

图2-1-17　绿原酸质谱裂解方式

　　阿魏酸是川芎的活性成分之一，也是酚酸类化合物的重要组成部分，在负离子模式下，阿魏酸准分子离子为[M-H]⁻ m/z 193.0501，易于丢失甲基形成 m/z 178.02的碎片离子，发生羧基断裂丢失 CO_2 形成 m/z 134.03和 m/z 149.05的特征碎片离子（图2-1-18）。

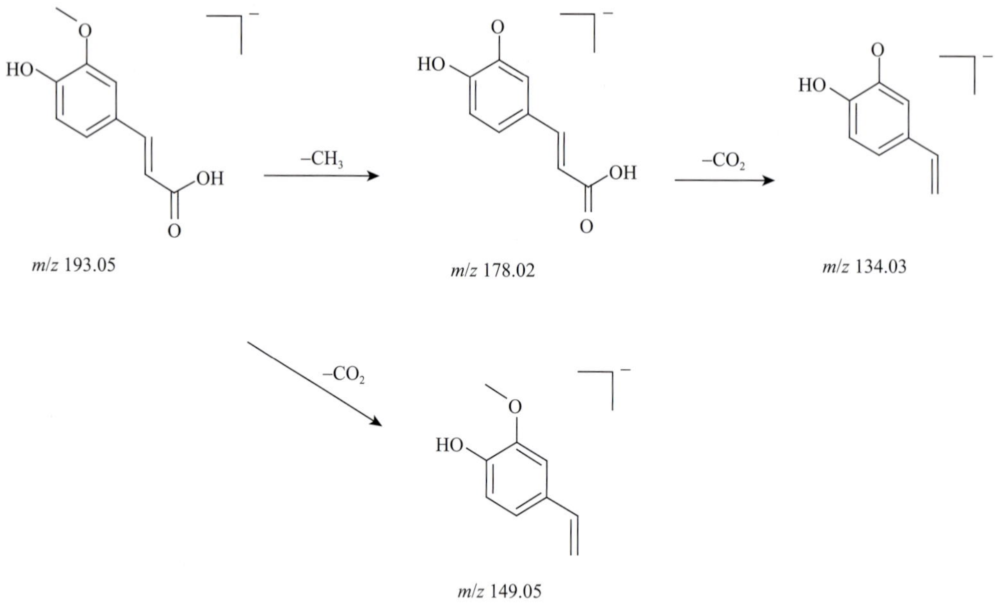

图2-1-18　阿魏酸质谱裂解方式

苯酞类化合物是川芎中的主要有效成分，在川芎药材中共检测出27种苯酞类成分，此类成分母核结构相似，主要区别在于支链的取代基。以洋川芎内酯I为例，在正离子模式下响应较好，准分子离子$[M+H]^+$ m/z 225.11易断裂失去H_2O和CO，从而形成m/z 207.10、m/z 179.10及m/z 161.09的碎片离子（图2-1-19）。

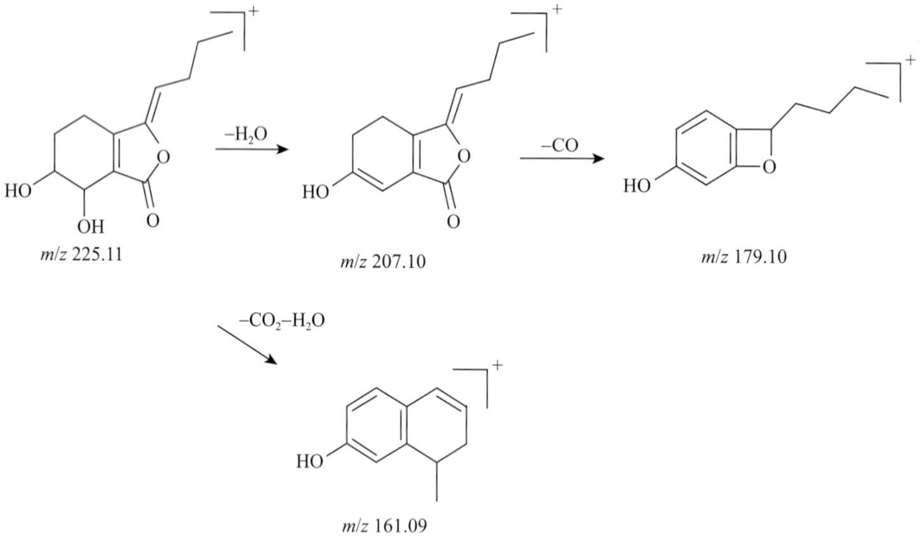

图2-1-19　洋川芎内酯 I 质谱裂解方式

藁本内酯是川芎中含量较高的苯酞类成分，在正离子模式下响应远高于负离子，准分子离子$[M+H]^+$ m/z 191.1064丢失H_2O、CO后，形成m/z 173.09和m/z 145.10的碎片离子，进而丢失侧链上的C_2H_4，形成m/z 117.06的碎片离子（图2-1-20）。

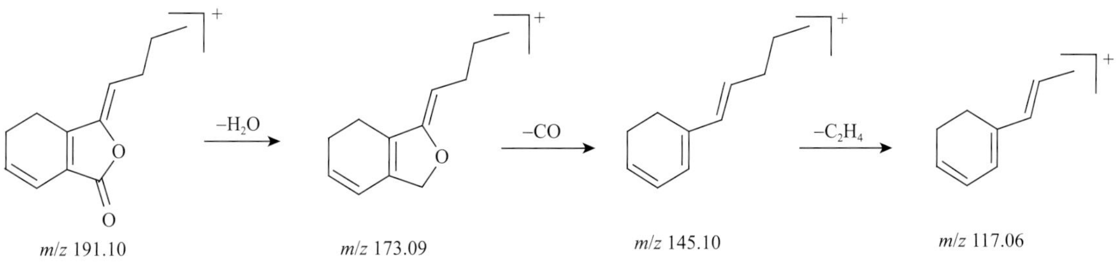

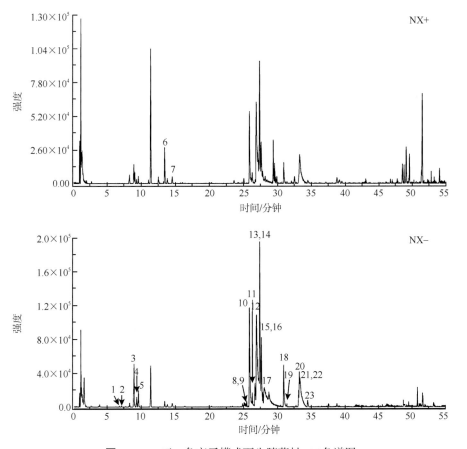

$-H_2O$
$-CO$
$-C_2H_4$
m/z 191.10
m/z 173.09
m/z 145.10
m/z 117.06

图2-1-20　藁本内酯质谱裂解方式

（八）牛膝物质组辨识

采用上述优化的UPLC-Q/TOF-MS条件，对牛膝药材的样品溶液进行检测分析，正、负离子模式下，牛膝药材样品的基峰色谱图（BPI）如图2-1-21所示。通过检索文献数据分析质谱裂解规律，对比各色谱峰的MS、MS/MS数据，在牛膝单味药材样品中共鉴定得到23种化学成分，主要为三萜皂苷和甾酮类化合物。UPLC-Q/TOF-MS数据见表2-1-9，TOF-MS的测得值与理论值比较，精确质量数的误差均小于10ppm。

NX+
强度
时间/分钟
NX−
强度
时间/分钟

图2-1-21　正、负离子模式下牛膝药材BPI色谱图

表 2-1-9　牛膝药材 LC-MS 数据

序号	保留时间/分钟	母离子	理论值	测得值	碎片离子	分子式	鉴定
1	6.80	[M+HCOO]⁻	541.3013	541.3014	495.29, 391.19, 175.10	$C_{27}H_{44}O_8$	achyranthesterone A 牛膝甾酮 A
2	7.11	[M+HCOO]⁻	541.3013	541.3015	495.30, 157.09	$C_{27}H_{44}O_8$	polypodine B 水龙骨甾酮 B
3*	8.95	[M+HCOO]⁻	525.3064	525.3081	479.30, 319.19, 159.10	$C_{27}H_{44}O_7$	ecdysterone 蜕皮甾酮
4	9.35	[M+HCOO]⁻	525.3064	525.3076	479.30, 319.19, 159.10	$C_{27}H_{44}O_7$	(25R)-inokosterone 25R-牛膝甾酮
5	9.60	[M+HCOO]⁻	525.3064	525.3077	479.30, 319.19, 159.10	$C_{27}H_{44}O_7$	(25S)-inokosterone 25S-牛膝甾酮
6	13.83	[M+H]⁺	314.1392	314.1389	177.06, 145.03	$C_{18}H_{19}NO_4$	N-cis-feruloyltyraMine N-阿魏酰酪胺
7	14.55	[M+H]⁺	344.1498	344.1479	177.05, 145.03, 117.03	$C_{19}H_{21}NO_5$	N-trans-feruloyl-3-methoxytyramine N-阿魏酰-3-甲氧基酪胺
8	25.84	[M-H]⁻	955.4903	955.4898	793.44, 569.39, 455.35	$C_{48}H_{76}O_{19}$	chikusetsusaponin V 竹节参苷 V
9	25.90	[M-H]⁻	1117.5067	1117.5062	997.50, 995.49, 793.44	$C_{53}H_{82}O_{25}$	achyranthoside D 牛膝皂苷 D
10	26.15	[M-H]⁻	955.4903	955.4897	793.44, 731.44, 569.39, 455.35	$C_{48}H_{76}O_{19}$	ginsenoside R₀ 人参皂苷 R₀
11	26.95	[M-H]⁻	953.4382	953.4343	909.44, 851.44, 793.43, 569.38	$C_{47}H_{70}O_{20}$	achyranthoside Ⅲ 牛膝皂苷 Ⅲ
12	27.19	[M-H]⁻	925.4797	925.4783	793.44, 631.38, 569.38, 455.36	$C_{47}H_{74}O_{18}$	chikusetsusaponin Ⅳ 竹节参苷 Ⅳ
13	27.34	[M-H]⁻	793.4374	793.4377	631.38, 569.38, 455.36	$C_{42}H_{66}O_{14}$	zingibroside R₁ 姜状三七苷 R₁
14	27.40	[M-H]⁻	955.4539	955.4543	835.44, 793.43, 673.39	$C_{47}H_{72}O_{20}$	achyranthoside C 牛膝皂苷 C
15	27.65	[M-H]⁻	953.4382	953.4402	909.45, 793.44, 631.39	$C_{47}H_{70}O_{20}$	achyranthoside B 牛膝皂苷 B
16	27.86	[M-H]⁻	925.4443	925.4444	793.44, 631.38, 569.38, 455.35	$C_{46}H_{70}O_{19}$	achyranthoside E 牛膝皂苷 E
17	28.07	[M-H]⁻	1033.3950	1033.3932	953.44, 793.44, 631.38	$C_{47}H_{70}O_{23}S$	sulfachyranthoside B 硫酸化牛膝皂苷 B
18	30.95	[M-H]⁻	955.4539	955.4543	832.45, 793.44, 455.35	$C_{47}H_{72}O_{20}$	achyranthoside G 牛膝皂苷 G
19	31.61	[M-H]⁻	793.4374	793.4343	631.39, 497.32, 455.35	$C_{42}H_{66}O_{14}$	chikusetsusaponin Ⅳ_A 竹节参苷 Ⅳ_A
20	32.77	[M-H]⁻	763.4269	763.4262	631.39, 455.36, 339.20	$C_{41}H_{64}O_{13}$	28-desglucosylchikusetsusaponin Ⅳ
21	33.25	[M-H]⁻	793.4010	793.399	747.39, 673.39, 631.38, 455.35	$C_{41}H_{62}O_{15}$	achyranthoside Ⅱ 牛膝皂苷 Ⅱ
22	33.35	[M-H]⁻	791.3854	791.3851	673.39, 631.38, 455.35	$C_{41}H_{60}O_{15}$	achyranthoside Ⅳ 牛膝皂苷 Ⅳ
23	34.50	[M-H]⁻	763.3905	763.3923	631.39, 455.35	$C_{40}H_{60}O_{14}$	28-deglucosyl-achyranthoside E

*：与标准品比较确认

三萜皂苷类是牛膝中主要的化学成分[16, 17]，鉴定出 16 种相关成分主要是以齐墩果酸为苷元的皂苷类成分，在质谱中易形成[M-H]⁻、[M+HCOO]⁻的准分子离子，丢失糖基的支链或者整个糖基，最终形成 m/z 455.35的齐墩果酸母核碎片离子。以牛膝皂苷C为例，在质谱中显示[M-H]⁻ m/z 955.45的准分子离子，丢失3位糖基末尾上的支链，形成 m/z 835.44的碎片离子，分别丢失28位的葡萄糖或者继续丢失3位糖基上的支链，产生 m/z 793.43和 m/z 673.39的碎片离子，最终产生 m/z 455.35的齐墩果酸母核的特征碎片离子（图2-1-22）。

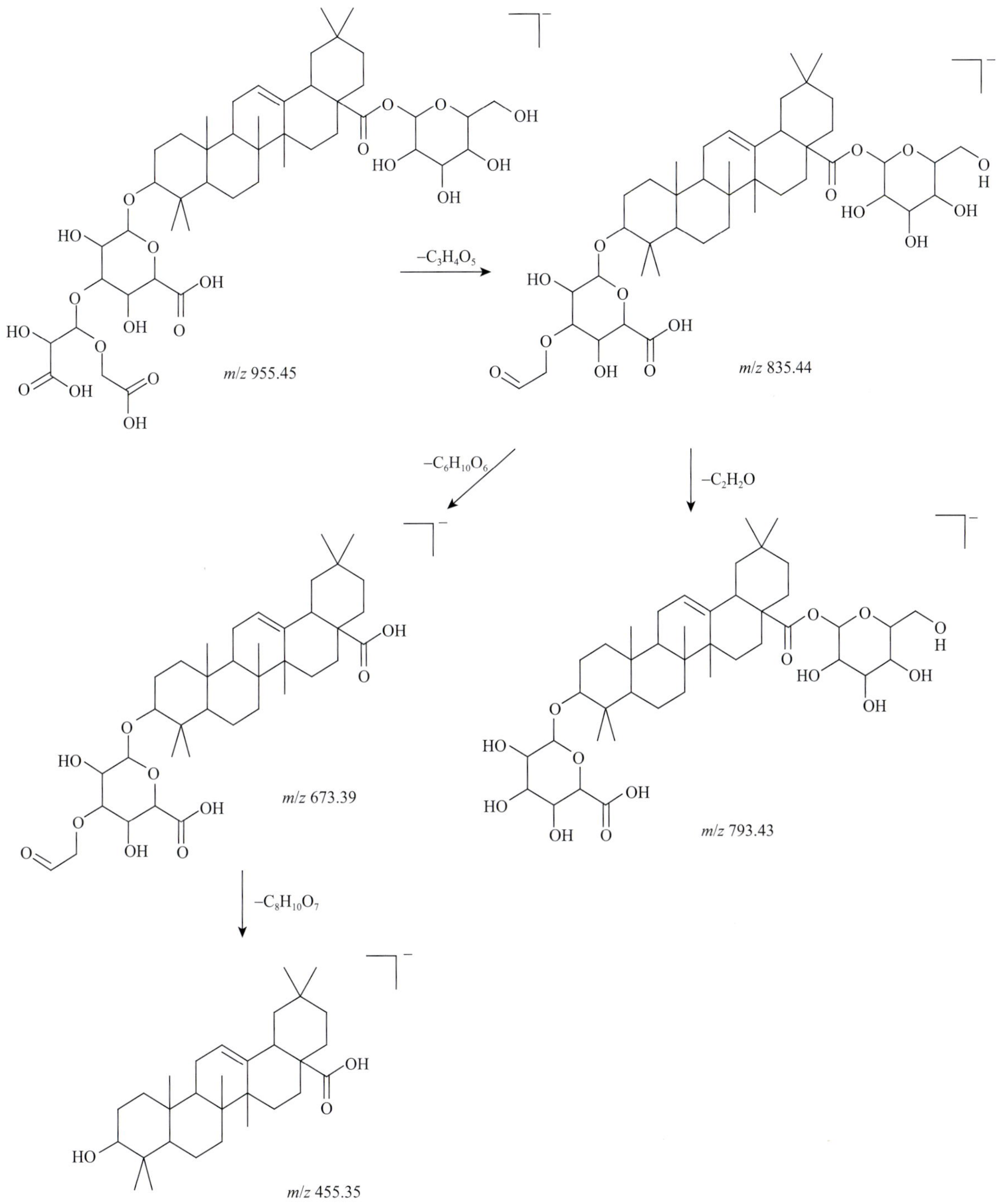

图2-1-22　牛膝皂苷C质谱裂解途径

甾酮类成分是牛膝中另一类活性成分，结构类型主要为四环三萜类，如蜕皮甾酮、牛膝甾酮等。在牛膝中鉴定出5种甾酮类成分，以蜕皮甾酮为例，在质谱中显示[M+HCOO]⁻ m/z 525.3081的准分子离子，其[M-H]⁻ m/z 479.30丢失20位的侧链，形成 m/z 319.19的碎片离子，失去 H_2O 后产生 m/z 301.01的碎片离子（图2-1-23）。

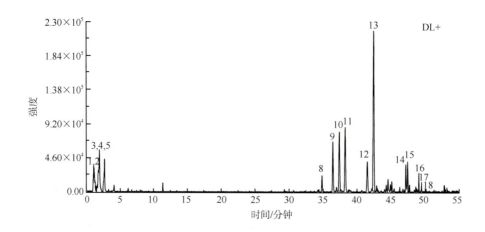

图 **2-1-23** 蜕皮甾酮质谱裂解途径

（九）地龙物质组辨识

采用上述优化的UPLC-Q/TOF-MS条件，对地龙药材的样品溶液进行检测分析，正、负离子模式下，地龙药材样品的基峰色谱图（BPI）如图2-1-24所示。通过检索文献数据分析质谱裂解规律，对比各色谱峰的MS、MS/MS数据，在地龙单味药材样品中共鉴定得到18种化学成分，主要为氨基酸、核苷和脂肪酸类化合物。UPLC-Q/TOF-MS数据见表2-1-10，TOF-MS的测得值与理论值比较，精确质量数的误差均小于10ppm。

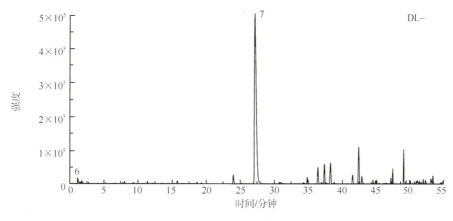

图2-1-24 正、负离子模式下地龙药材BPI色谱图

表2-1-10 地龙药材LC-MS数据

序号	保留时间/分钟	母离子	理论值	测得值	碎片离子	分子式	鉴定
1	1.02	[M+H]⁺	147.1134	147.1110	130.08，84.08	$C_6H_{14}N_2O_2$	lysine 赖氨酸
2	1.13	[M+H]⁺	148.0610	148.0603	130.15，104.08	$C_5H_9NO_4$	glutamate 谷氨酸
3	1.65	[M+H]⁺	268.1046	268.1022	163.09，136.06	$C_{10}H_{13}N_5O_4$	adenosine 腺苷
4	1.72	[M+H]⁺	269.0886	269.0870	152.06，137.04	$C_{10}H_{12}N_4O_5$	inosine 肌苷
5	1.74	[M+H]⁺	137.0463	137.0447	121.06，119.03，110.03	$C_5H_4N_4O$	hypoxanthine 次黄嘌呤
6	1.88	[M-H]⁻	117.0188	117.0188	99.01，73.03	$C_4H_6O_4$	succinic acid 琥珀酸
7	27.23	[M-H]⁻	259.0970	259.0992	244.08，188.01，172.99	$C_{15}H_{16}O_4$	n.d.
8	34.88	[M+H]⁺	454.3281	454.3259	417.24，360.29	—	n.d.
9	36.48	[M+H]⁺	480.3437	480.3462	443.25	—	n.d.
10	37.45	[M+H]⁺	468.3437	468.3482	431.25	—	n.d.
11	38.32	[M+H]⁺	468.3437	468.3482	431.26	—	n.d.
12	41.56	[M+H]⁺	482.3594	482.3620	445.27	—	n.d.
13	42.50	[M+H]⁺	482.3594	482.3620	445.27	—	n.d.
14	47.49	[M+H]⁺	303.2324	303.2307	285.22，267.21，247.17，225.16	$C_{20}H_{30}O_2$	eicosapentaenoic acid 二十碳五烯酸
15	47.77	[M+H]⁺	279.2324	279.2308	261.22，241.22	$C_{18}H_{30}O_2$	linolenic acid 亚麻酸
16	49.14	[M+H]⁺	305.2481	305.2464	287.24，265.25，247.24	$C_{20}H_{32}O_2$	arachidonic acid 花生四烯酸
17	49.22	[M+H]⁺	255.2324	255.2309	237.22	$C_{16}H_{30}O_2$	palmitoleic acid 棕榈烯酸
18	49.53	[M+H]⁺	281.2481	281.2467	263.24	$C_{18}H_{32}O_2$	linoleic acid 亚油酸

　　核苷类成分是地龙化学成分的重要组成部分。以次黄嘌呤为例，在质谱中显示[M+H]⁺ m/z 137.0447，丢失羧基上的O形成 m/z 119.03的碎片离子，发生环裂解丢失CN，形成 m/z 110.03的碎片离子，或是丢失NH_2形成 m/z 121.06的碎片离子（图2-1-25）。

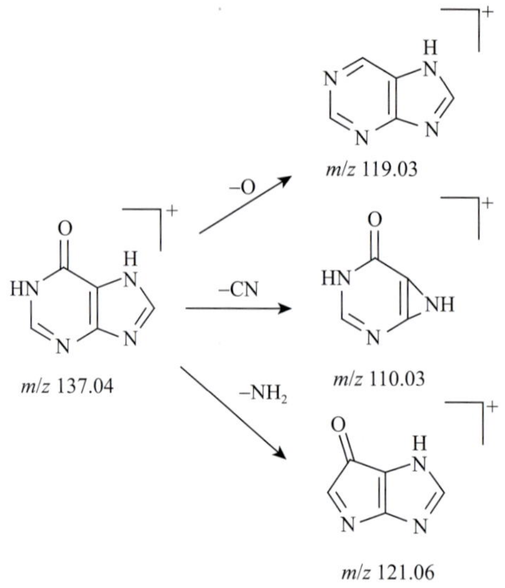

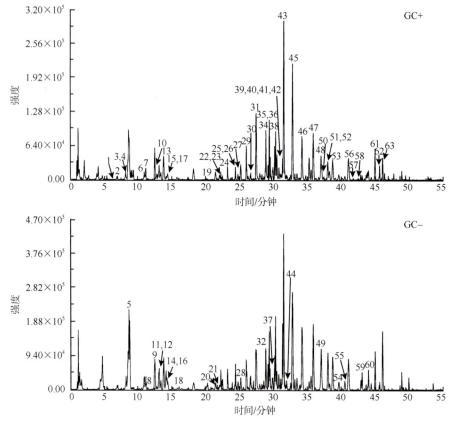

图 2-1-25 次黄嘌呤质谱裂解途径

（十）甘草物质组辨识

采用上述优化的UPLC-Q/TOF-MS条件，对甘草药材的样品溶液进行检测分析，正、负离子模式下，甘草药材样品的基峰色谱图（BPI）如图2-1-26所示。通过检索文献数据分析质

图 2-1-26 正、负离子模式下甘草药材BPI色谱图

谱裂解规律，对比各色谱峰的MS、MS/MS数据，在甘草单味药材样品中共鉴定得到63种化学成分，主要为黄酮类和三萜类化合物。UPLC-Q/TOF-MS数据见表2-1-11，TOF-MS的测得值与理论值比较，精确质量数的误差均小于10ppm。

表2-1-11　甘草药材LC-MS数据

序号	保留时间/分钟	母离子	理论值	测得值	碎片离子	分子式	鉴定
1	6.41	[M+H]$^+$	563.1765	563.1767	269.08，255.06	$C_{27}H_{30}O_{13}$	glycyroside 黄甘草苷
2	6.98	[M+H]$^+$	565.1557	565.1577	529.13，511.12，427.11	$C_{26}H_{28}O_{14}$	schaftoside 夏弗塔苷
3	8.24	[M+H]$^+$	579.1714	579.1716	457.11，273.07	$C_{27}H_{30}O_{14}$	isoviolanthin 异佛来心苷
4	8.36	[M+H]$^+$	447.1291	447.1272	285.08，137.02	$C_{22}H_{22}O_{10}$	trifolirhizin 三叶豆紫檀苷
5	8.71	[M-H]$^-$	417.1186	417.1182	225.06，135.01，119.08	$C_{21}H_{22}O_9$	liquiritin 甘草苷
6	11.03	[M+H]$^+$	505.1346	505.1348	257.08，137.03	$C_{24}H_{24}O_{12}$	5-羟基甘草苷元-6′-乙酰基葡萄糖苷
7	11.26	[M+H]$^+$	505.1346	505.1348	257.08，137.03	$C_{24}H_{24}O_{12}$	5-羟基甘草苷元-6′-乙酰基葡萄糖苷异构体
8	11.34	[M-H]$^-$	433.1135	433.1132	255.07，151.00，135.01	$C_{21}H_{22}O_{10}$	choerospondin 南酸枣苷
9	12.59	[M-H]$^-$	549.1608	549.1600	417.12，255.07，135.01	$C_{26}H_{30}O_{13}$	liquiritin apioside 芹糖甘草苷
10	12.80	[M+H]$^+$	563.1765	563.1754	269.08	$C_{27}H_{30}O_{13}$	isome of glycyroside 黄甘草苷异构体
11	13.16	[M-H]$^-$	549.1608	549.1600	417.12，255.07，135.01	$C_{26}H_{30}O_{13}$	isoliquiritin apioside 芹糖异甘草苷
12	13.23	[M-H]$^-$	417.1186	417.1182	255.07，135.01，119.09	$C_{21}H_{22}O_9$	isoliquiritin 异甘草苷
13	13.46	[M+H]$^+$	431.1342	431.1343	269.08，237.06	$C_{22}H_{22}O_9$	ononin 芒柄花苷
14	13.93	[M-H]$^-$	417.1186	417.1182	255.07，135.01，119.09	$C_{21}H_{22}O_9$	neoisoliquiritin 新异甘草苷
15	14.23	[M+H]$^+$	697.2112	697.2116	279.09，261.07	$C_{35}H_{36}O_{15}$	licorice glycoside B 甘草苷B
16	14.37	[M-H]$^-$	725.2082	725.2069	549.16，531.15，255.07	$C_{36}H_{38}O_{16}$	licorice glycoside A 甘草苷A
17	14.45	[M+H]$^+$	257.0814	257.0818	137.03	$C_{15}H_{12}O_4$	liquiritigenin 甘草素
18	16.58	[M-H]$^-$	271.0606	271.0618	119.05	$C_{15}H_{12}O_5$	naringenin 柚皮素
19	20.39	[M+H]$^+$	697.2112	697.2116	257.10，215.18，137.02	$C_{35}H_{36}O_{15}$	licorice glycoside D$_2$ 甘草苷D$_2$
20	21.17	[M-H]$^-$	271.0606	271.0618	119.05	$C_{15}H_{12}O_5$	isomer of naringenin 柚皮素异构体
21	21.56	[M-H]$^-$	269.0814	269.0817	255.07	$C_{16}H_{14}O_4$	echinatin 刺甘草查耳酮
22	22.22	[M+H]$^+$	897.4120	897.4091	545.35，527.33	$C_{44}H_{64}O_{19}$	uralsaponin F 乌拉尔皂苷F
23	22.33	[M+H]$^+$	955.4974	955.4889	603.42，585.41，439.35	$C_{48}H_{74}O_{19}$	uralsaponin T 乌拉尔皂苷T
24	23.33	[M+H]$^+$	985.4644	985.4656	825.43，487.34，469.33	$C_{48}H_{72}O_{21}$	licorice saponin A$_3$ 甘草皂苷A$_3$
25	24.38	[M+H]$^+$	837.3942	837.3492	485.32，449.30，437.30	$C_{42}H_{60}O_{17}$	uralsaponin E 乌拉尔皂苷E
26	24.52	[M+H]$^+$	469.3318	469.3297	451.32	$C_{30}H_{44}O_4$	glabrolide 甘草内酯
27	24.90	[M+H]$^+$	257.0814	257.0818	137.03	$C_{15}H_{12}O_4$	isoliquiritigen 异甘草素
28	25.32	[M-H]$^-$	267.0657	267.0666	251.03，224.04，195.05	$C_{16}H_{12}O_4$	formononetin 刺芒柄花素
29	26.14	[M+H]$^+$	839.4065	839.4042	663.37，487.34，469.33	$C_{42}H_{62}O_{17}$	licorice saponin G$_2$ 甘草皂苷G$_2$
30	26.80	[M+H]$^+$	839.4065	839.4044	663.37，487.34，469.33	$C_{42}H_{62}O_{17}$	isomer of licorice saponin G$_2$ 甘草皂苷G$_2$异构体

续表

序号	保留时间/分钟	母离子	理论值	测得值	碎片离子	分子式	鉴定
31*	27.57	[M+H]$^+$	823.4116	823.4122	647.38，471.34	$C_{42}H_{62}O_{16}$	glycyrrhizic acid 甘草酸
32	28.62	[M-H]$^-$	271.0606	271.0618	119.05	$C_{15}H_{12}O_5$	isomer of naringenin 柚皮素异构体
33	28.73	[M+H]$^+$	809.4323	809.4314	457.36，439.36，421.39	$C_{42}H_{64}O_{15}$	licorice saponin B$_2$ 甘草皂苷B$_2$
34	28.98	[M+H]$^+$	823.4116	823.4122	647.38，471.35	$C_{42}H_{62}O_{16}$	uralsaponin B 乌拉尔甘草皂苷B
35	29.32	[M+H]$^+$	823.4116	823.4122	647.38，471.35	$C_{42}H_{62}O_{16}$	licoricesaponin H$_2$ 甘草皂苷H$_2$
36	29.50	[M+H]$^+$	355.1545	355.1532	193.05，133.03	$C_{21}H_{22}O_5$	licochalcone D 甘草查耳酮D
37	30.06	[M-H]$^-$	805.4010	805.4001	351.06	$C_{42}H_{62}O_{15}$	licorice saponin C$_2$ 甘草皂苷C$_2$
38	30.43	[M+H]$^+$	355.1545	355.1533	283.06，121.03	$C_{21}H_{22}O_5$	licoisoflavone A 甘草异黄酮A
39	30.61	[M+H]$^+$	357.1702	357.1710	165.08，137.06，123.05	$C_{21}H_{24}O_5$	glyasperin C 粗毛甘草素C
40	30.90	[M+H]$^+$	355.1182	355.1179	299.05，205.16	$C_{20}H_{18}O_6$	licoflavonol 甘草黄酮醇
41	31.33	[M+H]$^+$	341.1389	341.1367	269.05	$C_{20}H_{20}O_5$	corylifol B
42	31.44	[M+H]$^+$	355.1182	355.1179	299.05，205.16	$C_{20}H_{18}O_6$	gancaonin L 甘草宁L
43	31.58	[M+H]$^+$	339.1596	339.1584	283.10，271.09	$C_{21}H_{22}O_4$	licochalcone C 甘草查耳酮C
44	32.06	[M-H]$^-$	365.1025	365.1026	323.09，307.02，201.02	$C_{21}H_{18}O_6$	isoglycyrol 异甘草酚
45	32.89	[M+H]$^+$	337.1076	337.1065	295.06，137.02	$C_{20}H_{16}O_5$	glabrone 光甘草酮
46	34.27	[M+H]$^+$	353.1025	353.0976	311.05，255.06	$C_{20}H_{16}O_6$	甘草异黄酮 B
47	35.92	[M+H]$^+$	393.2066	393.2016	337.14	$C_{25}H_{28}O_4$	glabrol 光甘草酚
48	37.18	[M+H]$^+$	371.1858	371.1815	205.08	$C_{22}H_{26}O_5$	glyasperin D 粗毛甘草素D
49	37.21	[M-H]$^-$	369.1702	369.1711	351.13，245.08，201.09	$C_{22}H_{26}O_5$	kanozol R
50	37.48	[M+H]$^+$	371.1858	371.1823	153.0526，137.05	$C_{22}H_{26}O_5$	glyasperin B 粗毛甘草素B
51	38.07	[M+H]$^+$	425.1964	425.1943	313.07	$C_{25}H_{28}O_6$	glisoflavanone
52	38.15	[M+H]$^+$	425.2328	425.2286	221.12，135.05	$C_{26}H_{32}O_5$	licoricidin 甘草定
53	38.81	[M+H]$^+$	409.2015	405.1968	165.02	$C_{25}H_{28}O_5$	bolusanthol C
54	39.72	[M-H]$^-$	421.1651	421.1653	365.10，309.04，297.04	$C_{25}H_{26}O_6$	angustone A
55	41.14	[M-H]$^-$	421.1651	421.1653	365.10，309.04，297.04	$C_{25}H_{26}O_6$	isomer of angustone A
56*	41.72	[M+H]$^+$	471.3474	471.3494	421.20，407.33	$C_{30}H_{46}O_4$	glycyrrhetic Acid 甘草次酸
57	41.82	[M+H]$^+$	423.2171	423.2122	191.10，165.02	$C_{26}H_{30}O_5$	glyasperin A 粗毛甘草素A
58	42.57	[M+H]$^+$	471.3474	471.3467	421.20，407.33	$C_{30}H_{46}O_4$	isomer of glycyrrhetic acid 甘草次酸异构体
59	43.13	[M-H]$^-$	421.1651	421.1653	365.10，309.04，297.04	$C_{25}H_{26}O_6$	isomer of angustone A
60	44.07	[M-H]$^-$	421.1651	421.1653	365.10，309.04，297.04	$C_{25}H_{26}O_6$	isomer of angustone A
61	45.04	[M+H]$^+$	409.2015	405.1968	165.02	$C_{25}H_{28}O_5$	isomer of bolusanthol C
62	45.71	[M+H]$^+$	439.2484	439.2436	327.12，193.09	$C_{27}H_{34}O_5$	licorisoflavan A 甘草异黄烷A
63	46.14	[M+H]$^+$	421.1651	421.1613	365.10，165.02	$C_{25}H_{24}O_6$	pomiferin 橙桑黄酮

*：与标准品比较确认

甘草中黄酮类成分种类丰富，包括查耳酮类、二氢黄酮类及黄酮醇类等，多以糖苷形成出现[18-20]。以甘草苷为例，在质谱中显示[M-H]⁻ m/z 417.1186的准分子离子，二级谱图中主要出现脱去葡萄糖基的碎片离子（m/z 255.06），C环发生RDA裂解得到的m/z 135.01的特征碎片，进一步丢失O形成m/z 119.08的碎片离子（图2-1-27）。

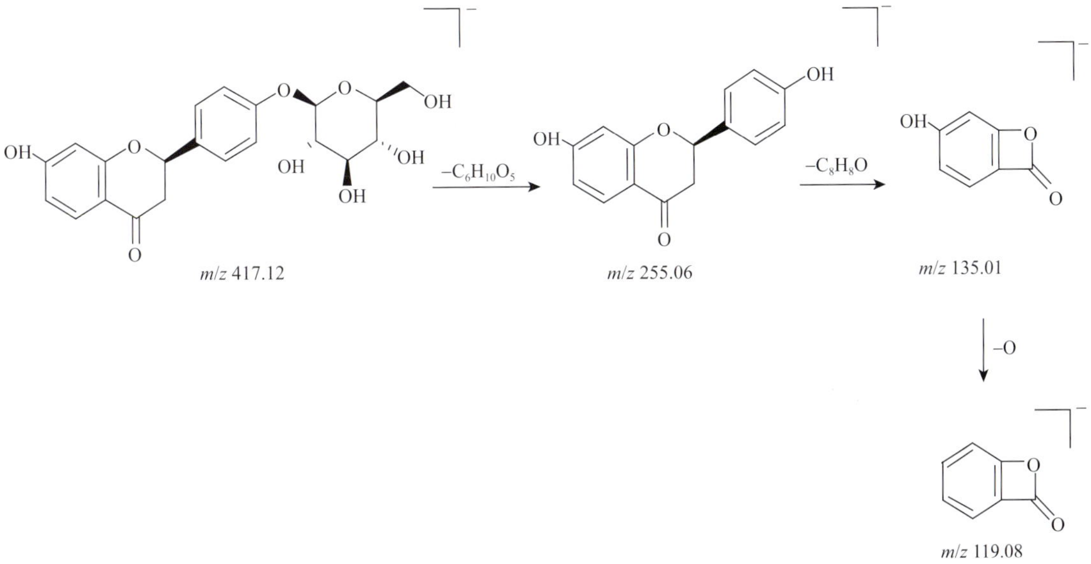

图2-1-27　甘草苷质谱裂解途径

三萜类成分是甘草化学成分的重要组成部分，主要为甘草酸类衍生物，一般具有良好的药理活性。以甘草酸为例，在质谱中显示[M+H]⁺ m/z 823.4116的准分子离子，易脱去葡萄糖醛酸得到m/z 647.38的碎片离子，失去两个葡萄糖醛酸得到m/z 471.34的碎片离子，再进一步失去H_2O，得到m/z 453.33的碎片离子（图2-1-28）。

四、小结与讨论

本研究中，运用UPLC-Q/TOF-MS的技术方法，优化液相色谱、质谱分离检测条件，分析痹祺胶囊组方中马钱子粉、党参、白术、茯苓、丹参、三七、川芎、牛膝、地龙和甘草10味原料药材的样品溶液，经与标准品和文献数据比对，分析其质谱裂解规律，鉴定得到马钱子粉21种主要为生物碱类成分，党参9种主要为炔苷类和脂肪酸类成分，白术12种主要为内酯类成分，茯苓22种主要为三萜类成分，丹参53种主要为丹酚酸类和二萜醌类成分，三七42种主要为皂苷类成分，川芎39种主要为有机酸类和苯酞类成分、牛膝23种主要为三萜皂苷类和甾酮类成分、地龙18种主要为核苷类和有机酸类成分，以及甘草63种主要为黄酮类和三萜类成分。

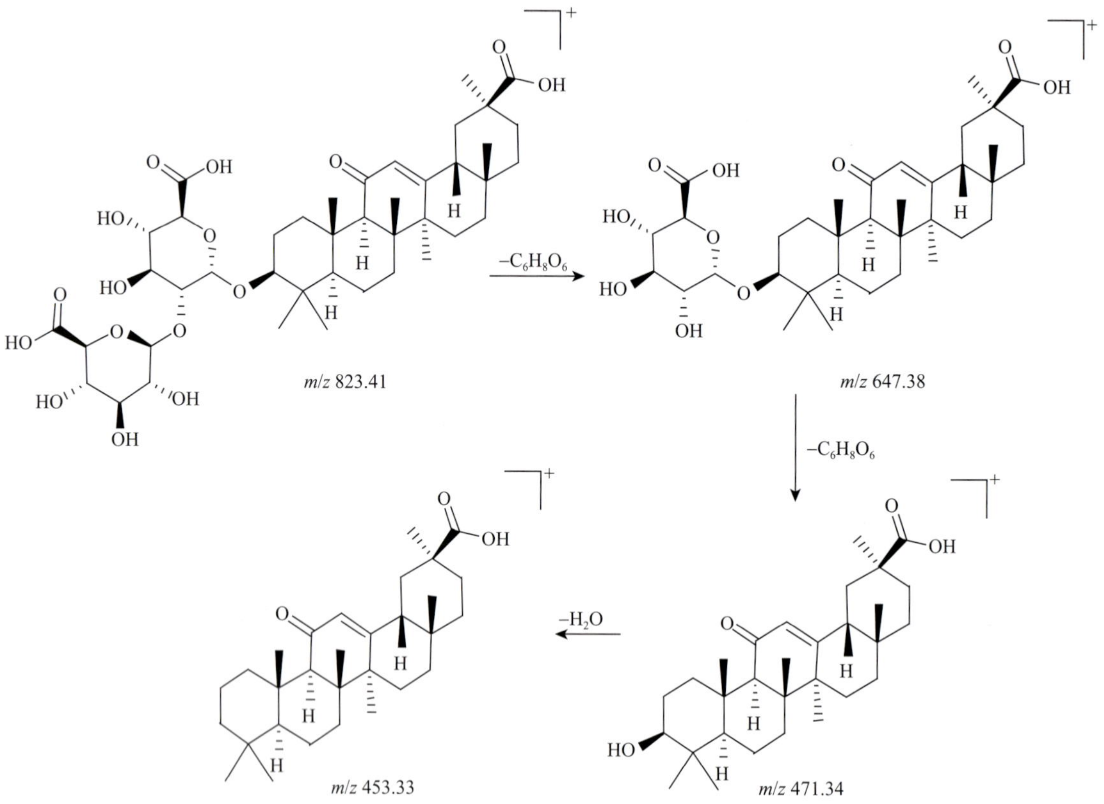

图2-1-28　甘草酸质谱裂解途径

第二节　痹祺胶囊化学物质组研究

　　痹祺胶囊由马钱子粉、党参、白术等10味药材组成，化学物质复杂，目前尚无系统的物质组研究报道。本部分在痹祺胶囊组方药材物质组研究基础上，采用UPLC-Q/TOF-MS技术，进一步对痹祺胶囊制剂所含的主要化学成分进行鉴定，为后续口服入血成分及药效物质基础研究奠定基础。

一、仪器与材料

　　试剂、仪器和标准品同前。
　　痹祺胶囊由天津达仁堂京万红药业有限公司提供。

二、实验方法

1. 制剂供试品溶液制备
　　取痹祺胶囊内容物0.30g，精密称定，置于25mL具塞锥形瓶中，加入75%甲醇，密塞，超声处理40min，放冷，摇匀，0.22μm滤膜滤过，取续滤液作为供试品溶液。

2. 对照品溶液的制备

同"原料药材的物质基础研究"。

3. LC-MS分析

同"原料药材的物质基础研究"。

4. 数据处理

通过标准品参照和文献检索，并与单味药材信息比较，对比分析正负模式下的MS、MS/MS数据信息，结合保留时间、峰强度等对各色谱峰进行结构鉴定与确证，明确组方所含的化学成分。

三、实验结果

采用上述优化的UPLC-Q/TOF-MS条件，对痹祺胶囊样品溶液进行检测分析，制剂中所含各化学成分的色谱峰得到了较好的分离。正、负离子模式下痹祺胶囊样品的基峰色谱图（BPI）如图2-2-1所示。

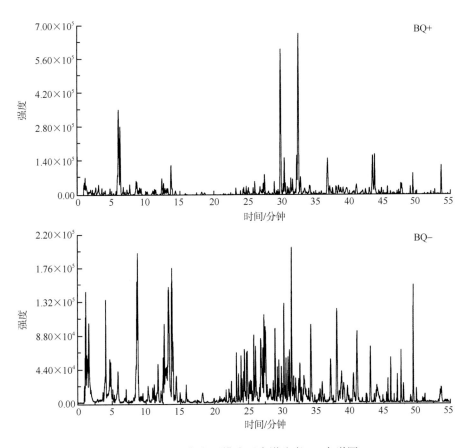

图2-2-1　正、负离子模式下痹祺胶囊BPI色谱图

在痹祺胶囊样品中共鉴定得到280种化学成分，其中来源于马钱子17种、党参7种、白术11种、茯苓21种、丹参53种、三七41种、川芎39种、牛膝22种、地龙17种及甘草59种。UPLC-Q/TOF-MS数据见表2-2-1，TOF-MS的测得值与理论值比较，精确质量数的误差均小于10ppm。在已鉴定的化合物中，22种经与标准品比对保留时间、质谱数据，得到进一步确证。

表2-2-1　痹祺胶囊LC-MS数据

序号	保留时间/分钟	母离子	理论值	测得值	碎片离子	分子式	鉴定	来源
1	1.02	[M+H]$^+$	147.1134	147.1110	130.08，84.07	$C_6H_{14}N_2O_2$	lysine 赖氨酸	DL
2	1.17	[M-H]$^-$	191.0556	191.0514	179.05，161.04	$C_7H_{12}O_6$	quinic acid 奎宁酸	CX
3	1.65	[M-H]$^-$	128.0348	128.0358	119.03	$C_5H_7NO_3$	pyroglutamic acid 焦谷氨酸	CX
4	1.65	[M+H]$^+$	268.1046	268.1022	163.08，136.06	$C_{10}H_{13}N_5O_4$	adenosine 腺苷	DL
5	1.72	[M+H]$^+$	269.0886	269.0870	152.05，137.04	$C_{10}H_{12}N_4O_5$	inosine 肌苷	DL
6	1.74	[M+H]$^+$	137.0463	137.0447	121.06，119.03，110.03	$C_5H_4N_4O$	hypoxanthine 次黄嘌呤	DL
7	1.88	[M-H]$^-$	117.0188	117.0188	99.00，73.02	$C_4H_6O_4$	succinic acid 琥珀酸	DL
8	2.75	[M-H]$^-$	164.0712	164.0713	147.04，103.05	$C_9H_{11}NO_2$	phenylalanine 苯丙氨酸	CX
9*	3.08	[M-H]$^-$	197.0450	197.0462	179.03，135.03	$C_9H_{10}O_5$	danshensu 丹参素	DS
10	3.71	[M+H]$^+$	355.1029	355.1034	377.08，163.03，145.02，135.04，117.03	$C_{16}H_{18}O_9$	neochlorogenic acid 新绿原酸	MQZ/CX
11	4.13	M-H	375.1291	375.1280	213.07，169.08，151.07	$C_{16}H_{24}O_{10}$	loganic acid 番木鳖苷酸	MQZ
12	4.85	[M+H]$^+$	355.1029	355.1034	377.08，163.03，145.02，135.04，117.03	$C_{16}H_{18}O_9$	chlorogenic acid 绿原酸	BZ/MQZ/CX
13	5.17	[M+H]$^+$	355.1029	355.1034	377.08，163.03，145.02，135.04，117.03	$C_{16}H_{18}O_9$	cryptochlorogenic acid 隐绿原酸	MQZ/CX
14	5.74	[M+H]$^+$	351.1709	351.1695	334.16，319.14，306.13	$C_9H_8O_4$	caffeic acid 咖啡酸	CX/DS
15	5.74	[M+H]$^+$	349.1916	349.1907	335.17，321.15，264.10	$C_{22}H_{24}N_2O_2$	23-methoxyisostrychnine 23-甲氧基异士的宁	MQZ
16	5.75	[M-H]$^-$	165.0188	165.0189	121.02	$C_8H_6O_4$	piperonylic acid 胡椒酸	CX
17	5.94	[M-H]$^-$	167.0344	167.0347	123.04	$C_8H_8O_4$	vanillic acid 香草酸	CX
18*	6.07	[M+H]$^+$	335.1760	335.1743	307.14，264.10，184.07，156.07	$C_{21}H_{22}N_2O_2$	strychnine 士的宁	MQZ
19	6.23	[M+H]$^+$	411.1920	411.1901	394.18，379.16，351.16	$C_{23}H_{26}N_2O_5$	brucine-N-oxide 马钱子碱N-氧化物	MQZ
20*	6.33	[M+H]$^+$	395.1971	395.1952	367.16，350.13，324.12	$C_{23}H_{26}N_2O_4$	brucine 马钱子碱	MQZ

序号	保留时间/分钟	母离子	理论值	测得值	碎片离子	分子式	鉴定	来源
21	6.37	[M+H]$^+$	425.2076	425.2053	409.17，368.14，350.13	C$_{24}$H$_{28}$N$_2$O$_5$	novacine N-甲基-断-伪马钱子碱	MQZ
22	6.41	[M+H]$^+$	563.1765	563.1767	269.08，255.06	C$_{27}$H$_{30}$O$_{13}$	glycyroside 黄甘草苷	GC
23	6.73	[M+H]$^+$	411.1920	411.1892	394.19，379.16，351.16	C$_{23}$H$_{26}$N$_2$O$_5$	pseudobrucine 伪马钱子碱	MQZ
24	6.80	[M+HCOO]$^-$	541.3013	541.3014	495.29，391.19，175.09	C$_{27}$H$_{44}$O$_8$	achyranthesterone A 牛膝甾酮A	NX
25	6.82	[M+H]$^+$	351.1709	351.1714	334.16，333.16，306.13	C$_{21}$H$_{22}$N$_2$O$_3$	isostrychnine-N-oxide 异番木鳖碱N-氧化物	MQZ
26	6.98	[M+H]$^+$	565.1557	565.1577	529.12，511.11，427.10	C$_{26}$H$_{28}$O$_{14}$	schaftoside 夏弗塔苷	GC
27	7.06	[M+H]$^+$	365.1865	365.1842	335.17，294.10，264.10	C$_{22}$H$_{24}$N$_2$O$_3$	icajine N-甲基-断-伪番木鳖碱	MQZ
28	7.11	[M+HCOO]$^-$	541.3013	541.3015	495.29，157.08	C$_{27}$H$_{44}$O$_8$	polypodine B 水龙骨甾酮B	NX
29	7.15	[M-H]$^-$	677.2293	677.2325	497.16，453.17，261.09	C$_{29}$H$_{42}$O$_{18}$	tangshenoside Ⅰ 党参苷Ⅰ	DgS
30	7.35	[M+H]$^+$	365.1865	365.1841	337.15，294.11，252.10	C$_{22}$H$_{24}$N$_2$O$_3$	α(β)-colubrine α(β)-克鲁勃林	MQZ
31	7.42	[M+H]$^+$	351.1709	351.1687	323.13，280.09，250.08	C$_{21}$H$_{22}$N$_2$O$_3$	hydroxyl-strychnine 羟基-士的宁	MQZ
32	7.71	M-H	325.0923	325.0939	325.09	C$_{15}$H$_{18}$O$_8$	coumaric acid glucoside	DgS
33	7.74	[M-H]$^-$	537.1033	537.1022	519.07，339.03，321.02	C$_{27}$H$_{22}$O$_{12}$	salvianolic acid H/I/J/isomer 丹酚酸H/I/J/异构体	DS
34	7.76	[M+H]$^+$	381.1814	381.1790	338.13，324.12，280.09	C$_{22}$H$_{24}$N$_2$O$_4$	vomicine 番木鳖次碱	MQZ
35	8.24	[M+H]$^+$	579.1714	579.1716	457.10，273.07	C$_{27}$H$_{30}$O$_{14}$	isoviolanthin 异佛来心苷	GC
36	8.46	[M+H]$^+$	243.1232	243.1230	225.11，207.10，179.10	C$_{12}$H$_{18}$O$_5$	3-丁基-3，6，7-三羟基-4，5，6，7-四氢苯酞	CX
37	8.51	[M+H]$^+$	503.2182	503.2099	475.18，443.18	C$_{29}$H$_{30}$N$_2$O$_6$	methyl-4-({{(2E)-3-(3,4-diethoxyphenyl)-2-[(2-methylbenzoyl)amino]-2-propenoyl}amino)benzoate	MQZ
38	8.52	[M-H]$^-$	539.1190	539.1121	521.98，495.00	C$_{27}$H$_{24}$O$_{12}$	yunnaneic acid D/isomer 云南丹参酸D/异构体	DS
39*	8.62	[M-H]$^-$	193.0501	193.0489	178.02，149.05，134.03	C$_{10}$H$_{10}$O$_4$	ferulic acid 阿魏酸	CX

续表

序号	保留时间/分钟	母离子	理论值	测得值	碎片离子	分子式	鉴定	来源
40	8.70	[M-H]⁻	417.1186	417.1182	255.06，135.00，119.08	$C_{21}H_{22}O_9$	liquiritin 甘草苷	GC
41	8.88	[M+H]⁺	443.1971	443.1985	413.16，379.20，292.13，274.12	$C_{27}H_{26}N_2O_4$	1-（4-Biphenylylcarbonyl）-*N*-（2,3-dihydro-1,4-benzodioxin-6-yl）-4-piperidinecarbox-amide	MQZ
42*	8.95	[M+HCOO]⁻	525.3064	525.3081	479.30，319.19，159.10	$C_{27}H_{44}O_7$	ecdysterone 蜕皮甾酮	NX
43	9.35	[M+HCOO]⁻	525.3064	525.3076	479.30，319.19，159.10	$C_{27}H_{44}O_7$	（25*R*）-inokosterone 25*R*-牛膝甾酮	NX
44	9.60	[M+HCOO]⁻	525.3064	525.3077	479.30，319.19，159.10	$C_{27}H_{44}O_7$	（25*S*）-inokosterone 25*S*-牛膝甾酮	NX
45	9.75	[M-H]⁻	521.1295	521.1182	498.07，359.07	$C_{24}H_{26}O_{13}$	salviaflaside 异迷迭香酸苷	DS
46	10.29	[M-H]⁻	537.1033	537.1009	519.09，339.04，321.04	$C_{27}H_{22}O_{12}$	salvianolic acid H/I/J/isomer 丹酚酸H/I/J/异构体	DS
47	10.35	[M+H]⁺	227.1283	227.1270	209.11，181.12	$C_{12}H_{18}O_4$	senkyunolide J/N 洋川芎内酯J/N	CX
48	10.36	[M-H]⁻	515.1190	515.1219	353.08，191.05，179.03	$C_{25}H_{24}O_{12}$	3,5-di-*O*-caffeoylquinic acid 3,5-二咖啡酰奎宁酸	CX
49	10.64	M+H	227.1283	227.1280	209.11，181.12	$C_{12}H_{18}O_4$	senkyunolide J/N 洋川芎内酯J/N	CX
50	11.07	[M+HCOO]⁻	1007.5427	1007.5351	961.54，799.48，637.43，475.38	$C_{48}H_{82}O_{19}$	notoginsenosideR3/R6/20-*O*-glucoginsenoside-Rf 三七皂苷R3/R6/20-氧代-人参皂苷Rf	SQ
51	11.26	[M+H]⁺	505.1346	505.1348	257.08，137.03	$C_{24}H_{24}O_{12}$	5-羟基甘草苷元-6'-乙酰基葡萄糖苷	GC
52	11.34	[M-H]⁻	433.1135	433.1132	255.06，151.00，135.00	$C_{21}H_{22}O_{10}$	choerospondin 南酸枣苷	GC
53	11.55	[M+HCOO]⁻	1007.5427	1007.5486	961.54，799.48，637.43，475.37	$C_{48}H_{82}O_{19}$	notoginsenosideR3/R6/20-*O*-glucoginsenoside-Rf 三七皂苷R3/R6/20-氧代人参皂苷Rf	SQ
54*	11.83	[M-H]⁻	359.0767	359.0782	179.03，161.02	$C_{18}H_{16}O_8$	rosmarinic acid 迷迭香酸	DS
55	12.03	[M-H]⁻	537.1033	537.1014	519.08，339.05，321.00	$C_{27}H_{22}O_{12}$	salvianolic acid H/I/J/isomer 丹酚酸H/I/J/异构体	DS

续表

序号	保留时间/分钟	母离子	理论值	测得值	碎片离子	分子式	鉴定	来源
56	12.18	[M+H]⁺	315.1232	315.1209	297.07，279.06，251.06	$C_{18}H_{18}O_5$	17-hydroxytanshindiol B 17-羟基丹参二醇B	DS
57	12.27	[M-H]⁻	493.1135	493.1164	383.06，295.06	$C_{26}H_{22}O_{10}$	salvianolic acid A 丹酚酸A	DS
58	12.32	[M+HCOO]⁻	1007.5457	1007.5366	961.53，799.47，637.42，475.37	$C_{48}H_{82}O_{19}$	notoginsenoside M 三七皂苷M	SQ
59*	12.49	[M+H]⁺	225.1127	225.1115	207.10，179.10，161.09	$C_{12}H_{16}O_4$	senkyunolide I 洋川芎内酯I	CX
60	12.59	[M-H]⁻	549.1608	549.1600	417.12，255.06，135.00	$C_{26}H_{30}O_{13}$	liquiritin apioside 芹糖甘草苷	GC
61*	12.61	[M-H]⁻	441.1780	441.1790	441.17	$C_{20}H_{28}O_8$	lobetyolin 党参炔苷	DgS
62*	12.74	[M+HCOO]⁻	977.5321	977.5263	931.52，799.48，637.42，475.37	$C_{47}H_{80}O_{18}$	notoginsenoside R₁ 三七皂苷R₁	SQ
63	12.80	[M+H]⁺	563.1765	563.1754	269.07	$C_{27}H_{30}O_{13}$	isome of glycyroside 黄甘草苷同分异构体	GC
64	13.16	[M-H]⁻	717.1456	717.1461	519.09，339.05	$C_{36}H_{30}O_{16}$	iso salvianolic acid B 异丹酚酸B	DS
65	13.16	[M-H]⁻	549.1608	549.1600	417.12，255.06，135.00	$C_{26}H_{30}O_{13}$	isoliquiritin apioside 芹糖异甘草苷	GC
66	13.23	[M-H]⁻	417.1186	417.1182	255.06，135.00，119.08	$C_{21}H_{22}O_9$	isoliquiritin 异甘草苷	GC
67*	13.41	[M-H]⁻	717.1456	717.1469	519.09，339.05	$C_{36}H_{30}O_{16}$	salvianolic acid B 丹酚酸B	DS
68	13.44	[M+H]⁺	431.1342	431.1343	269.08，237.05	$C_{22}H_{22}O_9$	ononin 芒柄花苷	GC
69*	13.81	[M+HCOO]⁻	845.4899	845.4930	799.48，637.43，475.38	$C_{42}H_{72}O_{14}$	ginsenoside Rg₁ 人参皂苷Rg₁	SQ
70	13.83	[M+H]⁺	314.1392	314.1389	177.05，145.02	$C_{18}H_{19}NO_4$	N-cis-feruloyltyramine N-阿魏酰酪胺	NX
71	13.93	[M-H]⁻	417.1186	417.1182	255.06，135.00，119.08	$C_{21}H_{22}O_9$	neoisoliquiritin 新异甘草苷	GC
72*	14.02	[M+HCOO]⁻	991.5478	991.5495	945.54，799.48，783.48，637.43	$C_{48}H_{82}O_{18}$	ginsenoside Re 人参皂苷Re	SQ
73	14.19	[M+H]⁺	697.2112	697.2116	279.08，261.07	$C_{35}H_{36}O_{15}$	licorice glycoside B 甘草苷B	GC
74	14.37	[M-H]⁻	725.2082	725.2069	549.15，531.14，255.06	$C_{36}H_{38}O_{16}$	licorice glycoside A 甘草苷A	GC
75	14.47	[M+H]⁺	257.0814	257.0818	137.02	$C_{15}H_{12}O_4$	liquiritigenin 甘草素	GC

续表

序号	保留时间/分钟	母离子	理论值	测得值	碎片离子	分子式	鉴定	来源
76	14.55	[M+H]$^+$	344.1498	344.1479	177.05，145.02，117.03	$C_{19}H_{21}NO_5$	N-trans-feruloyl-3-methoxytyramine N-阿魏酰-3-甲氧基酪胺	NX
77	15.04	[M-H]$^-$	717.1456	717.1461	519.09，339.05	$C_{36}H_{30}O_{16}$	salvianolic acid E 丹酚酸E	DS
78	15.70	[M+H]$^+$	313.1076	313.1072	295.06，279.06，251.07	$C_{18}H_{16}O_5$	tanshindiol B 丹参二醇B	DS
79	15.92	[M-H]$^-$	885.4848	885.4843	841.49，781.47，637.43，619.42	$C_{45}H_{74}O_{17}$	malonyl-ginsenoside Rg$_1$ 丙二酰基人参皂苷Rg$_1$	SQ
80	16.24	[M+HCOO]$^-$	1169.5955	1169.5966	1123.58，961.53，799.47	$C_{54}H_{92}O_{24}$	notoginsenoside A 人参皂苷A	SQ
81	16.36	[M-H]$^-$	731.1612	731.1639	533.10，353.06，335.05	$C_{37}H_{32}O_{16}$	3'-O-monomethy lithospermic acid B 3'-O-单甲基紫草酸B	DS
82	16.58	[M-H]$^-$	271.0606	271.0618	119.04	$C_{15}H_{12}O_5$	isomer of naringenin 柚皮素异构体	GC
83	17.68	[M+H]$^+$	313.1076	313.1064	295.05，267.10，249.09，221.09	$C_{18}H_{16}O_5$	tanshindiol C 丹参二醇C	DS
84	18.72	[M+H]$^+$	189.0916	189.0893	171.08，161.09	$C_{12}H_{12}O_2$	E-butylidenephthalide E-丁烯基酞内酯	CX
85	19.10	[M+HCOO]$^-$	1005.5270	1005.5268	959.51，887.49，841.49，781.47	$C_{48}H_{80}O_{19}$	notoginsenoside G 三七皂苷G	SQ
86	19.12	[M-H]$^-$	885.4848	885.4791	841.49，781.47，637.42，619.42	$C_{45}H_{74}O_{17}$	isomer of malonyl-ginsenoside Rg$_1$ 丙二酰基人参皂苷Rg$_1$异构体	SQ
87	21.17	[M-H]$^-$	271.0606	271.0618	119.04	$C_{15}H_{12}O_5$	isomer of naringenin 柚皮素异构体	GC
88	21.33	[M+HCOO]$^-$	1167.5799	1167.5762	1121.57，959.52，797.46	$C_{54}H_{90}O_{24}$	notoginsenoside B 三七皂苷B	SQ
89	21.56	[M-H]$^-$	269.0814	269.0817	255.06	$C_{16}H_{14}O_4$	echinatin 刺甘草查耳酮	GC
90	21.61	[M+H]$^+$	313.1076	313.1056	295.05，267.10，249.09，221.09	$C_{18}H_{16}O_5$	tanshindiol C isomer 丹参二醇C异构体	DS
91	22.23	[M+H]$^+$	897.4120	897.4091	545.34，527.33	$C_{44}H_{64}O_{19}$	uralsaponin F 乌拉尔皂苷F	GC

续表

序号	保留时间/分钟	母离子	理论值	测得值	碎片离子	分子式	鉴定	来源
92	22.92	$[M-H]^-$	355.1182	355.1174	193.08	$C_{20}H_{20}O_6$	coniferyl ferulate 阿魏酸松柏酯	CX
93	23.34	$[M+H]^+$	985.4644	985.4656	825.42，487.34，469.33	$C_{48}H_{72}O_{21}$	licorice saponin A_3 甘草皂苷 A_3	GC
94	23.39	$[M+H]^+$	313.1440	313.1434	295.05，285.06，269.13	$C_{19}H_{20}O_4$	17-hydroxycryptotanshinone 17-羟基隐丹参酮	DS
95	23.42	$[M+H]^+$	223.0970	223.0954	205.08，173.07	$C_{12}H_{14}O_4$	senkyunolide D 洋川芎内酯D	CX
96	23.42	$[M+HCOO]^-$	1315.6534	1315.6509	1269.64，1107.59	$C_{60}H_{102}O_{28}$	ginsenoside Ra_0 人参皂苷 Ra_0	SQ
97	23.66	$[M+HCOO]^-$	1285.6429	1285.6467	1239.63，945.53，783.48，619.31	$C_{59}H_{100}O_{27}$	notoginsenoside Fa 三七皂苷Fa	SQ
98	23.77	$[M+HCOO]^-$	845.4899	845.4893	799.48，637.43，619.31，475.38	$C_{42}H_{72}O_{14}$	ginsenoside R_f 人参皂苷 R_f	SQ
99	23.81	$[M+H]^+$	283.0970	283.0938	265.09，237.08，227.06	$C_{17}H_{14}O_4$	phenanthro[1, 2-b]furan-6, 10, 11(7H)-trione, 1, 2, 8, 9-tetrahydro-1-methyl-, (R)	DS
100	24.18	$[M+HCOO]^-$	1285.6429	1285.6495	1239.64，1107.59，945.54	$C_{59}H_{100}O_{27}$	ginsenoside Ra_3 人参皂苷 Ra_3	SQ
101	24.39	$[M+H]^+$	837.3942	837.3492	485.32，449.29，437.30	$C_{42}H_{60}O_{17}$	uralsaponin E 乌拉尔皂苷E	GC
102	24.42	$[M+HCOO]^-$	815.4793	815.4786	769.47，637.43，475.37	$C_{41}H_{70}O_{13}$	notoginsenoside R_2 三七皂苷 R_2	SQ
103	24.52	$[M+H]^+$	469.3318	469.3297	451.31	$C_{30}H_{44}O_4$	glabrolide 甘草内酯	GC
104	24.67	$[M+H]^+$	189.0916	189.0931	171.08，153.06	$C_{12}H_{12}O_2$	Z-butylidenephthalide Z-丁烯基酞内酯	CX
105	24.69	$[M-H]^-$	205.0865	205.0880	161.09	$C_{12}H_{14}O_3$	6, 7-epoxyligustilide 6,7-环氧藁本内酯	CX
106	24.83	$[M+HCOO]^-$	1285.6429	1285.6492	1239.63，1107.59，945.54	$C_{59}H_{100}O_{27}$	notoginsenoside R_4 三七皂苷 R_4	SQ
107	24.89	$[M+H]^+$	209.1178	209.1157	191.10，163.11	$C_{12}H_{16}O_3$	senkyunolide G/K 洋川芎内酯G/K	CX
108[*]	24.89	$[M+HCOO]^-$	1153.6006	1153.6074	1107.59，945.54，783.49，621.43	$C_{54}H_{92}O_{23}$	ginsenoside Rb_1 人参皂苷 Rb_1	SQ

续表

序号	保留时间/分钟	母离子	理论值	测得值	碎片离子	分子式	鉴定	来源
109	24.92	$[M+H]^+$	257.0814	257.0818	137.02	$C_{15}H_{12}O_4$	isoliquiritigen 异甘草素	GC
110	25.20	$[M+HCOO]^-$	1193.5955	1193.5970	1149.60，1107.59，783.49，637.43	$C_{57}H_{94}O_{26}$	malonyl-ginsenoside Rb$_1$ 丙二酰基人参皂苷 Rb$_1$	SQ
111	25.22	$[M+HCOO]^-$	829.4949	829.4974	783.49，683.43，637.43，475.38	$C_{42}H_{72}O_{13}$	ginsenoside Rg$_2$ 人参皂苷 Rg$_2$	SQ
112	25.25	$[M-H]^-$	329.2328	329.2339	229.15，211.13	$C_{18}H_{34}O_5$	9，12，13-三羟基-10-十八碳烯酸	DgS
113	25.25	$[M+HCOO]^-$	683.4370	683.4357	637.43，619.42，475.38	$C_{36}H_{62}O_9$	ginsenoside Rh$_1$ 人参皂苷 Rh$_1$	SQ
114	25.32	M-H	267.0657	267.0666	251.03，224.04，195.04	$C_{16}H_{12}O_4$	formononetin 刺芒柄花素	GC
115	25.43	$[M+HCOO]^-$	1193.5955	1193.5980	1149.60，1107.59	$C_{57}H_{94}O_{26}$	isomer of malonyl-ginsenoside Rb$_1$ 丙二酰基人参皂苷 Rb$_1$ 异构体	SQ
116	25.54	$[M+HCOO]^-$	1193.5955	1193.5956	1149.61，1107.59，1089.58，945.54	$C_{57}H_{94}O_{26}$	isomer of malonyl-ginsenoside Rb$_1$ 丙二酰基人参皂苷 Rb$_1$ 异构体	SQ
117	25.84	$[M-H]^-$	955.4903	955.4898	793.43，569.38，455.34	$C_{48}H_{76}O_{19}$	chikusetsusaponin V 竹节参苷 V	NX
118	25.90	$[M-H]^-$	1117.5067	1117.5062	997.50，995.49，793.43	$C_{53}H_{82}O_{25}$	achyranthoside D 牛膝皂苷 D	NX
119	25.93	$[M-H]^-$	1193.5955	1193.6002	1149.60，1107.59，1089.58，1077.59	$C_{57}H_{94}O_{26}$	isomer of malonyl-ginsenoside Rb$_1$ 丙二酰基人参皂苷 Rb$_1$ 异构体	SQ
120	25.98	$[M+HCOO]^-$	1123.5900	1123.5916	1077.58，945.54，841.49	$C_{53}H_{90}O_{22}$	ginsenoside Rb$_2$ 人参皂苷 Rb$_2$	SQ
121	25.99	$[M-H]^-$	885.4848	885.4862	841.49，783.48	$C_{45}H_{74}O_{17}$	isomer of malonyl-ginsenoside Rb$_1$ 丙二酰基人参皂苷 Rg$_1$ 异构体	SQ
122	26.14	$[M+H]^+$	839.4065	839.4042	663.37，487.34，469.33	$C_{42}H_{62}O_{17}$	licorice saponin G$_2$ 甘草皂苷 G$_2$	GC
123	26.14	$[M+HCOO]^-$	1123.5900	1123.5903	1077.58，945.54，783.49	$C_{53}H_{90}O_{22}$	ginsenoside Rb$_3$ 人参皂苷 Rb$_3$	SQ

续表

序号	保留时间/分钟	母离子	理论值	测得值	碎片离子	分子式	鉴定	来源
124	26.15	[M-H]⁻	955.4903	955.4897	793.43，731.44，569.38，455.34	$C_{48}H_{76}O_{19}$	ginsenoside R_0 人参皂苷R_0	NX
125	26.33	[M-H]⁻	205.0865	205.0872	161.09，106.04	$C_{12}H_{14}O_3$	senkyunolide F 洋川芎内酯F	CX
126	26.37	[M+H]⁺	293.0814	293.0843	263.07，247.07，235.07	$C_{18}H_{12}O_4$	tanshinol A 丹参醇A	DS
127	26.51	[M+HCOO]⁻	1123.5900	1123.6049	1077.59，945.54，783.49	$C_{53}H_{90}O_{22}$	ginsenoside R_c 人参皂苷R_c	SQ
128	26.63	[M+H]⁺	295.0970	295.0984	277.06，249.08	$C_{18}H_{14}O_4$	3α-hydroxymethylenetans hinquinone 3α-羟基次甲丹参醌	DS
129	26.80	[M+H]⁺	839.4065	839.4044	663.37，487.34，469.33	$C_{42}H_{62}O_{17}$	isomer of licorice saponin G_2 甘草皂苷G_2异构体	GC
130	26.83	[M+HCOO]⁻	683.4370	683.4390	637.43，475.38	$C_{36}H_{62}O_9$	ginsenoside F_1 人参皂苷F_1	SQ
131	26.88	[M+H]⁺	297.1127	297.1155	279.07，261.09，233.09	$C_{18}H_{16}O_4$	tanshinone Ⅵ 丹参酮Ⅵ	DS
132	26.95	[M-H]⁻	953.4382	953.4343	909.44，851.43，793.43，569.38	$C_{47}H_{70}O_{20}$	achyranthoside Ⅲ 牛膝皂苷Ⅲ	NX
133	27.19	[M-H]⁻	925.4797	925.4783	793.43，631.38，569.38，455.35	$C_{47}H_{74}O_{18}$	chikusetsusaponin Ⅳ 竹节参皂苷Ⅳ	NX
134*	27.22	[M+HCOO]⁻	991.5478	991.5430	945.53，783.48，621.43，459.38	$C_{48}H_{82}O_{18}$	ginsenoside R_d 人参皂苷R_d	SQ
135	27.23	[M-H]⁻	259.0970	259.0992	244.07，188.01，172.99	$C_{15}H_{16}O_4$	n.d.	DL
136	27.34	[M-H]⁻	793.4374	793.4377	631.38，569.38，455.35	$C_{42}H_{66}O_{14}$	zingibroside R_1 姜状三七苷R_1	NX
137	27.40	[M-H]⁻	955.4539	955.4543	835.44，793.43，631.38	$C_{47}H_{72}O_{20}$	achyranthoside C 牛膝皂苷C	NX
138	27.55	[M+HCOO]⁻	1031.5427	1031.5461	987.54，945.53，927.52，765.48	$C_{51}H_{84}O_{21}$	malonyl-ginsenoside R_d 丙二酰基人参皂苷R_d	SQ
139*	27.57	[M+H]⁺	823.4116	823.4122	647.38，471.34	$C_{42}H_{62}O_{16}$	glycyrrhizic acid 甘草酸	GC
140	27.65	[M-H]⁻	953.4382	953.4402	909.45，793.43，631.38	$C_{47}H_{70}O_{20}$	achyranthoside B 牛膝皂苷B	NX
141	27.72	[M-H]⁻	1031.5427	1031.5428	987.55，945.54，927.53，783.48	$C_{51}H_{84}O_{21}$	isomer of malonyl-ginsenoside R_d 丙二酰基人参皂苷R_d异构体	SQ

续表

序号	保留时间/分钟	母离子	理论值	测得值	碎片离子	分子式	鉴定	来源
142	27.86	[M-H]$^-$	925.4443	925.4444	793.43，631.38，569.38，455.35	$C_{46}H_{70}O_{19}$	achyranthoside E 牛膝皂苷E	NX
143	27.91	[M-H]$^-$	1031.5427	1031.5463	987.55，945.54，825.50	$C_{51}H_{84}O_{21}$	isomer of malonyl-ginsenoside Rd 丙二酰基人参皂苷Rd异构体	SQ
144	28.17	[M+H]$^+$	279.1596	279.1588	261.14，233.15	$C_{16}H_{22}O_4$	senkyunolide M/Q 洋川芎内酯M/Q	CX
145	28.20	[M+HCOO]$^-$	991.5478	991.5510	945.54，783.49，621.43	$C_{48}H_{82}O_{18}$	notoginsenoside K 三七皂苷K	SQ
146	28.36	[M-H]$^-$	203.0708	203.0705	173.02，160.01，145.02，132.02	$C_{12}H_{12}O_3$	3-butylidene-7-hydroxyphthalide 川芎内酯酚	CX
147	28.40	[M+H]$^+$	311.1283	311.1281	293.10，283.12，265.12	$C_{19}H_{18}O_4$	1-ketoisocryptotanshinone 1-酮异隐丹参醌	DS
148	28.58	[M+H]$^+$	295.0970	295.0954	277.06，263.06，249.08	$C_{18}H_{14}O_4$	trijuganone A 小红参醌A	DS
149	28.62	[M-H]$^-$	271.0606	271.0618	119.04	$C_{15}H_{12}O_5$	isomer of naringenin 柚皮素异构体	GC
150	28.73	[M+H]$^+$	809.4323	809.4314	457.36，439.35，421.39	$C_{42}H_{64}O_{15}$	licorice saponin B$_2$ 甘草皂苷B$_2$	GC
151	28.98	[M+H]$^+$	823.4116	823.4122	647.38，471.34	$C_{42}H_{62}O_{16}$	uralsaponin B 乌拉尔甘草皂苷B	GC
152	29.15	[M+HCOO]$^-$	961.5372	961.5376	915.53，783.49，621.43	$C_{47}H_{80}O_{17}$	notoginsenoside Fe 三七皂苷Fe	SQ
153	29.24	[M+HCOO]$^-$	961.5372	961.5362	915.53，783.49，621.44	$C_{47}H_{80}O_{17}$	notoginsenoside Fd 三七皂苷Fd	SQ
154	29.32	[M+H]$^+$	823.4116	823.4122	647.38，471.34	$C_{42}H_{62}O_{16}$	licoricesaponin H$_2$ 甘草皂苷H$_2$	GC
155	29.36	[M+H]$^+$	311.1283	311.1288	293.12，275.10，265.12	$C_{19}H_{18}O_4$	Tanshinone II$_B$ 丹参酮II$_B$	DS
156	29.50	[M+H]$^+$	355.1545	355.1532	193.04，133.02	$C_{21}H_{22}O_5$	licochalcone D 甘草查尔酮D	GC
157	29.55	[M-H]$^-$	203.0708	203.0717	159.08	$C_{12}H_{12}O_3$	senkyunolide E 洋川芎内酯E	CX
158	29.91	[M+H]$^+$	193.1229	193.1221	175.11，147.11，137.05	$C_{12}H_{16}O_2$	senkyunolide A 洋川芎内酯A	CX

续表

序号	保留时间/分钟	母离子	理论值	测得值	碎片离子	分子式	鉴定	来源
159	29.95	[M+HCOO]⁻	797.4687	797.4614	751.45，619.41	$C_{41}H_{68}O_{12}$	notoginsenoside T₅ 三七皂苷T₅	SQ
160	30.06	[M-H]⁻	805.4010	805.4001	351.05	$C_{42}H_{62}O_{15}$	licorice saponin C₂ 甘草皂苷C₂	GC
161	30.14	[M-H]⁻	327.1232	327.1266	299.10，284.10，253.09	$C_{19}H_{20}O_5$	phenanthro[1,2-b]furan-10,11-dione，1,2,6,7,8,9-hexahydro-7（8or9）-hydroxy-1-（hydroxymethyl）-6,6-dimethyl-，（1S）	DS
162	30.26	[M+HCOO]⁻	797.4687	797.4623	751.45，619.42	$C_{41}H_{68}O_{12}$	notoginsenoside T₅ 三七皂苷T₅	SQ
163*	30.30	[M+H]⁺	249.1491	249.1457	231.13，213.12，203.14	$C_{15}H_{20}O_3$	atractylenolide Ⅲ 白术内酯Ⅲ	BZ
164	30.33	[M-H]⁻	499.3423	499.3405	499.34	$C_{31}H_{48}O_5$	poricoic acid GM 茯苓酸GM	FL
165	30.34	[M+HCOO]⁻	829.4949	829.4852	783.48，751.44，621.44	$C_{42}H_{72}O_{13}$	ginsenoside F₂ 人参皂苷F₂	SQ
166	30.43	[M+H]⁺	355.1545	355.1533	283.05，121.02	$C_{21}H_{22}O_5$	licoisoflavone A 甘草异黄酮A	GC
167	30.44	[M+H]⁺	341.1389	341.1436	281.11，263.10，207.10	$C_{20}H_{20}O_5$	methyldihydronortanshinonate 二氢丹参酸甲酯	DS
168	30.46	[M+H]⁺	191.1072	191.1065	173.09，145.10	$C_{12}H_{14}O_2$	butylphthalide 丁基苯酞	CX
169	30.50	[M+H]⁺	341.1389	341.1453	295.15	$C_{20}H_{20}O_5$	trijuganone C 小红参醌C	DS
170	30.61	[M+H]⁺	357.1702	357.1710	165.07，137.06，123.04	$C_{21}H_{24}O_5$	glyasperin C 粗毛甘草素C	GC
171	30.80	[M+H]⁺	297.1127	297.1124	279.10，261.09	$C_{18}H_{16}O_4$	tanshinol B 丹参醇B	DS
172	30.89	[M+H]⁺	327.1232	327.1248	309.11，283.11，265.12	$C_{19}H_{18}O_5$	3-hydroxtanshinone ⅡB 3-羟基丹参酮ⅡB	DS
173	30.90	[M+H]⁺	355.1182	355.1179	299.05，205.15	$C_{20}H_{18}O_6$	licoflavonol 甘草黄酮醇	GC
174	30.95	[M-H]⁻	955.4539	955.4543	832.44，793.43，455.35	$C_{47}H_{72}O_{20}$	achyranthoside G 牛膝皂苷G	NX
175	30.96	[M+H]⁺	309.1127	309.1137	265.11，250.10，235.07	$C_{19}H_{16}O_4$	tanshinaldehyde 丹参醛	DS
176	31.05	[M-H]⁻	487.3423	487.3460	469.34，443.32	$C_{30}H_{48}O_5$	tormentic acid 委陵菜酸	DS
177	31.17	[M+H]⁺	230.1545	230.1519	196.10	$C_{15}H_{19}NO$	白术内酰胺	BZ
178	31.29	[M-H]⁻	513.3216	513.3227	481.32，339.19	$C_{31}H_{46}O_6$	poricoic acid D 茯苓酸D	FL

续表

序号	保留时间/分钟	母离子	理论值	测得值	碎片离子	分子式	鉴定	来源
179	31.33	[M+H]⁺	341.1389	341.1367	269.04	$C_{20}H_{20}O_5$	corylifol B	GC
180	31.44	[M+H]⁺	355.1182	355.1179	299.05，205.15	$C_{20}H_{18}O_6$	gancaonin L 甘草宁L	GC
181	31.49	[M+HCOO]⁻	829.4949	829.4918	783.48，621.42	$C_{42}H_{72}O_{13}$	20(S)-ginsenoside Rg₃ 20(S)-人参皂苷Rg₃	SQ
182	31.51	[M+H]⁺	191.1072	191.1064	173.09，145.10	$C_{12}H_{14}O_2$	E-ligustilde E-藁本内酯	CX
183	31.58	[M-H]⁻	497.3267	497.3242	497.32，419.29	$C_{31}H_{46}O_5$	poricoic acid BM 茯苓酸BM	FL
184	31.58	[M+H]⁺	339.1596	339.1584	283.09，271.09	$C_{21}H_{22}O_4$	licochalcone C 甘草查尔酮C	GC
185	31.61	[M-H]⁻	793.4374	793.4343	631.38，497.32，455.35	$C_{42}H_{66}O_{14}$	chikusetsusaponin IVₐ 竹节参皂苷IVₐ	NX
186	31.64	[M-H]⁻	829.4949	829.4882	783.48，621.42	$C_{42}H_{72}O_{13}$	20(R)-ginsenoside Rg₃ 20(R)-人参皂苷Rg₃	SQ
187	31.67	[M+H]⁺	297.1491	297.1474	278.08，279.09，253.15，251.14	$C_{19}H_{20}O_3$	cryptotanshinone 隐丹参酮	DS
188	31.69	[M-H]⁻	313.1440	313.1458	269.14，241.12，226.08	$C_{19}H_{22}O_4$	neocryptotanshinone 新隐丹参酮	DS
189	31.70	[M+H]⁺	195.1385	195.1380	177.12，149.13	$C_{12}H_{18}O_2$	cnidilide 川芎内酯	CX
190	31.82	[M-H]⁻	355.1182	355.1195	193.08	$C_{20}H_{20}O_6$	coniferyl ferulate 阿魏酸松柏酯	CX
191	32.06	[M+H]⁺	281.1542	281.1540	266.11，253.10，238.09	$C_{19}H_{20}O_2$	1, 2-didehydromiltirone 去氢丹参新酮	DS
192	32.06	[M-H]⁻	365.1025	365.1026	323.09，307.02，201.01	$C_{21}H_{18}O_6$	isoglycyrol 异甘草酚	GC
193	32.13	[M-H]⁻	313.2379	313.2382	313.23	$C_{18}H_{34}O_4$	9, 10-二羟基-12-十八碳烯酸	DgS
194	32.33	[M+H]⁺	195.1385	195.1378	177.12，149.13	$C_{12}H_{18}O_2$	isomer of cnidilide 川芎内酯异构体	CX
195	32.44	[M+H]⁺	279.1021	279.1031	261.09，233.09，205.10	$C_{18}H_{14}O_3$	1, 2-dihydrotanshinone I/3, 4-dihydrotanshinone I 1, 2-二氢丹参酮I/3, 4-二氢丹参酮I	DS
196*	32.53	[M+H]⁺	191.1072	191.1071	173.09，145.10	$C_{12}H_{14}O_2$	Z-ligustilde Z-藁本内酯	CX
197	32.69	[M-H]⁻	313.2379	313.2372	313.23	$C_{18}H_{34}O_4$	9, 10-二羟基-12-十八碳烯酸	DgS
198	32.76	[M+H]⁺	297.1491	297.1463	269.15，251.14	$C_{19}H_{20}O_3$	1-oxomiltirone 1-羰基丹参新酮	DS

序号	保留时间/分钟	母离子	理论值	测得值	碎片离子	分子式	鉴定	来源
199	32.77	[M-H]⁻	763.4269	763.4262	631.38, 455.35, 339.20	$C_{41}H_{64}O_{13}$	28-desglucosylchikuset-susaponin Ⅳ	NX
200	32.89	[M+H]⁺	337.1076	337.1065	295.05, 137.02	$C_{20}H_{16}O_5$	glabrone 光甘草酮	GC
201	33.25	[M-H]⁻	793.4010	793.3990	747.39, 673.39, 631.38, 455.35	$C_{41}H_{62}O_{15}$	achyranthoside Ⅱ 牛膝皂苷Ⅱ	NX
202	33.35	[M-H]⁻	791.3854	791.3851	673.39, 631.38, 455.35	$C_{41}H_{60}O_{15}$	achyranthoside Ⅳ 牛膝皂苷Ⅳ	NX
203	33.49	[M+H]⁺	281.1178	281.1167	263.10, 248.08, 235.10	$C_{18}H_{16}O_3$	trijuganone B 小红参醌B	DS
204	33.70	[M+H]⁺	233.1536	233.1532	215.14, 187.14, 145.10	$C_{15}H_{20}O_2$	costunolide 广木香内酯	BZ
205	33.80	[M-H]⁻	497.3267	497.3285	497.32, 423.29	$C_{31}H_{46}O_5$	poriacosone A/B 茯苓羊毛脂酮A/B	FL
206	34.07	[M+H]⁺	339.1232	339.1226	279.10, 261.08, 233.09, 205.09	$C_{20}H_{18}O_5$	methyltanshinonate 丹参酸甲酯	DS
207*	34.21	[M+H]⁺	233.1536	233.1532	215.14, 187.14, 145.10	$C_{15}H_{20}O_2$	atractylenolide Ⅱ 白术内酯Ⅱ	BZ
208	34.27	[M+H]⁺	353.1025	353.0976	311.05, 255.06	$C_{20}H_{16}O_6$	licorisoflavan B 甘草异黄酮B	GC
209	34.50	M-H	763.3905	763.3923	631.38, 455.35	$C_{40}H_{60}O_{14}$	28-deglucosyl-achyranthoside E	NX
210	34.88	[M+H]⁺	454.3281	454.3259	417.23, 360.28	-	n.d.	DL
211	35.36	[M-H]⁻	293.2117	293.2142	265.14, 249.87	$C_{18}H_{30}O_3$	9-oxo-10E, 12Z-octadecadienoic acid 9-羰基-10E, 12Z-十八碳二烯酸	DS
212	35.41	[M-H]⁻	469.3318	469.3305	351.12, 315.25	$C_{30}H_{46}O_4$	16α-hydroxydehydrotra-metenolic acid 16α-羟基松苓新酸	FL
213	35.92	[M+H]⁺	393.2066	393.2016	337.13	$C_{25}H_{28}O_4$	glabrol 光甘草酚	GC
214	36.19	[M-H]⁻	471.3474	471.3493	409.31	$C_{30}H_{48}O_4$	16α-hydroxytrametenolic acid 16α-羟基-氢化松苓酸	FL
215	36.48	[M+H]⁺	480.3437	480.3462	443.25	-	n.d.	DL
216	36.84	[M+H]⁺	297.1491	297.1468	282.12, 279.14, 251.14	$C_{19}H_{20}O_3$	isocryptotanshinone Ⅱ 异隐丹参酮Ⅱ	DS

续表

序号	保留时间/分钟	母离子	理论值	测得值	碎片离子	分子式	鉴定	来源
217	36.84	[M-H]⁻	481.3318	483.3331	466.30	$C_{31}H_{46}O_4$	poricoic acid C 茯苓酸C	FL
218	37.03	[M+H]⁺	263.1643	263.1646	263.16	$C_{16}H_{22}O_3$	8β-methoxyatractylenolide I 8β-甲氧基白术内酯 I	BZ
219	37.18	[M+H]⁺	371.1858	371.1815	205.08	$C_{22}H_{26}O_5$	glyasperin D 粗毛甘草素D	GC
220	37.20	[M+H]⁺	277.0865	277.0851	262.08，249.09，221.08	$C_{18}H_{12}O_3$	tanshinone I 丹参酮 I	DS
221	37.21	[M-H]⁻	369.1702	369.1711	351.12，245.08，201.09	$C_{22}H_{26}O_5$	kanozol R	GC
222	37.37	[M+H]⁺	263.1643	263.1649	263.16	$C_{16}H_{22}O_3$	8β-甲氧基白术内酯 I 异构体	BZ
223	37.45	[M+H]⁺	468.3437	468.3482	431.25	-	n.d.	DL
224	37.48	[M-H]⁻	315.1960	315.1966	297.14，269.10	$C_{20}H_{28}O_3$	20-deoxocarnosol 去氧鼠尾草酚	DS
225	37.48	[M+H]⁺	371.1858	371.1823	153.05，137.05	$C_{22}H_{26}O_5$	glyasperin B 粗毛甘草素B	GC
226	37.88	[M-H]⁻	483.3110	483.3137	483.31	$C_{30}H_{44}O_5$	poricoic acid B 茯苓酸B	FL
227	38.07	[M-H]⁻	299.2011	299.2005	281.14，265.14	$C_{20}H_{28}O_2$	sugiol 柳杉酚	DS
228	38.07	[M+H]⁺	425.1964	425.1943	313.06	$C_{25}H_{28}O_6$	glisoflavanone	GC
229	38.15	[M+H]⁺	425.2328	425.2286	221.11，135.04	$C_{26}H_{32}O_5$	licoricidin 甘草定	GC
230*	38.22	[M-H]⁻	483.3476	483.3469	465.29，421.30，405.31	$C_{31}H_{48}O_4$	dehydrotumulosic acid 去氢土莫酸	FL
231	38.32	[M+H]⁺	468.3437	468.3482	431.25	-	n.d.	DL
232	38.46	[M+H]⁺	231.1379	231.1388	213.13，185.13，157.10	$C_{15}H_{18}O_2$	atractylenolide I 白术内酯I	BZ
233	38.81	[M+H]⁺	409.2015	405.1968	165.01	$C_{25}H_{28}O_5$	bolusanthol C	GC
234	38.89	[M+H]⁺	381.2066	381.2073	213.08，191.10	$C_{24}H_{28}O_4$	riligustilide	CX
235	39.16	[M-H]⁻	295.2273	295.2285	295.22	$C_{18}H_{32}O_3$	coronaric acid 茼蒿酸	DgS
236	39.22	[M-H]⁻	485.3631	485.3636	485.36，471.34	$C_{31}H_{50}O_4$	tumulosic acid 土莫酸	FL
237	39.43	[M+H]⁺	383.2220	383.2221	215.10，191.10	$C_{24}H_{30}O_4$	senkyunolide P 洋川芎内酯P	CX
238	39.62	[M+H]⁺	279.1021	279.0990	261.09，233.09，205.10	$C_{18}H_{14}O_3$	15,16-dihydrotanshinone I 15,16-二氢丹参酮 I	DS
239	39.72	[M-H]⁻	421.1651	421.1653	365.10，309.04，297.04	$C_{25}H_{26}O_6$	angustone A	GC
240	39.83	[M-H]⁻	265.1229	265.1232	250.09	$C_{18}H_{18}O_2$	4-methylenemiltirone 4-亚甲基丹参新酮	DS

续表

序号	保留时间/分钟	母离子	理论值	测得值	碎片离子	分子式	鉴定	来源
241	40.63	[M+H]⁺	293.1178	293.1183	275.10，247.10	$C_{19}H_{16}O_3$	1, 2-didehydrotanshinone ⅡA 1, 2-二氢丹参酮ⅡA	DS
242	40.93	M-H	497.3267	497.3258	497.32，423.29	$C_{31}H_{46}O_5$	poricoic acid A 茯苓酸A	FL
243	41.12	[M+H]⁺	219.1749	219.1750	219.17	$C_{15}H_{22}O$	9, 10-dehydroisolongifolene 9, 10-去氢异长叶烯	BZ
244	41.14	[M-H]⁻	421.1651	421.1653	365.10，309.03，297.04	$C_{25}H_{26}O_6$	isomer of angustone A	GC
245	41.21	[M-H]⁻	485.3267	485.3279	441.33	$C_{30}H_{46}O_5$	poricoic acid G 茯苓酸G	FL
246	41.56	[M+H]⁺	482.3594	482.3620	445.27	-	n.d.	DL
247*	41.72	[M+H]⁺	471.3474	471.3494	421.20，407.33	$C_{30}H_{46}O_4$	glycyrrhetic acid 甘草次酸	GC
248	41.82	[M+H]⁺	423.2171	423.2122	191.10，165.01	$C_{26}H_{30}O_5$	glyasperin A	GC
249	42.05	[M+H]⁺	383.2220	383.2220	215.10，191.10	$C_{24}H_{30}O_4$	isomer of senkyunolide P 洋川芎内酯P异构体	CX
250	42.19	[M-H]⁻	543.3686	543.3656	465.29	$C_{33}H_{52}O_6$	25-hydroxypachymic acid 25-羟基茯苓酸	FL
251	42.41	[M+H]⁺	381.2066	381.2063	213.08，191.10	$C_{24}H_{28}O_4$	tokinolide B	CX
252	42.50	[M+H]⁺	482.3594	482.3620	445.27	-	n.d.	DL
253	42.57	[M+H]⁺	471.3474	471.3467	421.20，407.33	$C_{30}H_{46}O_4$	isomer of glycyrrhetic acid 甘草次酸异构体	GC
254	42.63	[M-H]⁻	481.3318	481.3298	421.30	$C_{31}H_{46}O_5$	polyporenic acid C 猪苓酸C	FL
255	43.04	[M+H]⁺	381.2066	381.2064	191.10，173.09，149.02	$C_{24}H_{28}O_4$	levistolide A 欧当归内酯A	CX
256	43.13	[M-H]⁻	421.1651	421.1653	365.10，309.03，297.04	$C_{25}H_{26}O_6$	isomer of angustone A	GC
257*	43.52	[M+H]⁺	295.1334	295.1340	280.11，277.12，267.11	$C_{19}H_{18}O_3$	tanshinone ⅡA 丹参酮ⅡA	DS
258	43.62	[M+H]⁺	381.2066	381.2058	213.08，191.10	$C_{24}H_{28}O_4$	ligustilide dimmer	CX
259	43.70	[M-H]⁻	483.3476	483.3499	465.30，421.31，337.25	$C_{31}H_{48}O_4$	isomer of dehydrotumulosic acid 去氢土莫酸异构体	FL
260	43.82	[M+H]⁺	381.2066	381.2080	213.08，191.10	$C_{24}H_{28}O_4$	Z, Z'-3, 3', 8, 8'-diligustilide Z, Z'-3, 3', 8, 8'-二藁本内酯	CX

续表

序号	保留时间/分钟	母离子	理论值	测得值	碎片离子	分子式	鉴定	来源
261	44.07	[M-H]⁻	421.1651	421.1653	365.10，309.03，297.04	$C_{25}H_{26}O_6$	isomer of angustone A	GC
262	44.85	[M+H]⁺	283.1698	283.1698	268.13，265.15	$C_{19}H_{22}O_2$	miltirone 丹参新酮	DS
263	45.04	[M+H]⁺	409.2015	405.1968	165.01	$C_{25}H_{28}O_5$	bolusanthol C	GC
264	45.71	[M+H]⁺	439.2484	439.2436	327.11，193.08	$C_{27}H_{34}O_5$	licorisoflavan A 甘草异黄烷A	GC
265	45.83	[M-H]⁻	317.2117	317.2127	299.15，281.15	$C_{20}H_{30}O_3$	1-naphthalenol, 1-（3-buten-1-yl）-1, 2, 3, 4-tetrahydro-5, 7-dimethoxy-2-methyl-6-（1-methylethyl）-	DS
266	46.02	[M-H]⁻	511.3423	511.3426	511.34	$C_{32}H_{48}O_5$	3-O-acetyl-16α-hydroxyd-ehydrotrametenolic acid 3-O-乙酰基-16α-羟基松苓新酸	FL
267	46.14	[M+H]⁺	421.1651	421.1613	365.09，165.01	$C_{25}H_{24}O_6$	pomiferin 橙桑黄酮	GC
268	46.66	[M-H]⁻	513.3580	513.3560	339.19	$C_{32}H_{50}O_5$	poricoic acid HM 茯苓酸HM	FL
269	47.15	[M-H]⁻	525.3580	525.3558	465.35，355.22	$C_{33}H_{50}O_5$	dehydropachymic acid 去氢茯苓酸	FL
270	47.49	[M+H]⁺	303.2324	303.2307	285.22，267.20，247.17	$C_{20}H_{30}O_2$	eicosapentaenoic acid 二十碳五烯酸	DL
271*	47.69	[M-H]⁻	527.3736	527.3746	527.37，465.33	$C_{33}H_{52}O_5$	pachymic acid 茯苓酸	FL
272	47.78	[M+H]⁺	279.2324	279.2307	261.22，235.05	$C_{18}H_{30}O_2$	linolenic acid 亚麻酸	DS/DL
273	47.91	[M+H]⁺	203.1791	203.1784	161.13，147.11，133.10	$C_{15}H_{22}$	atractylenolide Ⅵ 白术内酯Ⅵ	BZ
274	48.16	[M+H]⁺	217.1592	217.1575	203.17，130.15	$C_{15}H_{20}O$	atractylone 苍术酮	BZ
275	49.14	[M+H]⁺	305.2481	305.2464	287.23，265.25，247.24	$C_{20}H_{32}O_2$	arachidonic acid 花生四烯酸	DL
276	49.22	[M+H]⁺	255.2324	255.2309	237.21	$C_{16}H_{30}O_2$	palmitoleic acid 棕榈烯酸	DL
277	49.54	[M+H]⁺	281.2481	281.2467	263.23	$C_{18}H_{32}O_2$	linoleic acid 亚油酸	DL/DS
278	49.60	[M-H]⁻	453.3369	453.3359	435.32	$C_{30}H_{46}O_3$	dehydrotrametenolic acid 松苓新酸	FL
279	50.13	[M-H]⁻	455.3525	455.3502	455.35	$C_{30}H_{48}O_3$	hydroxytrametenolic acid 氢化松苓酸	FL
280	51.08	[M-H]⁻	255.2324	255.2309	237.22，183.01	$C_{16}H_{32}O_2$	palmitic acid 棕榈酸	DS

注：MQZ. 马钱子粉，DgS.党参，BZ.白术，FL.茯苓，DS.丹参，SQ.三七，CX.川芎，NX.牛膝，DL.地龙，GC.甘草

*：与标准品比较确认

四、小结与讨论

中药从原料药材饮片到成方现代制剂，其化学物质基础经历了工业提取、纯化及制药工艺的传递转化过程，在组方原料药材化学成分辨识研究的基础上，选取代表性痹祺胶囊样品，建立制剂化学指纹谱，分析胶囊中所含化学成分，结果在痹祺胶囊样品中共鉴定得到280种化学成分，化合物种类复杂多样，通过与原料药材指纹谱比较，分析制剂化学成分归属，其中来源于马钱子粉的17种主要为生物碱类成分、党参的7种主要为炔苷类和脂肪酸类成分、白术的11种主要为内酯类成分、茯苓的21种主要为三萜类成分、丹参的53种主要为丹酚酸类和二萜醌类成分、三七的41种主要为皂苷类成分、川芎的39种主要为有机酸类和苯酞类成分、牛膝的22种主要为三萜皂苷类和甾酮类成分、地龙的17种主要为核苷类和有机酸类成分，以及甘草的59种主要为黄酮类和三萜类成分。

第三节　口服痹祺胶囊主要入血成分及其代谢产物辨识

中药复方制剂口服后，其有效物质首先吸收入血，再通过血液运输到达疾病治疗靶点发挥治疗作用，因此，只有被吸收入血的化学成分或相关代谢物，才有机会在靶器官维持一定的浓度，才有可能被看作是潜在的生物活性成分。本部分采用血清药物化学方法，运用UPLC-Q/TOF-MS，对口服给予痹祺胶囊后大鼠血浆中的吸收原型成分及其代谢产物进行辨识研究，阐释痹祺胶囊中潜在的生物活性成分，为其药效物质基础和分子水平作用机制的进一步研究奠定基础。

一、仪器与材料

同前。

二、实验方法

1. 痹祺胶囊制剂供试品溶液制备
同前。

2. 动物实验
灌胃溶液的制备：取痹祺胶囊内容物适量，加入0.3% CMC-Na混匀制成混悬液，稀释至浓度为0.3g/mL，作为大鼠灌胃溶液。

雄性SD大鼠，体质量200g±20g，置于室温25℃、湿度50%，12h昼夜交替，自由采食、饮水饲养适应1周。实验前禁食（不禁水）12h，随机分为两组并称定体质量，空白对照组按1mL/100g灌胃给予0.3% CMC-Na溶液，痹祺胶囊给药组按1mL/100g的剂量灌胃。

实验大鼠给药1h、2h和4h后，以10%水合氯醛麻醉，肝门静脉取血置肝素化试管中，于4℃条件下3500r/min离心10min分离血浆，置-20℃冰箱中保存备用。

3. 血浆样品前处理

给药后各时间点血浆样品等体积混匀，取600μL置于EP管中，加入2.4mL甲醇，涡旋1min混匀，于4℃条件下13000r/min离心10min沉淀蛋白，上清液40℃下N$_2$吹干，残渣以150μL75%甲醇涡旋1min复溶，离心吸取上清液供UPLC-Q/TOF-MS检测分析。

4. LC-MS分析

条件同前。

5. 数据处理

通过比对痹祺胶囊、大鼠给药血浆及空白血浆样品的色谱图，区分提取吸收入血原型药物成分及其代谢产物的离子信号。结合标准品参照和文献检索，对比各色谱峰的MS、MS/MS数据信息，对痹祺胶囊吸收入血的原型药物成分进行结构鉴定，进一步分析原型药物成分的裂解规律，结合碎片离子的特征中性丢失，比对相关代谢产物的MS、MS/MS质谱信息，对其结构进行鉴定，明确体内代谢途径。

三、实 验 结 果

1. 痹祺胶囊及血浆样品分析

采用上述优化的UPLC-Q/TOF-MS条件，对痹祺胶囊制剂、大鼠空白血浆及给药血浆样品进行检测分析，各样品中所含化学成分的色谱峰得到了较好的分离。正、负离子模式下，痹祺胶囊制剂、大鼠空白血浆和给药血浆样品的基峰色谱图（BPI）如图2-3-1和图2-3-2所示。

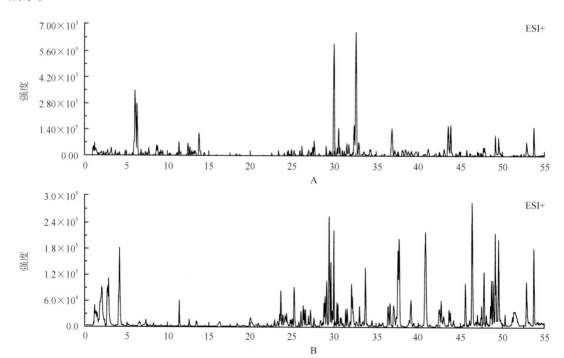

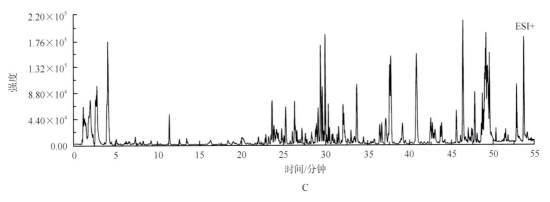

图2-3-1　正离子模式下BPI色谱图
（A）痹祺胶囊；（B）空白血浆；（C）给药血浆

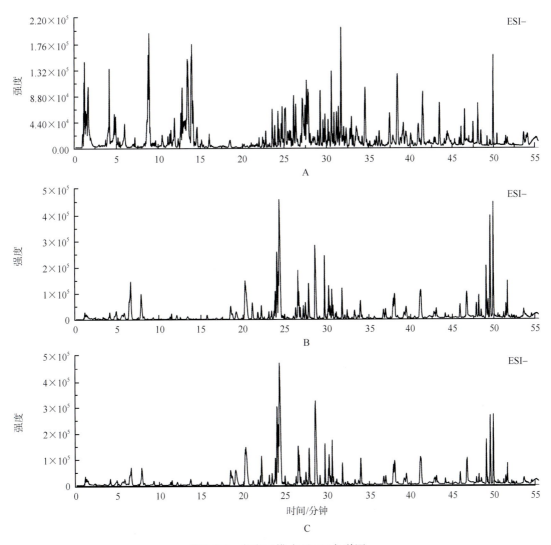

图2-3-2　负离子模式下BPI色谱图
（A）痹祺胶囊；（B）空白血浆；（C）给药血浆

2. 入血原型药物成分鉴定

通过比对分析痹祺胶囊制剂、给药血浆样品的相关数据，同时存在于痹祺胶囊制剂与给药血浆样品中的离子，被认为是潜在的以原型形式吸收的药物成分。结合痹祺胶囊制剂所含化学成分研究结果，分析质谱裂解规律，在给予痹祺胶囊的大鼠血浆中共鉴定得到59个吸收原型药物成分。UPLC-Q/TOF-MS数据见表2-3-1，TOF-MS的测得值与理论值比较，精确质量数的误差均小于10ppm。在已鉴定的化合物中，13个经与标准品比对保留时间、质谱数据，得到进一步确证。

表 2-3-1　痹祺胶囊吸收入血原型药物成分LC-MS数据

序号	保留时间/分钟	母离子	理论值	测得值	碎片离子	分子式	鉴定
P1	4.13	$[M-H]^-$	375.1291	375.1280	213.07, 169.08, 151.07	$C_{16}H_{24}O_{10}$	loganic acid 番木鳖苷酸
P2	5.75	$[M-H]^-$	165.0188	165.0189	121.02	$C_8H_6O_4$	piperonylic acid 胡椒酸
P3	5.94	$[M-H]^-$	167.0344	167.0347	123.04	$C_8H_8O_4$	vanillic acid 香草酸
P4	6.07	$[M+H]^+$	335.1760	335.1743	307.14, 264.10, 184.07, 156.07	$C_{21}H_{22}N_2O_2$	strychnine 士的宁
P5	6.33	$[M+H]^+$	395.1971	395.1952	367.16, 350.13, 324.12	$C_{23}H_{26}N_2O_4$	brucine 马钱子碱
P6	8.46		243.1232	243.1230	225.11, 207.10, 179.10	$C_{12}H_{18}O_5$	3-butyl-3, 6, 7-trihydroxy-4, 5, 6, 7-tetrahydrophthalide
P7	8.62	$[M-H]^-$	193.0501	193.0489	178.02, 149.05, 134.03	$C_{10}H_{10}O_4$	ferulic acid 阿魏酸
P8	8.70	$[M-H]^-$	417.1186	417.1182	255.06, 135.00, 119.08	$C_{21}H_{22}O_9$	liquiritin 甘草苷
P9	10.35	$[M+H]^+$	227.1283	227.1270	209.11, 181.12	$C_{12}H_{18}O_4$	senkyunolide J/N 洋川芎内酯J/N
P10	10.64	$[M+H]^+$	227.1283	227.1280	209.11, 181.12	$C_{12}H_{18}O_4$	senkyunolide J/N 洋川芎内酯J/N
P11	12.49	$[M+H]^+$	225.1127	225.1115	207.10, 179.10, 161.09	$C_{12}H_{16}O_4$	senkyunolide I 洋川芎内酯I
P12	12.61	$[M+HCOO]^-$	441.1780	441.1790	441.17	$C_{20}H_{28}O_8$	lobetyolin 党参炔苷
P13	13.23	$[M-H]^-$	417.1186	417.1182	255.06, 135.01, 119.08	$C_{21}H_{22}O_9$	isoliquiritin 异甘草苷
P14	13.41	$[M-H]^-$	717.1456	717.1469	519.09, 339.05	$C_{36}H_{30}O_{16}$	salvianolic acid B 丹酚酸B
P15	13.81	$[M+HCOO]^-$	845.4899	845.4930	799.48, 637.43, 475.38	$C_{42}H_{72}O_{14}$	ginsenoside Rg$_1$ 三七皂苷Rg$_1$
P16	14.47	$[M+H]^+$	257.0814	257.0818	137.02	$C_{15}H_{12}O_4$	liquiritigenin 甘草素
P17	22.92	$[M-H]^-$	355.1182	355.1174	193.08	$C_{20}H_{20}O_6$	coniferyl ferulate 阿魏酸松柏酯
P18	24.67	$[M+H]^+$	189.0916	189.0924	171.09, 153.06	$C_{12}H_{12}O_2$	Z-butylidenephthalide Z-丁烯基酞内酯
P19	24.69	$[M-H]^-$	205.0865	205.0880	161.09	$C_{12}H_{14}O_3$	6, 7-epoxyligustilide 6, 7-环氧藁本内酯
P20	24.89	$[M+H]^+$	209.1178	209.1157	191.10, 163.11	$C_{12}H_{16}O_3$	senkyunolide G/K 洋川芎内酯G/K
P21	24.89	$[M+HCOO]^-$	1153.6006	1153.6074	1107.59, 945.54, 783.49	$C_{54}H_{92}O_{23}$	ginsenoside Rb$_1$ 人参皂苷Rb$_1$
P22	24.92	$[M+H]^+$	257.0814	257.0818	137.02	$C_{15}H_{12}O_4$	isoliquiritigen 异甘草素
P23	25.32	$[M-H]^-$	267.0657	267.0666	251.03, 224.04, 195.04	$C_{16}H_{12}O_4$	formononetin 刺芒柄花素
P24	26.37	$[M-H]^-$	293.0814	293.0843	263.07, 247.07, 235.07	$C_{18}H_{12}O_4$	tanshinol A 丹参醇A
P25	26.88	$[M+H]^+$	297.1127	297.1155	279.07, 261.09, 233.09	$C_{18}H_{16}O_4$	tanshinone VI 丹参酮VI

续表

序号	保留时间/分钟	母离子	理论值	测得值	碎片离子	分子式	鉴定
P26	27.23	[M-H]⁻	259.0970	259.0992	244.07, 188.01, 172.99	$C_{15}H_{16}O_4$	n.d.
P27	29.91	[M+H]⁺	193.1229	193.1221	175.11, 147.11, 137.05	$C_{12}H_{16}O_2$	senkyunolide A 洋川芎内酯A
P28	30.14	[M-H]⁻	327.1232	327.1266	299.10, 284.10, 253.09	$C_{19}H_{20}O_5$	phenanthro[1, 2-b]furan-10, 11-dione, 1, 2, 6, 7, 8, 9-hexahydro-7（8or9）-hydroxy-1-（hydroxymethyl）-6, 6-dimethyl-,（1S）-
P29	30.33	[M+H]⁺	249.1491	249.1457	231.13, 213.12, 203.14	$C_{15}H_{20}O_3$	atractylenolide Ⅲ 白术内酯Ⅲ
P30	30.46	[M+H]⁺	191.1072	191.1065	173.09, 145.10	$C_{12}H_{14}O_2$	butylphthalide 丁基苯酞
P31	30.80	[M+H]⁺	297.1127	297.1124	279.10, 261.09	$C_{18}H_{16}O_4$	tanshinol B 丹参醇B
P32	30.96	[M+H]⁺	309.1127	309.1137	265.11, 250.10, 235.07	$C_{19}H_{16}O_4$	tanshinaldehyde 丹参醛
P33	31.51	[M+H]⁺	191.1072	191.1064	173.09, 145.10	$C_{12}H_{14}O_2$	E-ligustilde E-藁本内酯
P34	31.67	[M+H]⁺	297.1491	297.1474	278.08, 279.09, 253.15	$C_{19}H_{20}O_3$	cryptotanshinone 隐丹参酮
P35	31.69	[M-H]⁻	313.1440	313.1458	269.14, 241.12, 226.08	$C_{19}H_{22}O_4$	neocryptotanshinone 新隐丹参酮
P36	31.70	[M+H]⁺	195.1385	195.1380	177.12, 149.13	$C_{12}H_{18}O_2$	cnidilide 川芎内酯
P37	32.33	[M+H]⁺	195.1385	195.1378	177.12, 149.13	$C_{12}H_{18}O_2$	isomer cnidilide 川芎内酯异构体
P38	32.53	[M+H]⁺	191.1072	191.1071	173.09, 145.10	$C_{12}H_{14}O_2$	Z-ligustilde Z-藁本内酯
P39	33.25	[M-H]⁻	793.4010	793.3990	747.39, 673.39, 631.38	$C_{41}H_{62}O_{15}$	achyranthoside Ⅱ 牛膝皂苷Ⅱ
P40	33.35	[M-H]⁻	791.3854	791.3851	673.39, 631.38, 455.35	$C_{41}H_{60}O_{15}$	achyranthoside Ⅳ 牛膝皂苷Ⅳ
P41	34.19	[M+H]⁺	233.1536	233.1532	215.14, 187.14, 145.10	$C_{15}H_{20}O_2$	atractylenolide Ⅱ 白术内酯Ⅱ
P42	36.19	[M-H]⁻	471.3474	471.3493	409.31	$C_{30}H_{48}O_4$	16α-hydroxytrametenolic acid 16α-羟基-氢化松苓酸
P43	36.84	[M+H]⁺	297.1491	297.1468	282.12, 279.14, 251.14	$C_{19}H_{20}O_3$	isocryptotanshinone 异隐丹参酮
P44	37.20	[M+H]⁺	277.0865	277.0851	262.08, 249.09, 221.08	$C_{18}H_{12}O_3$	tanshinone I 丹参酮I
P45	37.88	[M-H]⁻	483.3110	483.3137	483.31	$C_{30}H_{44}O_5$	poricoic acid B 茯苓酸B
P46	38.22	[M-H]⁻	483.3476	483.3469	465.29, 421.31, 405.31	$C_{31}H_{48}O_4$	dehydrotumulosic acid 去氢土莫酸
P47	38.47	[M+H]⁺	231.1379	231.1388	213.13, 185.13, 157.10	$C_{15}H_{18}O_2$	atractylenolide I 白术内酯I
P48	39.16	[M-H]⁻	295.2273	295.2285	295.22	$C_{18}H_{32}O_3$	coronaric acid 蒟蒿酸
P49	39.22	[M-H]⁻	485.3631	485.3608	485.36, 471.34	$C_{31}H_{50}O_4$	tumulosic acid 土莫酸
P50	39.62	[M+H]⁺	279.1021	279.0990	261.09, 233.09, 205.10	$C_{18}H_{14}O_3$	15, 16-dihydrotanshinone I 15, 16-二氢丹参酮I
P51	41.21	[M-H]⁻	485.3267	485.3279	441.33	$C_{30}H_{46}O_5$	poricoic acid G 茯苓酸G
P52	41.72	[M+H]⁺	471.3474	471.3494	421.20, 407.33	$C_{30}H_{46}O_4$	glycyrrhetic acid 甘草次酸
P53	42.57	[M+H]⁺	471.3474	471.3467	421.20, 407.33	$C_{30}H_{46}O_4$	isomer of glycyrrhetic acid 甘草次酸异构体
P54	43.52	[M+H]⁺	295.1334	295.1340	280.11, 277.12, 267.11	$C_{19}H_{18}O_3$	tanshinone Ⅱ_A 丹参酮Ⅱ_A

续表

序号	保留时间/分钟	母离子	理论值	测得值	碎片离子	分子式	鉴定
P55	44.85	[M+H]⁺	283.1698	283.1698	268.13，265.15	$C_{19}H_{22}O_2$	miltirone 丹参新酮
P56	47.15	[M-H]⁻	525.3580	525.3558	465.35，355.22	$C_{33}H_{50}O_5$	dehydropachymic acid 去氢茯苓酸
P57	47.69	[M-H]⁻	527.3736	527.3746	527.37，465.33	$C_{33}H_{52}O_5$	pachymic acid 茯苓酸
P58	49.60	[M-H]⁻	453.3369	453.3359	435.32	$C_{30}H_{46}O_3$	dehydrotrametenolic acid 松苓新酸
P59	50.13	[M-H]⁻	455.3525	455.3502	455.35	$C_{30}H_{48}O_3$	hydroxytrametenolic acid 氢化松苓酸

3. 代谢产物鉴定

在不同药物代谢酶的作用下，吸收入血的原型药物成分在体内会被进一步代谢。经过Ⅰ相和Ⅱ相代谢反应，如氧化、还原及与内源性分子结合等，原型成分的化学结构和精确质量数将会被改变。然而，绝大多数代谢物仍然保留了原型化合物的结构特征，裂解规律的分析在很大程度上易化了相关代谢产物的结构鉴定。通过筛选仅在给药血浆样品中出现的离子信号，最终在大鼠血浆中共鉴定得到22个代谢产物，代谢途径主要为还原、羟基化、甲基化、葡萄糖醛酸结合和硫酸酯结合。UPLC-Q/TOF-MS数据结果见表2-3-2。

表2-3-2　痹祺胶囊大鼠血浆代谢物LC-MS数据

序号	保留时间/分钟	母离子	理论值	测得值	碎片离子	分子式	代谢途径	原型成分
M1	5.44	[M+H]⁺	351.1709	351.1715	184.07，156.07	$C_{21}H_{22}N_2O_3$	hydroxylation	strychnine 士的宁
M2	5.52	[M-H]⁻	273.0069	273.0069	193.05，178.02，160.08	$C_{10}H_{10}O_7S$	sulfate conjugation	ferulic acid 阿魏酸
M3	6.74	[M+H]⁺	381.1814	381.1827	349.15	$C_{22}H_{24}N_2O_4$	demethylation	brucine 马钱子碱
M4	8.83	[M+H]⁺	433.1135	433.1151	257.08，137.02	$C_{21}H_{20}O_{10}$	glucuronide conjugation	liquiritigen 甘草素
M5	9.11	[M+H]⁺	433.1135	433.1166	257.08，137.02	$C_{21}H_{20}O_{10}$	glucuronide conjugation	liquiritigen 甘草素
M6	12.00	[M-H]⁻	397.1135	397.1135	221.08，203.07，177.09	$C_{18}H_{22}O_{10}$	hydroxylation+ glucuronide conjugation	6, 7-epoxyligustilide 6, 7-环氧藁本内酯
M7	12.50	[M+H]⁺	207.1021	207.1022	191.10，145.10	$C_{12}H_{14}O_3$	hydroxylation	ligustilide 藁本内酯
M8	13.22	[M-H]⁻	285.0433	285.0433	205.08，177.09	$C_{12}H_{14}O_6S$	sulfate conjugation	6, 7-epoxyligustilide 6, 7-环氧藁本内酯
M9	13.60	[M-H]⁻	301.0382	301.0433	221.08，203.07，177.09	$C_{12}H_{14}O_7S$	hydroxylation+sulfate conjugation	6, 7-epoxyligustilide 6, 7-环氧藁本内酯
M10	13.68	[M-H]⁻	433.1135	433.1121	255.06	$C_{21}H_{22}O_{10}$	hydroxylation	liquiritin 甘草苷

序号	保留时间/分钟	母离子	理论值	测得值	碎片离子	分子式	代谢途径	原型成分
M11	14.18	[M-H]⁻	433.1135	433.1137	255.06	$C_{21}H_{22}O_{10}$	hydroxylation	liquiritin 甘草苷
M12	24.66	[M+H]⁺	207.1021	207.1006	189.09，171.08	$C_{12}H_{14}O_3$	hydroxylation	ligustilide 藁本内酯
M13	24.91	[M-H]⁻	207.1021	207.1016	205.08，163.11	$C_{12}H_{16}O_3$	reduction	6, 7-epoxyligustilide 6, 7-环氧藁本内酯
M14	27.47	[M-H]⁻	375.1841	375.1872	295.23	$C_{18}H_{32}O_6S$	sulfate conjugation	coronaric acid 茼蒿酸
M15	30.07	[M+H]⁺	251.1647	251.1624	233.15，203.10	$C_{15}H_{22}O_3$	reduction	atractylenolide Ⅲ 白术内酯Ⅲ
M16	32.34	[M+H]⁺	195.1385	195.1376	177.09，149.09	$C_{12}H_{18}O_2$	reduction	senkyunolide A 洋川芎内酯A
M17	32.46	[M-H]⁻	501.358	501.3592	461.33，446.29，389.26	$C_{31}H_{50}O_5$	reduction + methylation	poricoic acid G 茯苓酸G
M18	36.69	[M+H]⁺	235.1698	235.1692	217.15	$C_{15}H_{22}O_2$	reduction	atractylenolide Ⅱ 白术内酯Ⅱ
M19	43.46	[M-H]⁻	629.3690	629.3686	453.34	$C_{36}H_{54}O_9$	glucuronide conjugation	dehydrotrametenolic acid 松苓新酸
M20	44.16	[M-H]⁻	543.3686	543.3709	525.31，494.32	$C_{33}H_{52}O_6$	hydroxylation	pachymic acid 茯苓酸
M21	49.60	[M-H]⁻	499.3423	499.3402	453.34	$C_{31}H_{48}O_5$	methylation	poricoic acid G 茯苓酸G
M22	51.79	[M-H]⁻	297.2430	297.2424	279.23	$C_{18}H_{34}O_3$	reduction	coronaric acid 茼蒿酸

M1在质谱图中显示出准分子离子[M+H]⁺ m/z 351.1715，确定分子式为$C_{21}H_{22}N_2O_3$，比士的宁的准分子离子多16Da（O），二级质谱中可见 m/z 184.07和 m/z 156.07的碎片离子，与士的宁的裂解方式相同，推测M1为士的宁的羟基化代谢产物。M7和M12的准分子离子为[M+H]⁺ m/z 207.10，比藁本内酯的准分子离子多16Da（O），其碎片离子与藁本内酯碎片离子相似，因此M7和M12被初步鉴定为藁本内酯的羟基化代谢产物。同样地，M10和M11被推测为甘草苷的羟基化代谢产物，M20被推测为茯苓酸的羟基化代谢产物。

M13在质谱图中显示出准分子离子[M-H]⁻ m/z 207.1016，确定分子式为$C_{12}H_{16}O_3$，比6, 7-环氧藁本内酯的准分子离子多2Da（H_2），二级质谱中可见 m/z 205.08和 m/z 163.11的碎片离子，推测M13为6, 7-环氧藁本内酯的还原产物。同样地，初步鉴定M16为洋川芎内酯A的还原产物，M15、M18分别为白术内酯Ⅲ和白术内酯Ⅱ的还原产物，M22为茼蒿酸的还原产物。

M3在质谱图中显示准分子离子[M+H]⁺ m/z 381.1827，确定分子式为$C_{22}H_{24}N_2O_4$，比马钱子碱的准分子离子少14Da（CH_2），推测为马钱子碱的去甲基化代谢产物。M21的准分子离子为[M-H]⁻ m/z 499.3402，确定分子式为$C_{31}H_{48}O_5$，比茯苓酸G的准分子离子多14Da（CH_2），推测M21为茯苓酸G的甲基化产物。M17的准分子离子为[M-H]⁻ m/z 501.3592，比M21多2Da（H_2），提示可能经过还原代谢途径，推测M17为茯苓酸的还原+甲基化代谢产物。

M4、M5的保留时间分别为8.83min和9.11min，在质谱中显示准分子离子为[M+H]⁺ m/z

433.11，确定分子式为$C_{21}H_{20}O_{10}$，比甘草素的准分子离子多176Da，提示可能经过葡萄糖醛酸结合代谢途径，并且二级质谱中可见m/z 257.08和m/z 137.02的碎片离子，这与甘草素质谱信息相同，推测M4、M5为甘草素的葡萄糖醛酸结合物。同样地，推测M19为松苓新酸的葡萄糖醛酸结合物。

M2的保留时间为5.52min，在质谱中显示准分子离子为[M-H]⁻ m/z 273.0069，确定分子式为$C_{10}H_{10}O_7S$，碎片离子m/z 193.05为m/z 273.0069丢失SO_3而形成，且与阿魏酸准分子离子相同，提示可能经过硫酸酯结合代谢途径，碎片离子m/z 178.02、m/z 160.08与阿魏酸质谱信息一致，初步鉴定M2为阿魏酸的硫酸酯结合物。同样地，推测M8和M14分别为6，7-环氧藁本内酯和茴蒿酸的硫酸酯结合物。M6和M9的保留时间分别是12.00min和13.60min，准分子离子为[M-H]⁻ m/z 397.1135和[M-H]⁻ m/z 301.0433，确定分子式为$C_{18}H_{22}O_{10}$和$C_{12}H_{14}O_7S$，在二级质谱中显示相同的碎片离子m/z 221.08、m/z 203.07和m/z 177.09，推测M6和M9分别是6，7-环氧藁本内酯的羟基葡萄糖醛酸结合物和羟基硫酸酯结合物。

四、小结与讨论

中药制剂通过药物体内传输发挥临床疗效，其功效是化学物质基础经过质量传递和代谢转化后生物效应的综合体现。在药材、制剂物质基础研究的基础上，进一步建立给药血浆的血行指纹谱，通过比对痹祺胶囊制剂、大鼠给药血浆及空白血浆样品的色谱图，筛选分析血中移行的原型药物成分及代谢物，结果在大鼠血浆中共鉴定得到81个痹祺胶囊相关的外源性化合物，包括59个吸收原型药物成分和22个代谢产物，代谢途径主要为羟基化、还原、甲基化、葡萄糖醛酸结合和硫酸酯结合，它们可能是复方潜在的活性成分，并与痹祺胶囊的药理作用直接相关。通过本研究明确了痹祺胶囊组方的"药材成分组-制剂成分组-血行成分组"的药效物质基础传递-转化过程，为痹祺胶囊制剂的全面质量控制提供了依据，也为其更深入的分子作用机制研究奠定基础。

参 考 文 献

[1] 秦伟瀚，阳勇，郭延垒，等. 超高效液相色谱-四级杆-飞行时间质谱定性分析油炸马钱子中化学成分[J]. 中国药学杂志，2019，54（2）：123-131.

[2] 秦伟瀚，阳勇，李卿，等. 基于UPLC-Q-TOF-MS法砂烫马钱子化学成分定性研究[J]. 中药新药与临床药理，2019，30（3）：362-369.

[3] Kim E Y, Kim J A, Jeon H J, et al. Chemical fingerprinting of *Codonopsis pilosula* and simultaneous analysis of its major components by HPLC-UV[J]. Arch Pharm Res，2014，37（9）：1148-1158.

[4] 张靖，徐筱杰，徐文，等. HPLC-LTQ-Orbitrap-MS～n快速鉴别党参药材中化学成分[J]. 中国实验方剂学杂志，2015，21（9）：59-63.

[5] 曹扶胜，余飞，陈琴华. 液相色谱-离子阱质谱法检测白术内酯Ⅰ的裂解途径及其在白术中的含量[J]. 湖北中医药大学学报，2020，22（2）：45-48.

[6] 陆麟，王卓君，戈大春，等. HPLC-DAD法测定八味茵术颗粒剂中6，7-二甲氧基香豆素、白术内酯Ⅲ、白术内酯Ⅰ的含量[J]. 世界中医药，2019，14（1）：59-63.

[7] Zou Y T, Long F, Wu C Y, et al. A dereplication strategy for identifying triterpene acid analogues in *Poria cocos* by comparing predicted and acquired UPLC-ESI-QTOF-MS/MS data[J]. Phytochem Anal，2019，30（3）：292-310.

[8] 康安，郭锦瑞，谢彤，等. UPLC-LTQ-Orbitrap质谱联用技术分析茯苓中的化学成分[J]. 南京中医药大学学报，2014，30（6）：561-565.

[9] 陈嘉慧，张雅心，刘孟华，等. 基于UPLC-Q-TOF-MS/MS技术的丹参水提液全成分分析[J]. 广东药科大学学报，2020，36（1）：1-9.

[10] Zheng Z，Li S，Zhong Y，et al. UPLC-QTOF-MS identification of the chemical constituents in rat plasma and urine after oral administration of *Rubia cordifolia* L. extract[J]. Molecules，2017，22（8）：1327.

[11] 张晓川，王玉，张依倩，等. 基于UPLC-ESI-IT-TOF/MS方法的芪苓温肾消囊方化学成分分析[J]. 中草药，2016，47（7）：1094-1100.

[12] 谭利平，竹林，黄峥峥，等. 差异性炮制方法对丹参药材中丹酚酸B的变化研究[J]. 世界中医药，2020，15（7）：1008-1011.

[13] 徐文，丘小惠，张靖，等. 超高压液相/电喷雾-LTQ-Orbitrap质谱联用技术分析三七根中皂苷类成分[J]. 药学学报，2012，47（6）：773-778.

[14] 高昕，孙文军，岐琳，等. 基于超高效液相色谱-电喷雾-飞行时间质谱的川芎化学成分的快速分析[J]. 西北药学杂志，2018，33（6）：711-715.

[15] Wan M Q，Liu X Y，Gao H，et al. Systematic analysis of the metabolites of *Angelicae Pubescentis Radix* by UPLC-Q-TOF-MS combined with metabonomics approaches after oral administration to rats[J]. J Pharm Biomed Anal，2020，188：113445.

[16] 傅俊，吴欢，吴虹. UPLC-QTOF/MS～E联合UNIFI筛选平台快速分析牛膝中三萜皂苷类成分[J]. 天然产物研究与开发，2019，31（6）：1054-1061，1090.

[17] Li Y J，Wei H L，Qi L W，et al. Characterization and identification of saponins in *Achyranthes bidentata* by rapid-resolution liquid chromatography with electrospray ionization quadrupole time-of-flight tandem mass spectrometry[J]. Rapid Commun Mass Spectrom，2010，24（20）：2975-2985.

[18] 赵艳敏，刘素香，张晨曦，等. 基于HPLC-Q-TOF-MS技术的甘草化学成分分析[J]. 中草药，2016，47（12）：2061-2068.

[19] 李文斌，罗琳，赵益丹，等. 基于文献计量分析的3种药用甘草的研究现状[J]. 世界中医药，2019，14（3）：624-632.

[20] Wang C，Cai Z，Shi J，et al. Comparative metabolite profiling of wild and cultivated licorice based on ultra-fast liquid chromatography coupled with triple quadrupole-time of flight tandem mass spectrometry[J]. Chem Pharm Bull（Tokyo），2019，67（10）：1104-1115.

<table>
<tr><td>第三章</td><td># 痹祺胶囊药效及作用机制研究</td></tr>
</table>

痹祺胶囊由马钱子粉、地龙、党参、茯苓、白术、川芎、丹参、三七、牛膝、甘草十味药材组成，具有益气养血，祛风除湿，活血止痛的功效。用于气血不足，风湿瘀阻，肌肉关节酸痛，关节肿大、僵硬变形或肌肉萎缩，气短乏力；风湿性关节炎、类风湿关节炎，腰肌劳损，软组织损伤属上述证候者。临床主要用于软骨组织保护，治疗类风湿关节炎、骨关节炎等方面。

本章首先采用胶原诱导的关节炎（collagen-induced arthritis，CIA）大鼠模型，通过大鼠体重、足肿情况、关节炎评分、血清类风湿因子及炎症因子的表达水平、脾脏及胸腺指数、踝关节组织病理学实验等指标检测，探究痹祺胶囊对类风湿关节炎模型大鼠的药效作用。在此基础上，通过环磷酰胺诱导的大鼠气血两虚模型、巴豆油致小鼠耳肿模型、高分子右旋糖酐诱导的微循环障碍模型、醋酸致小鼠扭体实验和小鼠热板致痛实验分别考察痹祺胶囊益气养血、抗炎、活血通络、镇痛功能，评价和阐释痹祺胶囊发挥益气养血、祛风除湿和活血止痛作用。

进一步采用基于TMT的蛋白质组学研究方法，筛选空白对照组、CIA模型组、痹祺胶囊给药组大鼠踝关节的差异表达蛋白，从蛋白表达层面解析痹祺胶囊对类风湿关节炎的干预机制。最后，采用非靶向代谢组学实验，对空白对照组、CIA模型组、痹祺胶囊给药组的大鼠血清进行UPLC-Q/TOF-MS分析，建立CIA大鼠血清代谢指纹图谱，筛选鉴定类风湿关节炎潜在生物标志物，解析痹祺胶囊干预后对潜在生物标志物的影响，进而阐释其治疗类风湿关节炎的作用机制。

第一节　痹祺胶囊治疗类风湿关节炎的药效作用研究

类风湿关节炎（rheumatoid arthritis，RA）是以关节滑膜慢性炎症为主的自身免疫性疾病，目前RA的治疗用药主要依赖于非甾体抗炎药、糖皮质激素、生物制剂等，久服对肝、肾及血液系统损害较大[1]。终末期RA只能进行部分或全部关节置换等手术[2]，术后可能存在潜在的远期并发症，如感染、磨损、骨溶解等[3]。类风湿关节炎在中医中称为"痹证"，中医药治疗在改善临床症状、减小药物的副作用等方面具有独特的优势。本研究采用CIA大鼠模型，研究痹祺胶囊对类风湿关节炎大鼠的改善作用。

一、仪器与材料

1. 药品及试剂

痹祺胶囊，天津达仁堂京万红药业有限公司，规格0.3g/粒；醋酸泼尼松片：新乡市常乐制药有限责任公司，规格5mg/片，批号21020162；雷公藤总苷片：上海复旦复华药业有限公司，规格10mg/片，批号180502；鸡Ⅱ型胶原蛋白，Chondrex公司，货号20012；大鼠白细胞介素-1β试剂盒（ELISA法）：R&D Systems公司，批号P261453；大鼠白细胞介素-17试剂盒（ELISA法）：上海西唐生物科技有限公司，批号2104251；大鼠白细胞介素-10试剂盒（ELISA法）：ExCell Bio公司，批号22J225；大鼠肿瘤坏死因子-α试剂盒（ELISA法）：R&D Systems公司，批号P254162；类风湿因子（RF）测定检测试剂盒：南京建成生物工程研究所，批号20210407；大鼠干扰素-γ试剂盒（IFN-γ）；Biolegend公司，批号B303835。

2. 主要试验仪器

YLS-7B足肿仪：山东省医学科学院设备站；STX123ZH电子天平：奥豪斯仪器（常州）有限公司；SpectraMax M5酶标仪：美国Molecular Devices公司；WD-2103B洗板机：北京六一生物科技公司；Sorvall ST 8R高速冷冻离心机：德国Thermo公司；HPX-9052MBE电热恒温培养箱：上海博讯实业有限公司；DW-30L508医用低温保存箱：海尔生物医疗；ASP200S自动真空组织脱水机德国Leica公司；EG1150H自动生物组织包埋机：德国Leica公司；RM2255切片机：德国Leica公司；Ci-L显微镜：日本Nikon公司。

3. 实验动物

大鼠：品系SD，北京斯贝福生物技术有限公司提供，实验动物生产许可证号SCXK（京）2019-0010。饲养在天津天诚新药评价有限公司实验动物屏障系统[实验动物使用合格证SYXK（津）2021-0008]，温度、湿度、换气次数由中央系统自动控制，温度维持在20～26℃，相对湿度维持在40%～70%，通风次数为10～15次/h全新风，光照为12h明、12h暗。自由摄食饮水，大鼠饲料由北京科澳协力饲料有限公司提供，饮水为纯净水（由KFRO-400GPD型纯水机制备）。实验动物的使用经天津天诚新药评价有限公司实验动物伦理委员会批准（批准号：No.2021031803）。

二、实 验 方 法

1. 分组

SPF级雄性SD大鼠120只，体重110～130g，适应期喂养一周。除随机留取10只作为正常对照组外，所有大鼠接受鸡Ⅱ型胶原蛋白造模，选取造模成功大鼠重标记后再次用随机数字法进行分组，分为模型组、泼尼松组（PDN）、雷公藤总苷组（TG）、痹祺胶囊（BQ）给药组。

2. 模型制备

（1）配制Ⅱ型胶原蛋白混悬乳剂 0.1mol/L冰醋酸溶液10mL与鸡Ⅱ型胶原蛋白20mg，于棕色的试剂瓶内，冰浴下充分混合均匀，直至白色絮状鸡Ⅱ型胶原蛋白完全溶于冰醋酸内，此时所得溶液中鸡Ⅱ型胶原蛋白浓度为2mg/mL，实验前加入弗氏完全佐剂并充分乳化（乳剂制作过程中最为关键的步骤，乳化的是否充分直接影响到CIA模型建立的成功与否），使得鸡Ⅱ型胶原蛋白浓度为1mg/mL。

（2）CIA大鼠模型制备 于左侧足跖肉垫处皮内注射鸡Ⅱ型胶原蛋白0.1mL/只，注射后注射点按压防液体外流。正常对照组大鼠以同样方式注射等体积生理盐水注射液。在第一次注射免疫的第7d，在背部注射相同乳剂0.1mL进行加强免疫，密切观察大鼠状态至造模15d筛选双侧关节出现炎症肿胀动物分组。

3. 给药方法

造模成功后分组，泼尼松组予以10mg/kg的剂量灌胃给药，雷公藤总苷组予以10mg/kg的剂量灌胃给药，痹祺胶囊各给药组分别予以0.05g/kg、0.1g/kg、0.2g/kg和0.4g/kg的剂量灌胃给药，正常对照组及模型组灌胃0.5%羧甲基纤维素钠溶液，1次/d，连续灌胃15d，其间给予SPF级动物常规饲料及饮水。

4. 观察指标

（1）体重、足趾肿胀度、关节炎评分

体重：分组给药开始第1、3、5、8、10、12、15d用天平对大鼠体重进行称量，计算每组大鼠的平均体重。

足肿：分组给药开始后第1、3、5、8、10、12、15d用足肿胀测定仪测量大鼠右后爪肿胀度，以每组大鼠的平均左后爪肿胀度为基数。

关节炎评分：左后爪注射Ⅱ型胶原蛋白15d之后，右后爪会形成继发性关节炎，检测分组给药后的第1、3、5、8、10、12、15d的关节炎指数评分。关节炎指数评分通过以下评分系统确定：0分代表正常足爪；1分代表足趾红肿；2分代表足趾和足掌红肿；3分代表肿胀至踝关节以下；4分代表整个足爪完全肿胀，不能弯曲。将每只大鼠的四只足爪的得分相加作为关节炎得分，每只大鼠最高得分为16分[4]。

（2）血清类风湿因子　末次给药前禁食12h以上，自由饮水，于末次给药结束1h后，以戊巴比妥钠进行麻醉后从腹主动脉采血于采血管中，于3000r/min，4℃离心机中离心10min，分离得到血清样品，–80℃分装保存备用，用于类风湿因子（RF）的检测。

（3）血清炎症因子　复融–80℃冻存血清，采用ELISA法检测IL-17、IL-10、TNF-α、IL-1β和IFN-γ的水平。

（4）脾脏、胸腺指数　于末次给药结束1h腹主动脉采血后分别收集各组脾脏与胸腺，称重并计算脏器指数。

（5）踝关节组织病理学检测　截取大鼠右爪踝关节部分，采用10%多聚甲醛溶液固定后，将组织经甲酸甲醛脱钙液处理后，采用不同浓度的乙醇溶液梯度脱水、二甲苯透明、石蜡包埋、切片、依次经过苏木和伊红染色，封片后镜下观察并比较各组踝关节滑膜增生、炎性细胞浸润、关节腔浸出、关节软骨破坏、纤维化等情况。

5. 统计方法

所有数据均以均数±标准误（$\bar{x}\pm sem$）表示，组间差异性采用One-way ANOVA分析，$P < 0.05$表示组间差异具有统计学意义。

三、实 验 结 果

（一）对大鼠体重、足肿及关节炎评分的影响

如图3-1-1、表3-1-1所示，15d的Ⅱ型胶原蛋白造模后，大鼠体重减轻，足趾相继出现红肿，关节肿大，关节畸形，导致行走艰难，严重的甚至会出现丧失活动能力，说明成功建立了类风湿关节炎大鼠模型。连续给药过程中监测大鼠的体重、足趾肿胀度及关节炎评分，结果显示随着给药时间的延长，痹祺胶囊0.2g/kg组和0.4g/kg组可改善关节炎大鼠的体重。

在给药5d时，痹祺胶囊0.4g/kg组显著降低大鼠的足趾肿胀度（$P < 0.05$），给药8d后各给药组均显著降低足趾肿胀度（$P < 0.05$，$P < 0.01$）。

表3-1-1　痹祺胶囊对类风湿关节炎大鼠体重、足肿及关节炎评分的影响（$\bar{x}\pm sem$，$n=10$）

给药时间	检测指标	正常对照组	模型组	泼尼松组 10mg/kg	雷公藤总苷组 10mg/kg	痹祺胶囊组 0.05g/kg	0.1g/kg	0.2g/kg	0.4g/kg
1d	体重（g）	314.70±3.92	273.90±5.99&	279.30±9.70	271.20±5.94	265.00±6.99	271.90±11.73	278.60±12.79	283.80±8.24
	足肿（mL）	1.86±0.08	4.02±0.17&&	3.77±0.18	3.79±0.16	3.96±0.13	3.68±0.28	3.9±0.15	3.72±0.18
	关节炎评分	0.00±0.00	10.50±0.58&&	9.70±0.83	10.33±0.83	9.20±1.08	9.80±0.49	10.40±0.37	9.63±0.50
3d	体重（g）	324.40±4.14	284.80±6.75&&	283.00±8.73	283.30±7.29	279.60±7.36	283.50±11.29	276.50±14.13	295.00±8.23
	足肿（mL）	2.2±0.04	4.36±0.14&&	3.92±0.19	4.31±0.19	4.53±0.14	4.13±0.23	4.22±0.20	4.03±0.16
	关节炎评分	0.00±0.00	10.20±0.57&&	9.10±0.78	9.70±0.79	10.67±0.47	9.78±0.52	10.67±0.33	10.22±0.62
5d	体重（g）	341.30±5.18	304.30±5.68	291.50±8.58	294.10±7.86	293.30±7.51	291.40±14.18	294.30±14.52	321.70±9.75
	足肿（mL）	2.2±0.04	4.41±0.10&&	3.99±0.16	4.26±0.18	4.35±0.13	4.09±0.25	4.42±0.09	4.02±0.14*
	关节炎评分	0.00±0.00	11.80±0.36&&	9.60±0.58**	10.70±0.83	12.10±0.41	10.80±0.63	11.50±0.40	10.00±0.54*
8d	体重（g）	364.40±5.50	315.80±5.83&	311.00±9.32	305.20±6.15	311.90±5.89	317.50±13.98	311.40±13.84	328.10±10.02
	足肿（mL）	2.27±0.08	4.86±0.17&&	3.91±0.12**	4.26±0.12*	4.2±0.13**	3.84±0.2*	4.11±0.16**	4.05±0.15**
	关节炎评分	0.00±0.00	10.20±0.49&&	8.80±0.63	10.00±0.80	9.50±0.40	8.90±0.85	9.78±0.62	7.30±0.54**
10d	体重（g）	371.40±5.31	326.90±8.82	321.20±9.66	321.70±10.09	322.20±7.42	321.50±14.24	320.90±14.61	340.10±9.96
	足肿（mL）	2.64±0.09	4.82±0.14&&	3.83±0.18**	4.26±0.15*	4.32±0.12*	3.49±0.22**	3.69±0.08**	3.42±0.12**
	关节炎评分	0.00±0.00	10.40±0.54&&	6.60±0.67**	8.60±1.12	8.40±0.64*	10.50±0.65	9.70±0.79	8.40±0.58*
12d	体重（g）	375.80±6.39	339.40±7.69	332.20±10.06	333.20±10.75	332.80±8.43	336.90±15.45	337.70±15.96	355.00±10.85
	足肿（mL）	2.66±0.13	4.91±0.11&&	3.48±0.12**	3.77±0.19**	3.9±0.14**	3.58±0.23**	3.66±0.12**	3.41±0.11**
	关节炎评分	0.00±0.00	9.70±0.40&&	6.30±0.88**	8.80±0.36	9.70±0.54	7.60±0.70*	7.50±0.22**	7.90±0.46**
15d	体重（g）	381.80±7.06	348.80±8.31	347.50±7.61	341.20±11.72	348.50±8.00	350.30±14.27	364.50±11.80	369.60±12.29
	足肿（mL）	2.7±0.05	5.31±0.13&&	3.67±0.21**	3.94±0.15*	3.92±0.13**	3.74±0.20**	4.02±0.05**	3.57±0.08**
	关节炎评分	0.00±0.00	10.50±0.17&&	7.90±0.50**	8.40±0.50**	10.60±0.50	9.90±0.69	9.40±0.45*	8.10±0.50**

注：与正常对照组比较，&P<0.05，&&P<0.01；与模型组比较，*P<0.05，**P<0.01。

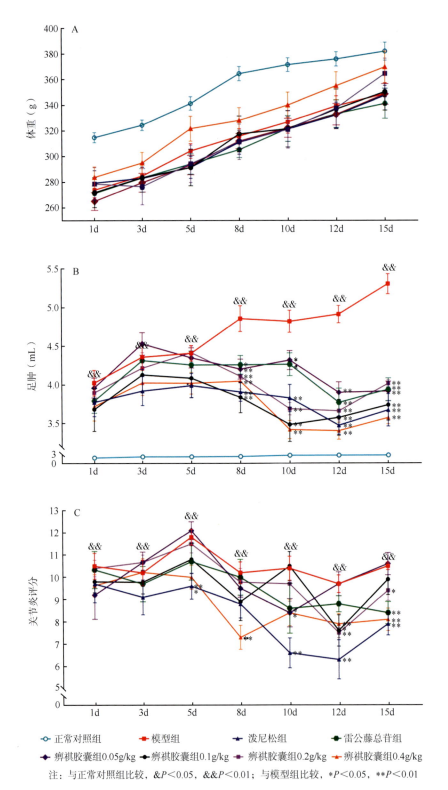

注：与正常对照组比较，&$P<0.05$，&&$P<0.01$；与模型组比较，*$P<0.05$，**$P<0.01$

图3-1-1 痹祺胶囊对类风湿关节炎大鼠体重（A）、足肿（B）及关节炎评分（C）的影响

在给药5d时，阳性药泼尼松和痹祺胶囊0.4g/kg表现出显著的降低关节炎评分的作用（$P<0.05$，$P<0.01$），随着给药时间的延长，至给药12d时痹祺胶囊0.1g/kg、0.2g/kg、0.4g/kg组均可显著降低CIA大鼠关节炎评分（$P<0.05$，$P<0.01$），至给药15d时0.2g/kg、0.4g/kg组仍可显著降低关节炎评分（$P<0.05$，$P<0.01$）。

综上所述，痹祺胶囊可改善关节炎大鼠状态，具有明显的抗炎作用，表现在改善足趾肿胀度，降低关节炎评分方面。

（二）对大鼠血清类风湿因子、炎性因子及抗炎因子的影响

细胞因子在类风湿关节炎炎症与关节损伤中扮演着重要的角色。结果如表3-1-2、图3-1-2所示，与正常对照组相比，模型组大鼠血清中RF、TNF-α、IL-1β、IFN-γ等各炎性因子含量均显著升高（$P<0.05$，$P<0.01$，$P<0.001$）。与模型组相比，阳性药泼尼松和雷公藤总苷均可显著降低RF、IL-1β、IL-17等炎性因子的含量（$P<0.05$，$P<0.01$，$P<0.001$）；痹祺胶囊各剂量组连续给药后可显著降低RF的含量，并呈剂量相关性（$P<0.01$，$P<0.001$）；还可显著降低血清中IL-17、TNF-α、IL-1β、IFN-γ的含量（$P<0.05$，$P<0.01$，$P<0.001$）。

表3-1-2　痹祺胶囊对类风湿关节炎大鼠血清类风湿因子及炎性因子及抗炎因子的影响（$\bar{x}\pm$sem，$n=6$）

组别	剂量	RF/（IU/mL）	IL-17/（pg/mL）	IFN-γ/（pg/mL）	TNF-α/（pg/mL）	IL-1β/（pg/mL）	IL-10/（pg/mL）
正常对照组	—	140.87±3.64	61.13±8.41	8.50±0.67	5.81±0.31	18.70±2.47	27.03±10.04
模型组	—	180.23±4.83&&&	94.67±8.95&	47.95±15.21&&	11.56±2.08&&&	39.60±6.21&&&	15.01±3.92
泼尼松组	10mg/kg	146.07±3.15***	64.81±5.15*	13.40±2.14**	6.06±0.36***	21.25±2.41**	26.74±3.86
雷公藤总苷	10mg/kg	164.93±2.48*	52.96±7.47**	9.67±0.43**	6.62±0.47**	16.27±2.35***	18.42±5.13
痹祺胶囊	0.05g/kg	162.30±2.80**	69.90±12.03	13.80±2.55**	6.59±0.66**	21.02±3.32**	15.13.±2.53
	0.1g/kg	153.87±4.92**	58.80±11.55***	17.38±7.16	6.26±0.37**	17.38±1.82***	21.64±8.13
	0.2g/kg	148.43±5.42**	46.99±5.24*	12.16±1.20**	5.37±0.18***	22.25±3.25**	22.41±10.01
	0.4g/kg	136.33±5.84***	52.05±8.23***	8.99±0.95**	5.99±0.39***	20.87±1.20**	23.39±8.88

注：与正常对照组比较，&$P<0.05$，&&$P<0.01$，&&&$P<0.001$；与模型组比较，*$P<0.05$，**$P<0.01$，***$P<0.001$。

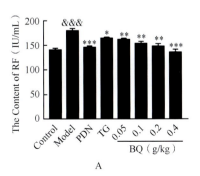

A

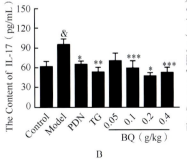

B

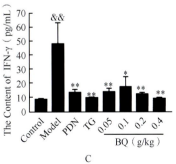

C

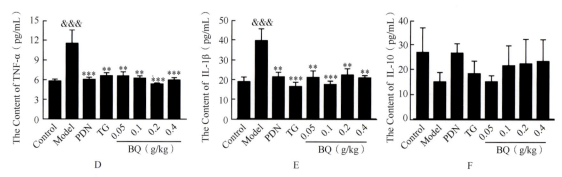

图3-1-2　痹祺胶囊对类风湿关节炎大鼠血清类风湿因子、炎性因子及抗炎因子的影响

（A）类风湿因子含量；（B）血清IL-17含量；（C）血清IFN-γ含量；（D）血清TNF-α含量；（E）血清IL-1β含量；（F）血清IL-10含量

　　IL-10具有较强的抗炎作用，提高IL-10含量有利于抑制体内炎性因子的释放和清除。结果显示，与正常对照组相比，模型组血清中IL-10含量呈下降趋势，与模型组比较，痹祺胶囊可上调IL-10水平。

（三）对大鼠脾脏及胸腺指数的影响

　　实验动物体内脏器的质量和脏器指数的变化能够显示出动物的真实生理或病理状态，从而鉴别出组织学变化的趋势[5]。大体来说，动物主要脏器的质量与体重的改变成正比相关性，在病理学的层面上，当脏器重量加大时，脏器会有增生、充（出）血、积水和水肿、肥大、肿胀等病理反应[6]。脾脏和胸腺是动物生理机体关键的免疫器官，因T和B淋巴细胞可在此器官分化产生免疫效应，故将两者的脏器指数作为评价机体免疫功能良莠的一项常用和重要的指标[7]。

　　如表3-1-3、图3-1-3所示，与正常对照组比较，CIA模型组大鼠胸腺与脾脏指数显著增大（$P<0.01$，$P<0.001$），提示在CIA病理状态下胸腺和脾脏出现肿大；而在15天连续给药后，阳性药泼尼松（PDN）组与模型组相比，显著降低了脾脏指数和胸腺指数（$P<0.01$，$P<0.001$）；痹祺胶囊各给药组均表现出降低脾脏指数的作用（$P>0.05$），而在降低胸腺指数上痹祺胶囊显示出剂量相关性，其中0.2g/kg和0.4g/kg剂量组具有显著性差异（$P<0.05$，$P<0.01$）。这些数据表明痹祺胶囊对于CIA导致的脾脏和胸腺损伤有着一定的改善作用。

表3-1-3　痹祺胶囊对类风湿关节炎大鼠脏器指数的影响（$\bar{x}\pm$sem，$n=8$）

组别	剂量/(g/kg)	脾脏指数/%	胸腺指数/%
正常对照组	—	0.18±0.004	0.13±0.003
模型组	—	0.27±0.041&&	0.16±0.007&&&
泼尼松组	10mg/kg	0.18±0.005**	0.12±0.005***
雷公藤总苷	10mg/kg	0.19±0.006*	0.15±0.005**
痹祺胶囊	0.05g/kg	0.21±0.005	0.16±0.010
	0.1g/kg	0.21±0.007	0.15±0.010
	0.2g/kg	0.21±0.010	0.14±0.009*
	0.4g/kg	0.20±0.010	0.13±0.008**

注：与正常对照组比较，&&$P<0.01$，&&&$P<0.001$；与模型组比较，*$P<0.05$，**$P<0.01$，***$P<0.001$。

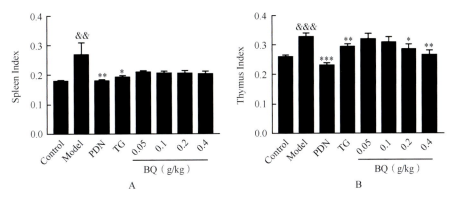

A

B

图3-1-3　痹祺胶囊对类风湿关节炎大鼠脏器指数的影响

（A）脾脏指数；（B）胸腺指数

（四）对大鼠踝关节组织形态影响

各组踝关节病理图如图3-1-4所示。正常对照组踝关节组织结构基本正常，关节面光滑，关节腔内无渗出，滑膜细胞及结缔组织未见增生；而胶原诱导的关节炎模型大鼠关节软骨被破坏，软骨细胞或大量增生或坏死，局部可见坏死组织碎片，可见大量滑膜结缔组织增生，侵蚀关节软骨及骨，并伴大量炎性细胞浸润；阳性药泼尼松及雷公藤总苷可明显改善胶原型

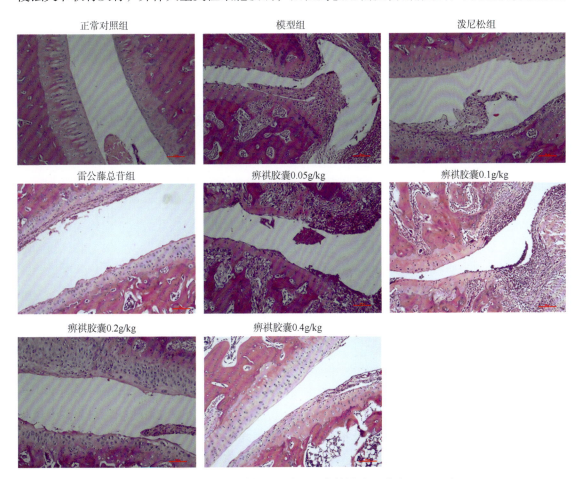

图3-1-4　各组大鼠踝关节组织病理观察结果（HE染色，×100）

关节炎大鼠踝关节的软骨损伤，表现为关节软骨破坏减少，纤维组织增生得到一定程度减轻，炎性细胞浸润得到减轻；痹祺胶囊给药组对胶原型关节炎大鼠的治疗作用呈现剂量依赖性，表现在减轻关节软骨破坏，关节腔内坏死组织减少，软骨细胞增生或坏死减少，滑膜结缔组织增生减少，炎性细胞浸润情况显著降低。

四、小结与讨论

本实验采用左侧足跖肉垫处皮内注射鸡Ⅱ型胶原蛋白，并进行二次注射诱导对侧形成继发性足肿的方式构建大鼠类风湿关节炎模型，考察痹祺胶囊对类风湿关节炎大鼠的药效作用及可能机制。

1）痹祺胶囊可显著改善CIA大鼠的体重，降低足趾肿胀度及关节炎评分。给药5d时痹祺胶囊0.4g/kg组优先表现出降低CIA大鼠的足趾肿胀度，给药8d后各给药组均显著降低足趾肿胀度；在给药5d时，痹祺胶囊0.4g/kg表现出明显的降低关节炎评分的作用。从病理结果上表明痹祺胶囊可显著改善关节炎大鼠的踝关节组织损伤及炎性细胞浸润，尤其是0.4g/kg剂量组效果最优，提示痹祺胶囊具有治疗类风湿关节炎的效果。

2）痹祺胶囊可显著降低CIA大鼠血清中类风湿因子RF的表达水平，并可降低致炎因子IL-17、IFN-γ、TNF-α和IL-1β的表达水平，增加抗炎因子IL-10的水平，表明痹祺胶囊具有改善T细胞免疫偏移和抗炎的作用。

3）痹祺胶囊可显著改善CIA大鼠的胸腺、脾脏损伤，优于雷公藤总苷组。

RA作为一种慢性自身免疫性疾病，全世界有1%～2%的人口受困于RA，选择理想的动物模型对于评价药效至关重要，CIA动物模型始于1977年，此动物模型与人RA在临床表现、病理、免疫上十分相似，是研究RA机理和治疗较为理想的动物模型，本研究采用Ⅱ型胶原蛋白诱导关节炎模型，在体征上表现出多关节肿胀等现象（图3-1-1），病理上表现出明显的大量炎性细胞浸润、滑膜增生和软骨破坏等（图3-1-4），而痹祺胶囊可明显改善RA大鼠足趾肿胀并降低关节炎评分，0.4g/kg自给药第5d即表现出显著降低足趾肿胀及关节炎评分，随着给药时间的延长，痹祺胶囊各组均表现出对RA大鼠的改善作用。从HE染色结果可见痹祺胶囊可显著改善胶原型关节炎大鼠的关节损伤，表现为关节软骨破坏减轻，关节腔内坏死组织减少，软骨细胞增生或坏死减少，滑膜结缔组织增生减少，炎性细胞浸润情况也显著降低。

RA病理生理学较为复杂，至今仍不完全清楚，RA发病机制被认为始于血液中的免疫复合物，即关节前阶段，在这个阶段会产生针对自身组织成分的自身抗体，同时与自体抗原进入关节，此为过渡阶段。抗体抗原结合至前哨细胞上的Fc受体γ（FcRγ），先天免疫反应被激活，T细胞被分化和增殖为辅助性T细胞和调节性T细胞，辅助性T细胞通过浆细胞激活B细胞产生RF等抗体，从而通过不同途径破坏骨、软骨和滑膜[2]。本研究表明RA大鼠血清中RF显著增加，而痹祺胶囊呈剂量依赖性降低血清中RF水平，表明痹祺胶囊可以延缓因RF的大量产生导致对骨、软骨和滑膜的损伤。

RA特征主要是炎症细胞向滑膜关节浸润增多，最终导致软骨和骨骼损伤，研究发现滑膜巨噬细胞与RA严重程度密切相关。活化的巨噬细胞产生促炎细胞因子和趋化因子，如IFN-γ、TNF-α等推动RA的进展[8]。巨噬细胞、树突状细胞等的激活依赖迁移至关节中活化的T细胞，其中Th1和Th17 T细胞亚群是炎症滑膜组织中发现的主要细胞类型。Th1细胞在滑膜关节中增加产生促炎细胞因子（如TNF-α等）的能力[9]，滑膜关节中存在的炎症因子如IL-6、IL-1β等因子可诱导Th17细胞活化，研究发现其标志物IL-17可促进骨吸收，发挥出致病的作用[9]，这一点在IL-17缺陷小鼠中胶原诱导的关节炎显著被抑制得到证实[10]。研究发现，痹祺胶囊在临床实践和动物实验（佐剂型关节炎及胶原型关节炎等）中均表现出改善作用，可调节T淋巴细胞亚群Th/Ts之间的平衡，下调IL-1和TNF-α表达水平，具有抗炎、镇痛、调节免疫功能等药效作用[11]。本研究表明，痹祺胶囊可显著降低胶原型关节炎大鼠血清中IL-17、TNF-α、IL-1β和IFN-γ的水平（图3-1-2）。近年来发现有一类新的T细胞亚型——调节性T细胞（regulatory T cell，Treg）通过分泌IL-10、TGF-β、IL-35等细胞因子参与免疫负性调节。研究发现IL-10可通过多种途径参与免疫负性调节，如抑制T细胞向Th细胞转化，抑制Th细胞分泌细胞因子等，另外IL-10可抑制B细胞活化，抑制骨化三醇介导的IgE表达[12]。有研究发现RA患者Treg产生IL-10的能力受损，针对PMA的刺激仅能产生较少IL-10对抗炎症，另外外周血中CD4+CD25+Foxp3+表型的Treg细胞百分比较正常人低[13-14]。本研究表明，痹祺胶囊可升高IL-10的水平，综合以上结果提示痹祺胶囊显示出较好的抗炎和免疫调节作用。

　　RA中因特异性自身抗原的持续存在，持续的免疫细胞激活导致关节中一种自我永存的慢性炎症状态和滑膜肿胀，被识别为疼痛和关节肿胀[15]。以上的研究表明，痹祺胶囊对类风湿关节炎大鼠的治疗作用，不仅表现在缓解疼痛和关节肿胀，更加体现在抑制炎症因子与调节性T细胞之间的互相促进从而抑制关节炎的进一步发展。

第二节　痹祺胶囊益气养血、祛风除湿及活血止痛功能研究

　　痹祺胶囊由马钱子、党参、茯苓、丹参、川芎、地龙等10味药组成，具有益气养血、祛风除湿、活血止痛的功效。用于治疗气血不足，风湿瘀阻，肌肉关节酸痛，关节肿大、僵硬变形或肌肉萎缩，气短乏力；风湿性关节炎、类风湿关节炎，腰肌劳损，软组织损伤属上述证候者。现代临床应用中，痹祺胶囊多用于治疗类风湿关节炎、骨关节炎、强直性脊柱炎等[16]。这些疾病均属中医"痹证"范畴，医家认为，风寒湿邪外侵是引发痹证的重要外因；素体虚弱，正气不足，腠理不密，卫外不固是其内因，外邪内侵机体，注于经络，留于关节，闭阻气血而发病。痹祺胶囊以"益气养血，活血化瘀，通络止痛"为主要治疗原则，治疗痹证之经络气血痹阻之症。

　　本节通过环磷酰胺诱导的大鼠气血两虚模型、巴豆油致小鼠耳肿模型、高分子右旋糖酐诱导的微循环障碍模型、小鼠热板致痛和醋酸致小鼠扭体实验分别考察痹祺胶囊益气养血、抗炎、活血通络、镇痛功能，评价和阐释痹祺胶囊发挥益气养血、祛风除湿和活血止痛作用。

一、益气养血功能研究

　　痹证的发生，与体质强弱、气候条件、生活环境有密切关系。素体本虚，正气不足是发病的内在因素。尪痹的特点可以概括为4个久：久病多虚，久病多瘀，久痛入络，久必及肾。因此脾胃失健、肝血亏虚、肾气不足为其病本。治疗尪痹时，当在辨证论治的基础上，以"调气为上"为本，贯穿于各证型治疗的始终，以体现治病求本、扶正以祛邪的中医治疗优势和特点。临床研究发现，痹祺胶囊治疗肝肾亏虚型关节炎可正向调节机体红细胞免疫功能，改善患者膝关节功能，疗效确切[17]，改善红细胞免疫功能，影响红细胞膜代谢可能是痹祺胶囊益气养血健脾的作用机制之一。环磷酰胺是一种烷化类免疫抑制剂，造成免疫力降低，影响造血系统诱发贫血，较为符合中医中气血两虚模型，因此本节采用环磷酰胺诱导的

大鼠气血两虚模型考察痹祺胶囊益气养血功能。

（一）仪器与材料

1. 供试品

痹祺胶囊，天津达仁堂京万红药业有限公司，规格0.3g/粒；批号408700。

2. 阳性对照药

利可君片：江苏吉贝尔药业股份有限公司，规格20mg/片，批号211006。

3. 试剂

注射用环磷酰胺：Baxter Oncology GmbH，规格0.2g/瓶，批号1B453A；异氟烷：深圳市瑞沃德生命科技有限公司，批号21060901；戊巴比妥钠：Sigma公司；Rat Erythropoietin（EPO）ELISA Kit：Biolegend公司产品，批号B354857；红细胞裂解液：北京索莱宝科技有限公司，批号20211202；FITC CD3抗体（批号213048）、PE CD4抗体（批号1921506）、PerCPCD8a抗体（批号2290323）均购自Elabscience公司。

4. 实验仪器

BC-2800Vet全自动血液细胞分析仪：深圳迈瑞生物医疗电子股份有限公司；SpectraMax M5酶标仪：美国Molecular Devices公司；BDLSR fortessa流式细胞仪：美国BD公司。

5. 实验动物

大鼠：品系SD，北京斯贝福生物技术有限公司提供，实验动物生产许可证号SCXK（京）2019-0010。饲养在天津天诚新药评价有限公司实验动物屏障系统[实验动物使用合格证SYXK（津）2021—0008]，温度、湿度、换气次数由中央系统自动控制，温度维持在20～26℃，相对湿度维持在40%～70%，通风次数为10～15次/h全新风，光照为12h明、12h暗。自由摄食饮水，大鼠饲料由北京科澳协力饲料有限公司提供，饮水为纯净水（由北京凯弗隆北方水处理设备有限公司生产的KFRO-400GPD型纯水机制备）。实验动物的使用经天津天诚新药评价有限公司实验动物伦理委员会批准（批准号No. 2022041301）。

（二）实验方法

1. 动物分组

SPF级SD大鼠36只，雄性，体质量200～220g，随机分为6组，每组6只，分别为空白对照组、模型组、阳性药利可君组（0.4g/kg）、痹祺胶囊0.4g/kg、0.8g/kg及1.6g/kg组。

2. 动物造模及给药

除空白对照组外，其余各组大鼠分别以环磷酰胺40mg/kg、40mg/kg、30mg/kg剂量连续3d腹腔注射诱导气血两虚模型，于第5d眼眶采血检测外周血细胞数量判断模型建立情况。模型建立成功后将各组分组并分别灌胃给药，连续给药7d。末次给药1h后采集外周血检测血细胞数目。

3. ELISA法检测血清中EPO含量

末次给药结束1h后，以1%戊巴比妥钠进行麻醉后从腹主动脉中采血于采血管中，于3000r/min，4℃离心10min，分离得到血清样品，-80℃保存备用。

取冷冻血清，37℃复融，按试剂盒说明书采用ELISA法检测各组EPO含量。

4. 脾脏指数

于末次给药结束1h腹主动脉采血后分别收集各组脾脏，称质量并计算脏器指数。

$$脏器指数（\%）=脏器质量（g）/大鼠体质量（g）\times 100\%$$

5. 流式细胞术检测脾脏中CD4⁺/CD8⁺

1）脾脏单细胞悬液制备：摘取各组大鼠脾脏，称重后放入冰盒备用。剪取适当体积的脾脏组织，经过预冷PBS充分研磨并以200目细胞筛网过滤后，以1200r/min，4℃离心5min弃上清，将细胞反复清洗2次，弃去上清。

2）破除红细胞：每管加入红细胞裂解液，充分混悬细胞，室温孵育15min。4℃ 1000r/min离心5min，弃上清，以预冷的PBS缓冲液重复清洗2次，弃上清后，以300μL的PBS重悬沉淀细胞。

3）抗体孵育：在各管中加入抗体（FITC Anti-Rat CD3e 5μL，PE Anti-Rat CD4 3μL，PerCP Anti-Rat CD8a 2μL），并同时设置全阴管、3种同型对照管，充分混匀后，室温避光孵育30min。

4）孵育结束后，于4℃ 500g离心5min，弃上清，每管加入1%多聚甲醛0.5mL混匀，4℃避光保存，上机并收集淋巴细胞数量10⁴个，设门分析。

6. 统计方法

所有数据均以均数±标准误（$\bar{x}$±sem）表示，组间差异性采用单因素方差分析，$P < 0.05$表示组间差异具有统计学意义。

（三）实验结果

1. 痹祺胶囊对环磷酰胺诱导气血两虚模型外周血细胞的影响

环磷酰胺是临床常用的抗肿瘤药物，常见的不良反应是白细胞计数、血小板减少等，环磷酰胺可使骨髓超微结构发生变化，造血微循环遭到破坏，骨髓造血重建活性下降，导致血细胞数量的减少，形成气血两虚症状。本实验连续3d分别腹腔注射40mg/kg、40mg/kg、30mg/kg环磷酰胺后于第5d眼眶静脉丛采血检测外周血细胞数量，结果表明环磷酰胺可显著降低外周血细胞数量，主要表现在白细胞、红细胞数量及血红蛋白含量（$P < 0.01$），如表3-2-1，图3-2-1所示。12d后对外周血细胞数量检测发现，此模型在较长的时间内白细胞水平有所提升，但仍保持在较低水平。

表3-2-1　环磷酰胺注射5d后对外周血细胞WBC、RBC和HGB的影响

组别	剂量	WBC/（×10⁹/L）	RBC/（×10¹²/L）	HGB/（g/L）
空白对照组	—	13.97±2.07	6.34±0.14	138.67±2.68
模型组	—	1.32±0.13&&	5.80±0.05&&	123.75±1.36&&

注：与空白对照组比较，&&$P < 0.01$。

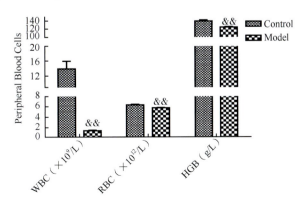

图3-2-1　环磷酰胺注射5d后对外周血细胞WBC、RBC和HGB的影响

环磷酰胺注射5d后开始给予不同剂量的痹祺胶囊和利可君，连续给药7d后，检测各组外周血细胞数量，结果表明痹祺胶囊可增加外周血细胞数量，如WBC、RBC与HGB（$P<0.05$，$P<0.01$），其中1.6g/kg痹祺胶囊在改善环磷酰胺气血两虚模型中效果最好，如表3-2-2和图3-2-2所示。

表3-2-2　痹祺胶囊对环磷酰胺诱导的大鼠气血两虚模型外周血细胞数量的影响

组别	剂量	WBC/($\times10^9$/L)	RBC/($\times10^{12}$/L)	HGB/(g/L)
空白对照组	—	18.64±1.53	6.78±0.04	146.60±2.50
模型组	—	10.46±1.80[&&]	5.74±0.07[&&]	133.40±2.93[&&]
利可君组	0.4g/kg	18.04±1.61[*]	6.10±0.11[*]	138.80±2.60
痹祺胶囊	0.4g/kg	16.84±1.68[*]	6.06±0.11[*]	141.40±3.23
	0.8g/kg	13.78±1.60	6.06±0.18	140.20±1.83
	1.6g/kg	18.32±2.19[*]	6.33±0.16[**]	145.40±2.01[**]

注：与空白对照组比较，&&$P<0.01$；与模型组比较，*$P<0.05$，**$P<0.01$。

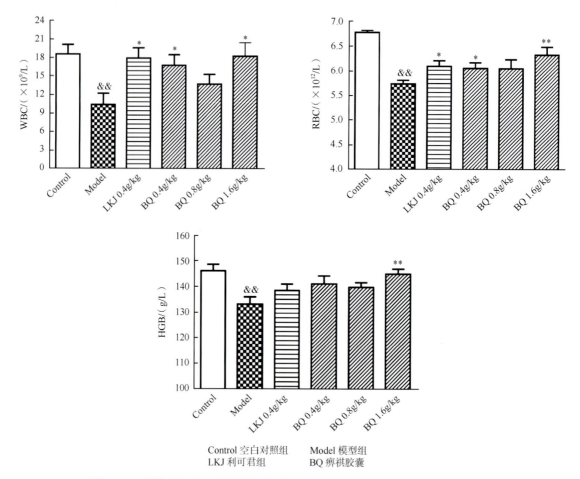

Control 空白对照组　　　Model 模型组
LKJ 利可君组　　　　　BQ 痹祺胶囊

图3-2-2　痹祺胶囊对环磷酰胺诱导的大鼠气血两虚模型外周血细胞数量的影响

2. 痹祺胶囊对环磷酰胺诱导气血两虚模型血清EPO含量的影响

红细胞生成素（EPO）是一种主要由肾脏产生的糖蛋白激素，是参与红系造血的主要调控因子，组织缺血缺氧可刺激肾脏合成及释放EPO。通过ELISA法考察了痹祺胶囊对血清中EPO含量的影响，如表3-2-3、图3-2-3所示，结果显示，与空白组相比，模型组、各给药组均可显著增加血清中EPO含量（$P<0.05$，$P<0.01$），提示环磷酰胺通过抑制骨髓造血干细胞，破坏细胞DNA结构和功能，影响骨髓造血干细胞的增殖、分化并抑制骨髓造血功能，从而影响外周血象（表3-2-3），外周血细胞的减少刺激肾脏合成并释放大量EPO；与模型组相比，1.6g/kg痹祺胶囊连续给药下，血清中EPO含量进一步增加（$P>0.05$），推测痹祺胶囊通过进一步调动肾脏中EPO的合成及释放改善红系造血系统。

表3-2-3　痹祺胶囊对环磷酰胺诱导气血两虚模型血清EPO相对含量的影响

组别	剂量	△EPO/（pg/mL）
模型组	—	42.17±14.01
利可君组	0.4g/kg	47.58±8.86
痹祺胶囊	0.4g/kg	65.34±10.30
	0.8g/kg	43.43±11.07
	1.6g/kg	99.77±22.74

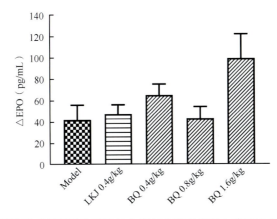

图3-2-3　痹祺胶囊对环磷酰胺诱导的大鼠气血两虚模型血清EPO相对含量的影响

3. 痹祺胶囊对环磷酰胺诱导气血两虚模型脾脏指数的影响

脾脏为人体最常见的免疫造血器官之一，脏器指数可在一定程度上反映机体免疫功能的强弱和脏器损伤。如表3-2-4、图3-2-4所示，环磷酰胺可导致大鼠脾脏指数显著增加（$P<0.01$），痹祺胶囊各剂量组均呈现降低脾脏指数趋势，其中1.6g/kg痹祺胶囊和阳性药利可君具有统计学意义（$P<0.05$）。

表3-2-4　痹祺胶囊对环磷酰胺诱导气血两虚模型脾脏指数的影响

组别	剂量	脾脏指数/%
空白对照组	—	0.30±0.01
模型组	—	0.47±0.03[&&]
利可君组	0.4g/kg	0.38±0.03[*]

续表

组别	剂量	脾脏指数/%
痹祺胶囊	0.4g/kg	0.44±0.03
	0.8g/kg	0.41±0.03
	1.6g/kg	0.38±0.02*

注：与空白对照组比较，&&$P<0.01$；与模型组比较，*$P<0.05$。

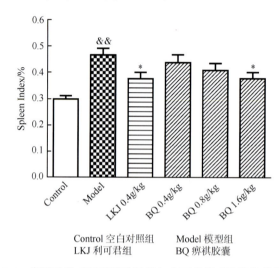

Control 空白对照组　　Model 模型组
LKJ 利可君组　　　BQ 痹祺胶囊

图3-2-4　痹祺胶囊对环磷酰胺诱导气血两虚模型脾脏指数的影响

4. 痹祺胶囊对环磷酰胺诱导气血两虚模型脾脏CD4⁺/CD8⁺的影响

脾脏组织结构受损会导致T淋巴细胞的数量减少和细胞因子分泌水平的下降，T淋巴细胞一直是细胞介导的免疫中最重要的调节成分，参与免疫应答的调节。研究发现失血性休克后，T淋巴细胞的功能受到明显抑制。采用流式细胞术对大鼠脾脏T淋巴细胞分型的研究发现，环磷酰胺诱导的气血两虚模型表现出免疫抑制，表现为与空白对照组相比，CD4⁺/CD8⁺比例显著下降（$P<0.05$），我们观察到环磷酰胺在注射12d后对脾脏CD4⁺T淋巴细胞和CD8⁺T淋巴细胞的比例均有不同程度的上升，而CD8⁺T淋巴细胞比例的上升更为明显；而连续给予痹祺胶囊7d可显著改善环磷酰胺诱导的免疫抑制（$P<0.05$，$P<0.01$），主要表现在提高CD4⁺T淋巴细胞和降低CD8⁺T淋巴细胞比例，提高CD4⁺/CD8⁺比例（表3-2-5，图3-2-5）。

表3-2-5　痹祺胶囊对环磷酰胺诱导气血两虚模型脾脏CD4⁺/CD8⁺的影响

组别	剂量	CD4⁺/CD8⁺
空白对照组	—	1.15±0.05
模型组	—	0.90±0.07&
利可君组	0.4g/kg	1.32±0.11*
痹祺胶囊	0.4g/kg	1.14±0.04*
	0.8g/kg	1.26±0.08*
	1.6g/kg	1.29±0.06**

注：与空白对照组比较，&$P<0.05$；与模型组比较，*$P<0.05$，**$P<0.01$。

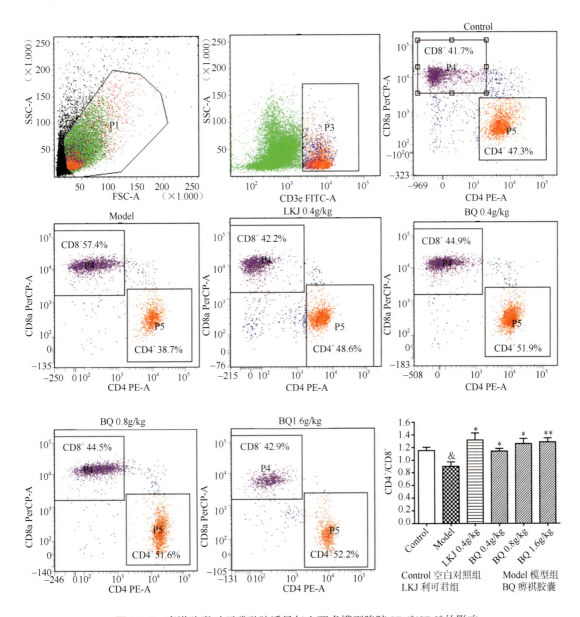

图3-2-5　痹祺胶囊对环磷酰胺诱导气血两虚模型脾脏CD4+/CD8+的影响

（四）实验小结

临床研究证实，RA的发病机制错综复杂，患者存在明显免疫功能紊乱[18]，刘素芳等[19]临床研究发现RA气虚血瘀型患者治疗前T淋巴细胞亚群分布紊乱，CD4+与CD4+/CD8+比例增加。本次研究发现痹祺胶囊对环磷酰胺诱导的气血两虚大鼠具有改善作用，表现在增加外周血中血细胞数量，降低脾脏指数，提高脾脏CD4+ T淋巴细胞比例，降低CD8+ T淋巴细胞比例，从而提高CD4+/CD8+比例，其中以1.6g/kg剂量组效果最优。

二、抗炎功效研究

RA的发病机制过于复杂，发病过程中有多种免疫细胞参与并介导了自身免疫性炎症，主要包括T细胞、B细胞、单核吞噬细胞、粒细胞等。同时大量炎症因子如TNF-α、IL-1、IL-6等分泌促进滑膜细胞增生、软骨细胞凋亡等，导致关节软骨的进一步破坏[20]。因此调节炎性因子水平，减轻炎症反应在治疗痹证过程中具有重要意义。痹祺胶囊可明显抑制大鼠佐剂型关节炎的关节肿胀度和关节炎大鼠关节炎指数评分，具有显著抗炎效果[21]。

巴豆油所致耳急性炎症模型是一种筛选抗炎药物的成熟方法。其主要致炎成分是佛波酯（TPA），它可引起血管通透性的改变、炎症细胞的聚集、蛋白激酶PKC的激活、炎症介质的释放增加，以及促进炎症细胞DNA、RNA的合成等炎症反应。本部分通过该模型方法，观察痹祺胶囊对巴豆油所致耳肿的抗炎作用。

（一）仪器与材料

1. 供试品

痹祺胶囊：天津达仁堂京万红药业有限公司，规格0.3g/粒；批号408700。

2. 阳性对照药

阿司匹林肠溶片：石药集团欧意药业有限公司，规格25mg/片，批号018200837；醋酸地塞米松：天津药物研究院自制。

3. 造模剂

巴豆油：天津药物研究院自制。

4. 实验仪器

STX123ZH电子天平：奥豪斯仪器（常州）有限公司，序列号C104061781。

5. 实验动物

小鼠：品系ICR，北京斯贝福生物技术有限公司提供，实验动物生产许可证号SCXK（京）2019-0010。饲养在天津天诚新药评价有限公司实验动物屏障系统[实验动物使用合格证SYXK（津）2021-0008]，温度、湿度、换气次数由中央系统自动控制，温度维持在20～26℃，相对湿度维持在40%～70%，通风次数为10～15次/h全新风，光照为12h明、12h暗。自由摄食饮水，大鼠饲料由北京科澳协力饲料有限公司提供，饮水为纯净水（由北京凯弗隆北方水处理设备有限公司生产的KFRO-400GPD型纯水机制备）。实验动物的使用经天津天诚新药评价有限公司实验动物伦理委员会批准（批准号No.2022030301）。

（二）实验方法

1. 动物分组

SPF级ICR小鼠60只，雄性，体质量18～20g，随机分为6组，每组10只，分别为模型对照组、阳性药阿司匹林组（0.3g/kg）、阳性药地塞米松组（3mg/kg）、痹祺胶囊0.6g/kg、1.2g/kg及2.4g/kg组。

2. 动物模型及给药

痹祺胶囊各剂量组灌胃给药，每天1次，连续给药7d，阳性对照组分别灌胃给药，每天1次，连续给药3d，模型对照组给予同等体积的0.5% CMC-Na溶液。末次给药30min后，各组以巴豆油50μL均匀涂抹于小鼠右耳廓内外两面，诱导耳肿胀模型，致炎4h后将小鼠左、右耳沿耳廓线剪下，用手动耳肿打孔器（6mm）沿耳缘相同部位打下左右耳片，称质量，计算小鼠耳肿胀度及药物对耳肿胀抑制率：

$$肿胀度（mg）=右耳质量-左耳质量$$

肿胀抑制率（%）=（模型对照组平均肿胀度-给药组肿胀度）/模型对照组平均肿胀度×100%

3. 统计方法

所有数据均以均数±标准误（$\bar{x}\pm$sem）表示，组间差异性采用单因素方差分析，$P<0.05$表示组间差异具有统计学意义。

（三）结果

本节采用巴豆油诱导的耳肿胀模型考察痹祺胶囊的抗炎作用，如表3-2-6、图3-2-6所示，与模型对照组相比，痹祺胶囊各剂量组均可显著改善巴豆油诱导的小鼠耳肿（$P<0.05$，$P<0.01$），0.6g/kg和2.4g/kg痹祺胶囊对巴豆油诱导的耳肿胀抑制率分别为62.22%和84.44%。

表3-2-6　痹祺胶囊对巴豆油耳炎的抑制作用

组别	剂量	肿胀度/mg	肿胀抑制率/%
模型对照组	—	4.50±0.58	0.00±12.94
阿司匹林对照组	0.3g/kg	1.50±0.45**	66.67±10.08***
地塞米松组	3.0mg/kg	1.00±0.33**	77.78±7.41***
痹祺胶囊	0.6g/kg	1.70±0.30**	62.22±6.67**
	1.2g/kg	2.70±0.60*	40.00±13.27
	2.4g/kg	0.70±0.47**	84.44±10.50***

注：与模型对照组比较，*$P<0.05$，**$P<0.01$，***$P<0.001$。

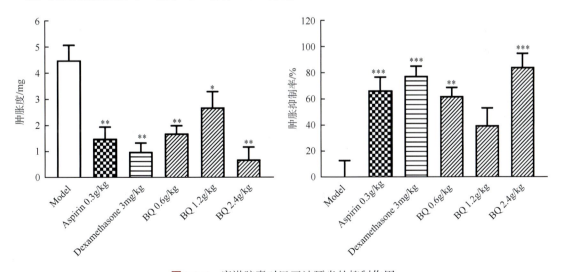

图3-2-6　痹祺胶囊对巴豆油耳炎的抑制作用

（四）实验小结

本部分以巴豆油诱导小鼠耳肿模型考察痹祺胶囊的抗炎作用，结果表明0.6g/kg、1.2g/kg

与2.4g/kg痹祺胶囊可显著减轻小鼠耳肿胀度，具有抗炎作用，其中以2.4g/kg剂量组效果最优，其次为0.6g/kg剂量组。

三、活血通络功效研究

痹证的病机是邪气痹阻经络、筋骨，留着关节，营卫不通，气血运行受阻[22]。同时，久病使正气受损，气血耗伤，因而呈现不同程度的气血亏虚和气虚血瘀等证候。气可行血，血能载气，血瘀则气阻，进而加重气血瘀阻。针对痹证血瘀阻络之症，中医治法以活血通络，改善血瘀导致的肌肉关节肿胀疼痛，促进气血运行以及全身营养物质的正常输送，以解除痹证。活血通络法是中医治疗瘀滞之症的常用治法，祛瘀生新，调理经络，疏通气血，促进机体功能恢复。

痹祺胶囊具有益气养血、祛风除湿、活血止痛的功效，为治疗气血不足、气血瘀阻、感受风寒湿邪等风湿性关节炎、类风湿关节炎痹证的中药复方。现代药理研究发现活血化瘀类中药可通过改善血液循环、抑制血栓形成及血小板的聚集，增强机体的免疫力，减轻机体的炎症反应，促进血管内皮细胞的修复，清除炎症组织中的自由基来缓解血瘀症状[23]。痹祺胶囊由党参、白术、马钱子、丹参、川芎等10味药组成，其中丹参、川芎具有活血化瘀、祛瘀散结之功效，可滋养血液，祛除瘀积血液消除肿胀。高分子右旋糖酐静脉注射可引起红细胞聚集，血液黏度升高，导致微循环障碍，因此本节采用高分子右旋糖酐诱导的大鼠微循环障碍模型探讨痹祺胶囊的活血作用。

（一）仪器与材料

1. 供试品
痹祺胶囊，天津达仁堂京万红药业有限公司，规格0.3g/粒；批号408700。

2. 阳性对照药
复方丹参片，湖南时代阳光药业有限公司，规格0.32g/片，批号20200910。

3. 试剂
高分子右旋糖酐（葡聚糖T500），上海源叶生物科技有限公司，批号H20M10B88790；戊巴比妥钠：Sigma公司；凝血酶时间（TT）测定试剂盒，美德太平洋（天津）生物科技股份有限公司，批号032106A。

4. 实验仪器
BI-2000A+医学图像分析系统，成都泰盟软件有限公司；LG-R-80F全自动血液黏度分析仪，北京普利生仪器有限公司；LG-Paker 1凝血因子分析仪，北京普利生仪器有限公司。

5. 实验动物
SPF级大鼠：品系SD，北京斯贝福生物技术有限公司提供，实验动物生产许可证号SCXK（京）2019-0010。饲养在天津天诚新药评价有限公司实验动物屏障系统[实验动物使用合格证SYXK（津）2021-0008]，温度、湿度、换气次数由中央系统自动控制，温度维持在20～26℃，相对湿度维持在40%～70%，通风次数为10～15次/h全新风，光照为12h明、12h暗。自由摄食饮水，大鼠饲料由北京科澳协力饲料有限公司提供，饮水为纯净水（由北京凯弗隆北方水处理设备有限公司生产的KFRO-400GPD型纯水机制备）。实验动物的使用经天津天诚新药评价有限公司实验动物伦理委员会批准（批准号No.2021121701）。

（二）实验方法

1. 动物分组

SPF级SD大鼠36只，雄性，体质量200～220g，随机分为6组，每组6只，分别为空白对照组、模型组、阳性药复方丹参片组（0.3g/kg）、痹祺胶囊0.4g/kg、0.8g/kg及1.6g/kg组。

2. 动物造模及给药

各组灌胃给药，每天1次，连续给药7d。空白对照组和模型组给予同等体积的动物专用饮用水。末次给药30min后，每组以3ml/kg腹腔注射1%异戊巴比妥钠麻醉后，除空白对照组外，其余各组均以3ml/kg剂量经静脉注射10%高分子右旋糖酐。30min后，首先采集大鼠腹腔肠系膜微循环图像及视频用于观察各组肠系膜血液循环及血液流速的测定，然后腹主动脉采血于枸橼酸钠抗凝管中，部分用于检测全血血液流变学指标，包括不同切速（200.00/s、30.00/s、3.00/s、1.00/s）下的全血黏度；另一部分全血经3000r/min，4℃离心10min，分离得到血浆样品，−80℃保存备用。

3. 凝血酶时间（TT）

取冷冻血浆，37℃复融，按照试剂盒所示对各组血浆凝血酶时间进行检测。

4. 统计方法

所有数据均以均数±标准误（$\bar{x}\pm$sem）表示，组间差异性采用单因素方差分析，$P<0.05$表示组间差异具有统计学意义。

（三）实验结果

1. 痹祺胶囊对大鼠肠系膜微循环的影响

如表3-2-7、图3-2-7所示，高分子右旋糖酐造模30min后出现血液微循环障碍，模型组大鼠肠系膜毛细血管血液流速明显减慢（$P<0.01$），可见红细胞微小团块聚集；注射高分子右旋糖酐后，各给药组均出现血液微循环障碍，但与模型组比较，各给药组毛细血管血流明显加快，微循环障碍明显减轻（$P<0.01$，$P<0.05$）。

表3-2-7　痹祺胶囊对高分子右旋糖酐诱导大鼠毛细血管血液流速的影响

组别	剂量/（g/kg）	毛细血管血液流速/（μm/s）
空白对照组	—	273.40±15.72
模型组	—	86.21±22.35[&&]
复方丹参片组	0.3	204.84±28.95[**]
痹祺胶囊	0.4	174.06±33.05[*]
	0.8	167.35±17.00[*]
	1.6	194.72±38.36[*]

注：与空白对照组比较，&&$P<0.01$；与模型组比较，*$P<0.05$，**$P<0.01$。

2. 痹祺胶囊对大鼠全血黏度的影响

本部分考察了痹祺胶囊对大鼠血流变的影响（表3-2-8、图3-2-8），相比空白对照组，模型组全血黏度在4个切速下均显著升高（$P<0.01$，$P<0.05$）；与模型组比较，痹祺胶囊可降低高分子右旋糖酐诱导的全血黏度升高，其中以1.6g/kg痹祺胶囊剂量组改善全血黏度效果最好。

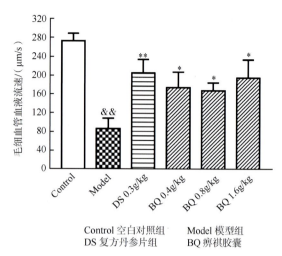

图3-2-7　痹祺胶囊对高分子右旋糖酐诱导大鼠毛细血管血液流速的影响

表3-2-8　痹祺胶囊对高分子右旋糖酐诱导大鼠全血黏度的影响

分组	剂量	全血黏度			
		高切（200.00/s）	中切（30.00/s）	低切（3.00/s）	低切（1.00/s）
空白对照组	—	3.93±0.10	6.29±0.16	19.79±0.59	25.36±0.75
模型组	—	4.55±0.09&&	7.20±0.24&	22.95±1.00&	30.37±1.32&&
复方丹参片组	0.3g/kg	4.28±0.11	7.06±0.17	22.04±0.85	30.46±1.14
痹祺胶囊	0.4g/kg	4.09±0.18	6.59±0.17	21.40±0.65	28.32±0.86
	0.8g/kg	4.13±0.15	6.67±0.21	21.38±1.17	28.28±1.54
	1.6g/kg	3.76±0.19**	5.99±0.25**	19.14±0.94*	25.32±1.24*

注：与空白对照组比较，$\&P<0.05$，$\&\&P<0.01$；与模型组比较，$*P<0.05$，$**P<0.01$。

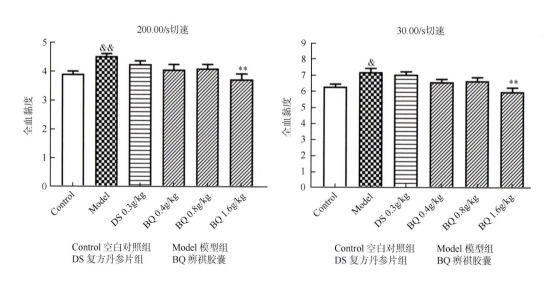

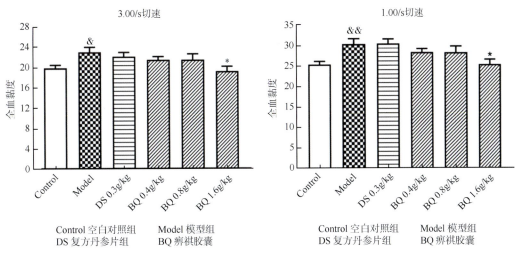

图3-2-8　痹祺胶囊对高分子右旋糖苷诱导大鼠全血黏度的影响

3. 痹祺胶囊对大鼠血浆TT的影响

凝血酶时间（TT）主要用于检测凝血、抗凝及纤维蛋白溶解系统功能，主要反映的是纤维蛋白原转为纤维蛋白的时间。与空白对照组相比，高分子右旋糖酐建立微循环障碍模型显示血浆TT显著减少（$P<0.05$）；与模型组相比，1.6g/kg痹祺胶囊可显著延长血浆TT（$P<0.05$），表明痹祺胶囊具有抗凝的作用（表3-2-9，图3-2-9）。

表3-2-9　痹祺胶囊对高分子右旋糖酐诱导大鼠血浆凝血酶时间（TT）的影响

组别	剂量	凝血酶时间/s
空白对照组	—	34.67±0.90
模型组	—	31.05±1.22[&]
复方丹参片组	0.3g/kg	34.51±2.02[*]
痹祺胶囊	0.4g/kg	34.65±1.27
	0.8g/kg	34.59±2.47
	1.6g/kg	35.27±1.30[*]

注：与空白对照组比较，&$P<0.05$；与模型组比较，*$P<0.05$。

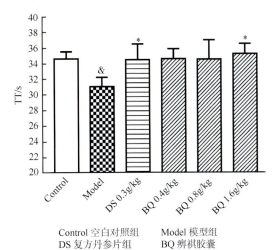

图3-2-9　痹祺胶囊对高分子右旋糖酐诱导大鼠血浆凝血酶时间（TT）的影响

（四）实验小结

痹祺胶囊对高分子右旋糖酐诱导的微循环障碍具有改善作用，可改善肠系膜微循环血液状态，加快流速；对全血黏度的考察发现，痹祺胶囊可显著降低200.00/s、30.00/s等4个切速下的黏度，改善血液黏滞状态；对TT的考察发现，痹祺胶囊可延长血浆凝血酶时间，提示痹祺胶囊可能通过抑制纤维蛋白原激活从而发挥抗凝血作用。

四、镇痛功效研究

RA疼痛通常发生在手、手腕和脚的小关节，有时也发生在肘部、肩膀、脖子、膝盖、脚踝或臀部，传统上被认为是外周炎症的直接结果。抗风湿性关节炎的疾病缓解药物（DMARDs）和一些镇痛药虽然可以显著减轻疼痛，但在临床上存在患者对药物不敏感的现象。对患者报告、定量测试和神经成像的研究表明，除关节炎症外，中枢神经系统疼痛处理异常也会导致疼痛，DMARDs可通过多种途径减轻疼痛，另外一些辅助治疗如使用抗抑郁药、抗癫痫药等也对病情控制良好的RA患者的疼痛有积极影响。因此，RA的疼痛是外周、中枢和其他因素综合作用的结果[24]。

临床研究发现，痹祺胶囊联合扳机点深压按摩治疗膝关节骨性关节炎可通过减轻氧化应激反应而减轻关节软骨、滑膜细胞损伤，进而缓解膝关节疼痛[25]。本节通过小鼠热板实验和扭体实验，分别考察痹祺胶囊中枢镇痛和外周镇痛功能。

（一）仪器与材料

1. 供试品

痹祺胶囊：天津达仁堂京万红药业有限公司，规格0.3g/粒；批号408700。

2. 阳性对照药

罗通定片：四川迪菲特药业有限公司，规格30mg/片，批号201102；阿司匹林肠溶片：石药集团欧意药业有限公司，规格25mg/片，批号018200837。

3. 试剂

冰醋酸，天津市康科德科技有限公司，批号210312。

4. 实验仪器

YLS-6B智能热板仪：济南益延科技发展有限公司。

5. 实验动物

SPF级小鼠：品系ICR，北京斯贝福生物技术有限公司提供，实验动物生产许可证号SCXK（京）2019-0010。饲养在天津天诚新药评价有限公司实验动物屏障系统[实验动物使用合格证SYXK（津）2021-0008]，温度、湿度、换气次数由中央系统自动控制，温度维持在20～26℃，相对湿度维持在40%～70%，通风次数为10～15次/h全新风，光照为12h明、12h暗。自由摄食饮水，大鼠饲料由北京科澳协力饲料有限公司提供，饮水为纯净水（由北京凯弗隆北方水处理设备有限公司生产的KFRO-400GPD型纯水机制备）。实验动物的使用经天津天诚新药评价有限公司实验动物伦理委员会批准（批准号No.2021120101）。

（二）实验方法

1. 热板致痛实验

动物筛选：首先将小鼠置于（55.0±0.5）℃的热板仪上，记录小鼠首次舔后足所需的时间（s）为小鼠的正常痛阈值。选择正常痛阈值在5～30s内的小鼠（将喜跳跃小鼠剔除）。

动物分组：按照阈值将小鼠分为5组，分别为空白对照组，阳性对照罗通定组（50mg/kg），痹祺胶囊低、中、高组，剂量分别为0.6g/kg（相当于临床剂量）、1.2g/kg（相当于2倍临床剂量）和2.4g/kg（相当于4倍临床剂量），每组8只。

动物给药：痹祺胶囊各组连续给药7d，阳性药在测定前单次给药。末次给药结束后30min、60min、90min及120min分别测定小鼠的舔足反应时间（s），若小鼠在40s内仍未出现舔后足的情况，为防止多次测量下小鼠足爪烫伤，停止计时，时间按40s计。

2. 醋酸扭体实验

动物分组：将小鼠随机分为5组，空白对照组，阳性药阿司匹林组，痹祺胶囊低、中、高组，每组8只。

动物给药：对照组给予0.5% CMC-Na悬液，阳性药组给予阿司匹林0.12g/kg，阳性药组每日给药1次，连续给药3d；痹祺胶囊低、中、高3个剂量组分别灌胃给予痹祺胶囊0.6g/kg、1.2g/kg和2.4g/kg，每日给药1次，连续给药7d。

扭体观察：第7天，给药后1h，小鼠腹腔注射0.6%醋酸溶液（按0.2mL/只），室温保持在28℃左右，注射5min后观察15min内发生扭体反应的次数，以腹部凹陷、臀部歪扭、身体扭曲或抽胯为扭体1次的标准。记录扭体次数，统计分析各组差异。

扭体抑制率（%）=（空白对照组扭体均数–给药组扭体次数）/空白对照组扭体均数×100%

3. 统计方法

所有数据均以均数±标准误（$\bar{x}$±sem）表示，组间差异性采用单因素方差分析，$P < 0.05$表示组间差异具有统计学意义。

（三）实验结果

1. 痹祺胶囊对热板所致疼痛的镇痛作用

本研究首先通过热板实验考察了痹祺胶囊的中枢镇痛作用，如表3-2-10、图3-2-10所示，连续给予痹祺胶囊7d，末次给药30min后小鼠舔足反应时间较空白对照组有明显延长，60～90min时痹祺胶囊表现出较强的镇痛作用（$P < 0.05$，$P < 0.01$），给药120min时各剂量组舔足反应时间降低。在给药2h内，以1.2g/kg痹祺胶囊效果最好。

表3-2-10　痹祺胶囊对小鼠热板所致疼痛的影响

组别	剂量	舔足反应时间/s			
		30min	60min	90min	120min
空白对照组	—	13.59±0.73	13.88±1.16	13.36±1.63	10.32±0.74
罗通定组	50mg/kg	21.30±3.47*	25.13±3.85*	34.72±3.32**	35.80±2.27**
痹祺胶囊	0.6g/kg	18.10±1.69*	21.24±3.22*	20.19±1.83*	13.95±1.12*
	1.2g/kg	18.61±1.67*	22.47±3.52*	22.22±1.78**	18.32±2.98*
	2.4g/kg	18.60±3.23	16.79±2.52	18.79±3.12	16.15±2.61*

注：与空白对照组比较，*$P < 0.05$，**$P < 0.01$。

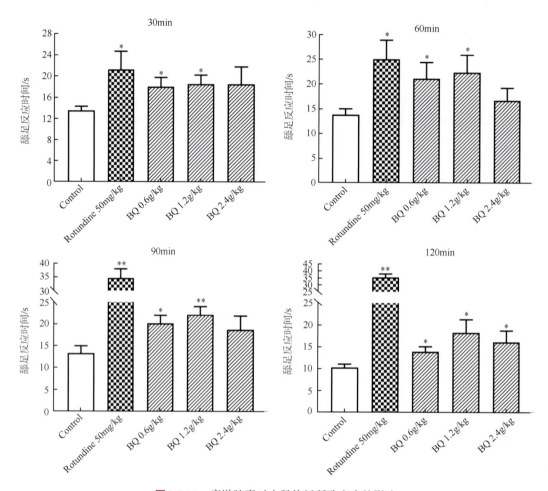

图3-2-10　痹祺胶囊对小鼠热板所致疼痛的影响

2. 痹祺胶囊对醋酸所致小鼠扭体的镇痛作用

采用醋酸扭体实验进一步考察了痹祺胶囊外周镇痛作用，结果如表3-2-11、图3-2-11所示，结果显示痹祺胶囊连续给药7d后，痹祺胶囊各剂量组均可显著降低醋酸所致的小鼠扭体反应，抑制率超过50%，其中1.2g/kg痹祺胶囊作用最强。

表3-2-11　痹祺胶囊对醋酸所致小鼠扭体次数和扭体抑制率的影响

组别	剂量	扭体次数	扭体抑制率/%
模型对照组	—	37.25±4.82	0.00±12.95
阿司匹林对照组	0.12g/kg	10.00±2.65**	73.15±7.12
痹祺胶囊	0.6g/kg	16.00±4.38**	57.05±11.75
	1.2g/kg	14.87±3.07**	60.07±8.25
	2.4g/kg	18.13±7.36*	51.34±19.75

注：与模型对照组比较，*$P<0.05$，**$P<0.01$。

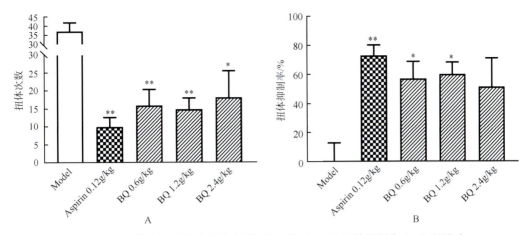

图 3-2-11　痹祺胶囊对醋酸所致小鼠扭体次数（A）和扭体抑制率（B）的影响

3. 实验小结

1）热刺激、机械刺激及电刺激致痛模型均适用于筛选麻醉性镇痛药，与锐痛接近。本次以热板实验考察痹祺胶囊的中枢镇痛作用，结果表明痹祺胶囊在30～120min内均有延长小鼠舔足反应时间的作用，给药后60～90min对热板致痛小鼠的作用最强，120min时效果减弱，3个剂量中以1.2g/kg痹祺胶囊效果最优。

2）扭体法以醋酸作为化学刺激评价药物的镇痛效果是一个经典方法，常用作评估药物的外周镇痛活性。本次以0.6%的醋酸溶液腹腔注射诱导小鼠出现扭体反应评价痹祺胶囊的外周镇痛效果，结果表明，0.6g/kg、1.2g/kg和2.4g/kg的痹祺胶囊均可显著减少小鼠扭体次数，其中以1.2g/kg效果最优。

五、小结与讨论

中医认为痹证的发生，"皆因体虚，腠理空疏，受风寒湿气而成"，正气亏虚，邪气乘虚而入，闭阻经络，血行不畅而致瘀，留滞于关节而致痹。故以益气养血，活血化瘀，通络止痛为主要治则，痹祺胶囊正是遵循以上原则组方，因此本方也被称为"治疗痹证的中药组合物"[17, 26]。

痹祺胶囊由党参、白术、丹参、马钱子等10味药组成，其中党参能补脾益肺、养血生津，为补中益气的良药，常与补气健脾除湿的白术、茯苓同用以治疗脾虚气弱、气虚乏力等症，本方中恰以党参、白术、茯苓共用，发挥益气健脾、益气养血的功效。此外党参具有与人参类似的补脾肺之气的作用而药力较弱，而人参、白术、茯苓、炙甘草四药即为中医补益经典处方——四君子汤，而临床上若非大补元气，因党参益气健脾不弱人参，故临床常以党参代人参，清代鲍相璈《验方新编》中加味四君子汤即以党参代人参，2015年版《中国药典》四君子丸及四君子颗粒也均以党参代人参。本方中的党参、白术、茯苓3味药为四君子汤的主要成分，党参甘温益气、健脾益肺；辅以白术、茯苓健脾燥湿，加强益气助运之力，共奏补脾益气、生化气血之功。三七、川芎、丹参、牛膝4药均可活血化瘀，三七活血消肿、止痛力强，川芎活血行气力强，为气滞血瘀诸痛症之要药，丹参则善活血化瘀，祛瘀生新，牛膝则长于行经活血，加之地龙、马钱子性善走窜，可引经通络、透达关节，多药配伍既可化体表肌肤血瘀，又能解关节经络阻滞，消肿止痛。甘草可补益脾气，缓急止痛，兼调和诸药，同时减弱马钱子毒性。全方10药科学配伍，益气养血药补先天之虚而治本，活血祛瘀以祛邪，合用通络止痛药而治标，如此可标本兼治[27]。

在临床实践中，痹祺胶囊多用于治疗风湿性关节炎、类风湿关节炎、骨性关节炎、骨质增生、肩周炎、颈椎病、腰椎间盘突出、腰肌劳损、髌骨软骨病等，其疗效确切，是治疗类风湿关节炎的代表药方[28]。

现代药理学研究证明，痹祺胶囊具有调节免疫功能、改善动脉血流、抗炎镇痛、对关节软骨的保护等作用。临床研究发现，痹祺胶囊与来氟米特联合治疗RA气虚血瘀型，可下调血清CRP、TNF-α、IL-1、IL-6、IL-22，改善CD4$^+$、CD8$^+$、CD4$^+$/CD8$^+$水平，能明显减轻患者炎症反应及疼痛，进一步改善机体免疫功能，疗效显著，安全性良好[19]。本研究发现，痹祺胶囊可提高脾脏CD4$^+$T淋巴细胞比例，降低CD8$^+$T淋巴细胞比例，提高CD4$^+$/CD8$^+$比例，即通过改善T淋巴细胞亚群紊乱调控外周血中EPO含量，提高血细胞数量发挥益气养血作用。

吴启富等[29]观察了痹祺胶囊对类风湿关节炎（RA）患者血压计血液流变学的影响，选取确诊为类风湿关节炎并伴有高血压患者59例（治疗Ⅰ组），同时选取确诊为类风湿关节炎无高血压患者58例（治疗Ⅱ组），两组患者治疗方案相同，基础治疗药物甲氨蝶呤（MTX）片加痹祺胶囊，选取伴有高血压的RA患者28例为对照组（基础治疗药物同Ⅰ、Ⅱ组，但不加用痹祺胶囊）。经治疗12周后，治疗Ⅰ组血液流变学全血高切黏度、全血低切黏度、血浆黏度、血沉指标治疗后均明显降低，与治疗前比较差异有统计学意义（$P < 0.05$），与对照组比较，差异有统计学意义，结果表明痹祺胶囊可改善类风湿关节炎患者全血黏度、血浆黏度等血液流变学高黏状态作用，具有活血化瘀的作用。本研究发现，痹祺胶囊可降低全血黏度，增加肠系膜微循环血液流速，延长凝血酶时间，发挥活血化瘀的作用。

冯其帅[30]等通过考察痹祺胶囊水提取物及其6种单体成分甘草苷、甘草酸、丹酚酸B、隐丹参酮、马钱子碱、士的宁对脂多糖（LPS）诱导小鼠单核/巨噬细胞株RAW264.7炎症反应的保护作用，发现与模型组比较，痹祺胶囊水提取物与隐丹参酮均能抑制NO和IL-6分泌，马钱子碱、士的宁可抑制RAW264.7细胞NO分泌，表明痹祺胶囊水提取物可抑制炎症因子分泌，其中主要抗炎成分是隐丹参酮、马钱子碱、士的宁。此外，高晶[17]、边新群[26]等均通过研究痹祺胶囊对关节炎模型大鼠的作用证明痹祺胶囊具有明显的抗炎镇痛作用，此外研究发现痹祺胶囊能提高神经病理性疼痛大鼠的热痛阈，具有明显的镇痛作用，其作用机制可能与调控电压门控钠通道有关[31]。研究表明，痹祺胶囊关节软骨保护作用，其机理可能与降低血清中基质金属蛋白酶（MMP-3）和IL-6含量，改善基质金属蛋白酶抑制剂-1（TIMP-1）/MMP-3水平有关[32]。此外，痹祺胶囊可以通过降低膝骨关节炎大鼠血清中NO含量，减轻由NO介导的关节软骨损伤，另一方面可以通过提高软骨TIMP-1的活性，降低关节液MMP-3活性，从而抑制MMP-3对关节软骨基质蛋白多糖的裂解活性而发挥保护关节软骨作用[33]。Wang K等[34]通过研究痹祺胶囊对胶原诱导大鼠关节炎模型的作用发现，痹祺胶囊提取物能够有效地缓解胶原诱导的炎症、滑膜增生和软骨破坏。本研究发现，痹祺胶囊可抑制巴豆油诱导的耳肿胀和醋酸诱导的扭体反应，延长热板致痛的舔足反应时间，具有显著的抗炎镇痛作用，且其镇痛作用具有可探索的中枢镇痛机制，同时痹祺胶囊的抗炎镇痛作用可缓解炎症对软骨的进一步破坏。

综上，痹祺胶囊调节血液流变学相关指标、促进血液循环等作用可能与其中医活血通络功能相应，改善细胞免疫功能可能与其益气健脾功能相关，调节相关炎症因子，抑制炎症恶化等作用可能与其除湿镇痛功能相符，如此多靶点、多途径综合作用，系统性改善相关疾病状态。另外在本节实验中，痹祺胶囊对环磷酰胺诱导的气血两虚大鼠具有改善作用，以1.6g/kg剂量组效果最优；痹祺胶囊对高分子右旋糖酐诱导的微循环障碍具有改善作用，以1.6g/kg剂量组效果最优；痹祺胶囊对巴豆油所致耳肿具有改善作用，以2.4g/kg剂量组效果最优；痹祺胶囊也表现出中枢镇痛作用及外周镇痛作用，均以1.2g/kg效果最优。本实验结果为进一步研究痹祺胶囊的配伍规律奠定了基础。

第三节　痹祺胶囊治疗类风湿关节炎的蛋白质组学研究

蛋白质组学是20世纪90年代中期产生的一门新兴学科，其本质是利用相关技术，对蛋白质的表达、翻译、翻译后修饰及蛋白间的相互作用进行高通量的筛选和大规模的研究。它是一种研究疾病发生规律和相关药物作用机制的高效且成熟的技术手段。其目的在于，在蛋白质水平上系统而全面地探究疾病发生发展的具体机理。蛋白质组学定量技术可分为非靶向定量和靶向定量两类，非靶向定量技术有非标记定量和体内外标记定量模式，目前使用最多的同位素标记技术是iTRAQ和TMT，其中串联质谱标签（tandem mass tag，TMT）是一种相对于绝对定量的同位素标记技术，具有高分辨率、高通量、准确度高等优点[35]。本研究采用TMT技术筛选在类风湿关节炎发病前后以及服用痹祺胶囊前后的实验大鼠的膝关节组织内的差异表达蛋白，阐释类风湿关节炎的发病机制和痹祺胶囊的作用机制。

一、TMT实验原理及技术路线

1. TMT工作原理

TMT是一种采用6-plex或10-plex同位素的标签进行串联质谱分析的多肽体外标记蛋白组学技术。TMT技术能同时比较2组、6组或10组不同样品中蛋白质的相对含量，可进行鉴定和定量，具有较好的平行性，能避免技术误差，检测的样本可以多路复用，并可以创建具有高精度和最小缺失值的大规模数据集，提高差异蛋白检测效率。与凝胶方法相比，应用TMT技术可以发现膜蛋白、核蛋白及胞外蛋白，对低丰度蛋白质亦有较好的检出率。

TMT试剂包括3个基团（图3-3-1）：peptide reactive group是与肽段结合的基团；reporter group是报告基团，其质量从126到131；balance group是平衡基团，其作用是平衡报告基团的质量差，使TMT试剂整体质量相同。TMT标记试剂可以与肽段的N端或赖氨酸侧链发生反应，从而完成对肽段的标记。标记完成后混合一个实验组的所有样本，一次可同时处理多达10个不同处理的样本。在进行一级质谱进行母离子选择时，来源于不同标记样本的同一个肽段表现为一个峰，相当于一级质谱强度增强了10倍，有利于鉴定。在进行二级质谱时，TMT试剂在图3-3-1所示红线或蓝线位置断裂，balance group发生中性丢失。reporter group的强度可反映肽段的相对丰度。

2. TMT技术路线

TMT技术路线图见图3-3-2。

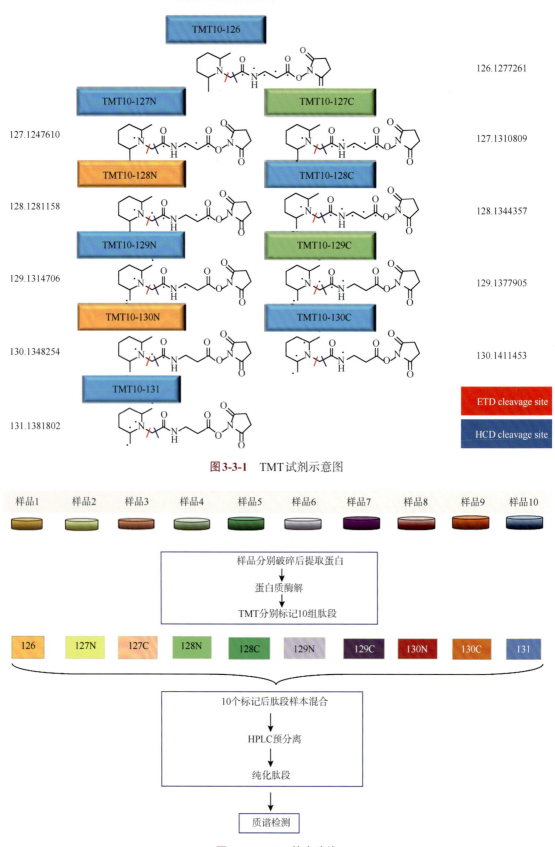

图 3-3-1　TMT 试剂示意图

图 3-3-2　TMT 技术路线

3. TMT数据分析及质控流程

TMT数据分析及质控流程见图3-3-3。

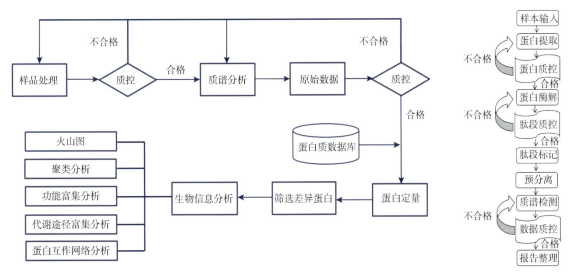

图3-3-3 TMT数据分析及质控流程图

二、仪器与材料

1. 供试材料

本实验所用组织为药效学实验项下大鼠空白对照组（C）、类风湿关节炎模型组（M）、痹祺胶囊高剂量给药组（G）中的膝关节组织样品进行同位素标记定量（TMT）测定（$n=3$）。

2. 主要试剂

胰蛋白酶（批号20220408）、碘乙酰胺（iodoacetamide，IAM，批号SLCB6518）、二硫苏糖醇（DL-dithiothreitol，DTT，批号P1171）购自美国Promega公司；尿素（批号STBJ7774）购自美国GibcoBRL公司；乙二胺四乙酸（批号2398B510）、苯甲基磺酰氟（批号0106B036）、考马斯亮蓝染料G250（批号0138B020）、过硫酸铵（批号BCBG6210V）购自美国Amresco公司；十二烷基硫酸钠（批号031M0035V）、TEMED（批号SHBC4286V）、溴酚蓝（批号SHBL3668）购自美国Sigma公司；乙腈（批号F21LCL201）购自美国Thermo Fisher Scientific公司；TMT试剂盒（批号WJ334398）购自美国Pierce公司。

3. 主要仪器设备

L-3000型常规液相色谱仪（RIGOL公司）；Ultimate 3000 Nano LC system纳升液相（美国DIONEX公司）；Powerlook 2100XL-USB扫描仪（英国UMAX公司）；Fisher Q-Exactive质谱仪（美国Thermo Fisher Scientific公司）；DYY-7C型电泳仪（北京六一仪器厂）。

4. 数据采集及处理过程中使用的软件信息

数据采集及处理软件：Proteome Discoverer 1.4；Mascot版本：2.3.01。

三、实 验 方 法

1. 蛋白质的提取及质控

将裂解液和2粒钢珠加入组织样品中，在预冷研磨机中进行匀浆混匀处理后，在4℃，20000×g条件下离心30min；取上清液，加入预冷的4倍体积TCA-丙酮溶液后，在−20℃的条件下沉淀2h以上，4℃，20000×g离心30min，沉淀中加入3倍体积纯丙酮洗涤，4℃，20000×g离心30min，重复洗涤沉淀3次。清洗完成后在沉淀中加入裂解液，超声5min助溶，随即20000×g离心30min，吸取上清液，加入DTT至终浓度10mmol/L，56℃水浴1h。随后迅速加入IAM至终浓度55mmol/L，暗处静置1h。20000×g离心30min，取上清液，使用Bradford法对蛋白进行定量，根据定量结果进行SDS-PAGE电泳检测，判定蛋白浓度的准确度及蛋白提取质量。

2. 蛋白质的酶解

在10K超滤管中加入30μg的样本，4℃，14000×g的条件下，离心40min后，弃上清废液。随即加入200μL，50mmol/L三乙基碳酸氢铵溶液，4℃，14000g离心40min，弃废液。然后加入1μg/μL的胰蛋白酶，每100μg蛋白质底物加入3.3μg的酶，在37℃条件下水浴24h。冻干消化液，最后每管加入25μL，200mmol/L TEAB复溶肽段。

3. 肽段的标记

预先平衡TMT标记试剂至室温状态，在管中加入标记试剂和41μL乙腈，涡旋1min后，离心至管底。随后将混匀的TMT标记试剂加入肽段中，根据样品选用不同大小的同位素标记。涡旋混匀后，离心至管底，室温静置1h；加入8μL 5%羟胺，室温放置15min；将样品混合并真空抽干。

4. 肽段预分离及纯化

使用常规液相RIGOL L-3000型进行肽段预分离纯化，色谱条件为：Gemini NX-C$_{18}$色谱柱（4.60mm×250mm），流动相：（A液）5%乙腈-水溶液，氨水调pH至9.8；（B液）95%乙腈-水溶液，氨水调pH至9.8；流速1mL/min；梯度洗脱条件见表3-3-1。准备样品：标记后抽干的样品用1mL A液溶解，15000×g离心10min，取上清液进行测试，得到预分离色谱图及信息；根据色谱图分布情况，将出峰较少的样品组分进行合并，最终合并得到10个组分。进行冻干后用C18反相色谱除盐，实验步骤为：使用1mL甲醇活化柱料，5%乙腈平衡色谱柱；样品需用1mL超纯水稀释过柱，随即用1mL 5%乙腈进行洗柱除盐；2×500μL纯乙腈洗脱。低温离心抽干乙腈。0.1%甲酸溶液复溶纯化肽段。

表3-3-1　梯度洗脱条件

时间/min	A液比例/%	B液比例/%
0	100	0
95	95	5
101	91	9
107	87	13
113	81	19
119	20	80
125	95	5

5. 质谱检测

将预分离得到的10个样品采用纳升液相色谱系统（Dionex ultimate 3000 nano LC system）进行分离。流动相A液：0.1%甲酸-2%乙腈水溶液；B液：0.1%甲酸-98% 乙腈水溶液，流速：0.4μL/min，洗脱梯度见表3-3-2。分离后使用Q-Exactive质谱仪检测肽段信号，离子模式为正离子模式，母离子扫描范围m/z 350～2000，二级分辨率35000，毛细管温度320℃，离子源电压1800V，碎裂模式Higher collision energy dissociation（HCD），二级质谱图中最小峰数10，信噪比S/N域值1.5。将质谱原始文件输入到PD（Proteome Discoverer 1.4，thermo）软件对质谱图进行筛选。PD软件会根据Mascot 2.3搜索结果和筛选后的谱图进行蛋白鉴定和定量分析（鉴定检索参数见表3-3-3）。对实验结果进行ANOVA方差分析，进行差异显著性评估。选取$P<0.05$，差异倍数≥1.2或差异倍数≤0.83的蛋白为差异表达蛋白。

表3-3-2 质谱检测-NanoLC液相洗脱梯度

时间/min	A液比例/%	B液比例/%
0	95	5
10	95	5
40	70	30
45	40	60
48	20	80
55	20	80
58	95	5
65	95	5

表3-3-3 鉴定检索参数

参数名称	实验选项
Mascot 版本号	2.3.0
固定修饰	Carbamidomethyl（C）
可变修饰	Oxidation（M），Gln→Pyro-Glu（N-term Q），TMT 6 plex（K），TMT 6plex（N-term）
一级质量偏差	15ppm
二级质量偏差	20mmu
最大允许漏切数	1
酶的类型	胰蛋白酶
数据库	uniport_rattus Number of sequences：35972

6. 生物信息学分析

（1）差异表达蛋白的GO功能分析　GO的全名是基因本体论（gene ontology），最初是想提供一个具有代表性的平台，用于描述基因和基因产物性质或词义解释，这样可以利用生物信息学处理基因和基因产物数据进行统一的概括、处理、解释和共享。GO分类是建立在已知的基因（蛋白）注释信息之上的，对所研究的基因（蛋白）进行功能注释（functional annotation）的一种方法。本体研究生物学包括3个主要方面：①细胞组分（cellular component）：细胞的每个部分和细胞外环境；②分子功能（molecular function）：可以描述为分子水平的活性（activity），如氧化还原活性或催化活性；③生物学过程（biological process）：是指由多个分子相互作用产生的一系列事件。

（2）差异表达蛋白的生物通路分析　KEGG是1995年由日本京都大学生物信息学中心Kanehisa实验室建立的数据库，全称是京都基因与基因组数据库（Kyoto Encyclopedia of Genes and Genomes）。建立它的目的是"理解生物系统的高级功能和实用程序资源库"。KEGG数据库的核心是KEGG PATHWAY数据库，它具有强大的图形功能，并根据图形来描述各种代谢途径以及代谢途径之间的相互关系，从而使研究者对其所要研究的代谢途径有比较全面、直观的了解。信号通路（pathway）显著性富集分析是基于代谢通路的分析，其通过参考基因组比对，找出差异基因，再运用超几何检验分析，显著性富集分析这些差异基因于某些特定pathway，并且返回1个P-value（P值）给每个有差异基因存在的pathway，计算公式与GO功能富集分析相同，P值越小，表示该基因在其途径中的富集程度越高。通过这种富集分析，可确定相关基因的主要生化代谢途径和信号转导途径。

（3）火山图分析　对本项目中鉴定到的蛋白质根据其变化倍数及P值进行火山图展示，可直观显示差异蛋白的分布。本研究对差异蛋白的检测结果进行火山图分析时采用Python软件中的numpy、pandas及matplotlib函数。输入拆分表，筛选出上调、下调、无明显差异的蛋白，做以2为底ratio的对数和以10为底P-value的负对数的散点图。

（4）差异表达蛋白的层次聚类分析　本研究对差异蛋白的检测结果进行层次聚类分析时采用R软件中的pheatmap函数。当多组差异基因聚类分析时，将分别单独聚类分析各个组间并集差异基因和交集差异基因。对所有ratio取以2为底的对数，使用pheatmap进行画图。

四、实验结果

（一）实验过程质控结果

实验过程质控结果见表3-3-4。蛋白质定量时，蛋白的标准曲线回归方程$y=0.1411x+0.007$，相关系数$R^2=0.9922$，结果如图3-3-4所示。表明仪器性能稳定，蛋白浓度梯度精准，可进行下一步分析工作。从蛋白样品检测结果表3-3-4来看，全部样品的蛋白总量均符合要求，由凝胶电泳蛋白条带清晰（图3-3-4），说明蛋白样品的提取结果较好，总含量与浓度纯度均达到定量的要求。

表3-3-4　实验过程质控结果

质控项	参考标准	质控结果
样品输入	1、新鲜收集，–80℃或液氮保存 2、总量1g以上	合格
蛋白质质量	SDS-PAGE检测蛋白质量；要求条带清晰，无降解	合格
蛋白定量准确性	采用适合于样品缓冲体系及浓度范围的定量方法，标准曲线R^2应大于0.99。SDS-PAGE检测时，样品之间要求相对一致	合格
酶解效率	酶解后大部分肽段长度小于30个氨基酸	合格

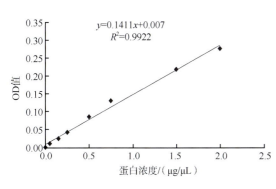
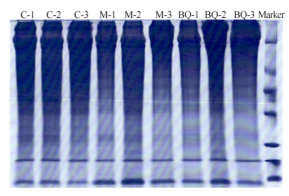

图3-3-4 蛋白定量标准曲线及蛋白SDS-PAGE检测胶图（蛋白Marker分子量由上至下为：94kDa，66kDa，45kDa，33kDa，26kDa，20kDa，14kDa）

（二）质谱数据质控结果

质谱数据质控结果见表3-3-5。质量偏差统计结果显示仪器质量偏差集中在15ppm以内，表明仪器精度良好；相关性反映了本次实验中重复样本之间的相关性（重复性），相关系数R^2均大于0.8，结果良好；信号最低组分总离子流强度大于1×10^{10}，表明上样量合适且质谱检测仪器状态良好。质控合格。

表3-3-5 质谱数据质控结果

质控项	参考标准	质控结果
质谱质量偏差	检测仪器质量偏差应主要集中在15ppm以内	合格
相关性分析（针对组内技术重复）	重复样本之间定量相关性R^2应大于0.8	合格
数据量统计	每个组分约采集到17000张谱图，本实验共计10个组分，谱图张数应不少于170000张	合格
质谱采集强度	总离子流强度应大于1×10^{10}	合格

（三）蛋白质鉴定结果

将原始质谱数据进行数据库搜索，并用FDR＜1%的标准来进行结果过滤（FDR为假阳性率），得到肽段及蛋白鉴定结果。匹配谱图数：27388，匹配肽段数：7848，蛋白组数：2081。根据鉴定结果，对所鉴定到的肽段和蛋白进行了肽段带电情况、肽段蛋白匹配情况、蛋白覆盖率、蛋白基本理化性质的统计分析，结果如图3-3-5所示。

（四）差异表达蛋白结果分析

在本实验中，M vs C、BQ vs M、BQ vs C被设置为样品间两两比较组。根据蛋白丰度的水平，鉴于每个生物学生物间处理的重复性较好，最终以表达差异倍数≥1.2或≤0.83且P-value＜0.05筛选差异蛋白。

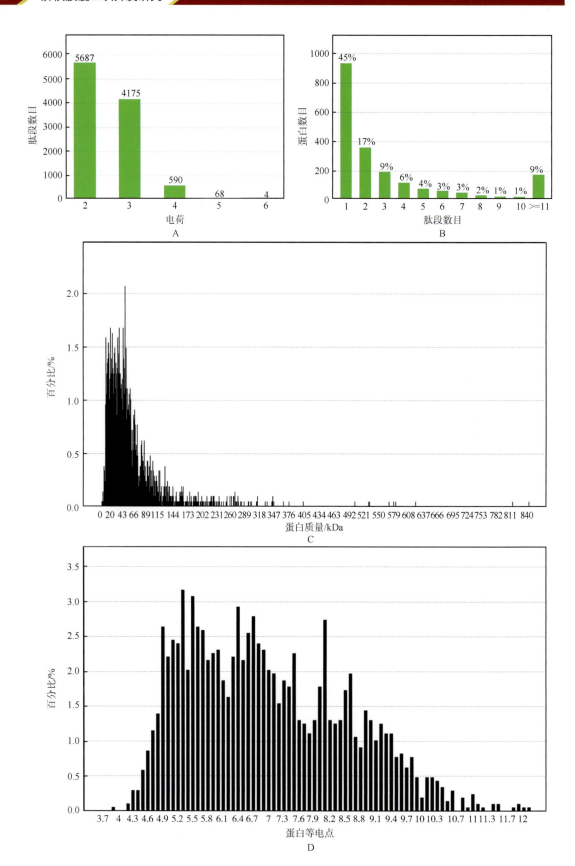

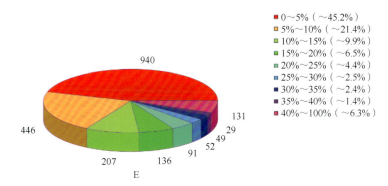

图 3-3-5　蛋白质鉴定及评价（A：肽段电荷分布；B：蛋白匹配肽段数目分布；C：蛋白质量分布；D：蛋白等电点分布；E：蛋白鉴定覆盖率统计）

统计得到的差异表达蛋白火山图如图 3-3-6，横坐标为差异倍数取 $\log_2$ 的值，纵坐标为 P-value 取 $-\log_{10}$ 的值。红色的点代表在本组比较中，该蛋白为显著上调蛋白；绿色的点代表在本组比较中，该蛋白为显著下调蛋白；灰色的点代表在本组比较中，该蛋白为非显著差异。由图 3-3-7 可知，M vs C 共有 1583 条差异蛋白，其中上调蛋白有 784 条，下调蛋白有 799 条；BQ vs M 共有 234 条差异蛋白，其中上调蛋白有 124 条，下调蛋白有 110 条、BQ vs C 共有 1548 条差异蛋白，其中上调蛋白有 761 条，下调蛋白有 787 条。

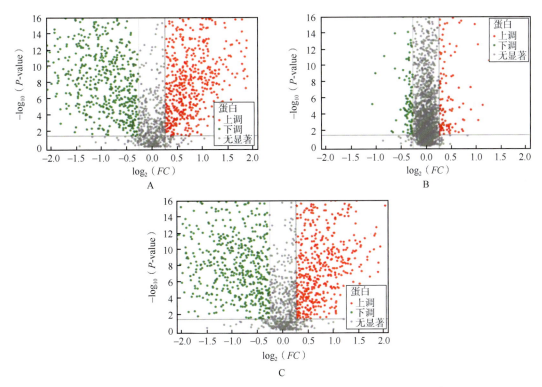

图 3-3-6　火山图结果示意（A：M vs C；B：BQ vs M；C：BQ vs C）

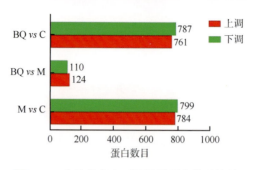

图**3-3-7** 各比较组上下调差异蛋白数目统计

（五）差异表达蛋白的聚类分析

聚类分析（cluster analysis）是一种普遍应用于信息索引、图像处理、数据发掘等方面有效数据分析工具。聚类分析也普遍存在于蛋白数据和基因数据的分析中，其中有：通过基因表达或蛋白质聚类分析寻找新的基因或新的蛋白质功能；通过两路聚类分析方法找出在特定条件下发挥作用的基因或蛋白簇等。本实验用Euclidean距离和系统聚类方法（hierarchical cluster）来对差异蛋白进行聚类分析，结果如图3-3-8所示。

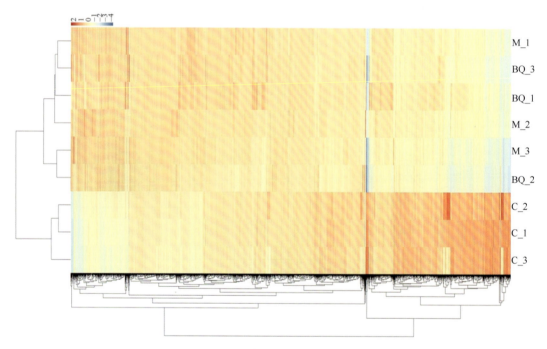

图**3-3-8** 聚类分析热图

（六）模型组与空白对照组差异蛋白分析结果

在C组和M组的大鼠软骨组织提取物中，利用TMT技术共筛选出2081种蛋白。按照表达差异倍数≥1.2或≤0.83且P-value＜0.05的标准筛选出1583种显著差异表达蛋白。与C组相比，784种差异蛋白表达上调，799种表达下调。这些蛋白在大鼠类风湿关节炎后发生了显著的差异表达，因此认为它们和类风湿关节炎的发生发展有着密切的关系，有可能成为治疗类风湿关节炎的潜在靶标蛋白。为了进一步了解这些蛋白的功能及相互作用，对其进行生物信息学分析。

1. 差异表达蛋白的GO分析

对实验中筛选到的差异蛋白进行GO分析得到每个蛋白的功能注释信息，选取P值最小的前20个进行了作图呈现（图3-3-9）。结果显示，这些蛋白在参与形成细胞组分方面主要涉及中间丝、角蛋白丝、细胞内非膜结合细胞器、无膜结合细胞器、中间丝细胞骨架、核糖体亚基、染色质、蛋白质-DNA复合物等；在生物学过程方面主要参与DNA结合转录因子活性的调节、去磷酸化的调节、参与免疫反应的细胞活化、含有细胞蛋白质的复合体组装、对抗肿瘤剂的反应、T细胞分化、基于肌动蛋白丝的过程、细胞酰胺代谢过程、蛋白丝氨酸/苏氨酸激酶活性的正调节、DNA结合转录因子活性的正调控、翻译的负调控等；在分子功能方面主要调节钙依赖性蛋白结合、离子跨膜转运蛋白活性、蛋白域特异性结合、钙依赖性磷脂结合、转移酶活性、丝氨酸型内肽酶抑制剂活性、磷蛋白结合连接酶活性、内肽酶调节活性、核糖体的结构成分、核激素受体结合、水解酶活性，转移酶活性、转移己糖基团tRNA结合等。

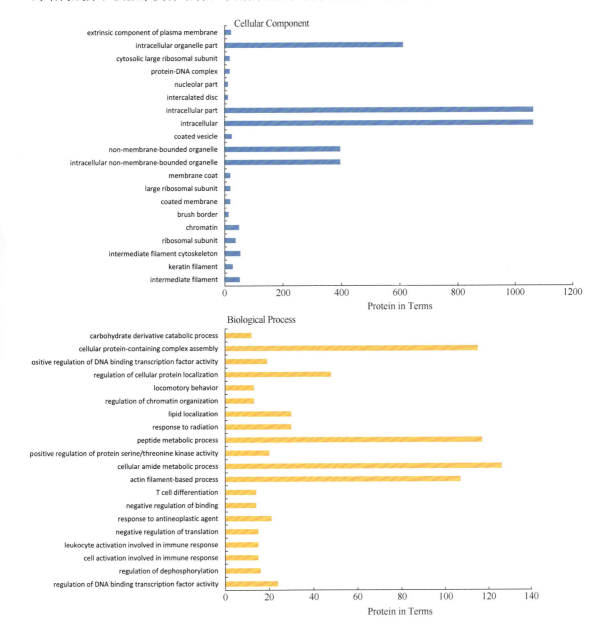

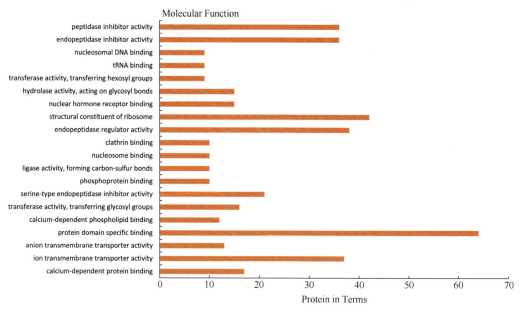

图3-3-9   M *vs* C差异表达蛋白的GO分析

2. 差异表达蛋白的信号通路分析

使用KEGG数据库，对鉴定到的差异表达蛋白在信号通路（pathway）层面的信息进行注释。上述342个蛋白主要参与的信号通路见KEGG信号通路富集分析结果（图3-3-10、表3-3-6）。由结果可以看出这些差异表达蛋白主要富集在以下通路：细胞衰老（Cellular senescence）、胰高血糖素信号通路（Glucagon signaling pathway）、FoxO信号通路（FoxO signaling pathway）、泛素介导的蛋白水解（Ubiquitin mediated proteolysis）、趋化因子信号通路（Chemokine signaling pathway）、P3K-Akt信号通路（PI3K-Akt signaling pathway）、Ras信号通路（Ras signaling pathway）、细胞凋亡（Apoptosis）、细胞周期（Cell cycle）等。

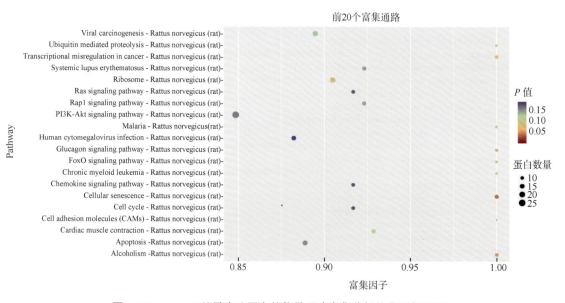

图3-3-10   M *vs* C差异表达蛋白的信号通路富集分析柱状图气泡图

表3-3-6　差异蛋白KEGG信号通路富集结果

通路名称	P值	差异蛋白个数	差异蛋白列表
Cellular senescence-Rattus norvegicus（rat）	0.0372	12	Q6DGG0，Q09073，P21708，Q925D6，Q05962，Q07009，P17246，P0DP30，D4A0I8，Q9Z2L0，P62142，P81155
Alcoholism-Rattus norvegicus（rat）	0.0489	11	P21708，Q00715，Q4QQW4，P54311，P0DP30，A9UMV8，P62142，D3ZXP3，P04897，P62804，O54698
Transcriptional misregulation in cancer-Rattus norvegicus（rat）	0.0644	10	Q5RK13，Q5PQK2，Q01714，Q4QQW4，Q6P0K8，A0A0G2K2B4，D3ZSS1，Q63046，Q4V8Q2，D3ZBP2
Glucagon signaling pathway-Rattus norvegicus（rat）	0.0848	9	P09811，P49432，P53534，P0DP30，P16290，P11980，P42123，P25113，P04642
Ribosome-Rattus norvegicus（rat）	0.0898	19	P09895，P13471，P62909，P47198，P50878，P62250，P38983，G3V6I9，P19945，P84100，P62982，P62832，P17074，P62083，P23358，P21531，P63326，Q4V8I6，P62859
Ubiquitin mediated proteolysis-Rattus norvegicus（rat）	0.1116	8	Q99MI7，D4A8H3，Q9EQX9，Q5U300，Q6AXQ0，D3ZNQ6，Q6PEC4，B2RZA9
FoxO signaling pathway-Rattus norvegicus（rat）	0.1116	8	P21708，Q5RK13，D4ADE5，P17246，P04762，P52631，P07895，D4A648
Chronic myeloid leukemia-Rattus norvegicus（rat）	0.1116	8	P21708，Q4QQW4，Q5U2U2，P17246，Q6TMG5，Q63046，O35147，Q63768
Malaria-Rattus norvegicus（rat）	0.1116	8	B2RYB8，P17246，Q63910，G3V928，A0A0G2JSV6，D4A2G6，Q00238，P11517
Cardiac muscle contraction-Rattus norvegicus（rat）	0.1166	13	A0A0G2JX64，P06685，P12075，P58775，M0R4E1，P10888，Q68FY0，P11951，P35171，D3ZFQ8，P20788，P06686，P68035
Viral carcinogenesis-Rattus norvegicus（rat）	0.1311	17	P21708，P63102，P62260，Q00715，Q4QQW4，Q8CFN2，P68511，D4A2G9，M0RBF1，Q6TMG5，P68255，P61983，P61980，P62804，P52631，O35147，P11980
Systemic lupus erythematosus-Rattus norvegicus（rat）	0.1445	12	M0R9B5，Q00715，P31720，D3ZPI8，M0RBF1，A9UMV8，Q6MG73，M0R907，Q62930，D3ZXP3，P55314，P62804
Rap1 signaling pathway-Rattus norvegicus（rat）	0.1445	12	P21708，Q925D6，B2RYB8，Q5RK13，P62963，Q5U2U2，Q8CFN2，P60711，P0DP30，P04897，A0A0G2JSK5，Q63768
Cell adhesion molecules（CAMs）-Rattus norvegicus（rat）	0.1469	7	B2RYB8，Q6AXM6，Q924W2，P06907，A0A0G2JSK5，Q00238，B4F7A5
Apoptosis-Rattus norvegicus（rat）	0.1574	16	G3V8L3，Q5U2U3，P21708，D3ZLC1，Q07009，Q5XIF6，P60711，Q499S6，Q6TMG5，P68101，Q6XDA1，P07154，O35186，P27008，O35147，Q9R1T3

续表

通路名称	P值	差异蛋白个数	差异蛋白列表
PI3K-Akt signaling pathway-Rattus norvegicus（rat）	0.1621	28	P21708, P82995, P63102, Q5RK13, P62260, Q5RKG9, F1MAA7, A0A0G2K470, F1MAN8, P34058, P54311, P68511, F1LPI5, A0A0G2KAN1, F1LNH3, Q6TMG5, P68255, P63074, P61983, Q924W2, B2LYI9, D4A2G6, Q3KR94, O70210, F1LRH4, D3ZK14, A0A0G2JSK5, O35147
Cell cycle-Rattus norvegicus（rat）	0.1785	11	P63102, P62260, Q4QQW4, P17246, P04961, P68511, P68255, P61983, G3V9A3, Q6PEC4, Q4FZS2
Ras signaling pathway-Rattus norvegicus（rat）	0.1785	11	P21708, Q5RK13, P35465, Q8CFN2, P54311, Q6TMG5, P0DP30, A1L1J8, P62332, O35147, D4A648
Chemokine signaling pathway-Rattus norvegicus（rat）	0.1785	11	P21708, F1LSG0, P35465, Q5U2U2, Q8CFN2, P54311, Q6TMG5, P06765, P04897, P52631, Q63768
Human cytomegalovirus infection-Rattus norvegicus（rat）	0.1883	15	P21708, Q925D6, P18418, Q01714, Q5U2U2, P54311, Q6TMG5, P0DP30, D4A0I8, P04897, P07151, P52631, P11598, Q6Q7Y5, Q63768

（七）痹祺胶囊给药组与模型组差异蛋白分析结果

在BQ组和M组的大鼠膝关节组织提取物中，利用TMT技术共筛选出1715种蛋白。按照表达差异倍数≥1.2或≤0.83且P-value＜0.05标准筛选出234种显著差异表达蛋白。与M组相比，124种差异蛋白表达上调，110种表达下调。这些蛋白在类风湿关节炎大鼠接受痹祺胶囊干预后发生了显著的差异表达，因此认为它们和痹祺胶囊治疗类风湿关节炎有着密切的关系，有可能是其发挥治疗作用的潜在靶标蛋白。为进一步了解这些差异蛋白的功能及相互作用，对其进行生物信息学分析。

1. 差异表达蛋白的GO分析

对本实验中筛选到的差异蛋白进行GO分析得到每个蛋白的功能注释信息，选取P值最小的前20个进行了作图呈现（图3-3-11）。结果显示，这些蛋白在细胞组分方面主要参与形成核糖体及核糖体亚基、胞质核糖体及亚基、线粒体膜部分、核糖核蛋白复合物、胞质部分、膜蛋白复合物、受体复合物、线粒体呼吸链复合体I、MHC-蛋白质复合物、NADH脱氢酶复合体、质膜蛋白复合物、线粒体蛋白复合物等；在生物学过程方面主要包括一氧化氮合酶活性的调节、肽生物合成及代谢过程、酰胺及有机氮化合物生物合成过程、单加氧酶活性的调节、肌肉结构发育、DNA损伤反应、p53类介质的信号转导导致p21类介质的转录、胰岛素样生长因子受体信号通路的调控、DNA损伤反应、信号转导导致转录、胰岛素样生长因子受体信号通路、Ras蛋白信号转导的负调控、钙释放通道活性的正调控、一氧化氮合酶活性的正调控、参与神经元投射引导的信号素-丛素信号通路等；在分子功能方面主要包括核糖体的结构成分及分子活性、肽结合、核小体形成及结合、DNA结合、IMP脱氢酶活性、信号素受体活性、酰胺结合、分子载体活性、血红素结合NADH脱氢酶（泛醌）活性、NADH脱氢酶（醌）活性、氧化还原酶活性、NAD（P）H信号受体活性分子转导活性、一价无机阳离子跨膜转运蛋白活性、跨膜信号受体活性、羧酸酯水解酶活性等。

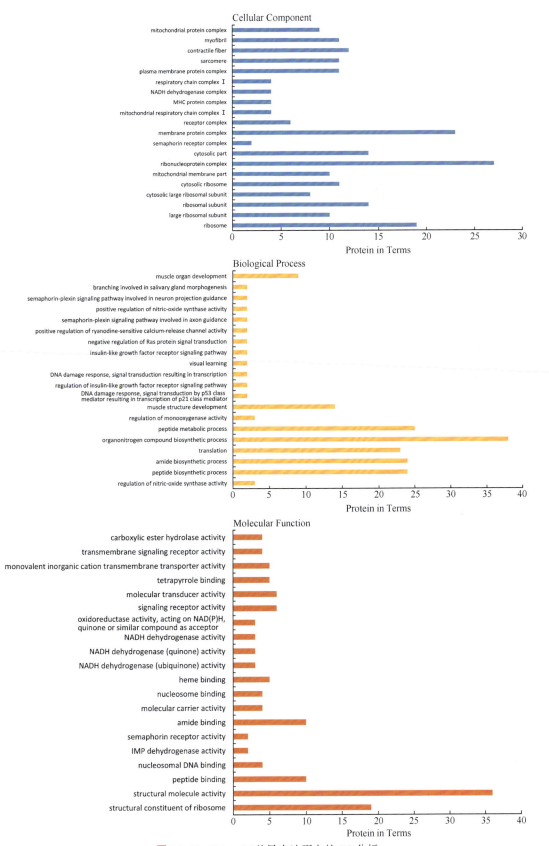

图3-3-11　BQ *vs* M差异表达蛋白的GO分析

2. 差异表达蛋白的pathway分析

使用KEGG数据库，对鉴定到的差异蛋白在pathway层面的信息进行注释。上述595个蛋白主要参与的前20个信号通路见KEGG信号通路富集分析结果（图3-3-12、表3-3-7）。由结果可以看出这些差异表达蛋白主要富集在以下通路：核糖体（Ribosome）、氧化磷酸化（Oxidative phosphorylation）、醛固酮合成与分泌（Aldosterone synthesis and secretion）、产热（Thermogenesis）、RNA转运（RNA transport）、细胞凋亡（Apoptosis）、GnRH信号通路（GnRH signaling pathway）、心肌细胞中的肾上腺素能信号（Adrenergic signaling in cardiomyocytes）、逆行内源性大麻素信号（Retrograde endocannabinoid signaling）等。

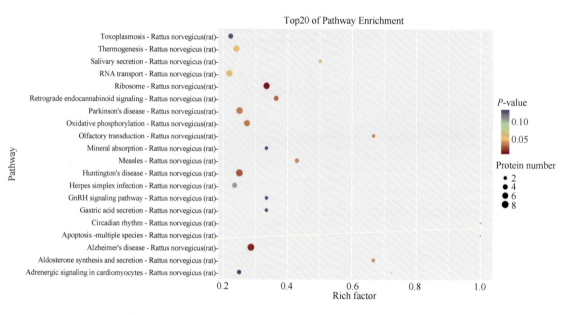

图3-3-12   BQ *vs* M差异表达蛋白的信号通路富集分析气泡图

表3-3-7   差异蛋白KEGG信号通路富集结果

通路名称	P值	差异蛋白个数	差异蛋白列表
Ribosome-Rattus norvegicus（rat）	0.006038516	7	P63326, P62250, P50878, G3V6I9, P84100, P09895, P19944
Alzheimer′s disease-Rattus norvegicus（rat）	0.009496547	8	D3ZCZ9, P21571, B0BNE6, P19511, D3ZG43, P02650, P0DP30, A9UMV9
Huntington′s disease-Rattus norvegicus（rat）	0.02161711	8	D3ZCZ9, P21571, B0BNE6, Q05962, P19511, Q80ZG6, D3ZG43, A9UMV9
Retrograde endocannabinoid signaling-Rattus norvegicus（rat）	0.02714709	4	D3ZCZ9, B0BNE6, D3ZG43, A9UMV9
Oxidative phosphorylation-Rattus norvegicus（rat）	0.02998516	6	D3ZCZ9, P21571, B0BNE6, P19511, D3ZG43, A9UMV9

续表

通路名称	P值	差异蛋白个数	差异蛋白列表
Parkinson's disease-Rattus norvegicus（rat）	0.03099451	7	D3ZCZ9, P21571, B0BNE6, Q05962, P19511, D3ZG43, A9UMV9
Measles-Rattus norvegicus（rat）	0.0348398	3	P55063, Q80ZG6, Q6P6Q7
Olfactory transduction-Rattus norvegicus（rat）	0.03497707	2	D4A2W3, P0DP30
Aldosterone synthesis and secretion-Rattus norvegicus（rat）	0.03497707	2	P06686, P0DP30
Thermogenesis-Rattus norvegicus（rat）	0.05350328	6	D3ZCZ9, P21571, B0BNE6, P19511, D3ZG43, A9UMV9
RNA transport-Rattus norvegicus（rat）	0.05984812	7	Q5XIF4, Q3MHS8, D4A7R3, D3ZAY8, Q1JU68, Q4G061, D3ZXH7
Salivary secretion-Rattus norvegicus（rat）	0.0648004	2	P06686, P0DP30
Apoptosis-multiple species-Rattus norvegicus（rat）	0.1124459	1	Q80ZG6
Circadian rhythm-Rattus norvegicus（rat）	0.1124459	1	Q6PEC4
Herpes simplex infection-Rattus norvegicus（rat）	0.114771	4	D3ZXH7, Q6P6Q7, Q5U1W8, Q6PEC4
Toxoplasmosis-Rattus norvegicus（rat）	0.1352067	4	P55063, F1MAN8, A0A0G2JSK5, Q6P6Q7
GnRH signaling pathway-Rattus norvegicus（rat）	0.1393423	2	Q10739, P0DP30
Mineral absorption-Rattus norvegicus（rat）	0.1393423	2	P06686, Q9WUC4
Gastric acid secretion-Rattus norvegicus（rat）	0.1393423	2	P06686, P0DP30
Adrenergic signaling in cardiomyocytes-Rattus norvegicus（rat）	0.1440543	3	P06686, P0DP30, P16409

（八）经痹祺胶囊治疗有回归趋势的差异蛋白

为了系统研究痹祺胶囊发挥治疗类风湿关节炎的作用机制，将上述M组与C组之间的差异表达蛋白和BQ组与M组之间的差异表达蛋白进行比对筛选，共发现121个差异蛋白存在回归趋势，热图分析见图3-3-13。其中52个蛋白在模型组表达量下调，痹祺胶囊干预后其表达量发生了显著的上调；69个蛋白在造模后表达量均发生了上调，痹祺胶囊干预后其表达量明显下调。为进一步聚焦痹祺胶囊对RA作用的核心靶点，通过GeneCards、OMIM数据库检索RA疾病靶点，共得到5082个疾病靶点，通过与121个回调蛋白进行交集分析，最终得到38个与RA疾病相关的回调蛋白，相关信息如表3-3-8所示，初步认为38个蛋白为痹祺胶囊干预的核心靶点。

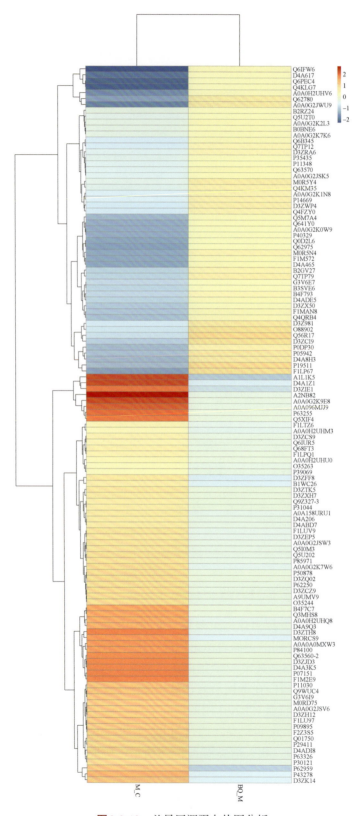

图3-3-13　差异回调蛋白热图分析

表3-3-8　治疗后有回归趋势的差异蛋白

基因简称	名称	比值（M vs C）	比值（BQ vs M）
PPP3R1	Calcineurin subunit B type 1	1.24	0.31
CALM2	Calmodulin-2	1.44	0.44
RPS8	40S ribosomal protein S8	3.73	0.56
ITGB2	Integrin beta	1.26	0.69
HP	Haptoglobin	1.24	0.71
RPL23	Similar to 60S ribosomal protein L23a	3.63	0.71
NCAM1	Neural cell adhesion molecule 1	1.76	0.74
MIF	Macrophage migration inhibitory factor	1.28	0.74
RPL13	60S ribosomal protein L13	3.62	0.76
TIMP2	Metalloproteinase inhibitor 2	2.01	0.77
CFHR1	Complement component factor h-like 1	1.76	0.78
B2M	Beta-2-microglobulin	3.66	0.80
RPS6	40S ribosomal protein S6	2.28	0.80
RPS16	40S ribosomal protein S16	1.89	0.81
RPL4	60S ribosomal protein L4	1.97	0.81
ALYREF	Aly/REF export factor	1.60	0.82
PEBP1	Phosphatidylethanolamine-binding protein 1	1.48	0.82
RPS25	40S ribosomal protein S25	1.29	0.83
PSMA7	Proteasome subunit alpha type	0.40	1.21
SUCLG2	Succinate-CoA ligase subunit beta	0.81	1.21
SKP1	S-phase kinase-associated protein 1	0.24	1.21
SHMT1	Shmt1 protein	0.24	1.22
DAP	Death associated protein 3	0.74	1.22
RARS1	Arginine--tRNA ligase，cytoplasmic	0.40	1.22
FMOD	Fibromodulin	0.54	1.23
ENTPD1	Ectonucleoside triphosphate diphosphohydrolase 1	0.27	1.23
DDOST	Dolichyl-diphosphooligosaccharide-protein glycosyltransferase 48kDa subunit	0.41	1.24
QDPR	Dihydropteridine reductase	0.70	1.25
ATP5F1C	ATP synthase subunit gamma，mitochondrial	0.72	1.27
S100A11	Protein S100-A11	0.63	1.28
SETD7	Histone-lysine N-methyltransferase SETD7	0.53	1.28
LAMA5	Laminin subunit alpha 5	0.48	1.30
TNXB	Tnxb protein	0.55	1.33
PSMB10	Proteasome subunit beta type-10	0.72	1.45
ANXA3	Annexin A3	0.66	1.46
S100A4	Protein S100-A4	0.46	1.63
PTPN22	Tyrosine-protein phosphatase non-receptor type 22	0.61	1.86
PTGIS	Prostacyclin synthase	0.36	1.97

1. 回调蛋白的GO分析

GO分析结果见图3-3-14（以P值最小的前20个条目进行作图分析）。分析结果发现，38个核心回调蛋白在细胞组分方面主要参与细胞外囊泡、外泌体、基质、细胞外空间成分的构成，也涉及多种细胞器、细胞质、核糖体亚基以及细胞膜结构的组成。在生物过程方面主要涉及对代谢过程、分子功能、多种生物过程的调控，调节有机物间的相互作用及反应等生物过程。在分子功能方面主要参与多种蛋白质、蛋白酶、整合素、细胞黏附分子、RNA结合等生物成分的结合过程，调节生物结构成分、多种蛋白酶及细胞外基质结构成分的活性。由此可推断痹祺胶囊可能通过干预上述生物过程及功能，多方面调节机体机能，进而发挥对RA的治疗作用。

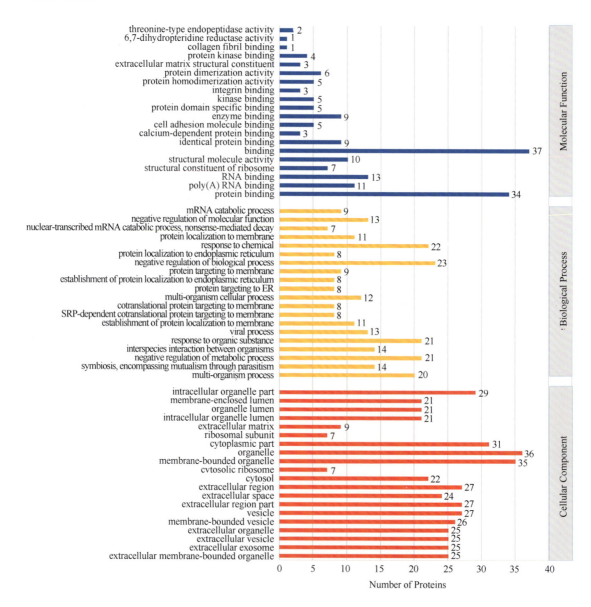

图3-3-14　RA相关的回调表达蛋白GO分析

2. 回调蛋白的pathway分析

通路富集分析（表3-3-9，图3-3-15）发现：38个核心回调蛋白参与了RA信号通路（Rheumatoid arthritis），以及与免疫和炎症相关的通路，如T、B细胞受体信号通路（T、B cell receptor signaling pathway）、Th1和Th2细胞分化信号通路（Th1 and Th2 cell differentiation）、Th17细胞分化信号通路（Th17 cell differentiation）、白细胞跨内皮迁移（Leukocyte transendothelial migration）等；与骨破坏相关的通路：破骨细胞分化（Osteoclast differentiation）信号通路；与血管翳生成相关通路：VEGF信号通路（VEGF signaling pathway）；与活血相关信号通路：血管平滑肌收缩（Vascular smooth muscle contraction）、花生四烯酸代谢（Arachidonic acid metabolism）等。结果表明，痹祺胶囊可能通过干预ITGB2、PPP3R1、CALM2、PTGIS及FMOD核心蛋白的表达，调节与免疫、炎症、破骨细胞分化、血管平滑肌及血管翳生成等相关信号通路，进而发挥免疫抑制、抗炎、活血、抑制破骨细胞分化及血管翳生成等作用，从而达到对RA的治疗效果。

表3-3-9　与RA相关信号通路信息表

通路名称	通路ID号	基因
Antigen processing and presentation	hsa04612	B2M
Arachidonic acid metabolism	hsa00590	PTGIS
B cell receptor signaling pathway	hsa04662	PPP3R1
Calcium signaling pathway	hsa04020	CALM2；PPP3R1
cAMP signaling pathway	hsa04024	CALM2
Cell adhesion molecules	hsa04514	ITGB2；NCAM1
cGMP-PKG signaling pathway	hsa04022	CALM2；PPP3R1
Complement and coagulation cascades	hsa04610	ITGB2
Focal adhesion	hsa04510	LAMA5；TNXB
Inflammatory mediator regulation of TRP channels	hsa04750	CALM2
Leukocyte transendothelial migration	hsa04670	ITGB2
MAPK signaling pathway	hsa04010	PPP3R1
Natural killer cell mediated cytotoxicity	hsa04650	ITGB2；PPP3R1
Osteoclast differentiation	hsa04380	PPP3R1
Oxidative phosphorylation	hsa00190	ATP5F1C
PI3K-Akt signaling pathway	hsa04151	LAMA5；RPS6；TNXB
Rap1 signaling pathway	hsa04015	CALM2；ITGB2
Ras signaling pathway	hsa04014	CALM2
Rheumatoid arthritis	hsa05323	ITGB2
T cell receptor signaling pathway	hsa04660	PPP3R1
TGF-beta signaling pathway	hsa04350	FMOD；SKP1
Th1 and Th2 cell differentiation	hsa04658	PPP3R1
Th17 cell differentiation	hsa04659	PPP3R1
Vascular smooth muscle contraction	hsa04270	CALM2
VEGF signaling pathway	hsa04370	PPP3R1

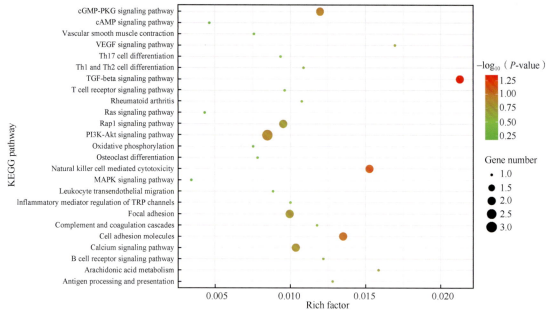

图3-3-15　RA信号通路富集分析气泡图

五、小结与讨论

RA是一种病因不明的进行性自身免疫性疾病，主要发病部位在于骨膜组织及其下的软骨，表现为滑膜炎、软骨损伤、多关节炎症及损伤等。中医学认为RA属于"痹证"范畴，与"风、寒、湿"外邪入侵机体有关，其侵入人体，进而闭阻经络，瘀血痰浊，致使气血不通，不通则痛，最终邪气停留于关节，日久而成痹，最终出现关节肿大变形、瘀血疼痛等症状[36, 37]。痹祺胶囊具有益气养血、祛风除湿、活血止痛的功效，对RA具有良好的疗效。本研究通过蛋白质组学实验发现，痹祺胶囊通过调节多个蛋白的表达，干预了RA信号通路、免疫及炎症信号传递、破骨细胞分化等过程，进而发挥免疫抑制、抗炎、软骨保护及活血等作用。

RA作为自身免疫系统性疾病，涉及多种免疫器官及免疫细胞、滑膜细胞及细胞因子表达等过程。现代药理学研究表明，痹祺胶囊可通过下调白细胞介素-6（interleukin-6，IL-6）、一氧化氮（nitric oxide，NO）、白细胞介素-18（interleukin-18，IL-18）和肿瘤坏死因子-α（tumor necrosis factor-α，TNF-α）等炎症因子表达，调节T细胞分化及Th1/Th2细胞因子的平衡，有效抑制关节炎症及滑膜增殖[38, 39]；T淋巴细胞的增殖及分化在RA的发病过程中具有重要作用。细胞间黏附分子-1（intercellular cell adhesion molecule-1，ICAM-1）是一类介导细胞间和细胞与基质间起黏附作用的糖蛋白，在RA滑膜炎症及免疫调节的形成过程中起重要作用[40]；ITGB2作为T细胞增殖及活化过程中的关键蛋白，通过与ICAM-1特异性结合，进而引起T细胞的黏附、迁移，同时刺激T细胞活化，活化的T细胞会促进多种细胞因子的释放，致使机体免疫系统紊乱，同时伴随炎症的发生[41]。此外，白细胞跨内皮迁移与自身免疫和炎症形成密切相关。在组织损伤或感染时，表达在白细胞上的ITGB2与血管内皮上的黏附分子ICAM-1、血管细胞黏附分子-1（vascular cell adhesion molecule-1，VCAM-1）相互结合，紧密黏附后穿越内皮细胞及基膜，跨内皮细胞迁移而离开血管，从而引发自身免疫反应及炎症[42, 43]。另外，蛋白酪氨酸磷酸酶（protein tyrosine phosphatase non-receptor type 22 gene，PTPN22）是参与T细胞信号调节的分子之一，其通过去磷酸化和失活T细胞受体相关的激酶及其底物来防止T细胞激活，可作为T细胞激活负调节因子[44, 45]。β2微球蛋白（Beta-2-microglobulin，B2M）通常与主要组织相容性复合体I（major histocompatibility complex I，MHC-I）负责多种免疫细胞的抗原呈递，参与T细胞的激活过程，可作为RA诊断的标志物及治疗的潜在靶点[46, 47]。本研究发现，与对照组比较，模型组ITGB2、B2M的表达显著升高，PTPN22表达显著降低，而经痹祺胶囊干预后均可显著回调，由此可见痹祺胶囊可通过抑制ITGB2、B2M表达，增加PTPN22表达，从而抑制T淋巴细胞活化及抗原呈递，影响其功能的发挥，进而降低IL-6、白细胞介素-17（interleukin-17，IL-17）、TNF-α、γ-干扰素（interferon γ，IFN-γ）等下游细胞因子表达；同时也可有效阻止白细胞跨内皮细胞迁移过程，抑制白细胞募集，共同发挥免疫抑制及抗炎作用。

　　Ca^{2+}作为第二信使，参与调节机体多种生物过程及功能，包括细胞存活、增殖、凋亡及免疫应答，同时参与多种疾病过程，与RA发病密切相关[48]，王中华等[49]通过基于网络药理学与GEO芯片方法探究发现钙信号通路是痹祺胶囊治疗RA的关键通路，可通过调节基因功能发挥作用。T细胞、B细胞及其他免疫细胞表面上的抗体与携带抗原肽的抗原呈递细胞结合，通过激活与不同磷脂酶C亚型偶联的G蛋白偶联受体，刺激三磷酸肌醇（inositol trisphosphate，InsP3）的形成，InsP3扩散至细胞内通过与其受体结合后导致细胞内Ca^{2+}浓度迅速升高[50, 51]，Ca^{2+}与CALM2结合形成复合物，与PPP3R1结合后激活钙调神经磷酸酶，激活T细胞核因子（nuclear factor of activated T cells，NFAT）级联信号反应的正调控[51, 52]，最终调节Th1、Th2、Th17细胞分化并产生IFN-γ、IL-2、IL-12、IL-17等细胞因子，同时使得活化后的B细胞产生免疫球蛋白，进而在机体自身免疫反应及炎症反应中共同发挥调节作用[53-55]。另一方面，在破骨细胞分化过程中，骨髓基质细胞和成骨细胞分泌的抑制核因子-κB受体活化因子配体（receptor activator of nuclear factor-κB ligand，RANKL）与破骨细胞表面的核因子-κB受体活化因子（receptor activator of nuclear factor-κB，RANK）结合，经磷脂酶C（phospholipase C，PLC）激活3InsP3-Ca^{2+}信号通路，钙信号通过活化NFAT的转录，促进与破骨分化相关基因抗酒石酸酸性磷酸酶（tartrate resistant acid phosphatase，TRAP）、组织蛋白酶K（cathepsin K，CTSK）、降钙素受体（calcitonin receptor，CTR）、基质金属蛋白酶-1（matrix metallopeptidase-1，MMP-1）和MMP-3等表达，促使破骨细胞发生融合、细胞骨架重塑和发挥骨吸收功能[56, 57]，研究发现，痹祺胶囊能显著下调RANKL表达，上调骨保护素（osteoprotegerin，OPG）表达，从而抑制滑膜增生，减轻关节软骨及骨破坏[58, 59]。同时，Ca^{2+}也参与血管平滑肌收缩信号通路，PLC-β激活后，启动Ca^{2+}信号通路，肌球蛋白轻链激酶（myosin light chain kinase，MLCK）可由CALM2激活，进而对肌球蛋白轻链（myosin light chain，MLC）进行磷酸化，促使肌球蛋白与肌动蛋白结合形成肌动球蛋白复合物、显著增强肌球蛋白头部的三磷酸腺苷（adenosine triphosphate，ATP）酶活性，最终引起血管平滑肌的收缩[60]。本实验发现，RA模型组CALM2和PPP3R1的表达显著高于对照组，经痹祺胶囊干预后有显著回调趋势，由此推测，痹祺胶囊通过抑制CALM2和PPP3R1表达，进而阻碍钙信号转导，抑制NFAT的转录，有效抑制T细胞、B细胞中细胞因子的表达，抑制与破骨分化相关基因的表达及血管平滑肌收缩，从而发挥免疫抑制、抗炎、抑制骨吸收及活血等作用。

　　在花生四烯酸代谢中，PTGIS会促进其代谢产生前列环素（prostaglandin I2，PGI2），其具有强烈的舒张血管和抑制血小板聚集的作用[61]，同时也具有一定的抗炎及免疫调节作用[62, 63]。

实验发现，痹祺胶囊可使PTGIS表达升高，通过调节花生四烯酸代谢，抑制血小板聚集，发挥活血功效。

综上分析，痹祺胶囊通过影响ITGB2、CALM2、PPP3R1、PTPN22、B2M、PTGIS等关键蛋白的表达，抑制T淋巴细胞的活化、增殖及白细胞跨内皮细胞迁移，阻止Ca²⁺通路的信号转导，调控花生四烯酸代谢等生物过程，发挥免疫抑制、抗炎、抑制骨吸收及活血等药理作用（机制图见图3-3-16）。后续仍需针对这些关键靶点蛋白进行相关验证性实验研究，以进一步明确痹祺胶囊治疗RA的作用机制。

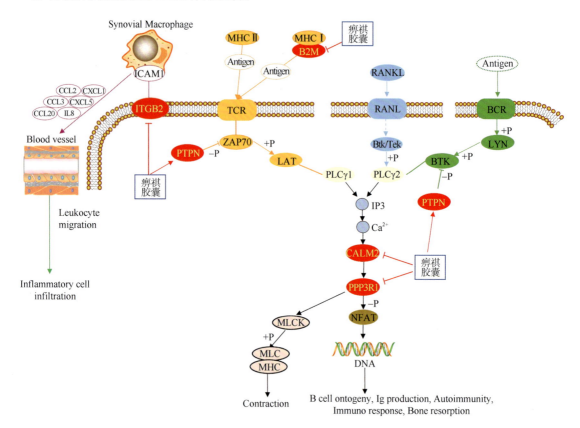

图3-3-16 痹祺胶囊干预机制预测图

第四节 痹祺胶囊治疗类风湿关节炎的代谢组学研究

代谢组学是系统生物学研究的关键技术和研究方法，在方法学上具有集动态、综合、分析于一体的特点，在中药现代化研究中具有广泛的应用。机体产生病变时，生物体受到环境、疾病、毒性等干扰刺激，内源性物质发生相应的代谢响应，这种代谢产物的变化表达成为疾病相关的代谢物组。通过一系列数据采集手段得到含有代谢产物信息的代谢指纹图谱，并利用多元数据分析的方法对信息进行挖掘提取，分析生物体受病理、生理学变化或基因变异等干扰刺激后，其体内内源性代谢产物随时间变化的全部代谢响应，提供药物作用机制与作用位点的相关信息，从而进一步探讨疾病的内在代谢循环途径和信号通路，为探讨疾病的发病过程和机制提供可能[64,65]。

本实验用代谢组学的研究方法，借助UPLC-Q/TOF-MS，建立类风湿关节炎大鼠血清代谢指纹图谱；并结合主成分分析进行模式识别，寻找与类风湿关节炎相关的潜在生物标志物，探讨类风湿关节炎相关的内在代谢循环途径和信号通路。通过比较不同分组（正常、模型、治疗）的潜在生物标志物的种类及含量变化，探究痹祺胶囊治疗类风湿关节炎的作用机制，为其临床应用提供实验依据。

一、仪器与材料

1. 供试材料

本实验所用样本为药效学实验项下的大鼠血清。分组为空白对照组（C）、模型组（M）、痹祺胶囊给药组（BQH），每组10个样本。

2. 主要试剂

质谱纯甲醇（A456-4）、乙腈（955-4）和超纯水（W6-4）购自美国Thermo Fisher公司，ACQUITY UPLC T3 column（100mm×2.1mm，1.8μm）色谱柱购自美国Waters公司。

3. 主要仪器设备

MD200-1A型氮吹仪（上海登晨生物医疗科技有限公司）；Thermo Mixer C型恒温混匀仪（Thermo公司）；TGL-18R型离心机（珠海黑马医学仪器有限公司）；Ultimate 3000型液相色谱仪（Thermo公司）；Q-Exactive型质谱仪（Thermo公司）。

二、实 验 方 法

样本制备及检测流程如图3-4-1所示。

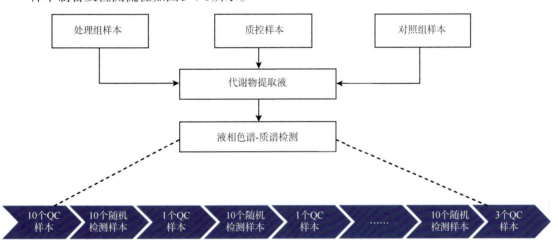

图3-4-1　样本制备及检测流程图

（一）样本制备

使用有机试剂沉淀蛋白法，对样本进行代谢物提取。将血清样本取出，4℃下解冻，分别取45μL血清于EP管，向每个样本中加入180μL乙腈，涡旋1min，以4℃、14 000r/min离心15min，每个样本取45μL混合作为QC，每个样本和QC取135μL于96孔板中，氮气吹干，加入70μL 50%乙腈复溶，4℃、14 000r/min离心15min，每个样本取65μL上清液进样。样本在进样的分析过程中，为监测LC-MS系统的稳定性，每进5针样品进1针QC样品。

（二）液质联用分析检测条件

1. 液相条件

Kinetex C_{18}，2.6μm，4.6mm×100mm（Phenomenex）色谱柱；柱温40℃；流动相为0.1%甲酸水溶液（A），0.1%甲酸乙腈溶液（B），梯度洗脱：1～12min，5%～60% B；12～13min，60%～100% B；13～16min，100% B；16～17min，100%～5% B；17～20min，5% B；流速0.3mL/min；进样体积3μL。

2. 质谱条件

Q Exactive MS型质谱仪，用HESI离子化方式，正、负离子模式扫描，鞘气体积流量35arb，辅助气体积流量10arb，喷雾电压3.5kV，毛细管温度为275℃，加热器温度350℃，S-lens RF Level 50%。轮廓谱分析采用全扫描模式，质量扫描范围为 m/z 80～900，分辨率70000FWHM，自动增益控制目标（AGC Target）$1×10^{6}$。结构鉴定采用全扫描/数据依赖二级扫描（Full scan/dd MS2）模式，分辨率17500FWHM，AGC Target $2×10^{5}$，离子隔离窗口（Isolation Window）2.0Da，归一化碎裂能量（Stepped NCE）50%，动态排除（Dynamic Exclusion）6s。

（三）数据处理

数据处理流程如图3-4-2所示。首先对质谱原始数据进行预处理，提取峰列表信息并进行数据矫正；而后，通过一系列的统计分析找到不同处理组之间差异表达的代谢物。最后对代谢物及差异表达的代谢物进行鉴定并分析其代谢通路。

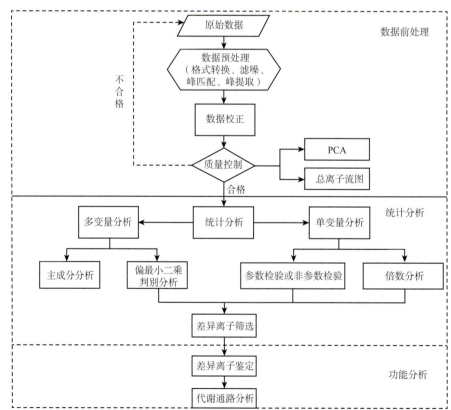

图3-4-2　数据处理流程图

1. 峰提取

峰提取使用软件为XCMS，其处理包括峰对齐、峰提取、归一化、去卷积等步骤。提取后的峰列表可用于后续定量（差异分析）及鉴定。本项目基于HMDB数据库进行加合离子的鉴定。峰提取和鉴定主要参数如表3-4-1。

表3-4-1　主要参数

检测模式	加和离子	峰对齐	峰提取参数	归一化	数据库	质量偏差
pos	$[M+H]^+$、$[M+NH_4]^+$、$[M+K]^+$、$[M+Na]^+$、$[M+H-H_2O]^+$	自动从候选样本（QC样本）中选择最合适的作为参照样本	Automatic_default	默认	HMDB	15ppm
neg	$[M-H]^-$、$[M+Cl]^-$	自动从候选样本（QC样本）中选择最合适的作为参照样本	Automatic_default	默认	HMDB	15ppm

2. QC-RLSC

基于QC样本信息对真实样本信号进行局部多项式回归拟合信号校正（quality control–based robust LOESS signal correction，QC-RLSC）是代谢组学数据分析中比较有效的数据校正方法。当样本数量低于30个时，不建议做此矫正。

3. 定量相关统计分析

代谢组学分析的主要目的是从检测到的大量代谢物中筛选出具有统计学和生物学意义的代谢物，并以此为基础阐明生物体的代谢过程和变化机制。由于代谢组学数据具有"高维、海量"等特点，因此需要用单维和多维的方法根据数据特性从不同角度进行分析。代谢组学数据统计分析涉及参数检验/非参数检验（P-value）、差异表达倍数分析（fold change）、偏最小二乘法判别分析（PLS-DA）（VIP值）、主成分分析等。

（1）单变量分析　代谢组学数据分析中常用Wilcoxon秩检验（或T检验、方差分析等）和变异倍数分析等单变量分析方法对数据所反映的数量变动进行分析。该项目是采用的T检验（P-value）和差异表达倍数分析（fold change）。最终结果以火山图（Volcano plot）形式呈现Fold change和P-value两个指标，通常以差异倍数大于等于1.2或小于等于0.8333，P-value值小于0.05作为绘制条件，本项目使用的是差异倍数大于等于2或小于等于0.5，P-value值小于0.01作为绘制条件。

（2）多变量分析　要从大量数据中发现代谢组学潜在标志物，除了单变量分析还需借助多变量统计分析方法，常用的多变量分析方法有主成分分析（PCA）和偏最小二乘法判别分析（PLS-DA）。PCA是一种降维方法，即把多个变量形成一组新的综合变量，再从中选取几个（通常是2～3个），使它们尽可能多地反映原有变量信息，从而达到降维目的的方法。PCA主要用于观察实验模型中的组间分离趋势，以及是否有异常点出现，同时从原始数据上反映组间和组内的变异度。

PLS-DA法，即对数据进行PLS转变，然后再做线性判别分析。PLS-DA是代谢组学广泛采用的多变量统计分析方法，其中PLS是一种线性回归方法，用来寻找矩阵X和反应矩阵Y（研究对象类别属性的分类变量）之间的关系。在PLS-DA模型中，用参数R2（R2Y）表示模型的解释率，Q2（Q2Y）表示模型的预测率。理论上R2、Q2值越接近1说明模型越好，通常Q2高于0.5，即表明此模型的预测效果较好。不同于主成分分析法，PLS-DA是一种有监督的判别分析统计方法，可以最大程度地反映分类组别之间的差异，该方法运用偏最小二乘回归建立代谢物表达量和样品类别之间的关系模型，来实现对样品类别的建模预测。同时通过计算变量投影重要度（variable important for the projection，VIP）来衡量各代谢物表达模式对各组样本分类判别的影响强度和解释能力，从而辅助代谢标志物的筛选（通常以VIP大于等于1.0作为筛选条件）。

4. 鉴定结果分析

对根据差异筛选条件：①VIP ≥ 1；②fold-change ≥ 2或者 ≤ 0.5；③P-value < 0.01筛选出的差异离子，进一步进行加和形式的筛选。使用含有有效加合形式的差异离子进行鉴定。

5. 代谢标志物鉴定及通路分析

代谢标志物定性分析根据同位素峰相对比值确定化合物元素组成，搜索HMDB、PubChem、ChemSpider、Lipid Maps、MassBank、KEGG等数据库对代谢物进行检索，根据二级质谱离子碎片、化学键断裂规律及相关文献查阅确定代谢标志物结构。

利用MetPA数据库联合多个高级的路径分析程序对鉴定得到的血液代谢标志物的相关代谢通路进行拓扑特征分析，将通路影响值（pathway impact）> 0.05的代谢通路作为潜在靶标代谢通路。

三、实 验 结 果

（一）实验质控结果

QC样本在样本检测前用于平衡"色谱-质谱"系统，在样本检测过程中用于评价质谱系统的稳定性。QC样本TIC重叠图如图3-4-3，该图以时间点为横坐标，以每个时间点质谱图中所有离子强度加和为纵坐标，连续采集信号得到的图谱。QC样本为同一个样本，其TIC的重叠情况可以用于初步判断仪器检测状态，重叠程度越高，说明仪器越稳定。通过两个模式下的TIC重叠情况可以判断，仪器信号采集较稳定，质控结果合格。

QC样本主成分分析结果见图3-4-4。质控样本QC可以相对聚集在一起，聚集越好，表明仪器检测状态越稳定，采集的数据质量越好。X轴表示第一个主成分，Y轴表示第二个主成分。括号里的数字表示该主成分能综合原始信息的比例。可以看出，经过主成分分析，QC样本在两个采集模式下都比较聚集，数据采集质量较好，质控结果合格。

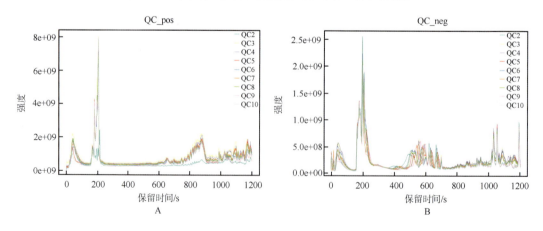

图3-4-3　QC样本TIC重叠图（A：pos模式；B：neg模式）

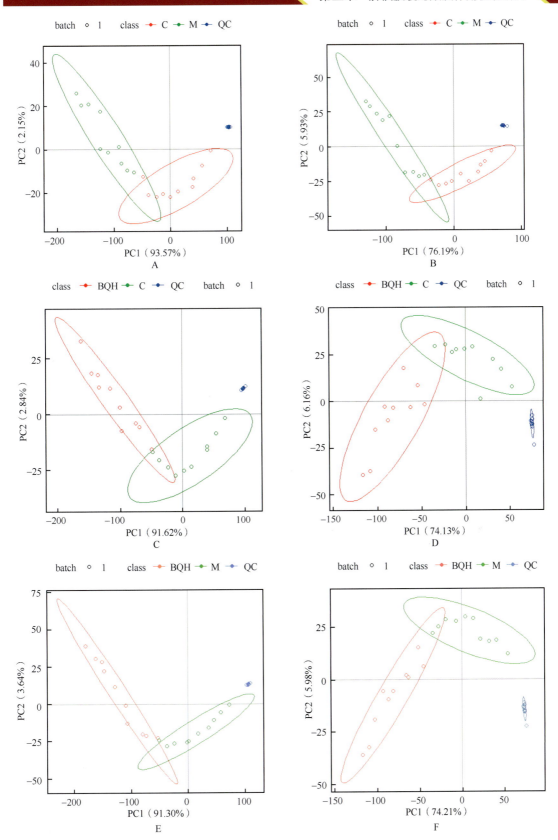

图3-4-4　QC样本主成分分析（A：M *vs* C pos模式；B：M *vs* C neg模式；C：BQH *vs* C pos模式；D：BQH *vs* C neg模式；E：BQH *vs* M pos模式；F：BQH *vs* M neg模式）

（二）血清代谢指纹图谱的建立

根据以上条件获得大鼠血清代谢指纹谱如图3-4-5所示。

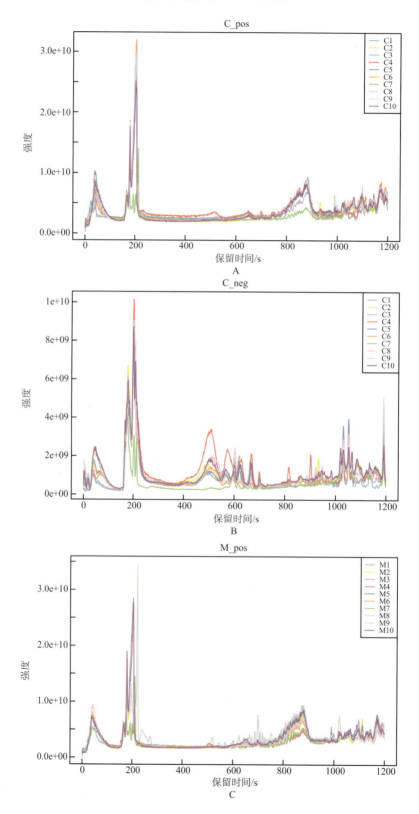

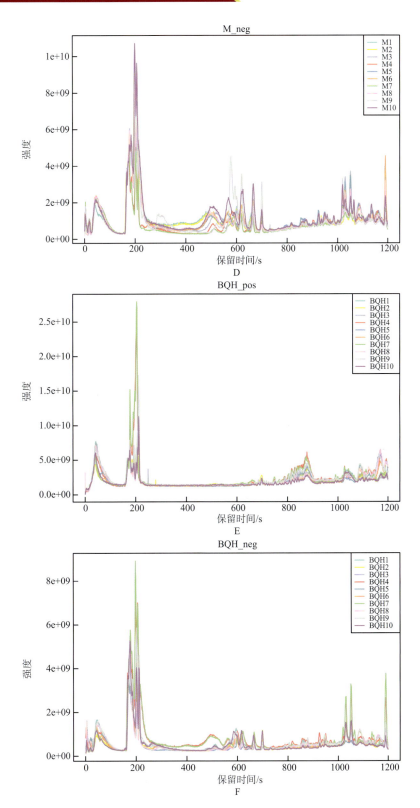

图3-4-5　大鼠血清代谢指纹图谱（A：C空白对照组pos模式；B：C空白对照组neg模式；C：M模型组pos模式；D：M模型组neg模式；E：BQH给药组pos模式；F：BQH给药组neg模式）

（三）生物标志物的鉴定

将模型组和空白组（M *vs* C）、痹祺胶囊给药组和模型组（BQH *vs* M）、痹祺胶囊给药组和空白组（BQH *vs* C）大鼠血清的质谱数据进行单变量、多变量（PCA和PLS-DA）分析，如图3-4-6～图3-4-9所示。图3-4-6中分别展示了pos/neg模式下的火山图，以$\log_2$（fold change，FC）为横坐标，*P*-value的负对数-lg*P*为纵坐标。FC≤0.5且*P*<0.01的点用绿色标识；FC≥2且*P*<0.01的点用红色标识，其余点为黑色，图中所示虚线为一般筛选标准线。图3-4-7中，分别展示了pos/neg模式下的PCA模型，其中横坐标代表第一主成分PC1，纵坐标代表第二主成分PC2，图中每个点代表一个样本，不同颜色代表不同组别，括号里的数字，表示该主成分能综合原始信息的比例。图3-4-8中，分别展示了pos/neg模式下的PLS-DA模型，横坐标代表第一主成分PC1，纵坐标代表第二主成分PC2，图中每个点代表一个样本，

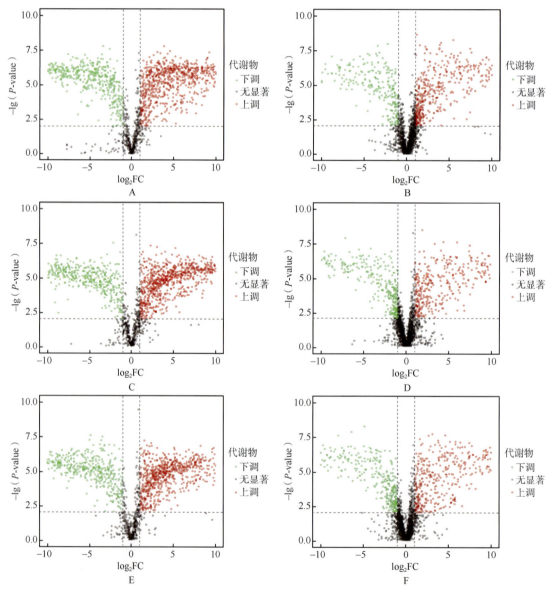

图3-4-6　火山图（A：M *vs* C pos模式；B：M *vs* C neg模式；C：BQH *vs* M pos模式；D：BQH *vs* M neg模式；E：BQH *vs* C pos模式；F：BQH *vs* C neg模式）

不同颜色符号的离散程度分别代表了两组样本在PC1和PC2轴上的分布趋势。图3-4-9分别展示了pos/neg模式下的S-plot结果。PLS-DA模型参数见表3-4-2。

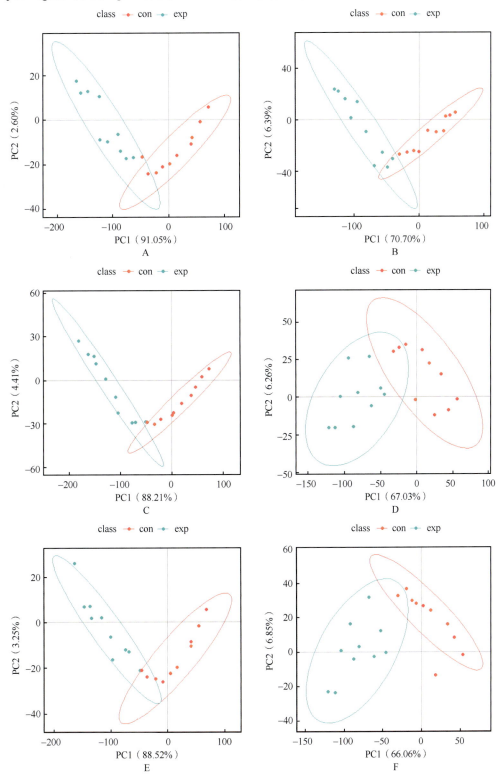

图3-4-7　PCA分析图（A：M *vs* C pos模式；B：M *vs* C neg模式；C：BQH *vs* M pos模式；D：BQH *vs* M neg模式；E：BQH *vs* C pos模式；F：BQH *vs* C neg模式）

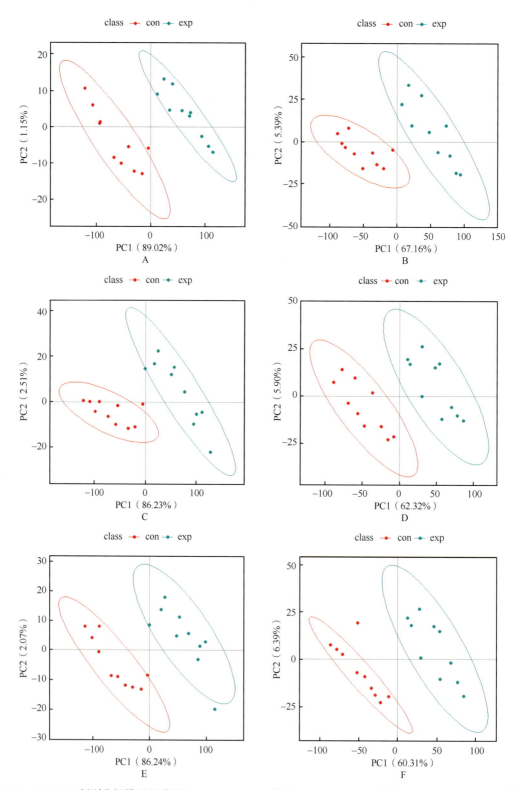

图3-4-8 PLS-DA判别分析模型得分图（A：M *vs* C pos模式；B：M *vs* C neg模式；C：BQH *vs* M pos模式；D：BQH *vs* M neg模式；E：BQH *vs* C pos模式；F：BQH *vs* C neg模式）

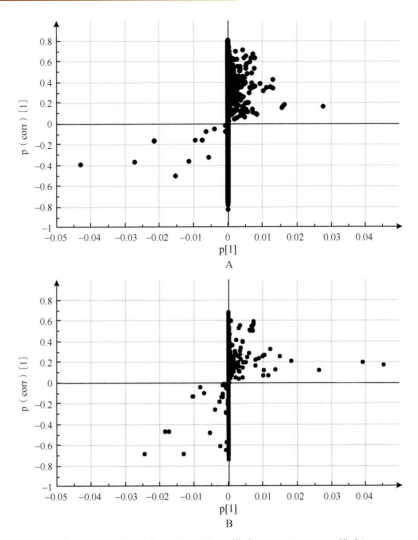

图3-4-9 S-plot图（A：M *vs* C pos模式；B：M *vs* C neg模式）

表3-4-2 PLS-DA模型参数

Group	Mode	R2	Q2	*P* value（R2）	*P* value（Q2）
BQH *vs* C	neg	0.9381	0.7769	0	0
BQH *vs* C	pos	0.9304	0.8069	0	0
BQH *vs* M	neg	0.9298	0.7848	0	0
BQH *vs* M	pos	0.9060	0.7929	0	0
M *vs* C	neg	0.9187	0.7570	0	0
M *vs* C	pos	0.9570	0.7895	0	0

　　分析结果表明空白组和模型组在得分图中能完全分开，说明两组大鼠血液代谢产物差异明显。图3-4-9中表示血液中各离子对分组的贡献，每个点代表一个离子，偏离中心（原点）越远的点表示其差异性越明显，即可能是不同组间的潜在生物标志物。选择VIP值＞1.0且

$P<0.01$，FC≤0.5或FC≥2的变量，通过HMDB结合二级碎片离子信息及相关文献，对潜在差异代谢标志物进行结构验证，最终表征了18个RA血液差异代谢标物，其中正离子模式下9个，负离子模式下9个，对其分析发现其中8个差异代谢物表现为不同程度的下调，10个表现为不同程度的上调，详细信息见表3-4-3。

（四）代谢通路分析

利用MetPA数据库联合多个高级的路径分析程序对表3-4-3中鉴定得到的18个血液差异代谢物的相关代谢通路进行拓扑特征分析，将通路影响值（pathway impact）>0.05的11条代谢通路作为潜在靶标代谢通路，包括：苯丙氨酸、酪氨酸和色氨酸的生物合成（phenylalanine，tyrosine and tryptophan biosynthesis，1）；苯丙氨酸代谢（phenylalanine metabolism，2）；醚脂代谢（ether lipid metabolism，3）；组氨酸代谢（histidine metabolism，4）；柠檬酸循环（TCA循环）（citrate cycle/TCA cycle，5）；精氨酸生物合成（arginine biosynthesis，6）；精氨酸和脯氨酸代谢（arginine and proline metabolism，7）；丙氨酸、天冬氨酸和谷氨酸代谢（alanine，aspartate and glutamate metabolism，8）；药物代谢-其他酶类（drug metabolism-other enzymes，9）；丙酮酸代谢（pyruvate metabolism，10）；嘌呤代谢（Purine metabolism，11）；见图3-4-10。

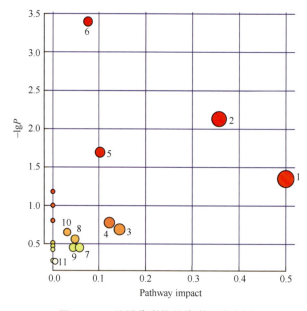

图3-4-10 差异代谢物的代谢通路分析

（五）痹祺胶囊对类风湿关节炎治疗作用的代谢组学分析

以代谢组学为分析手段，以大鼠血液中的所有小分子代谢产物为分析对象，从整体上考察痹祺胶囊干预RA的效果，更为直观地看出痹祺胶囊的治疗作用。对空白组、模型组和痹祺胶囊给药组的数据进行PLS-DA分析，结果如图3-4-11所示，痹祺胶囊组大鼠的整体状态明显远离模型组，向空白组靠拢，表明痹祺胶囊对RA大鼠的治疗作用明显。

痹祺胶囊对RA大鼠的治疗作用可以通过对已鉴定生物标志物的逆转来得到体现。对18

个生物标志物的血液相对含量研究发现（图3-4-12、图3-4-13），与模型组相比，痹祺胶囊治疗组对14个生物标志物产生了逆转作用，除对6-硫代鸟苷一磷酸、3-（3-羟基苯基）丙酸、三氯乙醇葡萄糖醛酸、吲哚乙酸这4个生物标志物的逆转作用没有统计学差异外，其余14个生物标志物可以被其完全逆转（FC≥2或FC≤0.5且P＜0.01），详见表3-4-3。

四、小结与讨论

本研究以RA模型大鼠为研究对象，探究痹祺胶囊治疗RA的作用机制。利用UPLC-Q/TOF-MS技术对大鼠血清进行代谢组学分析，筛选潜在生物标志物，并富集相关代谢通路，阐释痹祺胶囊作用机制。共筛选鉴定出18个差异代谢物与RA密切相关，且痹祺胶囊能显著回调这些潜在生物标志物，通过信号通路富集分析发现，痹祺胶囊主要通过调节花生四烯酸代谢、甘油磷脂代谢、氨基酸代谢、与能量代谢相关的三羧酸循环等代谢途径发挥治疗作用。

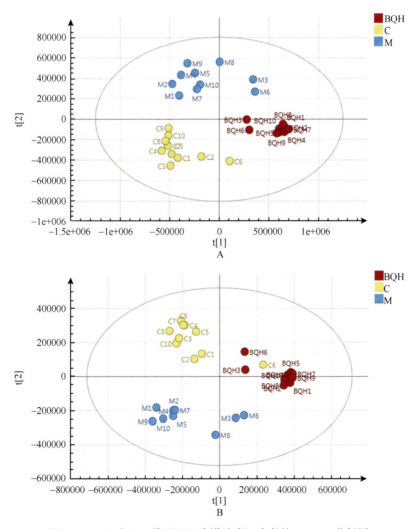

图3-4-11　空白组、模型组和痹祺胶囊组大鼠的PLS-DA分析图

（A：pos模式；B：neg模式）

表3-4-3　潜在生物标志物鉴定结果表

序号	保留时间/min	m/z	离子模式	误差/ppm	检测模式	分子式	差异代谢物名称	VIP值	P值	趋势 M vs C	趋势 BQH vs M	信号通路
1	5.50	176.0376	$[M-H]^-$	1.8	−	$C_6H_{11}NO_3S$	N-甲酰基-L-甲硫氨酸	3.86	1.1×10^{-6}	↓	↑	半胱氨酸和甲硫氨酸代谢
2	0.62	184.9855	$[M+K]^+$	1.7	+	$C_5H_6O_5$	酮戊二酸	2.69	8.4×10^{-7}	↓	↑	丙氨酸、天冬氨酸和谷氨酸代谢
3	2.75	175.1192	$[M+H]^+$	0.3	+	$C_6H_{14}N_4O_2$	L-精氨酸	2.48	1.3×10^{-6}	↓	↑	精氨酸和脯氨酸代谢
4	3.22	137.0343	$[M-H]^-$	2.6	−	$C_6H_6N_2O_2$	尿刊酸	2.13	6.5×10^{-7}	↓	↑	组氨酸代谢
5	3.13	133.0129	$[M-H]^-$	−1.9	−	$C_4H_6O_5$	苹果酸	1.97	1.3×10^{-6}	↓	↑	柠檬酸循环（TCA循环）、丙酮酸代谢
6	11.63	378.0255	$[M-H]^-$	0.3	−	$C_{10}H_{14}N_5O_7PS$	6-硫代鸟苷—磷酸	1.71	9.2×10^{-7}	↑	NS	药物代谢-其他酶类
7	3.19	175.1077	$[M+H]^+$	1.6	+	$C_7H_{14}N_2O_3$	N-乙酰基鸟氨酸	1.64	3.1×10^{-6}	↓	↑	精氨酸生物合成
8	11.32	165.0545	$[M-H]^-$	−0.1	−	$C_9H_{10}O_3$	3-(3-羟基苯基)丙酸	1.49	5.7×10^{-7}	↑	NS	苯丙氨酸代谢
9	10.85	252.1057	$[M+H]^+$	−0.5	+	$C_{10}H_{13}N_5O_3$	2'-脱氧腺苷	1.48	7.6×10^{-7}	↑	↓	嘌呤代谢
10	10.04	346.9463	$[M+Na]^+$	−3.9	+	$C_8H_{11}Cl_3O_7$	三氯乙醇葡萄糖醛酸	1.46	1.5×10^{-6}	↑	NS	细胞色素P450对外源物质的代谢
11	15.17	335.2216	$[M+H]^+$	0.9	+	$C_{20}H_{30}O_4$	12-酮-白三烯B_4	1.30	2.4×10^{-7}	↓	↓	花生四烯酸代谢
12	9.49	178.0500	$[M-H]^-$	0.2	−	$C_9H_9NO_3$	马尿酸	1.27	9.6×10^{-7}	↑	↓	苯丙氨酸代谢
13	15.63	353.2339	$[M-H]^-$	−1.0	−	$C_{20}H_{34}O_5$	前列腺素$F_{2\alpha}$	1.17	1.3×10^{-5}	↓	↓	花生四烯酸代谢
14	3.32	173.0070	$[M-H]^-$	−0.9	−	$C_6H_6O_6$	脱氢抗坏血酸	1.15	4.1×10^{-6}	↓	↓	谷胱甘肽代谢
15	10.15	176.0707	$[M+H]^+$	2.3	+	$C_{10}H_9NO_2$	吲哚乙酸	1.13	4.1×10^{-6}	↓	NS	色氨酸代谢
16	10.06	216.0632	$[M+Na]^+$	−5.6	+	$C_{10}H_{11}NO_3$	2-甲基马尿酸	1.09	4.8×10^{-7}	↑	↓	苯丙氨酸代谢
17	3.54	164.0707	$[M-H]^-$	1.8	−	$C_9H_{11}NO_2$	L-苯丙氨酸	1.05	2.6×10^{-6}	↓	↓	苯丙氨酸、酪氨酸和色氨酸生物合成
18	14.30	548.3375	$[M+K]^+$	−1.4	+	$C_{28}H_{56}NO_6P$	LysoPC(O-18:0/0:0)	1.03	3.4×10^{-7}	↑	↓	醚脂代谢

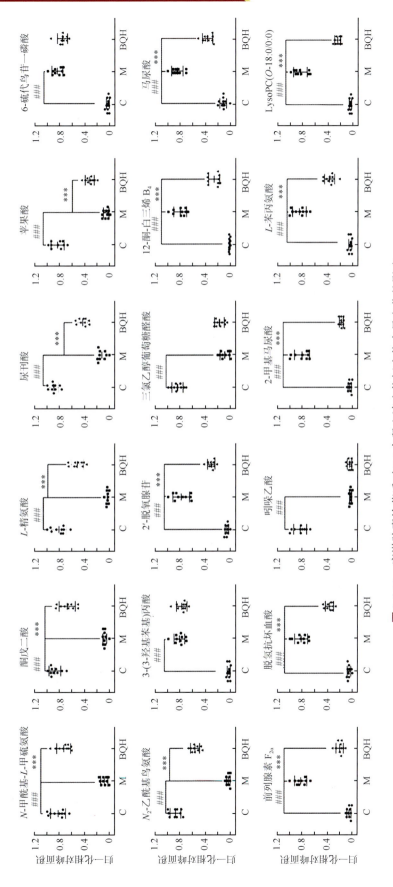

图3-4-12 痹祺胶囊给药后对RA大鼠血清生物标志物含量变化的影响

C：空白组；M：模型组；BQH：痹祺胶囊组。与空白组比较：###$P<0.001$；与模型组比较：***$P<0.001$

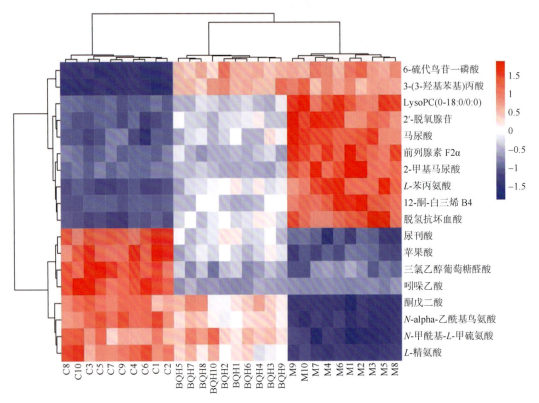

图3-4-13 潜在生物标志物热图分析

1. 花生四烯酸代谢

花生四烯酸是人体中一种重要的脂肪酸，可通过环氧化酶（cyclooxygenase，COX）和脂氧合酶（lipoxygenase，LOX）催化生成多种致炎因子，如前列腺素 E_2（prostaglandin E_2，PGE_2）、白三烯 B_4（leukotriene B_4，LTB_4）、血栓素（thromboxane，TXB）等，介导或调节 RA 的炎症反应，增加血管弹性，调节血细胞功能[66]。本研究发现，在 RA 大鼠血清中花生四烯酸代谢产生的前列腺素 $F_{2\alpha}$ 与 12-酮-白三烯 B_4 含量显著升高。研究表明前列腺素 $F2\alpha$ 可抑制血管平滑肌舒张，导致瘀血疼痛[67]；12-酮-白三烯 B_4 是白三烯家族中一个重要的炎症调节因子，LTB_4 可激活 T 淋巴细胞释放多种细胞因子产生炎症反应；同时通过抑制中性粒细胞凋亡，诱导其定向迁移、致关节疼痛和骨损伤、调控免疫细胞分化，致使 RA 患者出现关节炎症、肿痛、骨质破坏等症状[68, 69]。经痹祺胶囊给药干预后，前列腺素 $F_{2\alpha}$ 与 12-酮-白三烯 B_4 含量显著下降，表明痹祺胶囊可通过调节花生四烯酸代谢途径，降低炎症因子表达，发挥抗炎止痛、活血化瘀的作用。

2. 甘油磷脂代谢

溶血磷脂酰胆碱（lysophosphatidylcholine，LPC）是由甘油磷脂类化合物经磷酸酯酶 A2 水解得到的主要产物之一，在细胞增殖和炎症反应中均起重要作用。LPC 与 G 蛋白偶联受体结合可诱导 T 淋巴细胞和巨噬细胞的迁移，促进致炎细胞因子的产生，诱导氧化应激，促进细胞凋亡，从而聚集炎症[70]。研究表明，在 RA 的发病机制中，脂质介质起着至关重要的作用，LPC 主要参与调节免疫、诱导致炎因子的产生，促进炎症反应，其中 LysoPC（O-18：0/0：0）表现出一定的致炎作用[71, 72]。本研究发现，在 RA 大鼠血清中 LysoPC（O-18：0/0：0）含量显著升高，经痹祺胶囊干预后显著降低，可见痹祺胶囊可通过调控甘油磷脂代谢途径，抑制LPC的代谢生成，从而发挥抗炎作用。

3. 氨基酸代谢

氨基酸代谢途径紊乱与滑膜炎症反应密切相关。L-苯丙氨酸可以在苯丙氨酸羟化酶作用下生成酪氨酸；酪氨酸也是合成儿茶酚胺的前体，其可在酪氨酸羟化酶、巴胺羟化酶等多种酶的催化作用下生成儿茶酚胺[73, 74]。儿茶酚胺与免疫细胞表面受体结合，抑制细胞免疫和体液免疫，与β肾上腺素受体结合可发挥抗炎效应[75]。在RA中，淋巴细胞的内源性儿茶酚胺具有抑制Th17/Treg失衡、促进Th1细胞向Th2细胞分化，减轻关节炎症及骨损伤的作用[76, 77]。本研究发现在RA大鼠血清中L-苯丙氨酸含量显著增加，此外其下游代谢物马尿酸和二甲基马尿酸含量明显升高，由此可推测L-苯丙氨酸-酪氨酸-儿茶酚胺代谢途径可能受到阻碍。经痹祺胶囊干预后，L-苯丙氨酸、马尿酸和二甲基马尿酸含量显著回调，可能会使免疫系统发生调节改变。

研究表明，在RA的关节滑液中的谷氨酸浓度与关节肿胀程度、骨侵蚀及痛觉的敏感度密切相关，其能刺激滑膜成纤维细胞的增殖，破坏关节软骨，同时引起巨噬细胞释放多种细胞因子促进炎症反应[78, 79]。同时谷氨酸会参与脱氢抗坏血酸的转运，其在RA患者血清中浓度显著升高，可能反映了RA中维生素的抗氧化和清除自由基活性增加，与关节炎症程度有关[80, 81]。谷氨酸能被谷氨酰胺合成酶酰胺化为谷氨酰胺，或经脱氨基转化为α-酮戊二酸[82]。本研究发现，在RA大鼠血清中，α-酮戊二酸含量显著下降，痹祺胶囊干预后显著回调，表明痹祺胶囊通过调节谷氨酸代谢途径缓解炎症反应，从而抑制滑膜细胞增殖及软骨破坏。

研究发现RA患者的血清、软骨组织和滑膜细胞中诱导型一氧化氮合酶（inducible nitric oxide synthase，iNOS）和NO呈现高表达，精氨酸在体内代谢主要是在NOS的催化下代谢产生NO，可刺激T淋巴细胞的增生并释放细胞因子，促进炎症发展[83, 84]。本研究发现在RA大鼠血清中L-精氨酸含量显著下降，经痹祺胶囊给药后其含量显著回升，表明可通过调节精氨酸代谢途径抑制NO生成，发挥抗炎作用。

4. 三羧酸循环

三羧酸循环作为有氧代谢过程的中心代谢途径，是机体获得能量的主要方式，是糖类、脂类、氨基酸的代谢联系的枢纽和最终代谢通路。三羧酸循环过程中相关的中间代谢物与酶参与炎症及免疫调节，与多种人类疾病相关[85, 86]。研究发现RA患者体内三羧酸循环的中间产物α-酮戊二酸、苹果酸和柠檬酸会降低[87]。α-酮戊二酸能够增加M_2/M_1巨噬细胞极化的比例，发挥抗炎作用[88, 89]。α-酮戊二酸、苹果酸等含量降低，意味着RA患者的有氧代谢受阻，而糖降解途径增强，进一步促进滑膜细胞的快速增殖[90]。同时，三羧酸循环受阻后也会引发氧化应激，RA患者滑膜组织缺氧的状态会刺激自身免疫组织活化以及滑膜细胞的分化，同时引起炎症及氧化损伤[91]。本研究发现，模型组中α-酮戊二酸和苹果酸水平显著下降，说明RA模型中三羧酸循环途径受阻，经痹祺胶囊治疗后，α-酮戊二酸和苹果酸显著回调，表明其可通过干预三羧酸循环，调节糖类的有氧代谢途径，进而发挥抗炎、抑制滑膜增殖及氧化损伤作用，最终实现对RA的治疗作用。

5. 小结

痹祺胶囊调控RA的代谢网络见图3-4-14。结果表明，痹祺胶囊可通过调节花生四烯酸代谢、甘油磷脂代谢、氨基酸代谢（L-苯丙氨酸、谷氨酸、精氨酸）、三羧酸循环能量代谢等代谢途径，改善内源性代谢产物的水平，在机体供能、抗炎及免疫调节过程中发挥作用，从而达到对RA的治疗效果。本研究从代谢组学的角度筛选了痹祺胶囊治疗RA的潜在生物标志物，解析了其作用机制，为进一步机制研究奠定基础，同时也为痹祺胶囊的临床合理用药提供科学依据。

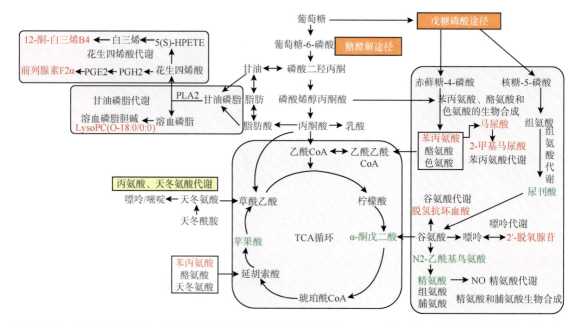

图3-4-14　痹祺胶囊调控RA的代谢网络（绿色代表生物标志物在M *vs* C中下调，给予痹祺胶囊后上升；红色代表生物标志物在M *vs* C中上调，给予痹祺胶囊后下降）

参 考 文 献

[1] 宋泽冲，照日格图. 中医药治疗类风湿关节炎研究进展[J]. 新疆中医药，2021，39（1）：113-116.

[2] Kumar L D，Karthik R，Gayathri N，et al. Advancement in contemporary diagnostic and therapeutic approaches for rheumatoid arthritis[J]. Biomedicine & Pharmacotherapy，2016，79：52-61.

[3] 张巍，林剑浩. 人工关节置换术治疗类风湿关节炎[J]. 协和医学杂志，2017，8（4）：221-228.

[4] Kocyigit A，Guler E M，Kaleli S. Anti-inflammatory and antioxidative properties of honey bee venom on Freund's Complete Adjuvant-induced arthritis model in rats[J]. Toxicon，2019，161：4-11.

[5] 孙建新，安娟，连军. 影响实验动物脏器重量及脏器系数因素分析[J]. 实验动物科学，2009，26（1）：49-51.

[6] 董延生，尹纪业，陈长，等. SD大鼠脏器重量及脏器系数正常参考值的确立与应用[J]. 军事医学，2012，36（5）：351-353.

[7] 刘颖，和生，魏颖，等. 蒙古口蘑子实体提取物对免疫抑制小鼠免疫功能的影响[J]. 食用菌学报，2020，27（4）：91-100.

[8] Wang Q，Zhou X，Zhao Y，et al. Polyphyllin I ameliorates collagen-induced arthritis by suppressing the inflammation response in macrophages through the NF-κB pathway[J]. Frontiers in Immunology，2018，9：2091.

[9] Chemin K，Gerstner C，Malmström V. Effector functions of CD4[+] T cells at the site of local autoimmune inflammation-lessons from rheumatoid arthritis[J]. Frontiers in Immunology，2019，10：353.

[10] Nakae S，Nambu A，Sudo K，et al. Suppression of immune induction of collagen-induced arthritis in IL-17-deficient mice[J]. Journal of Immunology，2003，171（11）：6173-6177.

[11] 张星艳，李虎玲，李新，等. 痹祺胶囊研究进展及其质量标志物的预测分析[J]. 中草药，2021，52（9）：2746-2757.

[12] 刘倩倩. 调节性T细胞通过产生IL-10抑制自身抗体分泌参与类风湿关节炎的发病[D]. 新乡: 新乡医学院, 2016.

[13] Chen J, Li J, Gao H, et al. Comprehensive evaluation of different T-helper cell subsets differentiation and function in rheumatoid arthritis[J]. J Biomed Biotechnol, 2012, 2012: 535361.

[14] Limón-Camacho L, Vargas-Rojas M I, Vázquez-Mellado J, et al. *In vivo* peripheral blood proinflammatory T cells in patients with ankylosing spondylitis[J]. J Rheumatol, 2012, 39(4): 830-835.

[15] Lin Y J, Anzaghe M, Schülke S. Update on the pathomechanism, diagnosis, and treatment options for rheumatoid arthritis[J]. Cells, 2020, 9(4): 880.

[16] 贾建云, 黄传兵, 杨秀丽, 等. 痹祺胶囊治疗类风湿关节炎、骨关节炎、强直性脊柱炎临床研究的Meta分析[J]. 中医药临床杂志, 2015, 27(8): 1153-1156.

[17] 高晶, 曾勇, 于飞, 等. 痹祺胶囊全方及拆方抗炎镇痛作用研究[J]. 中草药, 2009, 40(1): 93-96.

[18] Dong X, Zheng Z, Zhai Y, et al. ACPA mediates the interplay between innate and adaptive immunity in rheumatoid arthritis[J]. Autoimmun Rev, 2018, 17(9): 845-853.

[19] 刘素芳, 贾彬, 李俊芳. 来氟米特与痹祺胶囊联合治疗类风湿关节炎气虚血瘀型的疗效及抗炎、免疫功能调控作用探讨[J]. 标记免疫分析与临床, 2021, 28(8): 1327-1332.

[20] 周静, 张弦, 钱海兵. 类风湿关节炎发病机制的研究进展[J]. 贵阳中医学院学报, 2014, 36(5): 44-47.

[21] 刘维, 周艳丽, 张磊, 等. 痹祺胶囊抗炎镇痛作用的实验研究[J]. 中国中医药科技, 2006, 13(5): 315-316.

[22] 杨扬. 中医治疗风湿痹证的研究进展[J]. 中国医药指南, 2012, 10(18): 71-72.

[23] 张梦圆. 用活血化瘀类中药治疗中风的临床研究[J]. 当代医药论丛, 2020, 18(7): 186-187.

[24] Li Y C, Chou Y C, Chen H C, et al. Interleukin-6 and interleukin-17 are related to depression in patients with rheumatoid arthritis[J]. Int J Rheum Dis, 2019, 22(6): 980-985.

[25] 胡振勇, 成帅, 陈连锁, 等. 痹祺胶囊联合扳机点深压按摩治疗寒湿瘀阻证膝关节疼痛效果及作用机制研究[J]. 现代中西医结合杂志, 2022, 31(8): 1084-1087.

[26] 边新群. 治疗类风湿关节炎的中成药——痹祺胶囊[J]. 开卷有益: 求医问药, 2001, (12): 15.

[27] 痹祺胶囊处方专利获天津市专利金奖[J]. 开卷有益: 求医问药, 2016, (10): 5.

[28] 杨清锐, 李霞, 王东, 等. 痹祺胶囊在风湿等疾病治疗中的应用[J]. 世界临床药物, 2011, 32(8): 463-465.

[29] 吴启富, 接红宇, 丁朝霞, 等. 痹祺胶囊对类风湿关节炎患者血压及血液流变学影响的临床研究[J]. 中医药导报, 2011, 17(6): 15-17.

[30] 冯其帅, 王贵芳, 王强松, 等. 痹祺胶囊水提取物及其单体成分抗炎活性比较[J]. 中国实验方剂学杂志, 2016, 22(3): 89-93.

[31] 刘玉璇, 赵宇, 刘静, 等. 痹祺胶囊对慢性神经病理性疼痛模型大鼠的镇痛作用[J]. 中华中医药杂志, 2013, 28(6): 1737-1739.

[32] 邢国胜, 金鸿宾, 王志彬, 等. 痹祺胶囊对兔骨性关节炎关节软骨破坏的干预作用[J]. 中国中西医结合外科杂志, 2009, 15(5): 547-551.

[33] 师咏梅, 许放, 柳占彪. 痹胶囊对实验性骨关节炎大鼠MMP-3和TIMP-1的影响[J]. 天津中医药, 2011, 28(1): 64-66.

[34] Wang K, Zhang D, Liu Y, et al. Traditional Chinese medicine formula Bi-Qi capsule alleviates rheumatoid arthritis-induced inflammation, synovial hyperplasia, and cartilage destruction in rats[J]. Arthritis Res Ther, 2018, 20(1): 43.

[35] Monti C, Zilocchi M, Colugnat I, et al. Proteomics turns functional[J]. J Proteomics, 2019, 198: 36-44.

[36] 龚雪, 汪元. 类风湿关节炎中医病因病机研究进展[J]. 风湿病与关节炎, 2020, 9(6): 62-65.

[37] 成满福. 对网络数据库中类风湿关节炎中医病因病机理论的研究[D]. 长春: 长春中医药大学, 2016.

[38] 徐艳明. 痹祺胶囊对CIA大鼠IL-6及JAK-STAT信号通路的影响[D]. 重庆: 重庆医科大学, 2016.

[39] 郑双融, 李宝丽. 痹祺胶囊对Ⅱ型胶原诱导性关节炎大鼠滑膜增殖及血清IL-18、TNF-α水平的影响[J]. 中华中医药杂志, 2016, 31(8): 3330-3333.

[40] Lee J I, Park H J, Park H J, et al. Epitope-based ligation of ICAM-1: Therapeutic target for protection against the development of rheumatoid arthritis[J]. Biochem Biophys Res Commun, 2018, 500（2）: 450-455.

[41] Altorki T, Muller W, Brass A, et al. The role of β_2 integrin in dendritic cell migration during infection[J]. BMC Immunol, 2021, 22（1）: 2.

[42] Schwartz A B, Campos O A, Criado-Hidalgo E, et al. Elucidating the biomechanics of leukocyte transendothelial migration by quantitative imaging[J]. Front Cell Dev Biol, 2021, 9: 635263.

[43] Nourshargh S, Alon R. Leukocyte migration into inflamed tissues[J]. Immunity, 2014, 41（5）: 694-707.

[44] Schulz S, Zimmer P, Pütz N, et al. rs2476601 in PTPN22 gene in rheumatoid arthritis and periodontitis-a possible interface?[J]. J Transl Med, 2020, 18（1）: 389.

[45] Abbasifard M, Imani D, Bagheri-Hosseinabadi Z. PTPN22 gene polymorphism and susceptibility to rheumatoid arthritis（RA）: Updated systematic review and meta-analysis[J]. J Gene Med, 2020, 22（9）: e3204.

[46] Wang H B, Liu B R, Wei J. Beta2-microglobulin（B2M）in cancer immunotherapies: Biological function, resistance and remedy[J]. Cancer Lett, 2021, 517: 96-104.

[47] Wang Q, Fan Z J, Li J H, et al. Systematic analysis of the molecular mechanisms of methotrexate therapy for rheumatoid arthritis using text mining[J]. Clin Exp Rheumatol, 2021, 39（4）: 829-837.

[48] 杨越, 李露, 崔玮璐, 等. Ca^{2+}与类风湿关节炎的相关性研究[J]. 中国中医基础医学杂志, 2021, 27（10）: 1602-1605.

[49] 王中华, 赵安兰, 程超, 等. 基于网络药理学与GEO芯片探究痹祺胶囊治疗类风湿关节炎的作用机制[J]. 现代药物与临床, 2022, 37（1）: 50-57.

[50] Kong F Y, You H J, Zheng K Y, et al. The crosstalk between pattern-recognition receptor signaling and calcium signaling[J]. Int J Biol Macromol, 2021, 192: 745-756.

[51] Berridge M J. The inositol trisphosphate/calcium signaling pathway in health and disease[J]. Physiol Rev, 2016, 96（4）: 1261-1296.

[52] Park Y J, Yoo S A, Kim M, et al. The role of calcium-calcineurin-NFAT signaling pathway in health and autoimmune diseases[J]. Front Immunol, 2020, 11: 195.

[53] Kondo Y, Yokosawa M, Kaneko S, et al. Review: Transcriptional regulation of CD4$^+$ T cell differentiation in experimentally induced arthritis and rheumatoid arthritis[J]. Arthritis Rheumatol, 2018, 70（5）: 653-661.

[54] Flytlie H A, Hvid M, Lindgreen E, et al. Expression of MDC/CCL22 and its receptor CCR4 in rheumatoid arthritis, psoriatic arthritis and osteoarthritis[J]. Cytokine, 2010, 49（1）: 24-29.

[55] Wright H L, Lyon M, Chapman E A, et al. Rheumatoid arthritis synovial fluid neutrophils drive inflammation through production of chemokines, reactive oxygen species, and neutrophil extracellular traps[J]. Front Immunol, 2020, 11: 584116.

[56] Zeng X Z, He L G, Wang S, et al. Aconine inhibits RANKL-induced osteoclast differentiation in RAW264.7 cells by suppressing NF-κB and NFATc$_1$ activation and DC-STAMP expression[J]. Acta Pharmacol Sin, 2016, 37（2）: 255-263.

[57] Negishi-Koga T, Takayanagi H. Ca^{2+}-NFATc$_1$ signaling is an essential axis of osteoclast differentiation[J]. Immunol Rev, 2009, 231（1）: 241-256.

[58] 谭洪发, 荣晓凤, 徐艳明, 等. 痹祺胶囊对CIA大鼠OPG/RANKL表达的影响[J]. 免疫学杂志, 2016, 32（10）: 878-883.

[59] 张冬梅, 李宝丽. 痹祺胶囊对胶原诱导性关节炎大鼠骨桥蛋白表达的影响[J]. 中华中医药杂志, 2017, 32（3）: 1359-1362.

[60] 高文, 李科, 李雪萍, 等. 肌球蛋白轻链激酶介导的肌球蛋白调节轻链磷酸化研究[J]. 医学信息, 2021, 34（8）: 28-30.

[61] Badimon L, Vilahur G, Rocca B, et al. The key contribution of platelet and vascular arachidonic acid

metabolism to the pathophysiology of atherothrombosis[J]. Cardiovasc Res，2021，117（9）：2001-2015.

[62] Dorris S L，Peebles R S. PGI$_2$ as a regulator of inflammatory diseases[J]. Mediators Inflamm，2012，2012：926968.

[63] Norlander A E，Peebles R S. Prostaglandin I$_2$ and T regulatory cell function：Broader impacts[J]. DNA Cell Biol，2021，40（10）：1231-1234.

[64] 杨波，杨强，张爱华，等. 基于代谢组学技术的中医药研究进展[J]. 中国医药导报，2019，16（24）：24-28.

[65] 苏红娜，张爱华，孙晖，等. 中医方证代谢组学研究进展及其应用[J]. 世界科学技术：中医药现代化，2018，20（8）：1279-1286.

[66] Yang W，Wang X，Xu L X，et al. LOX inhibitor HOEC interfered arachidonic acid metabolic flux in collagen-induced arthritis rats[J]. Am J Transl Res，2018，10（8）：2542-2554.

[67] Goupil E，Fillion D，Clément S，et al. Angiotensin II type I and prostaglandin F2α receptors cooperatively modulate signaling in vascular smooth muscle cells[J]. J Biol Chem，2015，290（5）：3137-3148.

[68] Zheng L X，Li K X，Hong F F，et al. Pain and bone damage in rheumatoid arthritis：Role of leukotriene B4[J]. Clin Exp Rheumatol，2019，37（5）：872-878.

[69] Mathis S，Jala V R，Haribabu B. Role of leukotriene B4 receptors in rheumatoid arthritis[J]. Autoimmun Rev，2007，7（1）：12-17.

[70] Liu P P，Zhu W，Chen C，et al. The mechanisms of lysophosphatidylcholine in the development of diseases[J]. Life Sci，2020，247：117443.

[71] Koh J H，Yoon S J，Kim M，et al. Lipidome profile predictive of disease evolution and activity in rheumatoid arthritis[J]. Exp Mol Med，2022，54（2）：143-155.

[72] 骆文青. 运脾解毒通络祛湿方调节脂质代谢治疗类风湿关节炎的疗效机制研究[D]. 杭州：浙江中医药大学，2021.

[73] Fernstrom J D，Fernstrom M H. Tyrosine，phenylalanine，and catecholamine synthesis and function in the brain[J]. J Nutr，2007，137（6 Suppl 1）：1539S-1547S.

[74] Brodnik Z，Bongiovanni R，Double M，et al. Increased tyrosine availability increases brain regional DOPA levels *in vivo*[J]. Neurochem Int，2012，61（7）：1001-1006.

[75] 李超，刘军，吴允孚. 儿茶酚胺免疫调节效应的研究进展[J]. 中华危重病急救医学，2019，31（10）：1295-1298.

[76] 王小琴. 儿茶酚胺介质对类风湿关节炎模型小鼠的Th17/Treg失衡及关节炎症的作用[D]. 苏州：苏州大学，2017.

[77] 陈娟，彭聿平，崔世维，等. 胶原诱导性关节炎小鼠的淋巴组织中CD4[+]T细胞表达酪氨酸羟化酶的变化[J]. 中国应用生理学杂志，2013，29（3）：214-218.

[78] Hinoi E，Yoneda Y. Possible involvement of glutamatergic signaling machineries in pathophysiology of rheumatoid arthritis[J]. J Pharmacol Sci，2011，116（3）：248-256.

[79] 朱惠. 谷氨酸能信号在类风湿关节炎中的作用及其机制的研究 [D]. 兰州：兰州大学，2015.

[80] Lunec J，Blake D R. The determination of dehydroascorbic acid and ascorbic acid in the serum and synovial fluid of patients with rheumatoid arthritis（RA）[J]. Free Radic Res Commun，1985，1（1）：31-39.

[81] McNulty A L，Stabler T V，Vail T P，et al. Dehydroascorbate transport in human chondrocytes is regulated by hypoxia and is a physiologically relevant source of ascorbic acid in the joint[J]. Arthritis Rheum，2005，52（9）：2676-2685.

[82] Skytt D M，Klawonn A M，Stridh M H，et al. siRNA knock down of glutamate dehydrogenase in astrocytes affects glutamate metabolism leading to extensive accumulation of the neuroactive amino acids glutamate and aspartate[J]. Neurochem Int，2012，61（4）：490-497.

[83] Firestein G S，McInnes I B. Immunopathogenesis of rheumatoid arthritis[J]. Immunity，2017，46（2）：183-196.

[84] Shi J B，Chen L Z，Wang B S，et al. Novel pyrazolo[4, 3-d]pyrimidine as potent and orally active inducible

nitric oxide synthase（iNOS）dimerization inhibitor with efficacy in rheumatoid arthritis mouse model[J]. J Med Chem，2019，62（8）：4013-4031.

[85] Kang W，Suzuki M，Saito T，et al. Emerging role of TCA cycle-related enzymes in human diseases[J]. Int J Mol Sci，2021，22（23）：13057.

[86] Kim S，Hwang J，Xuan J H，et al. Global metabolite profiling of synovial fluid for the specific diagnosis of rheumatoid arthritis from other inflammatory arthritis[J]. PLoS One，2014，9（6）：e97501.

[87] Alonso A，Julià A，Vinaixa M，et al. Urine metabolome profiling of immune-mediated inflammatory diseases[J]. BMC Med，2016，14（1）：133.

[88] Liu S J，Yang J，Wu Z F. The regulatory role of α-ketoglutarate metabolism in macrophages[J]. Mediators Inflamm，2021，2021：557-577.

[89] Liu P S，Wang H P，Li X Y，et al. α-ketoglutarate orchestrates macrophage activation through metabolic and epigenetic reprogramming[J]. Nat Immunol，2017，18（9）：985-994.

[90] Ahn J K，Kim S，Hwang J，et al. GC/TOF-MS-based metabolomic profiling in cultured fibroblast-like synoviocytes from rheumatoid arthritis[J]. J Bone Spine，2016，83（6）：707-713.

[91] López-Armada M J，Fernández-Rodríguez J A，Blanco F J. Mitochondrial dysfunction and oxidative stress in rheumatoid arthritis[J]. Antioxidants（Basel），2022，11（6）：1151.

第四章 痹祺胶囊药效物质基础研究

类风湿关节炎（rheumatoid arthritis，RA）是一种常见的慢性疾病，表现为患者关节疼痛、肿胀、活动能力下降等，影响患者的日常生活和工作。痹祺胶囊由马钱子粉、地龙、党参、茯苓、白术、川芎、丹参、三七、牛膝、甘草10味中药组成。具有益气养血，祛风除湿，活血止痛的功效。临床用于气血不足，风湿瘀阻，肌肉关节酸痛，关节肿大、僵硬变形或肌肉萎缩，气短乏力；风湿性关节炎、类风湿关节炎、腰肌劳损、软组织损伤属上述证候者。临床研究表明[1, 2]，痹祺胶囊治疗类风湿关节炎效果显著，安全性高，无明显不良反应发生，但其发挥作用的药效物质基础尚不明确。本章通过网络药理学、体外细胞模型的构建、体外受体靶点检测初步确定痹祺胶囊的药效物质基础。

第一节　基于网络药理学的痹祺胶囊作用机制及药效物质基础预测

网络药理学（network pharmacology）是基于现代计算机网络技术对系统生物学和现代药理学理论的综合信息分析，并通过大量生物学信息的重组，进而提炼、分析关键信息，分析此类信息与疾病、药物之间的相互作用，通过网络关联的形式分析其关联程度，并最终筛选出与中药活性成分关联程度最高的基因、蛋白，推导出基因、蛋白对应的关键基因、核心蛋白，再拓扑成网络，进而形成"化学成分-基因-靶点蛋白-信号通路"可视化网络，再对拓扑结果的可能作用进行针对性筛选，对感兴趣的信号通路进行理论验证、分子生物学验证或者动物实验验证，以明确其调控机制，并以此为结论供临床用药参考。

网络药理学的多信息化综合的特点与中医基础理论中"七情"配伍组合近乎相似[3]。网络药理学通过多种数据库的综合分析、处理，中医复方配伍也是基于中药的药效理论进行合理组合，并实现对最终目标的分析或者是治疗方案的取缔确定[4]。这符合中药"多成分、多靶点、多作用趋势"的理论特点。网络药理学通过"疾病-基因-靶点-药物"的研究模式从大数据网络中进行提取、分析，并整合到一种可视化分析的网络中，以此为切入点，解释药物作用趋势或者治疗方向等[5]。网络药理学的研究在一定程度上弥补中药药理学研究的缺点，是对中医药现代化应用的有益补充[6]。因此网络药理学特别适合进行初步的中药及复方的质量标志物及作用机制的研究。以网络药理学为研究工具，结合血清药学得到的化合物信息初步探讨痹祺胶囊治疗RA的作用机制。

一、仪器与材料

本实验主要材料是软件及相关数据库，具体信息如下：ChemBio Office 2014，TCMSP数据库（http：//lsp.nwu.edu.cn/tcmspsearch.php），CTD数据库（https：//ctdbase.org），PharmMapper数据库（http：//lilab-ecust.cn/pharmmapper/），OMIM数据库（https：//omim.org/），TTD数据库（http：//db.idrblab.net/ttd/），DisGeNet数据库（http：//www.disgenet.org/home/），GeneCards数据库（https：//www.genecards.org/），Pubchem数据库（https：//pubchem.ncbi.nlm.nih.gov/），Uniprot数据库（http：//www.uniprot.org/），KEGG数据库（http：//www.genome.jp/kegg/），STRING10数据库（http：//string-db.org/），Omicsbean在线分析软件（http：//www.omicsbean.cn/），Omicshare Tools在线制图软件（https：//www.omicshare.com），Cytoscape3.6.0软件。

二、实 验 方 法

1. 目标化合物的选取

在前期对痹祺胶囊化学物质组及血中移行成分研究的基础上，结合中药系统药理分析平台（TCMSP）中收录的马钱子、党参、白术、茯苓、丹参、三七、川芎、牛膝、地龙与甘草的化学成分，同时结合化学成分相关药理活性文献报道并兼顾各种结构类型，选择痹祺胶囊中的代表性成分为后续研究的目标化合物。

2. 化合物靶标蛋白的筛选

通过TCMSP数据库、CTD数据库和PharmMapper数据库得到目标化合物相关靶标蛋白后（PharmMapper数据库得到的蛋白取排名前10位进行后续分析），借助Uniprot（https：//www.uniprot.org/）数据库校正其靶标蛋白为官方名称。

3. 类风湿关节炎疾病靶点选取

以"类风湿关节炎"为关键词，从OMIM数据库（https：//omim.org/）、TTD数据库（http：//db.idrblab.net/ttd/）、DisGeNet数据库（http：//www.disgenet.org/home/）和GeneCards数据库（https：//www.genecards.org/）中检索类风湿关节炎相关靶点，并借助Uniprot（https：//www.uniprot.org/）数据库校正其靶标蛋白为官方名称。

4. 构建蛋白质-蛋白质相互作用网络（protein-protein interaction，PPI）及筛选关键蛋白靶点

将化合物靶点与疾病靶点取交集，得韦恩分析图。将整合的交集靶点信息导入STRING10数据库中，获得蛋白间相互作用关系，将结果导入Cytoscape软件中，通过Cytoscape软件绘制蛋白互作网络，以degree值大于2倍中位数筛选PPI网络中关键靶点蛋白。

5. 通路分析及生物信息学分析

运用OmicsBean软件对靶点蛋白进行生物信息学分析，探究靶点蛋白在细胞组分（cellular component）、分子功能（molecular function）以及生物过程（biological process）方面的作用机制。然后，通过STRING10数据库得到与靶点相关的通路过程，利用KEGG数据库以及查阅相关文献，对得到的通路进行深入分析。

6. "药材-化合物-靶点-通路-疾病"网络构建

根据上述痹祺胶囊39个化学成分的靶点及通路预测结果，在Excel表格中建立药材-化合

物、化合物-靶点、靶点-通路、靶点-疾病的相互对应关系，导入Cytoscape软件中构建网络，并运用其插件Network Analyzer计算网络的特征。网络中节点（node）表示化合物、靶点以及作用通路、药理作用、功效。边（edge）表示药材-化合物、化合物-靶点、靶点-通路以及靶点-疾病相互作用。经处理后，得到39个成分的相关靶点、通路预测图，以该图来表示痹祺胶囊"药材-化合物-靶点-通路-疾病"之间的相互关系。

三、实验结果

（一）痹祺胶囊潜在活性成分的筛选

确定了痹祺胶囊中的39个代表性化合物为研究对象，其中马钱子5个、党参3个、白术6个、茯苓4个、丹参7个、三七4个、川芎6个、牛膝4个、甘草3个、地龙1个，结构类型主要集中在生物碱类、内酯类、有机酸类、木质素类、丹参酚酸类、丹参酮类等（表4-1-1）。

表4-1-1 痹祺胶囊主要活性成分

编号	化合物名	结构类型	分子式/分子量	来源
1	士的宁 strychnine	生物碱类	$C_{21}H_{22}N_2O_2$ 334.42	马钱子
2	马钱子碱 brucine	生物碱类	$C_{14}H_{12}O_3$ 228.24	马钱子
3	番木鳖苷酸 loganic acid	环烯醚萜类	$C_{16}H_{24}O_{10}$ 376.40	马钱子
4	咖啡酸 caffeic acid	有机酸类	$C_9H_8O_4$ 180.16	马钱子、白术、川芎
5	奎宁酸 quinic acid	有机酸类	$C_7H_{12}O_6$ 192.17	马钱子、白术、川芎
6	党参炔苷 lobetyolin	炔类	$C_{20}H_{28}N_8$ 396.4	党参
7	党参苷 I tangshenoside I	木质素类	$C_{29}H_{42}O_{18}$ 678.6	党参
8	党参苷 II tangshenoside II	木质素类	$C_{17}H_{24}O_9$ 372.37	党参
9	白术内酯 I atractylenolide I	内酯类	$C_{15}H_{18}O_2$ 230.30	白术
10	白术内酯 II atractylenolide II	内酯类	$C_{15}H_{20}O_2$ 232.32	白术
11	白术内酯III atractylenolide III	内酯类	$C_{15}H_{20}O_3$ 248.32	白术
12	苍术酮 atractylone	倍半萜类	$C_{15}H_{20}O$ 216.32	白术
13	土莫酸 tumulosic acid	三萜类成分	$C_{31}H_{50}O_4$ 486.81	茯苓

续表

编号	化合物名	结构类型	分子式/分子量	来源
14	茯苓酸 pachymic acid	三萜类成分	$C_{33}H_{52}O_5$ 528.8	茯苓
15	去氢土莫酸 dehydrotumulosic acid	三萜类成分	$C_{31}H_{48}O_4$ 484.7	茯苓
16	茯苓酸B poricoic acid B	三萜类成分	$C_{30}H_{44}O_5$ 484.7	茯苓
17	丹酚酸B salvianolic acid B	酚酸类	$C_{36}H_{30}O_{16}$ 718.6	丹参
18	迷迭香酸 rosmarinic acid	酚酸类	$C_{18}H_{16}O_8$ 360.3	丹参
19	丹参素 danshensu	酚酸类	$C_9H_{10}O_5$ 197.0	丹参
20	丹参酮I tanshinone I	丹参酮类	$C_{18}H_{12}O_3$ 276.3	丹参
21	隐丹参酮 cryptotanshinone	丹参酮类	$C_{19}H_{20}O_3$ 296.4	丹参
22	丹参酮IIA tanshinone IIA	丹参酮类	$C_{19}H_{18}O_3$ 294.3	丹参
23	丹参新酮 miltirone	丹参酮类	$C_{19}H_{22}O_2$ 282.4	丹参
24	人参皂苷Rg₁ ginsenoside Rg1	皂苷类	$C_{42}H_{72}O_{14}$ 801.0	三七
25	人参皂苷Rb₁ ginsenoside Rb1	皂苷类	$C_{54}H_{92}O_{23}$ 1109.3	三七
26	三七皂苷R₁ notoginsenoside R1	皂苷类	$C_{47}H_{80}O_{18}$ 931.5	三七
27	人参皂苷CK ginsenoside compound K	皂苷类	$C_{36}H_{62}O_8$ 622.9	三七
28	阿魏酸 ferulic acid	内酯类	$C_{10}H_{10}O_4$ 194.06	川芎
29	藁本内酯 Z-ligustilde	内酯类	$C_{12}H_{14}O_2$ 190.24	川芎
30	洋川芎内酯A senkyunolide A	内酯类	$C_{12}H_{16}O_2$ 192.25	川芎
31	洋川芎内酯I senkyunolide I	内酯类	$C_{12}H_{16}O_4$ 224.25	川芎
32	牛膝皂苷II achyranthoside II	皂苷类	$C_{41}H_{62}O_{15}$ 957.24	牛膝
33	牛膝皂苷IV achyranthoside IV	皂苷类	$C_{41}H_{60}O_{15}$ 793.01	牛膝

续表

编号	化合物名	结构类型	分子式/分子量	来源
34	25S-牛膝甾酮 25S-inokosterone	甾酮类	$C_{27}H_{44}O_7$ 480.30	牛膝
35	20-羟基蜕皮激素 20-hydroxyecdysone	甾酮类	$C_{27}H_{44}O_7$ 480.60	牛膝
36	甘草苷 liquiritin	黄酮类	$C_{21}H_{22}O_9$ 418.396	甘草
37	异甘草素 isoliquiritigenin	黄酮类	$C_{15}H_{12}O_4$ 256.25	甘草
38	甘草次酸 glycyrrhetic acid	三萜类	$C_{30}H_{46}O_4$ 470.68	甘草
39	次黄嘌呤 hypoxanthine	核苷类	$C_5H_4N_4O$ 136.11	地龙

（二）化合物靶点、疾病靶点分析及PPI网络分析

通过各数据库预测得到39个化合物的627个相关靶点；得到类风湿关节炎疾病靶点3368个（图4-1-1A），将化合物靶点与疾病靶点取交集，得到371个共同靶点（图4-1-1B），将此371个靶点投放至STRING 10数据库中获得蛋白质-蛋白质相互作用关系，然后利用Cytoscape软件构建PPI网络图（表4-1-2，图4-1-2）并对网络进行分析，结果显示，处于痹祺胶囊PPI网络中心的蛋白IL-6（度值=240）、GAPDH（度值=233）、ALB（度值=229）、AKT1（度值=228）、TNF（度值=225）、TP53（度值=210）、VEGFA（度值=196）、STAT3（度值=185）、MAPK3（度值=182）、EGFR（度值=180）、MAPK8（度值=174）、CASP3（度值=173）、MMP9（度值=170）、CXCL8（度值=169）、JUN（度值=167）、MAPK1（度值=165）等124个靶点蛋白拥有较多相互作用关系（大于2倍中位数），这些蛋白涉及氧化应激、炎症反应、免疫调节、血管生成、活血、镇痛、滑膜增生等方面，提示痹祺胶囊抗炎、镇痛、免疫调节等作用与这些蛋白有关。

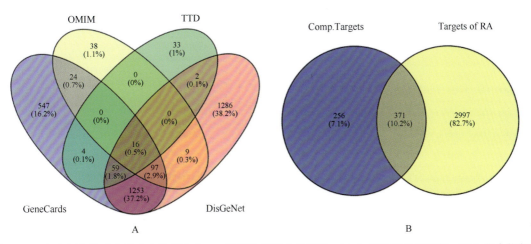

图4-1-1 疾病靶点的确定及化合物靶点与RA基因共有靶点韦恩图。（A）疾病靶点的确定；（B）化合物靶点与RA基因共有靶点韦恩图

表 4-1-2　核心蛋白靶点信息（取度值大于平均值的靶点）

靶标	通用名	Uniprot ID号	度值
interleukin-6	IL-6	P05231	240
glyceraldehyde-3-phosphate dehydrogenase	GAPDH	P04406	233
albumin	ALB	P02768	229
RAC-alpha serine/threonine-protein kinase	AKT1	P31749	228
tumor necrosis factor	TNF	P01375	225
cellular tumor antigen p53	TP53	P04637	210
vascular endothelial growth factor A	VEGFA	P15692	196
signal transducer and activator of transcription 3	STAT3	P40763	185
mitogen-activated protein kinase 3	MAPK3	P27361	182
epidermal growth factor receptor	EGFR	P00533	180
mitogen-activated protein kinase 8	MAPK8	P45983	174
caspase-3	CASP3	P42574	173
matrix metalloproteinase-9	MMP9	P14780	170
interleukin-8	CXCL8	P10145	169
transcription factor AP-1	JUN	P05412	167
mitogen-activated protein kinase 1	MAPK1	P28482	165
fibronectin	FN1	P02751	165
myc proto-oncogene protein	MYC	P01106	162
toll-like receptor 4	TLR4	O00206	160
prostaglandin G/H synthase 2	PTGS2	P35354	160
interleukin-1 β	IL-1β	P01584	160
interleukin-10	IL-10	P22301	160
proto-oncogene tyrosine-protein kinase Src	SRC	P12931	152
insulin-like growth factor I	IGF1	P05019	150
C-C motif chemokine 2	CCL2	P13500	148
proto-oncogene c-Fos	FOS	P01100	139
interleukin-4	IL-4	P05112	135
neurogenic locus notch homolog protein 1	NOTCH1	P46531	128
estrogen receptor	ESR1	P03372	128
mitogen-activated protein kinase 14	MAPK14	Q16539	126
G1/S-specific cyclin-D1	CCND1	P24385	126
intercellular adhesion molecule 1	ICAM1	P05362	125
interleukin-2	IL-2	P60568	124
cytochrome C	CYCS	P99999	124
phosphatidylinositol-3, 4, 5-trisphosphate 3-phosphatase and dual-specificity protein phosphatase PTEN	PTEN	P60484	123

续表

靶标	通用名	Uniprot ID号	度值
toll-like receptor 2	TLR2	O60603	121
catalase	CAT	P04040	121
72kDa type IV collagenase	MMP2	P08253	116
peroxisome proliferator activated receptor gamma	PPARG	P37231	114
interferon gamma	IFNG	P01579	111
catenin beta-1	CTNNβ1	P35222	111
amyloid-beta precursor protein	APP	P05067	111
NAD-dependent protein deacetylase sirtuin-1	SIRT1	Q96EB6	110
interleukin-17A	IL-17A	Q16552	110
Bcl-2-like protein 1	BCL2L1	Q07817	110
integrin alpha-M	ITGAM	P11215	108
vascular cell adhesion protein 1	VCAM1	P19320	107
osteopontin	SPP1	P10451	107
transcription factor p65	RELA	Q04206	107
serine/threonine-protein kinase mTOR	MTOR	P42345	106
heme oxygenase 1	HMOX1	P09601	106
brain-derived neurotrophic factor	BDNF	P23560	106
C-reactive protein	CRP	P02741	102
nitric-oxide synthase，endothelial	NOS3	P29474	100
plasminogen activator inhibitor 1	SERPINE1	P05121	97
apolipoprotein E	APOE	P02649	97
tumor necrosis factor ligand superfamily member 11	TNFSF11	O14788	96
caspase-8	CASP8	Q14790	96
transforming growth factor beta-1 proprotein	TGFβ1	P01137	95
nuclear factor NF-kappa-B p105 subunit	NFκB1	P19838	95
myeloid differentiation primary response protein MyD88	MYD88	Q99836	95
tyrosine-protein kinase JAK2	JAK2	O60674	95
myeloperoxidase	MPO	P05164	94
growth-regulated alpha protein	CXCL1	P09341	92
interleukin-18	IL-18	Q14116	91
endothelin-1	EDN1	P05305	90
androgen receptor	AR	P10275	90
stromelysin-1	MMP3	P08254	88
tumor necrosis factor receptor superfamily member 1A	TNFRSF1A	P19438	87
C-X-C motif chemokine 10	CXCL10	P02778	87
superoxide dismutase [Mn]，mitochondrial	SOD2	P04179	86

续表

靶标	通用名	Uniprot ID号	度值
hematopoietic prostaglandin D synthase	HPGDS	O60760	85
angiotensinogen	AGT	P01019	85
NF-kappa-B inhibitor alpha	NFKBIA	P25963	82
Caspase-9	CASP9	P55211	82
early growth response protein 1	EGR1	P18146	81
superoxide dismutase [Cu-Zn]	SOD1	P00441	80
mothers against decapentaplegic homolog 3	SMAD3	P84022	80
phosphatidylinositol 3-kinase regulatory subunit alpha	PIK3R1	P27986	78
interstitial collagenase	MMP1	P03956	78
macrosialin	CD68	P34810	78
glucocorticoid receptor	NR3C1	P04150	75
cyclin-dependent kinase inhibitor 1	CDKN1A	P38936	73
high mobility group protein B1	HMGB1	P09429	72
alanine aminotransferase 1	GPT	P24298	72
mitogen-activated protein kinase 9	MAPK9	P45984	71
CCN family member 2	CTGF	P29279	71
interleukin-1 alpha	IL-1α	P01583	70
cytochrome b-245 heavy chain	CYBB	P04839	70
nitric oxide synthase，inducible	NOS2	P35228	69
prothrombin	F2	P00734	69
thioredoxin	TXN	P10599	68
E-selectin	SELE	P16581	68
runt-related transcription factor 2	RUNX2	Q13950	68
nuclear factor erythroid 2-related factor 2	NFE2L2	Q16236	66
integrin beta-1	ITGB1	P05556	66
endoplasmic reticulum chaperone BiP	HSPA5	P11021	66
histone deacetylase 1	HDAC1	Q13547	66
C-X-C motif chemokine 2	CXCL2	P19875	66
C-C chemokine receptor type 2	CCR2	P41597	65
aryl hydrocarbon receptor	AHR	P35869	65
C-C motif chemokine 4	CCL4	P13236	64
collagenase 3	MMP13	P45452	63
apolipoprotein B-100	APOB	P04114	63
poly [ADP-ribose] polymerase 1	PARP1	P09874	62
mitogen-activated protein kinase 10	MAPK10	P53779	61
urokinase-type plasminogen activator	PLAU	P00749	60

续表

靶标	通用名	Uniprot ID号	度值
MORF4 family-associated protein 1	PGR	Q9Y605	60
interleukin-7	IL-7	P13232	60
interleukin-15	IL-15	P40933	60
glycogen synthase kinase-3 beta	GSK3β	P49841	60
cyclin-dependent kinase 2	CDK2	P24941	60
tyrosine-protein kinase Lck	LCK	P06239	59
collagen alpha-1（Ⅰ）chain	COL1A1	P02452	59
C-C motif chemokine 3	CCL3	P10147	59
bone morphogenetic protein 2	BMP2	P12643	59
NAD（P）H dehydrogenase [quinone] 1	NQO1	P15559	58
protein-lysine 6-oxidase	LOX	P28300	58
complement C3	C3	P01024	58
cytochrome P450 3A4	CYP3A4	P08684	57
CCAAT/enhancer-binding protein beta	CEBPβ	P17676	56
ATP-dependent translocase ABCB1	ABCB1	P08183	56
glutathione S-transferase P	GSTP1	P09211	55
broad substrate specificity ATP-binding cassette transporter ABCG2	ABCG2	Q9UNQ0	55

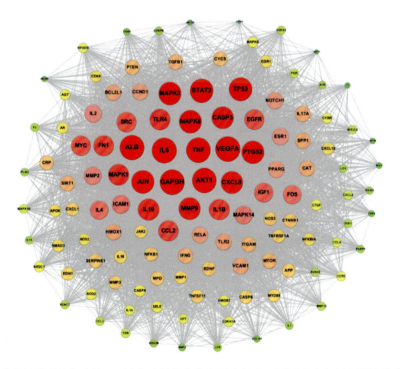

图4-1-2　痹祺胶囊相关蛋白靶点的PPI网络（圆节点代表蛋白靶点，圆圈大小和颜色深浅代表靶点蛋白相互作用的紧密程度）

（三）PPI网络聚类分析

为了进一步了解PPI网络的生物作用，使用Cytoscape的MCODE插件对网络进行Cluster模块分析，共获得2个Cluster模块（图4-1-3，具体模块信息见表4-1-3）。对2个模块分别进行GO分析，了解其生物学功能，发现Cluster 1主要与免疫系统过程、炎症反应、MAPK级联正调控、氧化应激反应、类固醇激素反应、细胞分泌的调节等生物过程有关；Cluster 2主要与细胞对化学刺激的反应、凋亡过程的调控、免疫系统过程的调节、细胞表面受体信号通路、氧化应激诱导的细胞死亡的调节等生物过程相关。

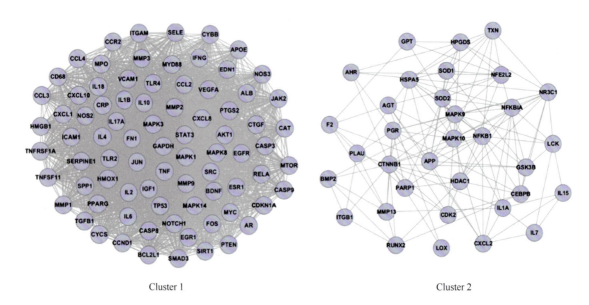

Cluster 1   Cluster 2

图4-1-3   痹祺胶囊相关蛋白靶点的Cluster模块的PPI网络图

表4-1-3   痹祺胶囊相关蛋白靶点的PPI网络Cluster数据

集群	节点	边	节点ID
1	81	2534	IL-18, CCR2, VCAM1, NOS3, IGF1, CXCL10, FOS, SMAD3, IL-10, JAK2, MMP9, CYBB, CTGF, CCL4, EDN1, HMOX1, IL-4, NOS2, MMP1, RELA, IL-1B, TNFRSF1A, SERPINE1, MPO, IFNG, CD68, TLR2, MMP3, CASP9, SELE, HMGB1, CASP8, MTOR, TNFSF11, CDKN1A, MYD88, BDNF, ITGAM, CCL3, IL-2, CCND1, GAPDH, EGR1, MAPK3, STAT3, TP53, EGFR, NOTCH1, ALB, BCL2L1, CYCS, CASP3, IL-17A, PTGS2, JUN, PTEN, SRC, TLR4, MAPK8, IL-6, TNF, ESR1, AKT1, VEGFA, MYC, FN1, AR, CXCL1, SPP1, CXCL8, PPARG, SIRT1, MAPK1, MMP2, TGFB1, CCL2, MAPK14, CAT, APOE, CRP, ICAM1
2	34	137	APP, IL-1A, F2, MAPK10, CXCL2, HPGDS, CEBPB, NR3C1, HSPA5, CTNNB1, NFKBIA, NFKB1, MMP13, IL-7, CDK2, SOD1, IL-15, GSK3B, ITGB1, LCK, NFE2L2, PGR, AHR, AGT, PARP1, RUNX2, PLAU, HDAC1, TXN, BMP2, GPT, LOX, MAPK9, SOD2

（四）KEGG通路与GO分析

在STRING 10数据库中得到229条相关通路，取false discovery rate＜0.01的通路并筛出无关的通路后共146条，随后对这146条通路进行KEGG通路分析及相关文献查阅，得到71条相关信号通路（具体信息见表4-1-4），通过Omicshare在线平台对false discovery rate值前20的通路进行可视化处理（图4-1-4），其中Rich factor表示相关基因中位于该通路的基因数目与所有注释基因中位于该通路的基因总数的比值，该值越大代表富集程度越高。分析富集的通路发现，主要涉及与炎症反应相关的通路，如白介素17信号通路（IL-17 signaling pathway）、肿瘤坏死因子α信号通路（TNF-α signaling pathway）、Th17细胞分化（Th17 cell differentiation）、Toll样受体信号通路（Toll-like receptor signaling pathway）、NOD样受体信号通路（NOD-like receptor signaling pathway）等；与免疫应答相关的通路，如T细胞受体信号通路（T cell receptor signaling pathway）、Th1和Th2细胞分化（Th1 and Th2 cell differentiation）等；与凋亡相关的通路，如FoxO信号通路（FoxO signaling pathway）、PI3K-Akt信号通路（PI3K-Akt signaling pathway）等；与活血相关的通路，如血小板激活（Platelet activation）等，与疼痛相关的信号通路，如MAPK信号通路（MAPK signaling pathway）、Wnt信号通路（Wnt signaling pathway）等。

表4-1-4　71条富集通路信息表

条目ID	条目描述	发现基因数	背景基因总数	伪发现率
hsa04657	IL-17 signaling pathway	30	94	1.69E-33
hsa04668	TNF signaling pathway	30	112	6.79E-31
hsa04620	Toll-like receptor signaling pathway	24	104	5.04E-23
hsa05323	Rheumatoid arthritis	22	93	2.11E-21
hsa04659	Th17 cell differentiation	22	107	5.75E-20
hsa01522	Endocrine resistance	21	98	1.73E-19
hsa04066	HIF-1 signaling pathway	20	109	3.54E-17
hsa04068	FoxO signaling pathway	21	131	9.75E-17
hsa04625	C-type lectin receptor signaling pathway	19	104	2.54E-16
hsa04621	NOD-like receptor signaling pathway	23	181	5.84E-16
hsa04660	T cell receptor signaling pathway	18	104	4.52E-15
hsa04151	PI3K-Akt signaling pathway	29	354	8.34E-15
hsa04380	Osteoclast differentiation	19	128	1.41E-14
hsa04210	Apoptosis	19	136	4.42E-14
hsa04064	NF-kappa B signaling pathway	17	104	7.43E-14
hsa04218	Cellular senescence	20	160	7.85E-14
hsa04658	Th1 and Th2 cell differentiation	15	92	2.52E-12
hsa01521	EGFR tyrosine kinase inhibitor resistance	14	79	4.32E-12
hsa04012	ErbB signaling pathway	14	85	1.23E-11
hsa04060	Cytokine-cytokine receptor interaction	23	294	2E-11
hsa04931	Insulin resistance	15	108	2.78E-11
hsa04630	JAK-STAT signaling pathway	17	162	1.17E-10

续表

条目ID	条目描述	发现基因数	背景基因总数	伪发现率
hsa04062	Chemokine signaling pathway	18	189	1.6E-10
hsa04115	p53 signaling pathway	12	72	3.39E-10
hsa04510	Focal adhesion	18	201	4.44E-10
hsa04010	MAPK signaling pathway	21	294	9.12E-10
hsa04722	Neurotrophin signaling pathway	14	119	1.27E-09
hsa04935	Growth hormone synthesis, secretion and action	14	119	1.27E-09
hsa04071	Sphingolipid signaling pathway	13	119	1.29E-08
hsa04664	Fc epsilon RI signaling pathway	10	68	3.8E-08
hsa04920	Adipocytokine signaling pathway	10	69	4.39E-08
hsa04622	RIG-I-like receptor signaling pathway	10	70	5.06E-08
hsa04217	Necroptosis	14	159	5.58E-08
hsa04915	Estrogen signaling pathway	13	138	7.73E-08
hsa04912	GnRH signaling pathway	11	93	7.88E-08
hsa04370	VEGF signaling pathway	9	59	1.36E-07
hsa04914	Progesterone-mediated oocyte maturation	11	99	1.51E-07
hsa04371	Apelin signaling pathway	12	137	5.6E-07
hsa04550	Signaling pathways regulating pluripotency of stem cells	12	143	8.9E-07
hsa04662	B cell receptor signaling pathway	9	82	2.4E-07
hsa04670	Leukocyte transendothelial migration	10	113	4.72E-06
hsa04211	Longevity regulating pathway	9	89	4.79E-06
hsa04611	Platelet activation	10	124	1.09E-05
hsa04024	cAMP signaling pathway	13	216	1.26E-05
hsa04928	Parathyroid hormone synthesis, secretion and action	9	106	2.02E-05
hsa04623	Cytosolic DNA-sensing pathway	7	63	3.08E-05
hsa04350	TGF-beta signaling pathway	8	94	5.83E-05
hsa04672	Intestinal immune network for IgA production	6	49	6.68E-05
hsa04110	Cell cycle	9	124	7.02E-05
hsa04921	Oxytocin signaling pathway	10	154	7.1E-05
hsa01523	Antifolate resistance	5	31	7.21E-05
hsa04750	Inflammatory mediator regulation of TRP channels	8	100	9.08E-05
hsa04310	Wnt signaling pathway	10	160	9.79E-05
hsa04014	Ras signaling pathway	12	232	1.21E-04
hsa04910	Insulin signaling pathway	9	139	1.69E-04

续表

条目ID	条目描述	发现基因数	背景基因总数	伪发现率
hsa04015	Rap1 signaling pathway	11	210	2.11E-04
hsa04072	Phospholipase D signaling pathway	9	148	2.72E-04
hsa04150	mTOR signaling pathway	9	155	3.83E-04
hsa04390	Hippo signaling pathway	9	157	4.21E-04
hsa04520	Adherens junction	6	71	5.29E-04
hsa04640	Hematopoietic cell lineage	7	99	5.4E-04
hsa04152	AMPK signaling pathway	7	120	1.69E-03
hsa04960	Aldosterone-regulated sodium reabsorption	4	37	1.88E-03
hsa04929	GnRH secretion	5	64	2.22E-03
hsa04650	Natural killer cell mediated cytotoxicity	7	131	2.78E-03
hsa04728	Dopaminergic synapse	7	132	2.9E-03
hsa00220	Arginine biosynthesis	3	21	3.22E-03
hsa04723	Retrograde endocannabinoid signaling	7	148	5.44E-03
hsa04725	Cholinergic synapse	6	113	5.72E-03
hsa04145	Phagosome	7	152	6.29E-03
hsa04610	Complement and coagulation cascades	5	85	7.52E-03

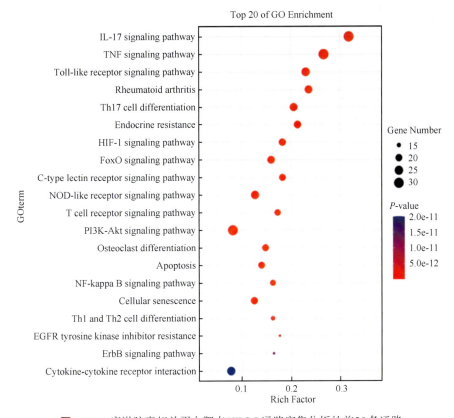

图4-1-4 痹祺胶囊相关蛋白靶点KEGG通路富集分析的前20条通路

利用OmicsBean分析软件对相关靶点蛋白进行功能注释分析（GO分析），包含细胞组分（Cellular Component）、分子功能（Molecular Function）和生物过程（Biological Process）3个方面，选取P值最小的前10个进行作图呈现（图4-1-5）。结果发现，这些蛋白在细胞组分方面主要参与细胞囊泡、细胞器内腔形成、细胞内膜系统等过程；在分子功能方面主要参与蛋白结合绑定、受体结合、酶结合、细胞功能调控等过程；在生物过程方面主要涉及有机物或含氧化合物的应激反应、对化学刺激的细胞应答、对内源性刺激的反应等过程。推测痹祺胶囊抗炎镇痛、免疫调节的作用可能与以上功能过程相关。

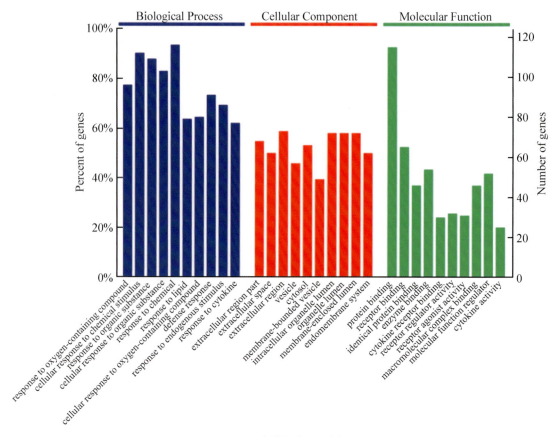

图4-1-5　痹祺胶囊GO分析

（五）"药材-化合物-靶点-通路-疾病"网络构建

根据对应关系在Cytoscape 3.6.0软件中，构建痹祺胶囊"药材-化合物-靶点-通路-疾病"的网络关系图，黄色代表药材，绿色代表化合物，紫色代表靶点，蓝色代表通路，红色代表疾病（图4-1-6）。通过对其拓扑属性分析发现，构建网络的节点度分布服从幂分布，说明痹祺胶囊网络属于无标度网络。该网络特征路径长度2.687，即网络路径长度为3步，表明大多数蛋白联系非常密切，该网络具有较快的传播速度和较小的反应时间，具有小世界性质。网络异质性为0.916，平均相邻节点数目12.889，网络中心度0.392。提示痹祺胶囊网络具有无标度、小范围的体系结构。

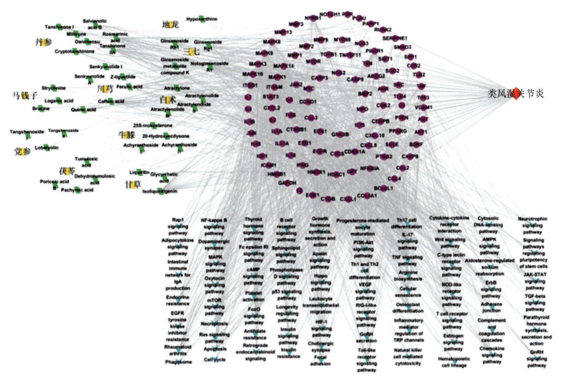

图4-1-6　痹祺胶囊"药材-化合物-靶点-通路-疾病"的网络图

采用软件的插件进一步分析发现，网络平均度值为9，其中大于度值中位数的化合物有13个，分别为三七皂苷R_1、丹参酮Ⅱ$_A$、异甘草素、咖啡酸、迷迭香酸、阿魏酸、人参皂苷Rg_1、丹参酮Ⅰ、丹酚酸B、士的宁、隐丹参酮等；靶点有58个，主要有MAPK1、MAPK3、AKT1、PIK3R1、MAPK8、MAPK10、TNF、JUN、IL1B、NFKBIA、GSK3B、PTGS2、IGF1、EGFR、NOS3等；通路有54个，主要有TNF signaling pathway、IL-17 signaling pathway、PI3K-Akt signaling pathway、Toll-like receptor signaling pathway、Cytokine-cytokine receptor interaction、NOD-like receptor signaling pathway、Th17 cell differentiation、MAPK signaling pathway、FoxO signaling pathway等。网络中既存在1个分子与多个靶点蛋白的相互作用，也存在不同分子作用于同一个靶点蛋白的现象，显示出痹祺胶囊治疗类风湿关节炎具有多靶点的作用特点，而多靶点的物质基础在于痹祺胶囊中含有的特征成分，可能通过抗炎、免疫调节、抗氧化应激等多种途径治疗类风湿关节炎。

四、小结与讨论

（一）小结

基于痹祺胶囊血清药物化学研究结果，并结合相关文献报道，选定痹祺胶囊中的39个主要化学成分，采用PharmMapper数据库、Uniprot数据库、MAS 3.0数据库、KEGG数据库和Cytoscape 3.6.0软件，利用反向对接技术对痹祺胶囊39个主要化学成分的作用靶点进行分析，利用OMIM数据库、TTD数据库、DisGeNet数据库和GeneCards数据库对RA的靶点进行整合，得到共同的靶点进行生物过程、通路等分析。实验预测出39个化合物的作用靶点蛋白

124个，干预的通路71条，这些蛋白靶点及通路与免疫系统、炎症反应、血液系统、血管生成、软骨保护、疼痛反应等相关。网络药理学研究结果表明，痹祺胶囊治疗类风湿关节炎的主要作用机制为（图4-1-7）：

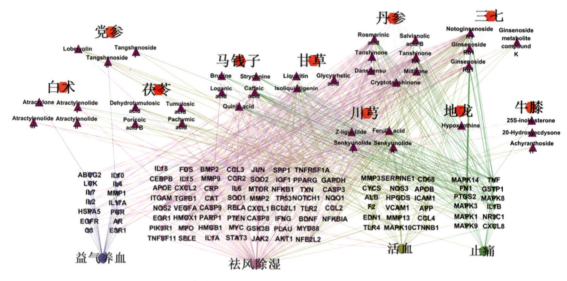

图4-1-7　痹祺胶囊"药材-化合物-靶点-功效"的网络图

1）通过作用于白细胞介素-10（IL-10）、白细胞介素-4（IL-4）、白细胞介素-2（IL-2）、酪氨酸受体激酶Lck（LCK）、内质网伴侣Bip（HSPA5）、广泛底物特异性atp结合的盒状转运蛋白ABCG2（ABCG2）、雄激素受体（AR）、半胱天冬酶3（CASP3）、髓过氧化物酶（MPO）、骨形成蛋白2（BMP2）等靶点蛋白，促进骨髓造血、增加造血细胞的稳定、调动T细胞分化等发挥益气养血的作用；

2）通过作用于肿瘤坏死因子（TNF）、IL-1β、IL-6、IFN-γ、C-C基序趋化因子2（CCL2）、巨噬唾液酸蛋白（CD68）、C反应蛋白（CRP）等靶点蛋白，干预中性粒细胞募集、单核/巨噬细胞浸润、滑膜增生等过程发挥抗炎治疗作用；

3）通过作用于纤连蛋白（FN1）、纤溶酶原激活物抑制剂-1（SERPINF1）、凝血酶（F2）、基质金属蛋白酶13（MMP13）、白蛋白（ALB）、细胞间黏附分子1（ICAM1）、整合素α-M（ITGAM）、内皮型一氧化氮合酶（NOS3）等靶点蛋白，抑制白细胞与内皮细胞黏附、降解纤维蛋白、抑制血小板聚集，维持血液渗透压，抑制血栓形成；

4）通过与血管内皮生长因子（VEGFA）、血管细胞黏附分子1（VCAM1）、连环蛋白β-1（CTNNB1）、C-C基序趋化因子4（CCL4）、基质金属蛋白酶3（MMP3）等关键蛋白结合，干预新生血管的生成；

5）通过作用于基质金属蛋白酶1（MMP1）、基质金属蛋白酶2（MMP2）、表皮生长因子受体（EGFR）、雌激素受体（ESR1）、雄激素受体（AR）等靶点蛋白，促进软骨生成，抑制成骨细胞/破骨细胞失衡，发挥软骨保护的作用；

6）通过作用于丝裂原激活蛋白激酶类MAPK1、MAPK3、MAPK8、MAPK9、MAPK10、MAPK14、糖皮质激素受体（NR3C1）、前列腺素G/H合酶2（PTGS2）、δ-阿片受体（OPRD1）、μ型阿片受体（OPRM1）等靶点蛋白，抑制炎性因子释放及中枢神经兴奋等过程，发挥外周和中枢镇痛作用。

网络药理学研究结果体现了痹祺胶囊治疗类风湿关节炎的多成分、多靶点、多途径作用机制，其中党参中的党参苷Ⅱ，丹参中的丹参酮Ⅰ、丹参新酮，三七中的三七皂苷R_1，川芎中的阿魏酸，甘草中的异甘草素可作用于IL-2、IL-4、IL-10、ABCG2等，为痹祺胶囊发挥固有免疫的潜在物质基础之一，另外党参、茯苓、白术中的多糖成分均具有免疫调节作用，也可能为痹祺胶囊益气养血功效的潜在物质基础；马钱子中的士的宁、马钱子碱、咖啡酸、奎宁酸，丹参中的丹酚酸B、迷迭香酸、丹参酮Ⅱ$_A$，三七中的三七皂苷R_1、人参皂苷Rg_1、人参皂苷Rb_1，川芎中的阿魏酸，甘草中的甘草苷、异甘草素可富集到TNF、IL-1β、IL-6、IFN-γ、CCL2、CD68、CRP等与炎症相关的靶点，为痹祺胶囊发挥抗炎作用的潜在物质基础；马钱子中的士的宁、马钱子碱、番木鳖苷酸、咖啡酸、奎宁酸，党参中的党参炔苷、党参苷Ⅱ，丹参中的迷迭香酸、隐丹参酮、丹参酮Ⅰ、丹参酮Ⅱ$_A$、丹参新酮，三七中的三七皂苷R_1、人参皂苷Rg_1，川芎中的阿魏酸、Z-藁本内酯、洋川芎内酯A、洋川芎内酯I，甘草中的异甘草素可作用于PTGS2、NR3C1、MAPK家族1、3、8、9等靶点，为痹祺胶囊镇痛的潜在物质基础；马钱子中咖啡酸，党参中党参炔苷，白术中白术内酯Ⅰ，茯苓中土莫酸、去氢土莫酸、茯苓酸B，丹参中迷迭香酸、隐丹参酮、丹参酮Ⅰ、丹参酮Ⅱ$_A$，三七中的三七皂苷R_1，川芎中的阿魏酸，甘草中的异甘草素，地龙中次黄嘌呤可作用于FN1、ITGAM、F_2、VEGFA等靶点，为痹祺胶囊发挥活血作用的潜在物质基础。

（二）讨论

类风湿关节炎是一种由于免疫功能紊乱导致的以关节滑膜损害为主的慢性疾病，以滑膜炎症、关节骨破坏和全身并发症为特点。病程初期，以疼痛、晨僵等症状为主，随着病程发展，会逐渐出现关节畸形、功能障碍等症状，会对病变处关节功能、运动能力造成严重影响。在RA发病过程中多种类型的免疫相关细胞及其分泌的自身抗体与细胞因子、成纤维样滑膜细胞等彼此相互作用，其中成纤维样滑膜细胞在炎症过程中发挥重要作用。目前针对RA的治疗主要集中在炎症的控制及后遗症的治疗方面，主要依赖于激素、传统慢作用抗风湿药物和生物制剂。类风湿关节炎属于中医"痹证"范畴，中医理论认为痹证的发生，是由于腠理空疏，营卫不固，风寒湿邪得以乘虚侵袭所致，导致经络闭阻、气血运行不畅，因而表现出肢体筋骨、关节、肌肉等处的疼痛、重着、酸楚、麻木或关节屈伸不利、僵硬、肿大、变形等症状。本病中外邪并非病变的本质，多为起病或加重病情的诱因，正气亏虚是发病的基础，影响着发病的转归和预后，因此临床主要以益气养血、祛风除湿、散寒止痛为主要原则[7]。

痹祺胶囊由马钱子、党参、白术、丹参、茯苓、牛膝、地龙、川芎、三七和甘草十味全粉入药，具有益气养血、祛风除湿、活血止痛的作用。方中君药为党参，甘、平，归脾、肺经，具有健脾益肺、养血生津的功效，发挥益气养血作用。臣药为茯苓、白术、马钱子、丹参。茯苓甘、淡，平，归心、肺、脾、肾经，利水渗湿，健脾；白术苦、甘，温，归脾、胃经，健脾益气，燥湿利水。茯苓、白术辅助党参健脾益气养血。马钱子苦，温，归肝、脾经，具有散结消肿、通络止痛之功效；丹参苦，微寒，归心、肝经，活血祛瘀，通经止痛。马钱子通络止痛，丹参畅行血脉、通利关节，两药针对风湿痹证主要症状如肢体筋骨、关节、肌肉等处疼痛或关节屈伸不利、僵硬、肿大、变形等症状辅助治疗，切中病机。佐药由三七、川芎、牛膝、地龙构成，三七甘、微苦，温，归肝、胃经，具有散瘀止血，消肿定痛之功效；川芎辛，温，归肝、胆、心包经，活血行气，祛风止痛；牛膝苦、甘、酸，平，归肝、肾经，具有逐瘀通经，补肝肾，强筋骨，利尿通淋，引血下行之功效；地龙咸，寒，归肝、脾、膀胱经，具有清热定惊，通络，平喘，利尿之功效，四药合用，活血化瘀，通络止痛。甘草为使药，缓急止痛、调和诸药。

现代药理研究表明党参具有增强造血功能、增强免疫、抗炎、抗疲劳等功效，临床上可用于治疗造血功能障碍、低血压等[8]。茯苓主要化学成分为多糖和三萜类成分，具有抗炎、调节免疫、增强造血功能等功效。白术具有抗炎、抗血栓、调节免疫功能以及安神促眠等作用。党参、茯苓、白术组成的四君子汤具有补中益气、生津养血的功效。丹参具有抗凝血、抗血栓、改善外周循环等作用。三七不仅具有止血功效，而且能够通过促进体内细胞生长，发挥补血活血的作用，三七总皂苷能够促进大鼠外周血液中的白细胞分裂生长，从而提高白细胞总数，此外还能够提高巨噬细胞吞噬率。牛膝生用主散瘀，具有降低血小板聚积性、改善红细胞变形能力、降低纤维蛋白原水平的作用。川芎具有广泛的药理活性，主要表现在镇痛、抗炎、抗凝血等方面。地龙中的纤维蛋白溶解酶、蚓激酶和蚓胶原酶均具有抗凝、降纤作用。马钱子具有抗炎镇痛、修复软骨损伤等作用。甘草具有抗炎、镇痛、免疫调节等作用，临床上常作为解毒剂与其他中药进行配伍，如配伍马钱子形成苦甘配伍，可制约马钱子温燥之性。

以上诸药配伍而成的痹祺胶囊切合痹证病因病机，能够有效调节RA患者机体免疫功能及肢体协调能力，临床疗效显著，因此，在本部分网络药理研究中，重点关注了与造血系统、改善血液循环（纤溶、血栓形成、血管舒张、血管新生）、抗炎、镇痛等相关的过程进行研究，讨论以下3点。

1. 促进造血及免疫调节

风湿痹证基本病机为素体禀赋不足，五脏虚衰，气血阴阳失衡，复感风寒湿等邪，虚实夹杂，病情缠绵。在本病初期及病程中，风寒湿热痰瘀等湿邪痹阻筋脉，亦影响着气血的运行，从而复加重气血亏虚之证，临床表现为风湿痹阻和气血亏虚之象，即除了表现有关节肿痛等症状外，亦会出现乏力易疲、心悸头晕、面色不华等气血不足表现。正气亏虚，邪气得以留滞，反复内侵，机体无法有效抗邪，所以在本病初期就要及时益气扶正[9]。炎症是RA发病的关键因素，淋巴细胞浸润和渗出是其主要的病理特征，其中淋巴细胞的浸润和渗出以T淋巴细胞为主[10]。活化的CD8细胞可以释放IFN-γ、TNF-α等因子抑制单核-巨噬细胞产生造血刺激因子，从而间接抑制造血，研究发现抑制$CD8^+$ $CD57^+$ T细胞可能有助于正常造血集落的形成和造血干细胞进一步向成熟阶段分化[11]。

本实验网络药理结果发现，痹祺胶囊中来源于党参的炔苷类成分党参炔苷和木质素类如党参苷Ⅰ、党参苷Ⅱ；来源于茯苓的三萜类成分土莫酸、茯苓酸等；来源于白术的倍半萜类苍术酮和内酯类如白术内酯Ⅰ、白术内酯Ⅱ等可作用于IL-10、IL-4、IL-2、LCK（酪氨酸受体激酶Lck）、HSPA5（内质网伴侣Bip）、ABCG2（广泛底物特异性atp结合的盒状转运蛋白ABCG2）、AR（雄激素受体）、CASP3（半胱天冬酶3）、BMP2（骨形成蛋白2）等靶点蛋白，促进骨髓造血、增加造血细胞的稳定、调动T细胞分化等发挥益气养血的作用。

党参多糖可以抑制或部分抑制由盲肠结扎穿刺引起的小鼠败血症中调节性T细胞的过度表达，通过影响TLR4信号通路激活$CD4^+$ T细胞，触发TH2转化为TH1[12]。党参多糖还可维持氢化可的松干扰的小鼠中$CD4^+/CD8^+$ T细胞、TH1/TH2细胞、Tregs/Th17、IL-10/TNF-α及IL-10/IL-1β的免疫稳态[13]。党参水提物可促进小鼠HEG、RBC、WBC等血细胞的生长[14]，党参多糖可显著提高APH处理后小鼠的外周血HBG和内源性脾结节数，提示其可促进脾的代偿性造血功能[15]，还可明显降低X射线照射的造血干细胞衰老小鼠的造血干细胞G1期阻滞，降低P-半乳糖苷酶染色阳性率，下调p53、p21、Bax蛋白表达，上调Bcl-2蛋白表达，延缓造血干细胞衰老[16]。党参醇提物可促进造血干（祖）细胞CD34$^+$、CD3$^+$、CD19$^+$及CD71$^+$分子的表达，抑制CD45$^+$、CD14$^+$分子的表达，使其处于分化早期阶段，维持造血干（祖）细胞的干性，其物质基础主要为党参炔苷和党参苷 I；同时党参醇提物还可促进造血干（祖）细胞CFU-E（红系细胞集落）、BFU-E（爆式红系细胞集落）、CFU-GM（粒细胞-巨噬细胞集落）、CFU-GEMM（粒细胞-红系细胞-巨噬细胞-巨核细胞集落）等集落的形成，提示其可以在体外提高造血干（祖）细胞的水平，促进造血前体细胞的体外增殖，利于造血细胞的生长、发育和成熟，其物质基础主要为党参苷 I 和党参炔苷[17]。

有研究表明，白术能够提高脑出血大鼠血清白蛋白及血清FT3含量，提示白术可能通过提高血清FT3含量纠正急性脑出血后的低蛋白血症[18]。黄芪白术配伍可促进再生障碍性贫血髂前上嵴骨髓中CFU-E、BFU-E集落的形成[19]。白术可促进小鼠骨髓细胞增殖及IL-1的产生，调节骨髓造血功能，提示白术具有明显增强机体免疫的功能[20]。

茯苓水煎液、乙酸乙酯组分和粗糖组分均可以提高环磷酰胺所致的免疫低下小鼠血清中的IgG、IL-2 和TNF-α水平，同时通过对茯苓拆分组分免疫功能的测定可知茯苓提高机体免疫功能的物质基础主要是茯苓粗糖组分和茯苓乙酸乙酯组分，主要是三萜类化合物[21]。

由此推测，痹祺胶囊中党参炔苷、党参苷 I、党参苷 II、土莫酸、茯苓酸、苍术酮、白术内酯 I、白术内酯 II 等成分可作用于IL-10、IL-4、IL-2、LCK、HSPA5、ABCG2、AR、CASP3、BMP2等靶点蛋白，通过T细胞受体信号通路、Wnt信号通路、MAPK信号通路等调控骨髓造血、免疫功能等发挥益气养血的作用。正气亏虚是痹证发病的基础，党参、茯苓、白术具有健脾、益气、养血的功效，三者合用体现了"气为血之帅，气旺血自生"的中医理论。

2. 改善血液循环

RA是一种顽固性疾病，属中医痹证范畴，多因体虚卫外不固，感受风寒湿邪，气血瘀滞，脉络痹阻而致。现代医学认为[22]，血液及关节局部的纤凝异常是RA一个重要病理特征。血瘀证是血液黏滞性和流动性出现异常的证候，出现微循环障碍和微小血管栓塞、高黏血证。滑膜细胞增生，大量淋巴细胞、浆细胞及巨噬细胞浸润，肉芽组织增生，滑膜组织内的血管内皮细胞增生，从而使血管增生，滑膜不规则增厚，呈多数小绒毛状，突起伸向关节腔，并向软骨边缘部扩展而形成的血管翳是RA的主要病理表现之一。RA患者关节滑膜中含有大量的内皮细胞因子是刺激血管增生的原因[23]。RA患者存在血液学异常表现为血浆纤维蛋白原含量增加，血浆胆固醇含量增加，红细胞所处的血浆介质渗透压增高，微循环障碍，血液灌注不足，血浆中大分子物质增多，包括纤维蛋白原、C反应蛋白、免疫球蛋白、血浆球蛋白、类风湿因子等，除引起血浆黏度升高外，还可吸附于红细胞膜上，使膜柔润性降低，细胞内水分外渗，可使红细胞内黏度升高硬度增大。另外血瘀证与血小板功能特别是血小板前列腺素代谢亢进有关。血瘀证患者常出现血小板聚集性亢进，表现为血小板聚集活性增强，血小板活性因子释放增多，动脉壁产生的血栓因子前列环素减少，血栓素B2水平升高[24]。抑制纤凝、促进纤溶，纠正RA凝血异常，能阻止滑膜炎症的进展，进而阻止骨质破坏[25]。

研究表明，丹参具有增加微循环血流的作用，可治疗冠心病人血液流动缓慢或使瘀滞的血细胞加速流动，并在不同程度上使聚集的血细胞发生解聚，丹参酮 II$_A$在体外循环中可保持红细胞正常状态，可能为丹参活血化瘀的主要有效成分之一[26]。同时，丹参对多种凝血因子具有抑制作用，还可激活纤溶酶原-纤溶酶系统，促使纤维蛋白溶解，抑制血小板聚集，发挥抗凝血和抗血小板聚集作用[27]，其物质基础主要为丹参素、丹酚酸A等，丹参素通过抑制血小板蛋白质二硫键异构酶ERp57和整合素αⅡbβ3的相互作用，降低凝血因子7的活性，从而抑制血栓的形成，丹酚酸A能增加血小板中环磷酸腺苷的含量，降低血液黏度，显著抑制凝血酶、腺苷二磷酸、花生四烯酸诱导的血小板聚集，但不影响凝血功能，具有明显的抗血栓活性[28]。川芎嗪对血管的收缩具有显著的抑制作用，并可抑制氯离子的外流，进而有效降低细胞的兴奋性，使得血管平滑肌进一步的舒张，进而可以减轻血管内皮的损伤，延缓动脉粥样硬化的进展，提示川芎嗪为川芎中促进血管舒张作用的有效成分[29]。三七皂苷R1可上调诱导型一氧化氮合酶（iNOS）的表达使NO的合成增加，提示其舒张血管机制可能与NO通路有关[30]。人参皂苷Rg1通过增加内皮型一氧化氮合酶（eNOS）的磷酸化，激活PI3K/Akt→eNOS途径，增加内源性NO的释放[31]。牛膝具有显著降低血栓长度、湿质量和干质量的作用和降低血小板聚积性、改善红细胞变形能力、降低纤维蛋白原水平的作用[32]。毛平等[33]研究发现，牛膝多糖（ABP）可延长小鼠凝血时间（CT）、大鼠血浆凝血酶原时间（PT）、白陶土部分凝血活酶时间（KPT），可能为怀牛膝活血作用的物质基础之一。地龙中含有较丰富的蚓激酶、纤溶酶等，具有抗血栓及抗凝血作用，作用机制可能为对纤维蛋白原与纤维蛋白进行直接降解，发挥纤溶酶原活化作用，对纤溶酶原进行间接活化，使其转化为纤溶酶，促进血栓溶解；促进t-PA等纤溶激活因子的释放，从而增强t-PA的生物学活性；对体内的凝血途径进行抑制，促进凝血因子的水解，防止血小板发生聚集[34]。

本实验的网络药理结果发现，痹祺胶囊中咖啡酸、迷迭香酸、丹参酮Ⅰ、丹参酮ⅡA、三七皂苷R1、异甘草素、奎宁酸、苍术酮、丹参新酮、三七皂苷CK等可通过作用于NOTCH1（神经源性位点notch同源蛋白1）、FN1（纤连蛋白）、F2（凝血酶）、F11R（连接黏附分子A）、VEGFA（血管内皮生长因子A）、TXN、NOS3（内皮型一氧化氮合酶）、ALB（白蛋白）、ICAM1（细胞间黏附分子1）等靶点蛋白，参与调节Janus激酶信号转导子和转录激活子途径（JAK-STAT）、Ca²⁺、血管内皮生长因子（VEGF）通路、Ras通路、FoxO通路等信号通路过程，抑制白细胞与内皮细胞黏附、降解纤维蛋白、抑制血小板聚集，维持血液渗透压，抑制血栓形成和血管翳形成。

3. 止痛

RA患者疼痛通常发生在手、手腕和脚的小关节，有时也发生在肘部、肩膀、脖子、膝盖、脚踝或臀部。RA疼痛源于关节病理和外周、脊髓和脊髓上疼痛通路处理疼痛信号之间的相互作用。痛觉的强度、分布和特征最终取决于外周痛觉感受器的直接激活，以及外周和中枢痛觉通路上神经元敏感性的调节[35]。

（1）抗炎止痛　外周疼痛机制包括痛觉感受器的直接激活，以及关节炎症对痛觉感受器的致敏作用[36]。局部免疫细胞分泌的炎性细胞因子以及其他分子介质共同作用于痛觉神经元的外周神经末梢。炎症介质应答诱导胞内信号通路磷酸化级联反应，从而降低痛觉感受器神经元产生动作电位的阈值，最终导致疼痛敏感性的提高[37]。同时TNF-α、IL-1β、IL-6和IL-17等多种炎症因子可直接改变疼痛神经元应答[38]。

本实验的网络药理结果发现，痹祺胶囊中士的宁、马钱子碱、番木鳖苷酸、咖啡酸、奎宁酸、甘草苷、异甘草素、甘草次酸、迷迭香酸、阿魏酸、洋川芎内酯A等作用于PTGS2、GSTP1、TNF、IL-1B、CXCL8、NOS2、VCAM1等蛋白靶点，抑制白细胞-内皮细胞黏附及

TNF-α、IL-1β等炎症因子释放对外周痛觉神经元的刺激、抑制前列腺素的生成以及拮抗前列腺素受体，而发挥抗免疫炎症、镇痛作用。

研究发现，马钱子碱能抑制外周炎症组织PGE2的释放，抑制大鼠血浆5-HT、6-keto-PG-Fla与血栓烷素（TXB2）炎症介质的释放，发挥抗炎作用[39]。此外马钱子碱还可通过PGE2释放抑制降低感觉神经末梢对痛觉敏感性及抑制钙激活钾离子通道（BKca）发挥镇痛作用[40]。迷迭香酸能明显抑制角叉菜胶致小鼠后足肿胀，并且显著降低炎症渗出液中前列腺素E2、MDA、组胺和5-HT的含量，显著提高血清中CAT、SOD活性，显著降低血清中NO含量，提示迷迭香酸能够通过抑制炎症部位炎症因子的合成或释放而起到抗炎作用[41]。

（2）中枢镇痛　有研究表明，人体疼痛的感知和中枢神经系统中的内源性阿片肽及其受体有关，其中较为密切的有脑啡肽、β-内啡肽、强啡肽3大类，内源性阿片肽和5-羟色胺都是与镇痛有关的两类重要的神经递质[42]。本实验的网络药理结果发现，痹祺胶囊来源于马钱子中的马钱子碱可作用于OPRD1（δ-阿片受体）、OPRM1（μ型阿片受体）；甘草中异甘草素可作用于GABBR1（γ-氨基丁酸B型受体亚单位1）来发挥止痛作用。马钱子碱还能减轻小鼠慢性收缩损伤模型的热敏感和机械疼痛。钠通道在神经性疼痛中起重要作用。电生理结果表明，马钱子碱可直接抑制钠离子通道，从而抑制DRG神经元的兴奋性，降低动作电位（AP）的数量，这种抑制是由于马钱子碱同时抑制河鲀毒素敏感（TTXs）和耐河豚毒素（TTXr）钠通道所致[43]。马钱子碱贴剂能提高小鼠电刺激致痛的痛阈值，能提高5-HT致痛的大鼠镇痛率和大鼠大脑功能区脑啡肽的含量，提示马钱子碱的中枢镇痛作用可能与增加脑内神经递质——脑啡肽含量有关[44]。

综上，痹祺胶囊通过士的宁、马钱子碱、番木鳖苷酸、异甘草素、甘草次酸、迷迭香酸等作用于PTGS2、VCAM1、OPRD1、OPRM1等蛋白靶点抑制炎症反应对外周神经元的激活或抑制中枢神经兴奋和5-HT释放等发挥外周和中枢镇痛作用。

第二节　基于体外细胞模型的药效物质基础及作用机制研究

一、痹祺胶囊体外抗炎药效物质基础研究

类风湿关节炎（rheumatoid arthritis，RA）是一种慢性炎症性疾病，其主要表现为以滑膜炎及骨和软骨破坏为特征的对称性多关节炎。目前随着研究的深入RA的发病机制渐渐被人们所熟知，认为RA是多种基因和环境危险因素相互作用的结果[45]。促炎症反应细胞因子，如肿瘤坏死因子α（tumor necrosis factor-α，TNF-α）、白细胞介素-1β（interleukin-1β，IL-1β）和白细胞介素-6（interleukin-6，IL-6）在疾病的发病机制中发挥至关重要的作用，而不受控制的炎症反应最终导致关节破坏[46]。巨噬细胞在宿主防御（包括炎症）的起始和调节中起重要作用，并且可以被多种炎症刺激如LPS和TNF-α激活以引发炎症过程的级联[47]。本部分实验研究通过LPS诱导RAW264.7细胞建立体外炎症模型，探讨痹祺胶囊及方中19个重要单体成分马钱子碱、士的宁、党参炔苷、白术内酯Ⅲ、茯苓酸、丹参素、丹参酮ⅡA、丹酚酸B、迷迭香酸、三七皂苷R1、人参皂苷Rg1、人参皂苷Rb1、阿魏酸、藁本内酯、蜕皮甾酮、牛膝皂苷D、次黄嘌呤、甘草次酸、甘草苷的抗炎作用，初步解析痹祺胶囊发挥抗炎作用的药效物质基础。

（一）仪器与材料

1. 细胞株

小鼠细胞系RAW264.7，购于上海生科院。

2. 试剂及药品

实验所用试剂及药品信息见表4-2-1，实验所用单体化合物信息见表4-2-2。

表4-2-1 试剂及药品信息

名称	公司
痹祺胶囊	天津达仁堂京万红药业有限公司
地塞米松	美国Sigma公司
DMEM高糖培养基	美国Gibco公司
胎牛血清（fetal bovine serum，FBS）	美国Gibco公司
双抗（氨苄青霉、链霉素100×）	美国Gibco公司
1×PBS缓冲液	北京Solarbio公司
IL-6 ELISA试剂盒	上海西塘生物科技有限公司
TNF-α ELISA试剂盒	上海西塘生物科技有限公司
NO检测试剂盒	上海碧云天生物技术有限公司
脂多糖（lipopolysaccharide，LPS）	美国Sigma公司
DMSO	美国Sigma公司
MTS	美国Promega公司

表4-2-2 单体化合物信息表

名称	公司	批号	质量分数	药材来源
马钱子碱	中国药品生物制品检定所	110706-200505	95.9%	马钱子
士的宁	中国药品生物制品检定所	110705-200306	97%	马钱子
党参炔苷	成都曼斯特生物科技有限公司	MUST-21061005	99.57%	党参
白术内酯Ⅲ	成都曼斯特生物科技有限公司	MUST-20110611	99.97%	白术
茯苓酸	成都曼斯特生物科技有限公司	MUST-18072910	98.31%	茯苓
丹参素	成都曼斯特生物科技有限公司	MUST-18060920	98.38%	丹参
丹参酮ⅡA	成都曼斯特生物科技有限公司	MUST-17101811	99.33%	丹参
丹酚酸B	成都曼斯特生物科技有限公司	MUST-21030110	98.60%	丹参
迷迭香酸	成都曼斯特生物科技有限公司	MUST-18053110	99.02%	丹参
三七皂苷R₁	成都曼斯特生物科技有限公司	MUST-21011910	98.12%	三七
人参皂苷Rg₁	成都曼斯特生物科技有限公司	MUST-20110810	99.16%	三七
人参皂苷Rb₁	成都曼斯特生物科技有限公司	110704-201827	91.2%	三七
阿魏酸	上海源叶生物科技有限公司	L03A9D57744	≥98%	川芎
藁本内酯	成都曼斯特生物科技有限公司	MUST-21090104	≥98%	川芎
蜕皮甾酮	成都曼斯特生物科技有限公司	MUST-21060110	99.12%	牛膝
牛膝皂苷D	上海源叶生物科技有限公司	S04GB159770	≥94%	牛膝

续表

名称	公司	批号	质量分数	药材来源
次黄嘌呤	上海源叶生物科技有限公司	T13J11X107944	≥98%	地龙
甘草次酸	成都曼斯特生物科技有限公司	MUST-21030707	99.10%	甘草
甘草苷	成都曼斯特生物科技有限公司	MUST-21052114	99.16%	甘草

3. 仪器

实验所用仪器信息见表4-2-3。

表4-2-3　实验仪器信息表

名称	公司
高压灭菌器HVE-50	日本Hirayama公司
倒置显微镜	日本Olympus公司
MCO-5M CO_2细胞培养箱	日本Olympus公司
超净工作台	苏州净化设备有限公司
酶标仪	德国Berthold公司
涡旋混合器	上海五相仪器仪表有限公司
电热恒温鼓风干燥箱	上海之信仪器有限公司
微量移液器10～5000μL	美国Eppendorf公司
电热恒温水浴锅	南京普森仪器设备有限公司
超低温冰箱	美国Thermo Scientific公司

（二）实验方法

1. RAW264.7细胞培养

小鼠腹腔巨噬细胞（RAW264.7）培养条件：用DMEM高糖培养基（含1%双抗和10%胎牛血清）培养于37℃、5% CO_2细胞培养箱。

（1）细胞复苏　从液氮罐中迅速取出细胞并立即放入37℃水浴锅中，迅速摇动冻存管使其快速融化。将细胞转移至15mL离心管于1000r/min离心3min，弃去冻存液，加入1mL新鲜培养基重悬细胞，并转移至10cm培养皿中，将细胞吹打均匀后放入37℃、5% CO_2细胞培养箱中培养。细胞培养6h后换液，以除去冻存中产生的代谢废物及死亡细胞等。

（2）细胞换液及传代　根据细胞生长情况确定换液频率，一般1～2d换液1次。换液时操作简易，弃去旧培养基，用PBS洗2次，再加入新的完全培养基。

当细胞生长至90%时，弃去旧培养基，用PBS清洗2次，加入1mL完全培养液，用移液枪反复吹打皿底使细胞脱壁悬浮。取部分细胞悬浮液转移至加有7mL完全培养基的100mm培养皿中，于37℃、5% CO_2培养箱中继续培养。

2. 痹祺胶囊及单体化合物给药浓度的确定

（1）样品配制　精确称取适量痹祺胶囊粉末，加入一定量DMSO配制成浓度为20mg/mL的高浓度储存液。精确称取适量马钱子碱、士的宁、党参炔苷、白术内酯Ⅲ、茯苓酸、丹参素、丹参酮ⅡA、丹酚酸B、迷迭香酸、三七皂苷R_1、人参皂苷Rg_1、人参皂苷Rb_1、阿魏酸、藁本内酯、蜕皮甾酮、牛膝皂苷D、次黄嘌呤、甘草次酸、甘草苷样品，加入一定量DMSO配制成浓度为100mmol/L的高浓度储存液，经梯度稀释得到实验浓度。

（2）实验分组及给药　取生长至80%～90%的RAW264.7细胞，用移液枪吹打至脱落，调整细胞密度为 2×10^5 cell/孔均匀接种于96孔板，边缘孔用无菌水填充，接种完毕后轻轻振荡使细胞分布均匀，在37℃、5% CO_2 细胞培养箱孵育24h后进行给药处理，实验设为空白对照组（Control，每孔加100μL含2%血清的DMEM），痹祺胶囊给药组（浓度为500μg/mL、200μg/mL、100μg/mL、20μg/mL、4μg/mL，每孔加100μL），马钱子碱、士的宁、党参炔苷、白术内酯Ⅲ、茯苓酸、丹参素、丹参酮Ⅱ$_A$、丹酚酸B、迷迭香酸、三七皂苷R$_1$、人参皂苷Rg$_1$、人参皂苷Rb$_1$、阿魏酸、藁本内酯、蜕皮甾酮、牛膝皂苷D、次黄嘌呤、甘草次酸、甘草苷溶液给药组（浓度为100μmol/L、50μmol/L、10μmol/L、1μmol/L，每孔加100μL，DMSO浓度为1‰），每组设6个复孔。给药后于37℃、5% CO_2 培养箱中培养24h，每孔加入20μL MTS，37℃、5% CO_2 的环境下孵育2h后490nm下读取吸光值，检测不同浓度痹祺胶囊及单体化合物对细胞增殖的影响。

3. 痹祺胶囊及单体化合物抗炎药效实验

（1）LPS溶液配制　向1mg LPS粉末中加入1mL水，得到浓度为1mg/mL的高浓度储存液（于–20℃保存），然后梯度稀释得到实验浓度。

（2）实验分组及给药　取生长至80%～90%的RAW264.7细胞，调整细胞密度为 5×10^5 cell/孔均匀接种于96孔板，于37℃、5% CO_2 培养箱培养24h后吸去上清，按实验分组，每组设6个复孔，空白对照组（Control）每孔加入100μL含2%血清的DMEM，模型组加入100μL终浓度为0.1μg/mL的LPS，阳性药地塞米松组（DXM）加入100μL终浓度为100μmol/L地塞米松和0.1μg/mL的LPS混合溶液，痹祺胶囊给药组中每孔加入100μL终浓度为200μg/mL、20μg/mL、2μg/mL的痹祺胶囊及0.1μg/mL的LPS混合溶液，马钱子碱、士的宁、党参炔苷、白术内酯Ⅲ、茯苓酸、丹参素、丹酚酸B、迷迭香酸、三七皂苷R$_1$、人参皂苷Rg$_1$、人参皂苷Rb$_1$、阿魏酸、蜕皮甾酮、牛膝皂苷D、次黄嘌呤、甘草苷溶液给药组每组加入100μL终浓度为100μmol/L、10μmol/L、1μmol/L样品和0.1μg/mL的LPS混合溶液，丹参酮Ⅱ$_A$、甘草次酸溶液给药组每组加入100μL终浓度为50μmol/L、10μmol/L、2μmol/L样品和0.1μg/mL的LPS混合溶液，藁本内酯溶液给药组每组加入100μL终浓度为10μmol/L、2μmol/L、0.4μmol/L样品。各组细胞处理后，置于37℃、5% CO_2 培养箱中培养24h。

（3）指标检测　细胞上清液中NO含量检测：收集（2）项下的细胞培养上清液，用NO检测试剂盒检测NO的含量变化，具体实验步骤参照试剂盒说明书。

ELISA检测细胞上清液中炎症因子含量：收集（2）项下的细胞培养上清液，用酶联免疫吸附试剂盒检测TNF-α、IL-6的含量变化，操作步骤按照试剂盒说明书进行。

4. 统计分析

实验结果以平均值±标准差（ $X\pm$ SD）表示，统计软件为Graphpad Prism。组间比较采用单因素方差分析（One-way ANOVA）， $P<0.05$ 为差异有统计学意义。

（三）实验结果

1. 痹祺胶囊对LPS诱导RAW264.7细胞炎症反应的影响

（1）痹祺胶囊对细胞增殖的影响　如图4-2-1所示，痹祺胶囊给药浓度分别为500μg/mL、200μg/mL、100μg/mL、20μg/mL和4μg/mL刺激RAW264.7细胞24h后，给药浓度为500μg/mL时的细胞增殖率与空白对照组相比具有显著性差异（ $P<0.001$ ），说明给药浓度过高，对细胞增殖具有抑制作用，其余浓度无显著差异。故选取200μg/mL、20μg/mL、2μg/mL为后续痹

祺胶囊的给药浓度梯度。

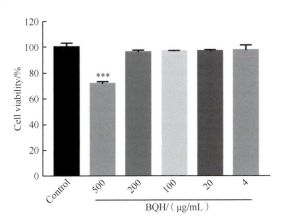

图4-2-1　不同浓度痹祺胶囊给药24h后对细胞增殖的影响（*** $P < 0.001$ *vs* 空白对照组）

（2）痹祺胶囊对细胞NO释放量的影响　通过用NO试剂盒进行检测，得到浓度为200μg/mL、20μg/mL、2μg/mL时痹祺胶囊对RAW264.7细胞上清液中NO释放量的影响（图4-2-2）。从结果图可以看出，LPS作用于细胞后，细胞上清液中的NO分泌量明显增加，与空白对照组相比，有显著性差异（$P < 0.001$），说明LPS诱导RAW264.7炎症模型建立成功。阳性药地塞米松给药浓度为100μmol/L时能显著抑制NO的释放（$P < 0.001$）。痹祺胶囊高、中、低给药浓度分别为200μg/mL、20μg/mL、2μg/mL时，细胞上清液中的NO含量均显著低于LPS组（$P < 0.001$），活性呈剂量相关性增强，并且浓度为200μg/mL时NO抑制活性较强于阳性对照地塞米松。

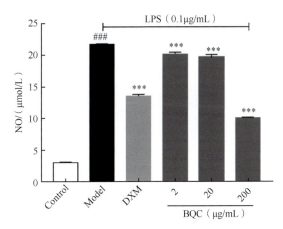

图4-2-2　痹祺胶囊与LPS共孵育24h对RAW264.7细胞培养上清液中NO释放量的影响（\#\#\# $P < 0.001$ *vs* 空白对照组；*** $P < 0.001$ *vs* 模型组）

（3）痹祺胶囊对细胞TNF-α、IL-6释放量的影响　通过酶联免疫法检测，得到浓度为200μg/mL、20μg/mL、2μg/mL时痹祺胶囊对RAW264.7细胞上清液中TNF-α、IL-6释放量的影响（图4-2-3）。从结果图中可以看出，LPS作用于细胞后，细胞上清液中的TNF-α和IL-6释放量明显增加，与空白对照组比较，有显著性差异（$P < 0.001$），说明LPS诱导RAW264.7炎症模型建立成功。阳性药地塞米松给药浓度为100μmol/L时能显著抑制TNF-α和IL-6的释放

（$P<0.001$）。如图A所示，痹祺胶囊浓度为200μg/mL、20μg/mL时能显著抑制TNF-a的释放（$P<0.05$，$P<0.001$），由图B可得，痹祺胶囊各浓度细胞上清液中的IL-6含量均显著低于LPS组（$P<0.05$，$P<0.001$）。综上所述，痹祺胶囊对LPS诱导的TNF-α和IL-6释放均有较好的抑制活性，且呈剂量依赖性。

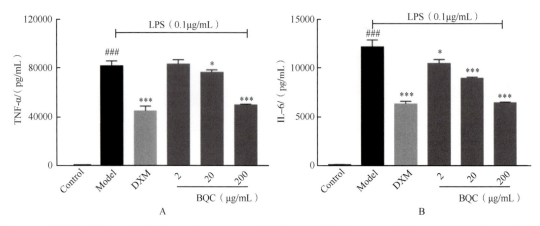

图4-2-3   痹祺胶囊与LPS共孵育24h对RAW264.7细胞培养上清液中TNF-α（A）、IL-6（B）释放量的影响
（###$P<0.001$ *vs*空白对照组；*$P<0.05$ *vs*模型组；***$P<0.001$ *vs*模型组）

2. 19个单体化合物对LPS诱导RAW264.7细胞炎症反应的影响

（1）19个单体化合物对细胞增殖的影响   MTS结果显示（图4-2-4），当不同浓度（1μmol/L、10μmol/L、50μmol/L、100μmol/L）的马钱子碱、士的宁、党参炔苷、白术内酯Ⅲ、茯苓酸、丹参素、丹酚酸B、迷迭香酸、三七皂苷R_1、人参皂苷Rg_1、人参皂苷Rb_1、阿魏酸、蜕皮甾酮、牛膝皂苷D、次黄嘌呤、甘草苷刺激RAW264.7细胞24h后，各浓度组与空白对照组比较均无显著性差异（$P<0.05$），说明该16个单体化合物在1~100μmol/L给药浓度范围内对细胞增殖无影响，属于安全给药范围。丹参酮ⅡA和甘草次酸溶液在浓度为50μmol/L时与空白对照组相比无显著性差异，藁本内酯溶液在浓度为10μmol/L时与空白对照组无显著性差异，因此丹参酮ⅡA和甘草次酸的安全给药范围为1~50μmol/L，藁本内酯的安全给药范围为1~10μmol/L。

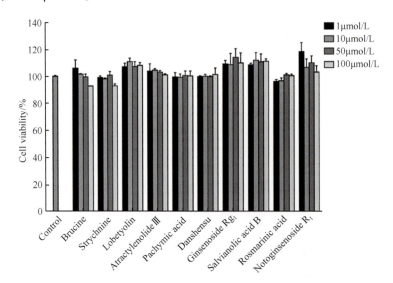

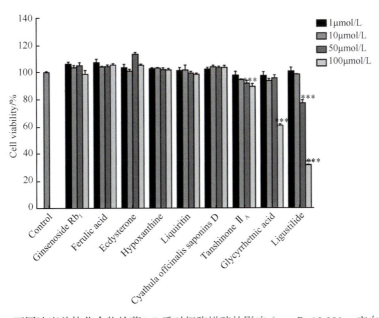

图 4-2-4 不同浓度单体化合物给药24h后对细胞增殖的影响（***$P < 0.001$ vs 空白对照组）

（2）19个单体化合物对细胞NO释放量的影响　如图4-2-5所示，LPS作用于细胞后，细胞上清液中的NO释放量明显增加，与空白对照组比较，有显著性差异（$P < 0.001$），说明LPS诱导RAW264.7炎症模型建立成功。阳性药地塞米松给药浓度为100μmol/L时能显著抑制NO的释放（$P < 0.001$）。马钱子碱、士的宁、党参炔苷、白术内酯Ⅲ、茯苓酸、丹参素、丹酚酸B、迷迭香酸、三七皂苷 R_1、人参皂苷 Rg_1、人参皂苷 Rb_1、阿魏酸、蜕皮甾酮、牛膝皂苷D、次黄嘌呤、甘草苷、丹参酮Ⅱ $_A$、甘草次酸在高（100μmol/L）、中（10μmol/L）、低（1μmol/L）给药浓度时对细胞上清液NO的释放均有显著性的抑制，并且呈现剂量相关性。藁本内酯给药浓度为10μmol/L、1μmol/L时与LPS模型组比较有显著性差异。

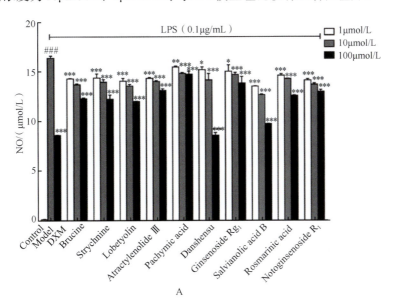

A

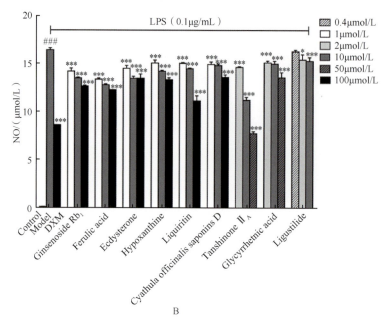

B

图4-2-5 单体化合物与LPS共孵育24h对RAW264.7细胞培养上清液中NO释放量的影响（###*P*＜0.001 *vs*空白对照组；*P＜0.05 *vs*模型组；**P＜0.01 *vs*模型组；***P＜0.001 *vs*模型组）

（3）19个单体化合物对细胞TNF-α、IL-6释放量的影响 如图4-2-6所示，LPS作用于RAW264.7细胞后，细胞上清液中的TNF-α、IL-6含量明显增加，与空白对照组比较，有显著性差异（*P*＜0.001）。阳性药地塞米松组（100μmol/L）细胞上清液中TNF-α、IL-6的含量显著低于LPS组（*P*＜0.001）。由图A和B可以看出，与LPS组相比较，白术内酯Ⅲ、茯苓酸、丹酚酸B、迷迭香酸、三七皂苷R₁、人参皂苷Rb₁、阿魏酸、蜕皮甾酮、次黄嘌呤、甘草苷、牛膝皂苷D、丹参酮ⅡA、甘草次酸和藁本内酯在对应给药的高（100μmol/L）、中（10μmol/L）、低（1μmol/L）浓度下对细胞上清液中TNF-α的释放均有显著的抑制活性，并且呈现剂量相关性；士的宁、丹参素低浓度给药组（1μmol/L）细胞上清中TNF-α的含量与模型组相比无显著性差异；马钱子碱、人参皂苷Rg₁只有在高浓度（100μmol/L）时对TNF-α的释放有显著抑制作用；党参炔苷对TNF-α的释放无明显抑制作用。由图C和D可以看出，与模型组相比，马钱子碱、党参炔苷、人参皂苷Rg₁、丹酚酸B、迷迭香酸、三七皂苷R₁、人参皂苷Rb₁、阿魏酸、蜕皮甾酮、甘草苷在对应给药的高（100μmol/L）、中（10μmol/L）、低（1μmol/L）浓度下对细胞上清液中IL-6的释放均有显著的抑制活性，并且呈现剂量相关性；次黄嘌呤和牛膝皂苷D低浓度给药组对细胞上清液中IL-6的含量无显著抑制作用；士的宁、白术内酯Ⅲ、茯苓酸、丹参素只有在高浓度（100μmol/L）时对IL-6的释放有显著抑制作用；丹参酮ⅡA、甘草次酸和藁本内酯对IL-6的释放无显著抑制作用。

（四）小结与讨论

类风湿关节炎（RA）是一种以关节滑膜炎为特征的慢性全身性自身免疫性疾病。RA在临床上的病理特征主要表现为3个方面：关节局部炎症细胞浸润引发慢性炎症；关节滑膜细胞浸润生长导致滑膜增厚；骨侵蚀和软骨组织受损[48]。其中参与炎症反应的主要为免疫细胞，免疫细胞产生细胞因子，细胞因子又可以引发免疫细胞生成和聚集，导致炎症持续进行[49]。巨噬细胞作为人体免疫系统主要的反应细胞，生成于骨髓，再输入到血液成为单核细胞，是体内

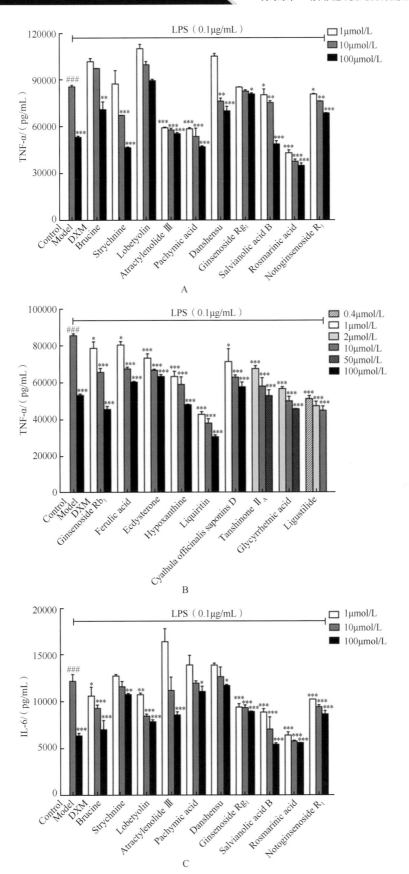

A

B

C

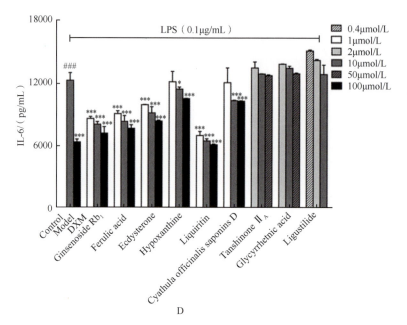

图4-2-6　单体化合物与LPS共孵育24h对RAW264.7细胞培养上清液中TNF-α（A和B）、IL-6（C和D）释放量的影响（###$P < 0.001$ vs空白对照组；*$P < 0.05$ vs模型组；**$P < 0.01$ vs模型组；***$P < 0.001$ vs模型组）

启动炎症介质产生的中心细胞，在体内有吞噬外来物质、抗原呈递和免疫调节的作用[50]。当人体免疫细胞如单核/巨噬细胞、血管内皮细胞等在受到致炎因子（物理、化学、生物因素等）作用时，一些相对分子质量小的、能在细胞间传递信息的，并且具有特异性免疫调节功能的可溶性蛋白质或多肽通过机体本身分泌出来，而机体的许多生理反应就是由这些细胞活性因子参与和诱导的[51, 52]。其中包括如前列腺素E（PGE）、NO、TNF-α、IL-1β、IL-6、IL-8和IL-10等，对细胞炎症反应的调控具有直接或间接的作用。TNF-α具有很强的炎症损伤作用[53]，具有对IL-1β、IL-6等的协调和调节作用[54]。所以通过控制TNF-α的产生，可以有效抑制炎症的发展。IL-1β、IL-6作为体内炎症疾病严重程度的重要衡量指标[55]，一般可由血管内皮细胞、巨噬细胞等产生。NO是介导炎症反应的关键因子，可杀灭侵入机体的病原微生物，维持机体正常的免疫防御功能。少量的NO是维持正常细胞功能必不可少的，然而研究表明LPS和（或）细胞因子等刺激因子能诱导单核/巨噬细胞高表达一氧化氮合成酶（iNOS）从而合成过量的NO，造成细胞毒性和组织损伤等一系列炎症反应[56-58]。

　　LPS是革兰氏阴性菌致病的主要因素，能通过与细胞膜受体相互作用，作用于宿主细胞，并通过细胞内信号传递级联基因表达发生变化[59]。RAW264.7小鼠腹腔巨噬细胞是一种实验室常用细胞。该细胞株具有很强的黏附和吞噬抗原的能力，通常被广泛用来构建体外炎症模型[60]。当RAW264.7被LPS刺激时，通过作用于细胞膜上的膜受体，激活诱导细胞内各种炎症信号通路，进而调节相关炎症因子基因的表达，最终合成和释放众多内源性生物活性因子，如NO、PGE2、TNF-α、IL-6、IL-1β等。

　　痹祺胶囊来源于汉代名医华佗传世验方"一粒仙丹"，由马钱子、党参、丹参、白术、茯苓、川芎、三七、地龙、甘草、牛膝十味中药组成，功能益气养血、祛风除湿、活血止痛，临床长期用于气血不足，风湿阻滞，肌肉关节酸痛，关节僵硬变形等。近年来药理研究表明痹祺胶囊具有抗炎、消肿、镇痛及改善动脉血流等作用[61]。本实验以脂多糖（LPS）刺激小鼠巨噬细胞系RAW264.7细胞作为炎症细胞实验模型，对痹祺胶囊的体外抗炎活性进行了评价，同时选取方中19个关键化学成分马钱子碱、士的宁、党参炔苷、白术内酯Ⅲ、茯苓酸、丹参素、丹参酮ⅡA、丹酚酸B、迷迭香酸、三七皂苷R1、人参皂苷Rg1、人参皂苷Rb1、阿魏酸、藁本内酯、蜕皮甾酮、牛膝皂苷D、次黄嘌呤、甘草次酸、甘草苷检测其抗炎活性。马钱子是蒙医临床常用药物，具有一系列的生物活性，包括对神经系统的作用、抗炎镇痛作用、抗肿瘤作用、抑制病原微生物的生长和调节免疫功能，现代研究证明，马钱子中马钱子碱和士的宁是主要成分也是毒性成分，占总生物碱的80%左右[62]。中药党参的药理学研究主要集中在调节胃收缩和抗溃疡、调节血糖、促进造血机能、增强机体免疫力、延缓衰老、降压、抗缺氧、耐疲劳等方面，此外党参具有抗菌、抗炎、耐缺氧、抗疲劳、抗应激、祛痰、平喘、降血脂、改善营养性贫血等作用，其中化合物党参炔苷被《中国药典》认定为党参的标志性成分，发挥重要活性作用[63]。白术的现代研究表明，白术含有挥发油、内酯类化合物、多糖、氨基酸及白术三醇等多种成分，具有保肝、调节胃肠运动、抗炎性反应、抗肿瘤、调节免疫系统、降血糖、调节免疫代谢等作用[64]。丹参具有活血化瘀功效，是临床常用的一种中药。丹参的活性成分主要为丹参酮类和酚酸类化合物。丹参药理活性广泛，临床主要用于治疗心脑血管疾病，现代药理研究发现丹参还具有保护脏器、抗纤维化、抗菌抗炎、抗肿瘤及免疫调节等作用[65]。三七的传统功效为止血、散瘀、消肿、止痛、补虚等，现代药理研究发现三七在免疫系统、心血管系统、神经系统、抗肿瘤、抗衰老等方面同样具有药理活性，皂苷类物质为三七主要有效药用成分，三七皂苷的主要药理作用包括抗炎、抗肿瘤、提高免疫力、保护心血管等[66]。中药川芎对心脑血管系统、肝肾系统、神经系统、呼吸系统等都具有多方面的药理活性，主要表现为镇痛、抗炎、抗氧化能力、抗肿瘤、抗凝血、抗抑郁、抗衰老、抗动脉粥样硬化、细胞保护、改善心功能等作用[67]。牛膝中含有多种化学成分，具有免疫调节作用、肿瘤抑制作用、抗炎抗菌及镇痛作用、抗骨质疏松作用等，目前对牛膝的化学研究中比较集中于对牛膝多糖的研究，对其他类型的化合物研究报道较少，其药理活性有待进一步的研究[68]。地龙主要的化学成分包括蛋白质、氨基酸、酶类、脂类、微量元素、核苷酸等化合物，其主要药理作用有平喘降压、解热镇痛、抗凝血、抗血栓、抗肿瘤、增强免疫等。地龙含有较多人体代谢过程必需核苷酸，包括腺嘌呤、鸟嘌呤、黄嘌呤、次黄嘌呤、尿嘧啶等，研究表明，次黄嘌呤是地龙发挥平喘、降压作用的主要有效成分之一[69]。甘草是我国传统常用中草药，其主要含有三萜类、黄酮类、多糖类、香豆素类等化学成分，具有抗肿瘤、抗菌、抗病毒、抗炎、调节免疫、抗纤维化等多种药理活性[70]。

实验结果表明，痹祺胶囊能显著降低LPS诱导的RAW264.7细胞内NO、TNF-α和IL-6的含量，且浓度越大，NO、TNF-α和IL-6的含量越低，说明痹祺胶囊具有很好的抗炎作用。同时，来自10味药材中的19个单体化合物对LPS诱导的RAW264.7细胞炎症模型均有不同程度的抑制作用，细胞上清液中的NO、TNF-α和IL-6表达下调，并呈现良好的浓度相关关系，说明这19个单体化合物的抗炎作用与抑制NO、TNF-α和IL-6释放有关。因此，推测马钱子碱、士的宁、党参炔苷、白术内酯Ⅲ、丹参素、丹参酮ⅡA、丹酚酸B、迷迭香酸、三七皂苷R1、人参皂苷Rg1、人参皂苷Rb1、阿魏酸、藁本内酯、蜕皮甾酮、牛膝皂苷D、次黄嘌呤、甘草次酸、甘草苷可能为痹祺胶囊发挥抗炎作用的关键药效物质基础。

二、痹祺胶囊抑制滑膜细胞增殖的药效物质基础研究

类风湿关节炎（rheumatoid arthritis，RA）是以滑膜炎症增生及关节软骨进行性破坏为主要特点的一种慢性高致残性疾病，该病主要特点是系统性、异质性、自身免疫性疾病。研究表明，除了T细胞及巨噬细胞外，成纤维样滑膜细胞（fibroblast-likesynoviocytes，FLS）是RA中引起滑膜炎症病变及关节破坏的主要效应细胞[71]。TNF-α在RA患者滑液、血清、关节滑膜等组织中表达异常升高，且一定浓度的TNF-α能刺激成纤维样滑膜细胞增殖及分泌胶原酶、金属蛋白酶、IL-6、趋化因子、基膜溶解酶等，进一步导致局部炎症反应、滑膜细胞增殖与凋亡平衡失调、血管翳生成、软骨破坏及骨侵蚀[72]。本部分实验通过建立肿瘤坏死因子-α（TNF-α）诱导的人风湿性关节滑膜成纤维细胞（RA-HFLS）模型，探讨痹祺胶囊及方中19个重要单体成分马钱子碱、士的宁、党参炔苷、白术内酯Ⅲ、茯苓酸、丹参素、丹参酮ⅡA、丹酚酸B、迷迭香酸、三七皂苷R1、人参皂苷Rg1、人参皂苷Rb1、阿魏酸、藁本内酯、蜕皮甾酮、牛膝皂苷D、次黄嘌呤、甘草次酸、甘草苷对RA-HFLS细胞增殖和凋亡的影响，初步解析痹祺胶囊发挥抑制滑膜细胞增殖作用的药效物质基础。

（一）仪器与材料

1. 细胞株

人风湿性关节滑膜成纤维细胞（RA-HFLS），购自赛百慷（上海）生物技术股份有限公司。

2. 试剂及药品

实验所用试剂及药品信息见表4-2-4，实验所用单体化合物信息见表4-2-5。

表4-2-4 试剂及药品信息

名称	公司
痹祺胶囊	天津达仁堂京万红药业有限公司
DMEM/F12（1∶1）培养基	美国Gibco公司
胎牛血清（fetal bovine serum，FBS）	美国Gibco公司
双抗（氨苄青霉、链霉素100×）	美国Gibco公司
1×PBS缓冲液	北京Solarbio公司
DMSO	美国Sigma公司
MTS	美国Promega公司
TNF-α	美国Peprotech公司
总RNA提取试剂盒	北京天根科技生物公司
cDNA合成反转录试剂盒	罗氏
FastStart Universal SYBR Green Master（ROX）（Rox）	罗氏
PCR引物设计合成	上海生工生物工程股份有限公司

表4-2-5　单体化合物信息表

名称	公司	批号	纯度	药材来源
马钱子碱	中国药品生物制品检定所	110706-200505	95.9%	马钱子
士的宁	中国药品生物制品检定所	110705-200306	97%	马钱子
党参炔苷	成都曼斯特生物科技有限公司	MUST-21061005	99.57%	党参
白术内酯Ⅲ	成都曼斯特生物科技有限公司	MUST-20110611	99.97%	白术
茯苓酸	成都曼斯特生物科技有限公司	MUST-18072910	98.31%	茯苓
丹参素	成都曼斯特生物科技有限公司	MUST-18060920	98.38%	丹参
丹参酮ⅡA	成都曼斯特生物科技有限公司	MUST-17101811	99.33%	丹参
丹酚酸B	成都曼斯特生物科技有限公司	MUST-21030110	98.60%	丹参
迷迭香酸	成都曼斯特生物科技有限公司	MUST-18053110	99.02%	丹参
三七皂苷R$_1$	成都曼斯特生物科技有限公司	MUST-21011910	98.12%	三七
人参皂苷Rg$_1$	成都曼斯特生物科技有限公司	MUST-20110810	99.16%	三七
人参皂苷Rb$_1$	成都曼斯特生物科技有限公司	110704-201827	91.2%	三七
阿魏酸	上海源叶生物科技有限公司	L03A9D57744	≥98%	川芎
藁本内酯	成都曼斯特生物科技有限公司	MUST-21090104	≥98%	川芎
蜕皮甾酮	成都曼斯特生物科技有限公司	MUST-21060110	99.12%	牛膝
牛膝皂苷D	上海源叶生物科技有限公司	S04GB159770	≥94%	牛膝
次黄嘌呤	上海源叶生物科技有限公司	T13J11X107944	≥98%	地龙
甘草次酸	成都曼斯特生物科技有限公司	MUST-21030707	99.10%	甘草
甘草苷	成都曼斯特生物科技有限公司	MUST-21052114	99.16%	甘草

3. 仪器

实验所用仪器信息见表4-2-6。

表4-2-6　实验仪器信息表

名称	公司
高压灭菌器HVE-50	日本Hirayama公司
倒置显微镜	日本Olympus公司
MCO-5M CO$_2$细胞培养箱	日本Olympus公司
超净工作台	苏州净化设备有限公司
酶标仪	德国Berthold公司
涡旋混合器	上海五相仪器仪表有限公司
电热恒温鼓风干燥箱	上海之信仪器有限公司
微量移液器10～5000μL	美国Eppendorf公司
电热恒温水浴锅	南京普森仪器设备有限公司
超低温冰箱	美国Thermo Scientific公司
分析型流式细胞仪	美国BD公司
荧光定量PCR仪	罗氏

（二）实验方法

1. RA-HFLS细胞培养

人风湿性关节滑膜成纤维细胞（RA-HFLS）培养条件：用DMEM/F12（1∶1）完全培养基（含1%双抗和10%胎牛血清）培养于37℃、5% CO_2 细胞培养箱。

（1）细胞复苏　从液氮罐中迅速取出细胞并立即放入37℃水浴锅中，迅速摇动冻存管使其快速融化。将细胞转移至15mL离心管于1000r/min离心3min，弃去冻存液，加入1mL新鲜培养基重悬细胞，并转移至100mm培养皿中，将细胞吹打均匀后放入37℃、5% CO_2 细胞培养箱中培养。细胞培养6h后换液，以除去冻存中产生的代谢废物及死亡细胞等。

（2）细胞换液及传代　根据细胞生长情况确定换液频率，一般1～2d换液1次。换液时操作简易，弃去旧培养基，用PBS洗2次，再加入新的完全培养基。

当细胞生长至90%时，弃去旧培养基，用PBS清洗2次，加入1mL 0.25%胰酶消化后加新鲜培养基用移液枪反复吹打皿底使细胞脱壁悬浮。取部分细胞悬浮液转移至加有7mL完全培养基的100mm培养皿中，于37℃、5% CO_2 培养箱中继续培养。

2. MTS法检测细胞增殖活性

取生长至80%～90%的RA-HFLS细胞，胰酶消化后用移液枪吹打至脱落，调整细胞密度为 1×10^4 cell/孔均匀接种于96孔板，边缘孔用无菌水填充，接种完毕后轻轻振荡使细胞分布均匀，在37℃、5%培养箱孵育24h后进行给药处理，实验设为空白对照组（Control），每孔加100μL完全培养基；模型组（Model），每孔加含10ng/mL TNF-α的完全培养基；痹祺胶囊给药组每孔加入100μL终浓度为1000μg/mL、500μg/mL、250μg/mL的痹祺胶囊及10ng/mL的TNF-α混合溶液；马钱子碱、士的宁、党参炔苷、白术内酯Ⅲ、茯苓酸、丹参素、丹参酮Ⅱ$_A$、丹酚酸B、迷迭香酸、三七皂苷R$_1$、人参皂苷Rg$_1$、人参皂苷Rb$_1$、阿魏酸、藁本内酯、蜕皮甾酮、牛膝皂苷D、次黄嘌呤、甘草次酸、甘草苷溶液给药组每孔加入100μL终浓度为100μmol/L、10μmol/L、1μmol/L的化合物及10ng/mL的TNF-α混合溶液，每组设6个复孔。给药后于37℃、5% CO_2 培养箱中培养24h，每孔加入20μL MTS，37℃、5% CO_2 环境下孵育2h后490nm下读取吸光值，检测不同浓度痹祺胶囊及单体化合物对细胞增殖的影响。

3. 倒置显微镜观察细胞形态

取生长至80%～90%的RA-HFLS细胞，调整细胞密度为 1×10^4 个/孔均匀接种于96孔板，于37℃、5%培养箱孵育24h后进行给药处理，给药浓度设置同2。药物孵育24h后于显微镜下观察化合物对细胞形态的影响并拍照记录。

4. 流式细胞术检测细胞凋亡

取对数生长期细胞，调整细胞密度为 1×10^5 个/mL，取1mL接种于12孔板，置于37℃、5% CO_2 培养箱中，培养24h后，加入不同浓度的待测化合物（考虑到流式细胞仪检测需要一定细胞数量，除藁本内酯和甘草次酸浓度设为50μmol/L和5μmol/L外，其余化合物检测浓度均设为100μmol/L和10μmol/L），每组设置3个平行对照，24h后，将细胞培养液吸至离心管内，PBS洗涤贴壁细胞1次，加入200μL胰酶，消化后收集细胞，将细胞转移至离心管内，调节离心机转速为1000r/min，3min后取出细胞。取5万～10万处理好的细胞放入离心机，调节转速为1000r/min，3min后取出细胞，弃上清液，然后加入195μL Annexin V-FITC结合液，轻吹使细胞均匀分散在该体系中。加入5μL Annexin V-FITC以及10μL碘化丙啶染色液，轻弹管壁混匀染液。室温避光孵育20min后将细胞置于冰浴中并用铝箔避光，随后用流式细胞仪检测细胞凋亡状况。

5. RA-HFLS细胞*MMP-3*和*RANKL*基因的表达

（1）提取RNA　取对数生长期细胞，调整细胞密度为$1×10^5$个/mL，取1mL接种于12孔板，置于37℃、5% CO_2培养箱中，培养24h后，加入不同浓度的待测化合物（考虑到RNA浓度需要，除藁本内酯和甘草次酸浓度设为50μmol/L和10μmol/L外，其余化合物检测浓度均设为100μmol/L和10μmol/L），各组细胞给药处理结束后，弃去原有培养液，用PBS洗两次后，每孔加入1mL Trizol试剂，用移液枪反复吹打使细胞完全裂解，将内含细胞的裂解液转移至RNase-Free离心管内，室温静置5min；加入200μL氯仿，剧烈振荡15s，室温孵育3min；4℃，12000r/min离心15min，混合液分3层，小心转移上层水相到新的EP管；加入等体积的异丙醇，轻轻地颠倒混匀约10次，室温放置10min；4℃，12000r/min离心10min，弃上清液，用1mL 75%乙醇洗涤RNA沉淀两次；4℃，12000r/min离心5min，弃上清液，室温下风干5～10min。将RNA溶于30～100μL DEPC水中，置于–80℃冰箱保存。

（2）逆转录合成cDNA

1）在冰上按顺序依次加入下列试剂至200μL无菌无酶EP管内。

试剂	体积	终浓度
total RNA	variable	1μg
Anchored-oligo（dT）18 Primer	1μL	2.5μmol/L
Water，PCR Grade	variable	to make total volume=13μL
Total	13μL	

2）混匀离心，65℃孵育10min后，立即放到冰上冷却。

3）依次加入下列试剂。

试剂	体积	终浓度
Transcriptor Reverse Transcriptase Reaction Buffer，5x conc.	4μL	1×8mM $MgCl_2$
Protector RNase Inhibitor	0.5μL	20U
Deoxynucleotide Mix	2μL	1mM each
Transcriptor Reverse Transcriptase	0.5μL	10U
Total	20μL	

4）混合离心，55℃孵育30min，85℃加热5min，结束反应后将cDNA保存至–20℃备用。

（3）Real-time PCR扩增

1）目的基因PCR扩增引物。

基因	上游引物	下游引物
GAPDH	CAGGAGGCATTGCTGATGAT	GAAGGCTGGGGCTCATTT
MMP-3	TGGATTGGAGGTGACGGGGAAG	ATGCCAGGAAAGGTTCTGAAGTGAC
RANKL	TTACCTGTATGCCAACATTTGC	TTTGATGCTGGTTTTAGTGACG

2）根据试剂盒说明书将混合好的反应体系放入荧光定量PCR仪中进行PCR检测。扩增

条件为95℃变性10min，95℃退火15s，60℃延伸1min，共40个循环。数据分析以GAPDH表达量为参照采用$2^{-\Delta\Delta Ct}$法进行相对定量分析。

6. 统计分析

实验结果以平均值±标准差（$X \pm SD$）表示，统计软件为Graphpad Prism。组间比较采用单因素方差分析（One-way ANOVA），$P < 0.05$为差异有统计学意义。

（三）实验结果

1. 痹祺胶囊对RA-HFLS细胞增殖和凋亡的影响

（1）痹祺胶囊对RA-HFLS细胞形态的影响   痹祺胶囊对RA-HFLS细胞形态的影响结果如图4-2-7所示。根据结果可以看出，与空白组相比，TNF-α诱导后细胞密度明显增加，痹祺胶囊干预后细胞形态发生变化，触角变少，细胞皱缩，且细胞密度降低。根据结果猜想痹祺胶囊很可能是通过促进细胞凋亡来抑制其增殖活性。

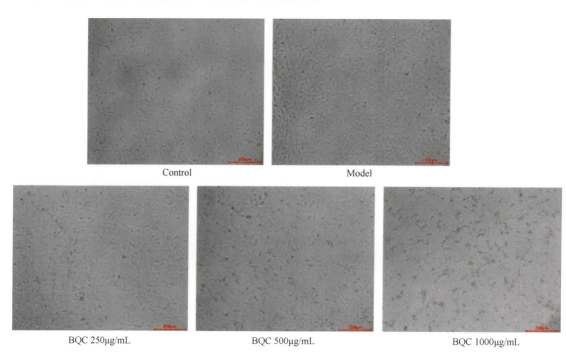

图4-2-7   不同浓度痹祺胶囊给药24h后对细胞形态的影响

（2）痹祺胶囊对RA-HFLS细胞增殖的影响   痹祺胶囊对TNF-α诱导的RA-HFLS细胞增殖活性影响结果如图4-2-8所示。根据结果可以看出，与空白对照组相比，TNF-α诱导后细胞增殖能力显著增高，表明造模成功。痹祺胶囊在3个给药浓度下（1000μg/mL、500μg/mL、250μg/mL）均能显著降低TNF-α诱导的细胞增殖活性，活性呈剂量相关性增加，且高浓度组细胞存活率显著低于空白组。

（3）痹祺胶囊对RA-HFLS细胞凋亡的影响   通过流式细胞仪检测痹祺胶囊对RA-HFLS细胞凋亡的影响，结果如图4-2-9所示。根据结果图可以看出，与空白对照组相比，痹祺胶囊给药高浓度1000μg/mL和中浓度500μg/mL均能显著促进RA-HFLS细胞的凋亡，高浓度时细胞凋亡率将近30%，且促凋亡活性呈剂量相关关系。

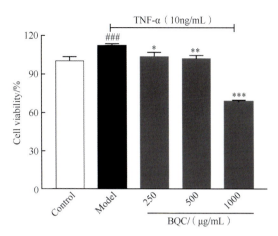

图4-2-8　不同浓度痹祺胶囊给药24h后对细胞增殖的影响（###$P < 0.01$ vs模型组，*$P < 0.05$ vs空白组，**$P < 0.01$ vs空白组，***$P < 0.001$ vs空白组）

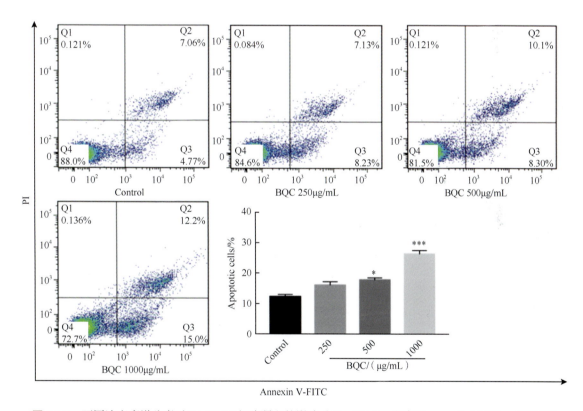

图4-2-9　不同浓度痹祺胶囊对RA-HFLS细胞凋亡的影响（*$P < 0.05$ vs空白组，***$P < 0.001$ vs空白组）

（4）痹祺胶囊对*MMP-3*、*RANKL*基因表达的影响　如图4-2-10所示，TNF-α作用于RA-HFLS细胞后，*MMP-3*和*RANKL*基因的表达量与空白组相比显著升高。痹祺胶囊浓度为1000μg/mL、500μg/mL、250μg/mL分别给药处理后*MMP-3*基因的表达量均显著减少，且呈剂量相关关系；痹祺胶囊高、中浓度也同样能显著抑制*RANKL*基因的表达，但低浓度对*RANKL*基因表达无明显抑制作用，抑制活性随浓度的增大而提高。

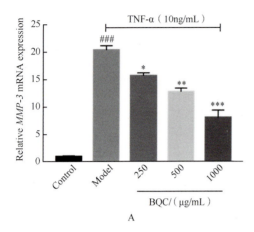

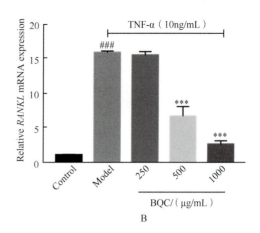

A

B

图4-2-10　痹祺胶囊对基因 *MMP-3*、*RANKL* 表达的影响（###P < 0.001 *vs* 空白组；*P < 0.05 *vs* 模型组；
P < 0.01 *vs* 模型组；*P < 0.001 *vs* 模型组）

2. 单体化合物对 RA-HFLS 细胞增殖和凋亡的影响

（1）单体化合物对 RA-HFLS 细胞形态的影响　抑制细胞增殖活性较好的单体化合物对 RA-HFLS 细胞形态的影响结果如图4-2-11所示。根据结果可以看出，与空白组相比，TNF-α 诱导后细胞密度明显增加。9个化合物给药处理后细胞形态有明显变化，触角变少，细胞皱缩且细胞密度降低，浓度为100μmol/L时变化显著。

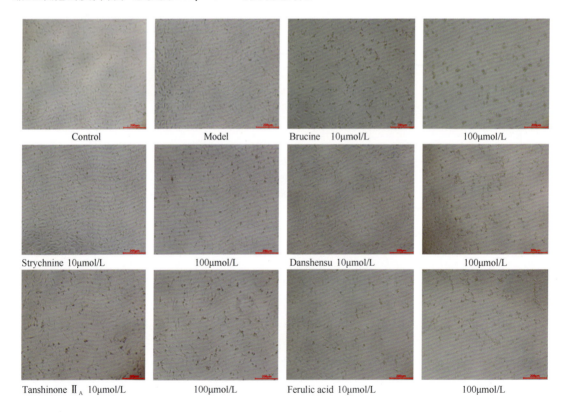

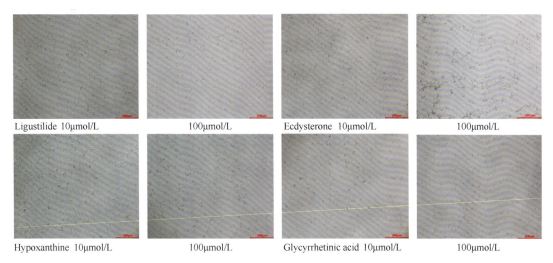

Ligustilide 10μmol/L	100μmol/L
Hypoxanthine 10μmol/L	100μmol/L

Ecdysterone 10μmol/L　　100μmol/L

Glycyrrhetinic acid 10μmol/L　　100μmol/L

图4-2-11　不同浓度化合物给药24h后对细胞形态的影响

（2）单体化合物对RA-HFLS细胞增殖的影响　19个单体化合物对TNF-α诱导的RA-HFLS细胞增殖活性影响结果如图4-2-12所示。19个单体化合物对TNF-α诱导的RA-HFLS细胞增殖能力均有不同程度的抑制作用，其中马钱子碱、士的宁、丹参素、阿魏酸、藁本内酯、次黄嘌呤在高浓度（100μmol/L）和低浓度（10μmol/L）给药时均能显著抑制细胞增殖活性，且剂量依赖关系明显；丹参酮Ⅱ$_A$、蜕皮甾酮、甘草次酸在100μmol/L浓度下有很强的抑制活性，细胞存活率均低于50%；其余化合物活性较弱。总结出对细胞增殖抑制能力活性较好的化合物为马钱子碱、士的宁、丹参素、阿魏酸、藁本内酯、次黄嘌呤、丹参酮Ⅱ$_A$、蜕皮甾酮、甘草次酸，进一步研究其作用机制。

（3）单体化合物对RA-HFLS细胞凋亡的影响　通过流式细胞仪检测单体化合物对RA-HFLS细胞凋亡的影响，结果如图4-2-13所示。根据结果图可以看出，与空白组相比，9个化合物在浓度为100μmol/L和10μmol/L时均能明显促进RA-HFLS细胞的凋亡。其中，马钱子碱、藁本内酯、甘草次酸在高浓度给药时细胞凋亡率超过50%，促凋亡活性与其他几个化合物相比较强。

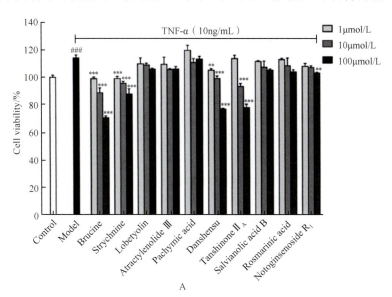

A

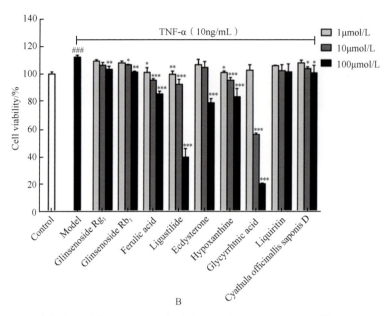

B

图4-2-12　不同浓度单体化合物给药24h后对细胞增殖的影响（###*P*＜0.01 *vs*模型组，**P*＜0.05 *vs*空白组，**P＜0.01 *vs*空白组，***P＜0.001 *vs*空白组）

（4）单体化合物对*MMP-3*、*RANKL*基因表达的影响　进一步检测了9个单体化合物对*MMP-3*和*RANKL*基因表达的影响，如图4-2-14所示，模型组经TNF-α处理后，*MMP-3*和*RANKL*基因的表达量显著升高，9个化合物给药作用后均能不同程度地抑制两个基因的表达。马钱子碱、士的宁、丹参素、阿魏酸、蜕皮甾酮、次黄嘌呤和甘草次酸在高浓度和低浓度给药时均能显著抑制*MMP-3*基因的表达，丹参酮Ⅱ_A和藁本内酯在浓度分别为100μmol/L和50μmol/L时与模型组相比有显著性差异，9个化合物抑制活性均呈浓度相关关系；马钱子碱、丹参素、阿魏酸、藁本内酯、次黄嘌呤和甘草次酸在高浓度和低浓度给药后均能显著抑制*RANKL*基因的表达，士的宁、丹参酮Ⅱ_A和蜕皮甾酮在浓度为100μmol/L时对*RANKL*基因表达的抑制效果显著，且均呈剂量相关性。

（四）小结与讨论

RA是一种以滑膜炎症和关节破坏为特征的慢性自身免疫性疾病，其病理特点表现为滑膜细胞"肿瘤样"增生。其中FLS是关节滑膜细胞中主要的效应细胞，在RA的滑膜炎症及骨质破坏中起重要作用。FLS为滑膜组织的主要成分，来源于胚胎间充质细胞，其正常状态的功能是维持关节内环境的稳定、控制滑液量、控制正常的炎症应答、润滑关节囊。其次为滑膜巨噬样细胞（macrophage-like gynovial cells，MLS），来源于单核巨噬细胞，可参与免疫应答并吞噬清除滑膜腔内的异物等。在慢性炎症过程中，RA患者滑膜衬里层中的FLS处于异常活跃状态，FLS也具有不完全转化的特性，在体外培养环境中仍然可以持续性活化，丧失一般细胞具有的接触抑制，呈现肿瘤样增殖，表现为侵袭性的特点[73]。FLS数量异常增多的机制主要包括FLS增殖活跃、凋亡减少、前体细胞的补充及细胞衰老的减缓。增生的FLS分泌大量的炎性细胞因子IL-1、TNF-α、成纤维细胞生长因子（fibroblast growth factor，FGF）、趋化因子、基质金属蛋白酶（matrix metalloproteinase，MMP）、前列腺素，这些因子相互作用，进一步引起FLS过度增殖及炎性反应的持续，造成新生血管及血管翳的形成，直接或间接导致关节的持续破坏[74]。

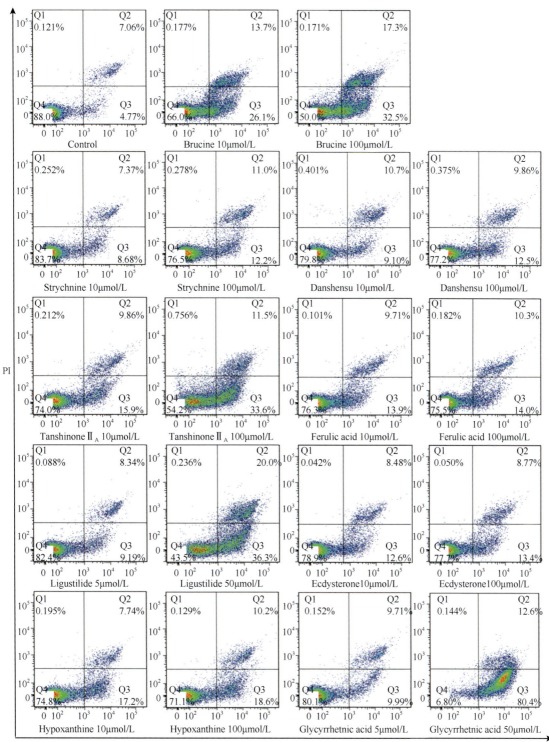

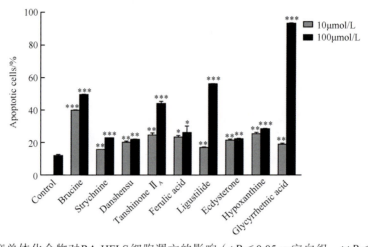

图**4-2-13**　不同浓度单体化合物对RA-HFLS细胞凋亡的影响（*P＜0.05 *vs*空白组，**P＜0.01 *vs*空白组，***P＜0.001 *vs*空白组）

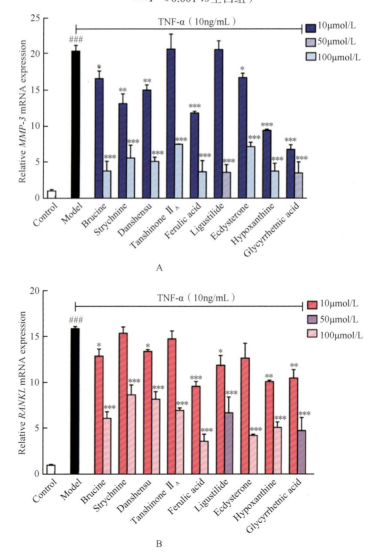

图**4-2-14**　9个化合物对基因*MMP-3*、*RANKL*表达的影响（###P＜0.001 *vs*空白组，*P＜0.05 *vs*模型组，**P＜0.01 *vs*模型组，***P＜0.001 *vs*模型组）

肿瘤坏死因子（TNF）是血清中的一种能杀伤某种肿瘤细胞或者能使体内某种肿瘤组织发生出血性坏死的因子。TNF按其结构分为TNF-α及TNF-β，其中TNF-β是由NK细胞及T淋巴细胞产生的一种淋巴毒素（lymphotoxin，LT），而由活化的单核细胞、巨噬细胞和T细胞分泌的TNF则为TNF-α[75]。TNF-α是一种重要的生理炎性介质，通过作用于靶细胞的不同受体而发挥多种生物学效应，比如炎症、发热、感染、肿瘤杀伤等，其受体按结构不同分为低亲和力的TNFR-Ⅰ（TNF receptor Ⅰ）和高亲和力的TNFR-Ⅱ（TNF receptor Ⅱ）。TNF-α在RA发病和维持关节慢性滑膜炎症反应中扮演了关键的角色[76]。研究表明，TNF-α在RA患者滑液、血清、关节滑膜等组织中表达异常升高，且一定浓度的TNF-α能刺激成纤维滑膜细胞增殖及分泌胶原酶、金属蛋白酶、IL-6、趋化因子、基膜溶解酶等，进一步导致局部炎症反应、滑膜细胞增殖与凋亡平衡失调、血管翳生成、软骨破坏及骨侵蚀[77]。目前学者普遍认同炎症因子网络学说在RA发生发展中起关键作用，临床上TNF-α拮抗剂可有效改变RA关节炎症及关节功能，然而部分患者短期使用没有明显疗效，甚至无反应。因此，炎症因子网络学说并不能完全解释RA的发病机制。TNFR-Ⅰ胞内含有死亡结构域，而TNFR-Ⅱ则缺乏，二者胞内结构域的差异提示两类受体通过不同的信号蛋白介导不同的信号转导途径[78]。研究证明，TNF-α可通过激活丝裂原活化蛋白激酶（mitogen-activated protein kinase，MAPK）信号转导通路，调节其上下游蛋白的表达，共同调控RA的发生发展[79]。

类风湿关节炎属中医学"痹证"范畴，其发生多与先天禀赋不足、气血亏虚，感受风寒湿邪等有关，中医药良好的控制炎症和免疫调节作用在治疗RA中得到了广泛应用与研究[80, 81]。痹祺胶囊具有益气养血、祛风除湿、活血止痛的功效，临床应用10多年，对RA的疗效得到了广大医生和患者的认可。滑膜增殖是RA发展的病理关键，但痹祺胶囊抗RA滑膜增殖的作用及机制尚未见完整报道。本部分实验通过建立肿瘤坏死因子-α（TNF-α）诱导的人风湿性关节滑膜成纤维细胞（RA-HFLS）模型，探讨痹祺胶囊及方中重要单体成分马钱子碱、士的宁、党参炔苷、白术内酯Ⅲ、茯苓酸、丹参素、丹参酮ⅡA、丹酚酸B、迷迭香酸、三七皂苷R1、人参皂苷Rg1、人参皂苷Rb1、阿魏酸、藁本内酯、蜕皮甾酮、牛膝皂苷D、次黄嘌呤、甘草次酸、甘草苷对RA-HFLS细胞增殖和凋亡的影响及相关作用机制。

实验结果表明，痹祺胶囊能明显抑制TNF-α诱导的RA-HFLS细胞增殖，并且能显著促进RA-HFLS细胞的凋亡，其活性随浓度的升高而增强，说明痹祺胶囊具有很好的抑制RA-HFLS细胞增殖的作用。同时，从来自十味药材中的19个单体化合物活性结果可以看出，有9个化合物对RA-HFLS细胞的增殖均有显著的抑制作用，其中包括药材马钱子中的马钱子碱和士的宁，丹参中的丹参素和丹参酮ⅡA，川芎中的阿魏酸和藁本内酯，牛膝中的蜕皮甾酮，地龙中的次黄嘌呤，甘草中的甘草次酸。进一步流式细胞术检测结果表明9个化合物均能不同程度促进细胞的凋亡，且呈剂量相关关系。因此，我们推测，马钱子碱、士的宁、丹参素、丹参酮ⅡA、阿魏酸、藁本内酯、蜕皮甾酮、次黄嘌呤、甘草次酸可能为痹祺胶囊中发挥抑制滑膜增生的主要药效物质基础。

三、痹祺胶囊抑制破骨细胞分化的药效物质基础研究

类风湿关节炎是一种以对称性、多关节炎为主要表现的慢性全身性自身免疫性疾病，关节的慢性炎症导致软骨和骨质的破坏，进而可导致关节畸形。关节骨质破坏是关节畸形的重要因素，而破骨细胞是引起骨破坏的关键细胞之一，破骨细胞是体内唯一负责吸收骨质的巨

大多核细胞，其起源于骨髓单核-巨噬细胞谱系细胞，由单核前体细胞通过多种方式融合而形成[82]。在体内，破骨细胞必须依赖于一些特殊因子的诱导才能分化发育为成熟的破骨细胞，而成熟的破骨细胞通过分泌蛋白酶等降解骨基质和脱钙来介导骨破坏。巨噬细胞集落刺激因子（macrophage colony-stimulating factor，M-CSF）与RANKL是调节破骨细胞生成和分化的最主要因素[83, 84]。痹祺胶囊是治疗RA的常用中药制剂，由三七、马钱子、党参、白术、丹参、川芎、甘草等药物组成，全方具有散寒除湿、活血通络的功效，经多年临床使用证实对RA有确切疗效。本部分实验通过体外小鼠单核巨噬细胞白血病细胞RAW264.7与RANKL和M-CSF共培养，诱导其分化为破骨细胞，探讨痹祺胶囊及方中19个重要单体成分马钱子碱、士的宁、党参炔苷、白术内酯Ⅲ、茯苓酸、丹参素、丹参酮ⅡA、丹酚酸B、迷迭香酸、三七皂苷R₁、人参皂苷Rg₁、人参皂苷Rb₁、阿魏酸、藁本内酯、蜕皮甾酮、牛膝皂苷D、次黄嘌呤、甘草次酸、甘草苷对破骨细胞形成的影响，初步解析痹祺胶囊发挥抑制破骨细胞形成的药效物质基础。

（一）仪器与材料

1. 细胞株
小鼠细胞系RAW264.7，购于上海生科院。

2. 试剂及药品
实验所用试剂及药品信息见表4-2-7，实验所用单体化合物信息见表4-2-8。

表4-2-7　试剂及药品信息

名称	公司
痹祺胶囊	天津达仁堂京万红药业有限公司
DMEM高糖培养基	美国Gibco公司
胎牛血清（fetal bovine serum，FBS）	美国Gibco公司
双抗（氨苄青霉、链霉素100×）	美国Gibco公司
1×PBS缓冲液	北京Solarbio公司
DMSO	美国Sigma公司
MTS	美国Promega公司
Recombinant Mouse TRANCE（RANKL）	美国Peprotech公司
Recombinant Murine M-CSF	美国Peprotech公司
抗酒石酸酸性磷酸酶（TRAP）染色试剂盒	美国Sigma公司
总RNA提取试剂盒	北京天根科技生物公司
cDNA合成反转录试剂盒	罗氏
SYBR Green PCR Master Mix	罗氏
PCR引物设计合成	上海生工生物工程股份有限公司

表4-2-8　单体化合物信息表

名称	公司	批号	纯度	药材来源
马钱子碱	中国药品生物制品检定所	110706-200505	95.9%	马钱子
士的宁	中国药品生物制品检定所	110705-200306	97%	马钱子

续表

名称	公司	批号	纯度	药材来源
党参炔苷	成都曼斯特生物科技有限公司	MUST-21061005	99.57%	党参
白术内酯Ⅲ	成都曼斯特生物科技有限公司	MUST-20110611	99.97%	白术
茯苓酸	成都曼斯特生物科技有限公司	MUST-18072910	98.31%	茯苓
丹参素	成都曼斯特生物科技有限公司	MUST-18060920	98.38%	丹参
丹参酮Ⅱ$_A$	成都曼斯特生物科技有限公司	MUST-17101811	99.33%	丹参
丹酚酸B	成都曼斯特生物科技有限公司	MUST-21030110	98.60%	丹参
迷迭香酸	成都曼斯特生物科技有限公司	MUST-18053110	99.02%	丹参
三七皂苷R$_1$	成都曼斯特生物科技有限公司	MUST-21011910	98.12%	三七
人参皂苷Rg$_1$	成都曼斯特生物科技有限公司	MUST-20110810	99.16%	三七
人参皂苷Rb$_1$	成都曼斯特生物科技有限公司	110704-201827	91.2%	三七
阿魏酸	上海源叶生物科技有限公司	L03A9D57744	≥98%	川芎
藁本内酯	成都曼斯特生物科技有限公司	MUST-21090104	≥98%	川芎
蜕皮甾酮	成都曼斯特生物科技有限公司	MUST-21060110	99.12%	牛膝
牛膝皂苷D	上海源叶生物科技有限公司	S04GB159770	≥94%	牛膝
次黄嘌呤	上海源叶生物科技有限公司	T13J11X107944	≥98%	地龙
甘草次酸	成都曼斯特生物科技有限公司	MUST-21030707	99.10%	甘草
甘草苷	成都曼斯特生物科技有限公司	MUST-21052114	99.16%	甘草

3. 仪器

实验所用仪器信息见表4-2-9。

表4-2-9　实验仪器信息表

名称	公司
高压灭菌器HVE-50	日本Hirayama公司
倒置显微镜	日本Olympus公司
MCO-5M CO_2细胞培养箱	日本Olympus公司
超净工作台	苏州净化设备有限公司
酶标仪	德国Berthold公司
涡旋混合器	上海五相仪器仪表有限公司
电热恒温鼓风干燥箱	上海之信仪器有限公司
微量移液器10～5000μL	美国Eppendorf公司
电热恒温水浴锅	南京普森仪器设备有限公司
超低温冰箱	美国Thermo Scientific公司
荧光定量PCR仪	罗氏

（二）实验方法

1. RAW264.7细胞培养

小鼠腹腔巨噬细胞（RAW264.7）培养条件：用DMEM HIGH GLUCOSE完全培养基（含

1%双抗和10%胎牛血清）培养于37℃、5% CO_2细胞培养箱。

（1）细胞复苏　从液氮罐中迅速取出细胞并立即放入37℃水浴锅中，迅速摇动冻存管使其快速融化。将细胞转移至15mL离心管于1000r/min离心3min，弃去冻存液，加入1mL新鲜培养基重悬细胞，并转移至100mm培养皿中，将细胞吹打均匀后放入37℃、5% CO_2培养箱中培养。细胞培养6h后换液，以除去冻存中产生的代谢废物及死亡细胞等。

（2）细胞换液及传代　根据细胞生长情况确定换液频率，一般1～2d换液1次。换液时操作简易，弃去旧培养基，用PBS洗2次，再加入新的完全培养基。

当细胞生长至90%时，弃去旧培养基，用PBS清洗2次，加入1mL完全培养液，用移液枪反复吹打皿底使细胞脱壁悬浮。取部分细胞悬浮液转移至加有7mL完全培养基的100mm培养皿中，于37℃、5% CO_2培养箱中继续培养。

2. 痹祺胶囊及单体化合物给药浓度的确定

（1）样品配制　精确称取适量痹祺胶囊粉末，加入一定量DMSO配制成浓度为20mg/mL的高浓度储存液。精确称取适量马钱子碱、士的宁、党参炔苷、白术内酯Ⅲ、茯苓酸、丹参素、丹参酮Ⅱ$_A$、丹酚酸B、迷迭香酸、三七皂苷R_1、人参皂苷Rg_1、人参皂苷Rb_1、阿魏酸、藁本内酯、蜕皮甾酮、牛膝皂苷D、次黄嘌呤、甘草次酸、甘草苷样品，加入一定量DMSO配制成浓度为100mmol/L的高浓度储存液，经梯度稀释得到实验浓度。

（2）实验分组及给药　取生长至80%～90%的RAW264.7细胞，用移液枪吹打至脱落，调整细胞密度为$2×10^5$cell/孔均匀接种于96孔板，边缘孔用无菌水填充，接种完毕后轻轻振荡使细胞分布均匀，在37℃、5% CO_2培养箱孵育24h后进行给药处理，实验设为空白对照组（每孔加100μL含2%血清的DMEM），痹祺胶囊给药组（浓度为500μg/mL、200μg/mL、100μg/mL、20μg/mL、4μg/mL，每孔加100μL），马钱子碱、士的宁、党参炔苷、白术内酯Ⅲ、茯苓酸、丹参素、丹参酮Ⅱ$_A$、丹酚酸B、迷迭香酸、三七皂苷R_1、人参皂苷Rg_1、人参皂苷Rb_1、阿魏酸、藁本内酯、蜕皮甾酮、牛膝皂苷D、次黄嘌呤、甘草次酸、甘草苷溶液给药组（浓度为100μmol/L、50μmol/L、10μmol/L、1μmol/L，每孔加100μL，DMSO浓度为1‰），每组设6个复孔。给药后于37℃、5% CO_2培养箱中培养24h，每孔加入20μL MTS，37℃、5% CO_2的环境下孵育2h后490nm下读取吸光值，检测不同浓度痹祺胶囊及单体化合物对细胞增殖的影响。

3. 痹祺胶囊及单体化合物对破骨细胞形成的影响

（1）实验分组及给药　取生长至80%～90%的RAW264.7细胞，以$5×10^3$个/孔的密度接种于24孔板，用DMEM完全培养基培养，8h后（已贴壁）吸去原培养基，按实验分组，每组设3个复孔，空白对照组（Control）每孔加入500μL DMEM完全培养基，模型组（Model）加入500μL含100ng/mL RANKL、30ng/mL M-CSF的DMEM完全培养基，痹祺胶囊给药组每孔加入500μL终浓度为200μg/mL、100μg/mL、50μg/mL的痹祺胶囊及100ng/mL RANKL、30ng/mL M-CSF的DMEM完全培养基，培养5d。马钱子碱、士的宁、党参炔苷、白术内酯Ⅲ、茯苓酸、丹参素、丹酚酸B、迷迭香酸、三七皂苷R_1、人参皂苷Rg_1、人参皂苷Rb_1、阿魏酸、蜕皮甾酮、牛膝皂苷D、次黄嘌呤、甘草苷溶液给药组每组加入500μL终浓度为100μmol/L、10μmol/L的样品及100ng/mL RANKL、30ng/mL M-CSF的DMEM完全培养基，丹参酮Ⅱ$_A$、甘草次酸溶液给药组每组加入500μL终浓度为50μmol/L、5μmol/L的样品及100ng/mL RANKL、30ng/mL M-CSF的DMEM完全培养基，藁本内酯溶液给药组每组加入100μL终浓度为10μmol/L、1μmol/L的样品及100ng/mL RANKL、30ng/mL M-CSF的DMEM

完全培养基。各组细胞处理后于培养箱孵育，隔天换液，共培养5d。

（2）TRAP染色及破骨细胞特征　各组细胞于24孔板给药处理结束后，进行TRAP染色。根据TRAP染色试剂盒说明书操作：双蒸水37℃预热备用；0.6mL Fast Garnet GBC Base Solution与0.6mL Sodium Nitrite Solution混匀30s，静置2min后，取1mL上述液体加入37℃预热的双蒸水45mL，再加入0.5mL Naphthol AS-BI phosphqte Solution与2mL Acetate Solution，制成孵育液，放入37℃水浴箱备用；用citrate solution、甲醛、丙醇配制固定液；取出细胞培养板弃上清液，每孔加入1mL固定液，静置30s，弃固定液，加入37℃预热的双蒸水冲洗3次后，每孔加入1mL孵育液，避光放入37℃孵育箱1h。用37℃预热的双蒸水冲洗3次后，每孔加入0.5mL苏木紫染色1min，自来水冲掉苏木紫染料后于倒置显微镜观察并计数抗酒石酸酸性磷酸酶阳性的多核破骨细胞。每孔取5个视野取其总值，每个组设3个复孔取其平均值。在TRAP染色阳性的多核细胞中，细胞核大于等于3个的细胞被认为是破骨细胞，镜下可见细胞核染成紫色，胞质染成淡红色，呈空泡状，细胞膜边界模糊，可见伪足、皱褶，而未诱导的细胞为单核细胞。

4. RAW264.7细胞TRAP、CTSK的表达

（1）提取RNA　各组细胞给药处理5d后，弃去原有培养液，用PBS洗两次后，每孔加入1mL Trizol试剂，用移液枪反复吹打使细胞完全裂解，将内含细胞的裂解液转移至RNase-Free离心管内，室温静置5min；加入200μL氯仿，剧烈振荡15s，室温孵育3min；4℃，12000r/min离心15min，混合液分3层，小心转移上层水相到新的EP管；加入等体积的异丙醇，轻轻地颠倒混匀约10次，室温放置10min；4℃，12000r/min离心10min，弃上清液，用1mL 75%乙醇洗涤RNA沉淀两次；4℃，12000r/min离心5min，弃上清液，室温下风干5~10min。将RNA溶于30~100μL DEPC水中，置于–80℃冰箱保存。

（2）逆转录合成cDNA

1）在冰上按顺序依次加入下列试剂至200μL无菌无酶EP管内。

试剂	体积	终质量/终浓度
total RNA	variable	1μg
Anchored-oligo（dT）18 Primer	1μL	2.5μmol/L
Water，PCR Grade	variable	to make total volume=13μL
Total	13μL	

2）混匀离心，65℃孵育10min后，立即放到冰上冷却。

3）依次加入下列试剂。

试剂	体积	终质量/终浓度
Transcriptor Reverse Transcriptase Reaction Buffer，5×conc.	4μL	1×8mmol/L MgCl$_2$
Protector RNase Inhibitor	0.5μL	20U
Deoxynucleotide Mix	2μL	1mmol/L each
Transcriptor Reverse Transcriptase	0.5μL	10U
Total	20μL	

4）混合离心，55℃孵育30min，85℃加热5min，结束反应后将cDNA保存至–20℃备用。

（3）Real-time PCR扩增

1）目的基因PCR扩增引物。

基因	上游引物	下游引物
GAPDH	GGTTGTCTCCTGCGACTTCA	TGGTCCAGGGGTTTCTTACTCC
CTSK	AATACCTCCCTCTCGATCCTACA	TGGTTCTTGACTGGAGTAACGTA
TRAP	CACTCCCACCCTGAGATTTGT	CATCGTCTGCACGGTTCTG

2）根据试剂盒说明书将混合好的反应体系放入荧光定量PCR仪中进行PCR检测。扩增条件为95℃变性10min，95℃退火15s，60℃延伸1min，共40个循环。数据分析以GAPDH表达量为参照采用ΔΔCt法进行相对定量分析。

5. 统计分析

实验结果以平均值 ± 标准差（$X \pm SD$）表示，统计软件为Graphpad Prism。组间比较采用单因素方差分析（One-way ANOVA），$P < 0.05$为差异有统计学意义。

（三）实验结果

1. 痹祺胶囊对RAW264.7细胞分化为破骨细胞的影响

（1）痹祺胶囊对细胞增殖的影响　如图4-2-15所示，痹祺胶囊给药浓度分别为500μg/mL、200μg/mL、100μg/mL、20μg/mL和4μg/mL刺激RAW264.7细胞24h后，给药浓度为500μg/mL时的细胞增殖率与空白对照组相比具有显著性差异（$P < 0.001$），说明给药浓度过高，对细胞增殖具有抑制作用，其余浓度无显著差异。故选取200μg/mL、100μg/mL、50μg/mL为后续痹祺胶囊的给药浓度梯度。

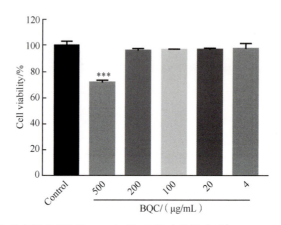

图4-2-15　不同浓度痹祺胶囊给药24h后对细胞增殖的影响（***$P < 0.001$ *vs*空白对照组）

（2）痹祺胶囊对RAW264.7细胞分化为破骨细胞的抑制作用　通过对各组细胞进行TRAP染色，得到浓度为200μg/mL、100μg/mL、50μg/mL时痹祺胶囊对RANKL和M-CSF诱导RAW264.7细胞分化为破骨细胞的影响（图4-2-16）。在TRAP阳性的多核细胞中，细胞核大于等于3个的被认为是破骨细胞，镜下可见细胞核染成紫色，胞质染成淡红色，呈空泡状，细胞膜边界模糊，可见伪足、皱褶，而未诱导的细胞为单核细胞。从实验结果图中可以看出，空白对照组中没有观察到破骨细胞分化，而添加RANKL和M-CSF的模型组及实验组，可见大的多核破骨细胞，说明模型建立成功。痹祺胶囊给药浓度为200μg/mL、100μg/mL、50μg/mL时的破骨细胞数明显少于仅添加RANKL和M-CSF的模型组，并且随着痹祺胶囊浓度的增高，破骨细胞数目呈显著减少趋势。

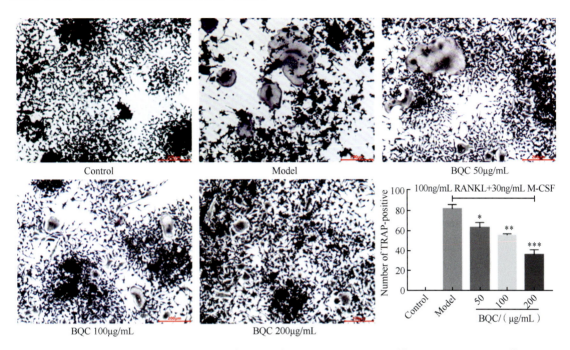

图4-2-16　痹祺胶囊对RAW246.7细胞形成破骨细胞的影响（*P＜0.05 vs模型组；**P＜0.01 vs模型组；***P＜0.001 vs模型组）

（3）痹祺胶囊对破骨细胞标志性基因表达的影响　如图4-2-17所示，RAW264.7细胞与RANKL和M-CSF共孵育后，破骨细胞标志性基因CTSK和TRAP表达量与空白组相比显著升高，痹祺胶囊浓度为200μg/mL、100μg/mL、50μg/mL分别给药处理后CTSK和TRAP的基因表达量均显著减少，且呈剂量依赖关系，高浓度下的基因表达量与空白组相比无显著性差异。

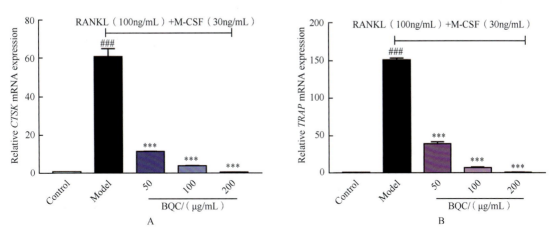

图4-2-17　痹祺胶囊对基因CTSK、TRAP表达的影响（###P＜0.001 vs 空白组；***P＜0.001 vs 模型组）

2. 19个单体化合物对RAW264.7细胞分化为破骨细胞的影响

（1）19个单体化合物对细胞增殖的影响　MTS结果显示（图4-2-18），当不同浓度（1μmol/L、10μmol/L、50μmol/L、100μmol/L）的马钱子碱、士的宁、党参炔苷、白术内酯Ⅲ、茯苓酸、丹参素、丹酚酸B、迷迭香酸、三七皂苷R₁、人参皂苷Rg₁、人参皂苷Rb₁、阿魏酸、蜕皮甾酮、牛膝皂苷D、次黄嘌呤、甘草苷刺激RAW264.7细胞24h后，各化合物不同浓度给药组与空白对照组比较均无显著性差异（$P < 0.05$），说明该16个单体化合物在1～100μmol/L给药浓度范围内对细胞增殖无影响，属于安全给药范围。丹参酮ⅡA和甘草次酸溶液在浓度为50μmol/L时与空白对照组相比无显著性差异，藁本内酯溶液在浓度为10μmol/L时与空白对照组相比无显著性差异，因此丹参酮ⅡA和甘草次酸的安全给药范围为1～50μmol/L，藁本内酯的安全给药范围为1～10μmol/L。

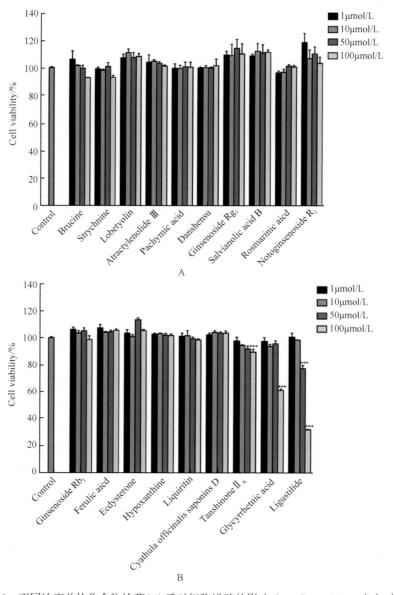

图4-2-18　不同浓度单体化合物给药24h后对细胞增殖的影响（***$P < 0.001$ vs空白对照组）

（2）19个单体化合物对RAW264.7细胞分化为破骨细胞的抑制作用 实验结果如图4-2-19及表4-2-10所示，空白对照组未观察到破骨细胞，模型组RANKL和MCS-F因子共孵育后分化出大量破骨细胞，19个化合物给药处理后，对RAW264.7细胞分化为破骨细胞有不同程度的抑制作用，其中藁本内酯、马钱子碱、士的宁、党参炔苷、茯苓酸、丹参素、丹酚酸B、迷迭香酸、三七皂苷R₁、人参皂苷Rg₁、人参皂苷Rb₁、甘草次酸、甘草苷浓度为10μmol/L和100μmol/L时均有显著抑制破骨细胞生成活性；丹参酮ⅡA和阿魏酸只有在高浓度给药时与模型组相比有显著性；白术内酯Ⅲ、蜕皮甾酮、次黄嘌呤、牛膝皂苷D抑制活性不显著。

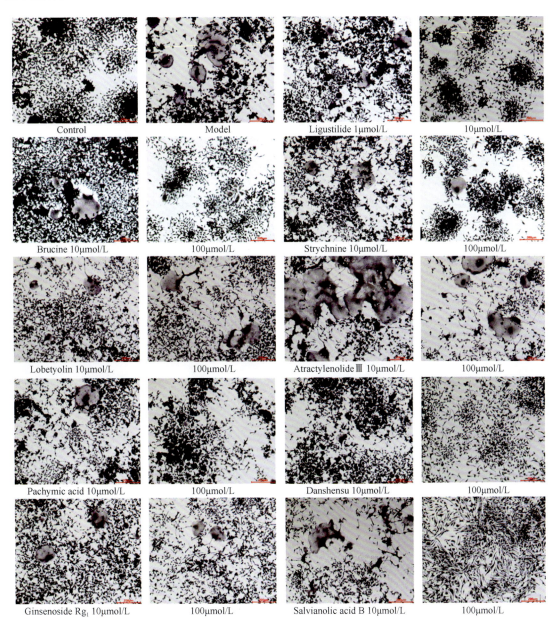

Control　　Model　　Ligustilide 1μmol/L　　10μmol/L

Brucine 10μmol/L　　100μmol/L　　Strychnine 10μmol/L　　100μmol/L

Lobetyolin 10μmol/L　　100μmol/L　　Atractylenolide Ⅲ 10μmol/L　　100μmol/L

Pachymic acid 10μmol/L　　100μmol/L　　Danshensu 10μmol/L　　100μmol/L

Ginsenoside Rg₁ 10μmol/L　　100μmol/L　　Salvianolic acid B 10μmol/L　　100μmol/L

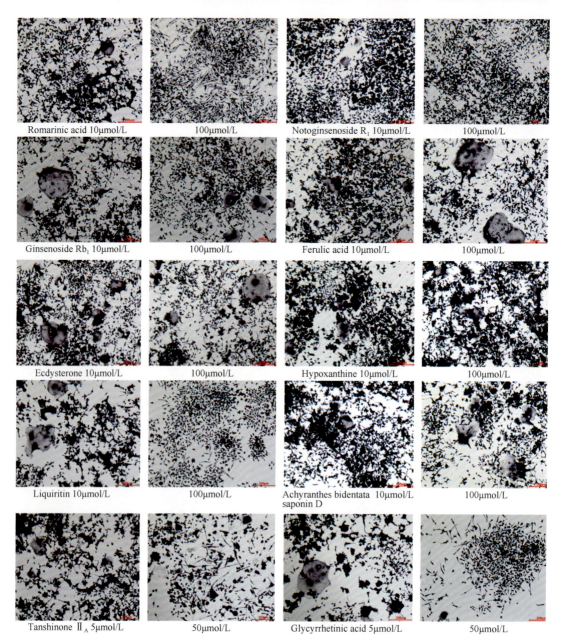

图4-2-19　19个化合物对RAW246.7细胞形成破骨细胞的影响

表4-2-10　19个化合物不同浓度破骨细胞数（$\bar{X}\pm SD$）

编号	组别	浓度/（μmol/L）	破骨细胞数	Summary
1	空白组	—	0	—
2	模型组	—	92±3.54	###
3	藁本内酯	10	7±1.41	***
		1	55±4.95	**
4	马钱子碱	100	39±2.83	**
		10	63±5.66	*

续表

编号	组别	浓度/(μmol/L)	破骨细胞数	Summary
5	士的宁	100	33±2.83	***
		10	51±3.54	**
6	党参炔苷	100	52±2.83	**
		10	71±5.66	*
7	白术内酯Ⅲ	100	89±2.12	ns
		10	90±4.24	ns
8	茯苓酸	100	45±4.24	**
		10	64±4.95	*
9	丹参素	100	13±2.12	***
		10	37±2.82	***
10	丹酚酸B	100	18±2.12	***
		10	61±2.83	**
11	迷迭香酸	100	16±1.41	***
		10	57±4.24	**
12	三七皂苷R$_1$	100	15±2.12	***
		10	20±1.41	***
13	人参皂苷Rg$_1$	100	52±3.53	***
		10	66±2.83	**
14	人参皂苷Rb$_1$	100	56±2.12	***
		10	70±2.12	**
15	阿魏酸	100	77±2.83	*
		10	88±1.41	ns
16	蜕皮甾酮	100	83±2.12	ns
		10	88±3.54	ns
17	次黄嘌呤	100	86±1.41	ns
		10	89±1.41	ns
18	甘草苷	100	7±1.41	***
		10	65±3.54	**
19	牛膝皂苷D	100	82±4.95	ns
		10	90±3.54	ns
20	丹参酮Ⅱ$_A$	50	7±1.41	***
		5	74±7.07	ns
21	甘草次酸	50	6±1.41	***
		5	77±3.54	*

注：### $P < 0.001$ vs 空白组，* $P < 0.05$ vs 模型组，** $P < 0.01$ vs 模型组，*** $P < 0.001$ vs 模型组

（3）单体化合物对RAW264.7细胞TRAP、CTSK的表达　根据上述分析得到的19个化合物对破骨细胞形成的抑制活性结果，选择活性相对较好的13个化合物藁本内酯、马钱子碱、

士的宁、党参炔苷、茯苓酸、丹参素、丹酚酸B、迷迭香酸、三七皂苷R$_1$、人参皂苷Rg$_1$、人参皂苷Rb$_1$、甘草次酸、甘草苷进行后续实验。如图4-2-20所示，模型组RAW264.7细胞与RANKL和M-CSF共孵育后，*CTSK*和*TRAP*基因表达量显著升高，13个化合物作用后均能不同程度地抑制两个基因的表达。士的宁、茯苓酸、丹参素、迷迭香酸、三七皂苷R$_1$、人参皂苷Rb$_1$、甘草苷、甘草次酸在给药浓度为100μmol/L和10μmol/L时均能显著抑制*CTSK*基因的表达，马钱子碱、党参炔苷、丹酚酸B、人参皂苷Rg$_1$、藁本内酯在高浓度给药时与模型组相比有显著性差异，均呈浓度相关关系；丹酚酸B在高浓度下对*TRAP*有显著抑制作用，其他12个化合物在高浓度和低浓度给药后均能显著抑制*TRAP*基因的表达，且呈剂量相关性。

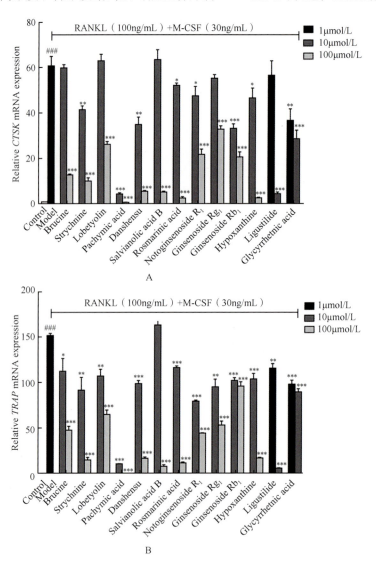

图4-2-20 13个化合物对基因*CTSK*、*TRAP*表达的影响（###*P*＜0.001 *vs*空白组，*P＜0.05 *vs*模型组，**P＜0.01 *vs*模型组，***P＜0.001 *vs*模型组）

（四）小结与讨论

类风湿关节炎是一种慢性自身免疫性疾病，引发关节疼痛、肿胀、僵硬，晚期可强直和畸形、骨关节损害，并最终导致功能丧失，在3年内致残率超过75%[85]。RA关节破坏和骨质侵蚀最终导致不可逆的骨破坏是其致残的关键因素，而破骨细胞是体内唯一负责骨吸收的细胞，与骨破坏直接相关，是RA治疗的重要靶点[86]。

破骨细胞起源于骨髓单核/巨噬细胞，RA病变的关节滑膜存在大量此类细胞，在RA滑膜成纤维样细胞分泌的RANKL、M-CSF等因子的作用下形成具有骨吸收活性的多核融合性细胞。其自身不能继续增殖分化，在体内存活周期有限，且须依赖于相关细胞因子如RANKL存活。故研究认为药物可以通过抑制破骨细胞形成或生存，从而阻断其骨破坏功能，达到治疗相关骨破坏疾病或抑制其病程发展的作用。另外，滑膜大量的炎症因子，如TNF-α可促进破骨细胞生成和提高活性，最终使骨重建的天平失衡，介导骨破坏。因此，抑制破骨细胞的生成和功能，有助于改善RA的病程发展[87]。"骨免疫学"认为T细胞活化-RANKL/RANK激活-核转录因子AP-1、NF-AT、NF-κB激活-破骨细胞前体细胞分化为破骨细胞-骨破坏，是目前破骨细胞研究的一条关键通路。TNF-α是活动期RA滑脱中的主要细胞因子，主要由滑膜巨噬细胞产生，并能刺激滑膜成纤维细胞增生，分泌白介素、GM-CSF、趋化因子以及金属基质蛋白酶和前列腺素等效应分子，诱导巨噬细胞和成纤维细胞向破骨细胞分化，同时可促进滑膜细胞、软骨细胞合成并释放胶原酶，引发滑模炎症反应和软骨基质的崩解，而局部免疫复合物和胶原分解产物，又进一步刺激TNF-α合成，以致形成一个恶性循环，加速RA的炎症效应和骨破坏过程[88]。

破骨细胞的分化与功能被多种重要基因调控着。破骨细胞相关受体OSCAR是破骨细胞生成过程中共刺激信号通路的受体之一，是破骨细胞分化后期的标志性基因，缺少OSCAR基因表达的小鼠会在骨发育上有缺陷[89, 90]。DC-STAMP是细胞间的黏连蛋白，缺少DC-STAMP的表达会使破骨细胞前体细胞无法融合，破骨细胞数量下降[91]。当成熟的破骨细胞黏附骨组织表面时，黏着蛋白整合素在识别有机质上发挥重要作用。αvβ3是整合蛋白家族中已被认定在破骨细胞F-actin环形成与骨吸收过程中起重要作用[92]。附着骨表面后，破骨细胞与骨表面之间产生封闭空间，由H离子泵向这个封闭空间输送大量H^+，为吸收骨中的无机质制造酸性环境。此时破骨细胞向腔隙中分泌组织蛋白酶K（Cathepsin K），以分解骨中的Ⅰ型胶原蛋白[93]，*CTSK*是破骨细胞发挥骨吸收作用的关键靶标酶，选择性地大量表达于破骨细胞，在分解骨基质中起重要作用，是骨重吸收和代谢的一部分[94]；抗酒石酸酸性磷酸酶（TRAP）不但是破骨细胞标志性蛋白，更是参与骨吸收过程的重要酶类[95, 96]，有研究表明，过表达*TRAP*基因会导致小鼠产生轻度骨质疏松的症状[97]。成熟的破骨细胞在附着于骨后会分泌能够降解胞外基质的MMP-9[98, 99]，其同样是调控骨组织重建的重要因子。除了胞外基质降解，MMP-9还参与介导生长因子生物活性、软骨细胞凋亡等过程。MMP-9的缺陷可导致破骨细胞招募延迟，胞外基质积累，甚至出现软骨生成失败，以及成骨细胞分化迟缓[100, 101]。

痹祺胶囊具有益气养血、祛风除湿、活血止痛的功能，多项临床研究表明痹祺胶囊治疗RA效果良好，且不良反应较少，是治疗RA安全有效的方药[102]。然而痹祺胶囊治疗RA的机制尚不明确，这是限制其广泛应用的主要因素。本实验通过体外RAW264.7细胞与RANKL和M-CSF因子共培养，诱导其分化为破骨细胞以建立体外细胞模型，探讨痹祺胶囊及方中重要单体成分马钱子碱、士的宁、党参炔苷、白术内酯Ⅲ、茯苓酸、丹参素、丹参酮ⅡA、丹酚酸B、迷迭香酸、三七皂苷R1、人参皂苷Rg1、人参皂苷Rb1、阿魏酸、藁本内酯、蜕皮甾酮、牛膝皂苷D、次黄嘌呤、甘草次酸、甘草苷对破骨细胞形成及相关标志基因表达的影响，初步解析痹祺胶囊治疗RA的作用机制。

实验结果表明，痹祺胶囊能显著减少RANKL和M-CSF诱导RAW264.7细胞分化为破骨细胞的数量，并能明显降低破骨细胞标志基因*CTSK*和*TRAP*的相对表达量，且浓度越大，作用活性越强，说明痹祺胶囊具有很好的抑制破骨细胞形成作用。同时，由19个单体化合物活性结果可以看出，有15个化合物对破骨细胞的形成均有显著的抑制作用，其中包括药材马钱子中的马钱子碱和士的宁，来自党参的党参炔苷，茯苓中的茯苓酸，丹参中的丹参素、丹酚酸B、丹参酮ⅡA和迷迭香酸，三七中的三七皂苷R₁、人参皂苷Rg₁和人参皂苷Rb₁，川芎中的阿魏酸和藁本内酯，甘草中的甘草次酸和甘草苷。15个化合物中除丹参酮ⅡA和阿魏酸外，其余13个化合物在低浓度时抑制破骨细胞形成的活性也显著，因此，进一步检测了13个化合物对标志基因*CTSK*和*TRAP*表达的影响，结果表明13个化合物均能显著抑制*CTSK*和*TRAP*基因的表达，且呈剂量相关关系。因此推测，马钱子碱、士的宁、党参炔苷、茯苓酸、丹参素、丹酚酸B、迷迭香酸、三七皂苷R₁、人参皂苷Rg₁、人参皂苷Rb₁、藁本内酯、甘草次酸和甘草苷可能为痹祺胶囊发挥抑制破骨细胞分化的主要药效物质基础。

四、总　结

本章通过采用LPS诱导的小鼠单核巨噬细胞（RAW264.7）炎症模型、TNF-α诱导的人风湿性关节滑膜成纤维细胞（RA-HFLS）异常增生模型以及核因子κB受体活化因子配体（RANKL）和巨噬细胞集落刺激因子（M-CSF）共培养诱导破骨细胞分化模型，考察了痹祺胶囊抗炎、抑制滑膜细胞增殖及破骨细胞分化的药效作用及相关机制，并筛选了方中19个代表性化合物（马钱子碱、士的宁、党参炔苷、白术内酯Ⅲ、茯苓酸、丹参素、丹参酮ⅡA、丹酚酸B、迷迭香酸、三七皂苷R₁、人参皂苷Rg₁、人参皂苷Rb₁、阿魏酸、藁本内酯、蜕皮甾酮、牛膝皂苷D、次黄嘌呤、甘草次酸、甘草苷）的相关活性，初步确定痹祺胶囊的药效物质基础（表4-2-11）。

表4-2-11　痹祺胶囊及19个化合物细胞实验结果

药材	结构类型	化合物	抗炎活性			抑制RA-HFLS细胞增殖	抑制破骨细胞生成
			降低NO含量	降低TNF-α含量	降低IL-6含量		
马钱子	生物碱	马钱子碱	√	√	√		√
		士的宁	√	√		√	√
党参	炔类	党参炔苷	√		√		√
白术	白术内酯	白术内酯Ⅲ	√	√			
茯苓	三萜类	茯苓酸	√				√
丹参	酚酸类	丹参素	√			√	√
		迷迭香酸	√				√
	丹参酮	丹参酮ⅡA	√	√		√	√
	丹酚酸	丹酚酸B	√				√
三七	原人参三醇型皂苷	三七皂苷R₁	√	√			√
		人参皂苷Rg₁	√	√			√
	原人参二醇型皂苷	人参皂苷Rb₁	√	√	√		√

续表

药材	结构类型	化合物	抗炎活性			抑制RA-HFLS细胞增殖	抑制破骨细胞生成
			降低NO含量	降低TNF-α含量	降低IL-6含量		
川芎	酚酸	阿魏酸	√	√	√	√	
	苯酞	藁本内酯		√		√	√
牛膝	甾酮	蜕皮甾酮	√	√	√		
	皂苷	牛膝皂苷D	√	√	√		
地龙	核苷类	次黄嘌呤	√	√	√		
甘草	三萜皂苷	甘草次酸	√	√	√	√	√
	黄酮	甘草苷	√				√

（一）抗炎药效物质基础

痹祺胶囊能显著降低LPS诱导的RAW264.7细胞内NO、TNF-α和IL-6的含量，且浓度越大，NO、TNF-α和IL-6的含量越低，有较好的剂量相关关系，说明痹祺胶囊具有很好的抗炎作用。

19个单体化合物对LPS诱导的RAW264.7细胞炎症模型均有不同程度的抑制作用，细胞上清液中的NO、TNF-α和IL-6表达下调，并呈现良好的浓度相关关系，因此推测，马钱子碱、士的宁、党参炔苷、白术内酯Ⅲ、丹参素、丹参酮ⅡA、丹酚酸B、迷迭香酸、三七皂苷R₁、人参皂苷Rg₁、人参皂苷Rb₁、阿魏酸、藁本内酯、蜕皮甾酮、牛膝皂苷D、次黄嘌呤、甘草次酸、甘草苷这19个成分可能为痹祺胶囊发挥抗炎作用的关键药效物质基础。

（二）抑制滑膜细胞增殖药效物质基础

痹祺胶囊能明显抑制TNF-α诱导的RA-HFLS增殖，并且能显著促进RA-HFLS凋亡，其活性随浓度的升高而增强，说明痹祺胶囊具有很好的抑制RA-HFLS增殖的作用。

马钱子中的马钱子碱和士的宁，丹参中的丹参素和丹参酮ⅡA，川芎中的阿魏酸和藁本内酯，牛膝中的蜕皮甾酮，地龙中的次黄嘌呤，甘草中的甘草次酸通过不同程度地促进RA-HFLS凋亡抑制了其异常增殖，并能有效抑制MMP-3和RANKL基因的表达，且呈剂量相关关系。因此推测，马钱子碱、士的宁、丹参素、丹参酮ⅡA、阿魏酸、藁本内酯、蜕皮甾酮、次黄嘌呤、甘草次酸这9个成分可能为痹祺胶囊中发挥抑制滑膜增生的主要药效物质基础。

（三）抑制破骨细胞分化药效物质基础

痹祺胶囊能显著减少RANKL和M-CSF诱导RAW264.7细胞分化为破骨细胞的数量，并能显著降低破骨细胞标志基因CTSK和TRAP的相对表达量，且浓度越大，作用活性越强，说明痹祺胶囊具有很好地抑制破骨细胞分化作用。

马钱子中的马钱子碱和士的宁，党参中的党参炔苷，茯苓中的茯苓酸，丹参中的丹参素、迷迭香酸和丹酚酸B，三七中的三七皂苷R₁、人参皂苷Rg₁和人参皂苷Rb₁，川芎中的藁本内酯，甘草中的甘草次酸和甘草苷均能显著降低破骨细胞的分化数量，并均能显著抑制CTSK和TRAP基因的表达，且都呈剂量相关关系。因此推测，马钱子碱、士的宁、党参炔苷、茯苓酸、丹参素、丹酚酸B、迷迭香酸、三七皂苷R₁、人参皂苷Rg₁、人参皂苷Rb₁、藁本内酯、甘草次酸和甘草苷这13个成分可能为痹祺胶囊发挥抑制破骨细胞分化的主要药效物质基础。

第三节　基于G蛋白偶联受体和酶活检测的痹祺胶囊药效物质基础研究

G蛋白偶联受体（G protein-coupled receptor，GPCR）是哺乳动物基因组中最大的膜蛋白家族，有800多名成员，广泛分布于中枢神经系统、免疫系统、心血管、视网膜等器官和组织，参与机体的发育和正常的功能行使。GPCR也是目前成药性最高的药物靶标，当今治疗性药物市场中约有30%的药物以GPCR为作用靶标[103]。当细胞受到外界刺激时，GPCR通过与光、气味、离子、脂类、多肽以及蛋白等形式的配体结合而激活，继而触发其下游信号事件[104]。GPCR参与了生物体内众多的生理活动和信号调节过程，形成了一个系统的信号分子转导网络，如果GPCR的相关信号转导通路或信号分子发生异常就会导致生物体内环境的失衡，从而引发如类风湿关节炎等自身免疫性疾病。随着对其结构与功能的不断深入研究，越来越多的基于GPCR结构的靶向药物被开发并应用于如中枢神经系统疾病、糖尿病、癌症等重大疾病的治疗中[105]。

本部分在蛋白组学和代谢组学的研究基础上，结合类风湿关节炎的病理特征和痹祺胶囊的临床功效，进一步选取了痹祺胶囊与抗炎止痛相关的受体：环氧化酶-2（COX-2）、一氧化氮合酶（NOS）、核转录因子κB（NF-κB）、趋化因子受体4（CCR4）；与活血相关的受体：凝血酶（thrombin）、磷酸二酯酶（PDE3A）、肾上腺素能受体α1A（ADRA1A）；与抑制血管翳生成相关的受体：VEGF受体（VEGFR）；以及与抑制基质降解相关的受体基质金属蛋白酶3（MMP-3）为研究载体，通过运用胞内钙离子荧光检测和酶抑制剂检测技术评价痹祺胶囊及代表性单体成分干预后对受体的拮抗或激动作用以及对酶的抑制活性。通过本部分实验揭示痹祺胶囊通过多成分、多靶点、多途径发挥药效的作用机制，并在分子水平探究痹祺胶囊的药效物质基础，为后续针对痹祺胶囊作用机制的全面系统深入研究提供参考。

一、抗炎止痛作用相关靶点抑制实验

本部分主要检测痹祺胶囊及代表性化合物在不同浓度下，对炎症相关靶点COX-2、NOS、NF-κB及CCR4的抑制活性。

（一）仪器与材料

1. 仪器

实验用主要仪器见表4-3-1。

表4-3-1　实验所用仪器

名称	厂家	型号
多功能酶标仪	Molecular Devices	FlexStation 3
多功能酶标仪	BioTek	synergy2
电热恒温培养箱	杭州汇尔仪器设备有限公司	DHP-9022
离心机	Beckman	AllegraTM 25R Centrifuge
生物安全柜	Thermo	1300SeriesA2 1384

名称	厂家	型号
倒置显微镜	上海光学仪器五厂有限公司	37XC
电热恒温水浴锅	上海一恒科学仪器有限公司	HWS24
二氧化碳培养箱	Thermo	3111
台式低速离心机	湖南湘仪实验室仪器开发有限公司	L-530
细胞计数器	Nexcelom	AutoT4

2. 试剂及材料

实验中所用试剂及材料见表4-3-2。

表4-3-2 实验所用试剂及材料

名称	品牌	货号
环氧化酶-2（COX-2）抑制剂筛选试剂盒	上海碧云天	S0168
NOS抑制剂筛选试剂盒	BioVision	K208-100
TNF-α	InvivoGen	rcyc-htnfa
QUANTI-Blue™	InvivoGen	rep-qbs2
CellTiter-Glo	Promega	G7573
HEK-Dual™ TNF-α细胞株	InvivoGen	—

（二）实验方法

1. COX-2实验步骤

（1）样品的准备 取适量待测定的样品，用DMSO将化合物配制成100μmol/L和10μmol/L检测浓度的溶液（终浓度为5μmol/L和0.5μmol/L），用DMSO将痹祺胶囊配制成4000μg/mL和800μg/mL检测浓度的溶液（终浓度为200μg/mL和40μg/mL）。以塞来昔布为阳性对照，以100μmol/L的起始浓度（终浓度5μmol/L），在DMSO中5倍连续梯度稀释8个点。

（2）试剂盒准备

1）融解除rhCOX-2以外的其他所有试剂至室温，略离心使溶液沉淀至管底，再混匀备用。COX-2 Probe、COX-2 Cofactor（50×）和COX-2 Substrate（50×）配制在DMSO中，可37℃水浴0.5～2min促进融解。使用完毕后宜立即–20℃避光保存。

2）COX-2 Cofactor工作液的配制：按照每个样品需要5μL COX-2 Cofactor工作液的比例配制适量的COX-2 Cofactor工作液。取适量的COX-2 Cofactor（50×），按照1∶49的比例用COX-2 Assay Buffer稀释。例如4μL COX-2 Cofactor（50×）加入196μL COX-2 Assay Buffer配制成200μL COX-2 Cofactor工作液。配制好的COX-2 Cofactor工作液可4℃存放，仅限当日使用。

3）COX-2工作液的配制：按照每个样品需5μL COX-2工作液的比例配制适量的COX-2工作液。取适量的rhCOX-2（25×），按照1∶24的比例用COX-2 Assay Buffer稀释。例如8μL rhCOX-2（25×）加入192μL COX-2 Assay Buffer配制成200μL COX-2工作液。配制好的COX-2工作液可在冰浴上暂时保存，1h内酶活性基本稳定。注：所有涉及COX-2的操作应在冰上进行。

4）COX-2 Substrate工作液的配制：按照每个样品需5μL COX-2 Substrate工作液的比例配制适量的COX-2 Substrate工作液。取适量的COX-2 Substrate（50×），加入等体积的Substrate Buffer，充分涡旋混匀，该混合物再按照1∶24的比例用Milli-Q级纯水或重蒸水稀释，充分涡旋混匀。例如20μL COX-2 Substrate（50X）加入20μL Substrate Buffer，涡旋混匀后，再加入960μL Milli-Q级纯水或重蒸水，再充分涡旋混匀，最终获得1mL COX-2 Substrate工作液。配制好的COX-2 Substrate工作液可在冰浴上暂时保存，1h内较为稳定。注：COX-2 Substrate工作液也可在样品检测时37℃孵育10min的过程中配制。

（3）样品检测

1）使用96孔黑板设置空白对照孔和样品孔，并按照下表依次加入样品和各溶液。加入待测样品后，混匀，37℃孵育10min。

实验试剂	空白对照	100%酶活性对照	阳性抑制剂对照	样品
COX-2 Assay Buffer	80μL	75μL	75μL	75μL
COX-2 Cofactor工作液	5μL	5μL	5μL	5μL
COX-2工作液	—	5μL	5μL	5μL
样品溶剂	5μL	5μL	—	—
Celecoxib 溶液	—	—	5μL	—
待测样品	—	—	—	5μL

2）各孔加入COX-2 Probe 5μL。

3）各孔快速加入COX-2 Substrate工作液5μL，混匀。注：加入COX-2 Substrate工作液后反应即会开始，如果孔数较多，可以在低温操作或使用排枪操作以减小各孔间加入COX-2 Substrate工作液的时间差而导致的误差，混匀也可以在培养板振荡器上进行。

4）37℃避光孵育5min后进行荧光测定。激发波长为560nm，发射波长为590nm。

（4）计算　计算每个样品孔和空白对照孔的平均荧光值，可分别记录为$RFU_{空白对照}$、$RFU_{100\%酶活性对照}$、$RFU_{阳性抑制剂对照}$和$RFU_{样品}$。相对荧光强度RFU，relative fluorescence unit。计算每个样品的抑制百分率。计算公式如下：

抑制率（%）=（$RFU_{100\%酶活性对照}$－$RFU_{样品}$）/（$RFU_{100\%酶活性对照}$－$RFU_{空白对照}$）×100%

2. NOS实验步骤

（1）样品的准备　取适量待测定的样品，用缓冲液将化合物配制成400μmol/L和40μmol/L（终浓度为100μmol/L和10μmol/L），将痹祺胶囊配制成800μg/mL和160μg/mL（终浓度为200μg/mL和40μg/mL）。以二苯基氯化碘盐DPI（diphenyleneiodonium chloride）为阳性对照，以200μmol/L的起始浓度（终浓度50μmol/L），用缓冲液5倍连续梯度稀释8个点。

（2）试剂盒准备

1）酶制备：向装有酶的管中加入400μL的NOS Dilution Buffer，冰浴操作。

2）NOS阳性抑制剂制备：用NOS Dilution Buffer以1∶5稀释，冰浴操作。

3）NOS Cofactor 1制备：用110μL dH₂O重建，得到10mmol/L储存液，用dH₂O以1∶6稀释得到1.66mmol/L工作液，冰浴操作。

4）NOS Cofactor 2制备：用dH₂O以1∶100稀释得工作液，冰浴操作。

5）Nitrate Reductase制备：加入1.1mL缓冲液重建，冰浴操作。

6）Enhancer制备：加入1.2mL缓冲液重建，冰浴操作。

7）Reaction Mix制备：

Diluted NOS Cofactor 1	3μL
Diluted NOS Cofactor 2	1μL
NOS Substrate	2μL
Nitrate Reductase	5μL

（3）样品检测

1）使用96孔白板设置对照孔和样品孔，并按照下表依次加入样品和各溶液。加入待测样品后，混匀，室温孵育15min。

组别	缓冲液	酶	待测样品
空白对照	30μL	—	—
100%酶活性对照	26μL	4μL	
DPI阳性抑制剂对照	16μL	4μL	10μL
样品组	16μL	4μL	10μL

2）各孔加入Reaction Mix液10μL，混匀37℃孵育1h。

3）各孔加入110μL缓冲液，随后再加入5μL enhancer，混匀，室温孵育10min。

4）各孔加入10μL Probe，混匀，室温孵育10min。

5）各孔加入5μL NaOH，混匀，室温孵育10min后进行荧光测定。激发波长为360nm，发射波长为450nm。

（4）计算　计算每个样品的抑制百分率。计算公式如下：

$$抑制率（\%）=（RFU_{100\%酶活性对照}-RFU_{样品}）/（RFU_{100\%酶活性对照}-RFU_{空白对照}）\times 100\%$$

3. NF-κB实验步骤

（1）样品配制　将痹祺胶囊及化合物用DMSO配制一定浓度的母液，然后手动稀释将样品加入到细胞板。化合物最终给药浓度为100μmol/L和10μmol/L，痹祺胶囊最终给药浓度为200μg/mL和40μg/mL，双复孔。参考化合物TNF-α最高浓度为1000ng/mL，3倍梯度，共9个浓度，每个浓度双复孔。样品检测孔每孔加入10μL样品，阴性对照孔（NC）和阳性对照孔（PC）每孔加入10μL培养基。DMSO终浓度为0.5%。

（2）细胞铺板　将80μL HEK-Dual™ TNF-α细胞种于已经加好待测样品的96孔板中，50000细胞/孔。将样品和细胞在37℃、5% CO₂培养箱共孵育2h。

（3）加入激动剂　激动剂TNF-α（参考化合物）的检测终浓度为1000ng/mL，3倍梯度，共9个浓度。阳性对照孔加入10μL培养基，其余每孔加入10μL 200ng/mL的TNF-α。离心后在37℃、5% CO₂培养箱共孵育24h。每孔TNF-α的终浓度为20ng/mL。

（4）样品抑制率检测　每孔取20μL细胞上清液，加入含有180μL QUANTI-Blue™试剂的实验板中，37℃孵育1h之后，用多功能酶标仪SpectraMax M2e检测650nm的吸光度值（OD₆₅₀）。

（5）细胞活性检测　按照CellTiter-Glo说明书方法操作，化学发光信号（RLU）用多功能酶标仪synergy2检测。

（6）数据分析

1）化合物抑制活性：化合物抑制活性（%）计算公式如下。化合物抑制活性（%）值用

GraphPad Prism软件分析，并拟合化合物剂量效应曲线，计算化合物对细胞的IC_{50}值。

$$化合物抑制活性\% = (OD_{650}化合物 - OD_{650}NC)/(OD_{650}PC - OD_{650}NC)$$

2）TNF-α激活活性：TNF-α激活活性（%）计算公式如下。TNF-α激活活性（%）值用GraphPad Prism软件分析，并拟合化合物剂量效应曲线，计算TNF-α对细胞的EC_{50}值。

$$化合物活性\% = (OD_{650}化合物 - OD_{650}PC)/(OD_{650}NC - OD_{650}PC)$$

3）细胞活性检测：细胞活性%计算公式如下。细胞活性%值用GraphPad Prism软件分析，并拟合化合物剂量效应曲线，计算化合物对细胞的CC_{50}值。

$$细胞活性\% = RLU化合物/RLUPC \times 100\%$$

4）排除细胞毒性的影响后的活性值计算公式如下：

$$Normalized\ activity = 抑制率\% - (1-细胞活力\%)$$

4. CCR4实验步骤

（1）细胞铺板

1）提前37℃水浴预热培养基，1×DPBS及0.05% trypsin-EDTA，预热时间大于30min，备用。

2）取出预热好的培养基，1×DPBS及0.05% trypsin-EDTA，用乙醇消毒，放入生物安全柜。

3）从培养箱中取出培养细胞，加入1×DPBS，孵育片刻吸去，加入适量0.05% trypsin-EDTA进行细胞消化，用10% FBS培养基终止消化，吹散细胞。

4）用移液管将吹散细胞吸入15mL离心管中，1000r/min，离心5min，用培养基重悬，吹散，计数。

5）用培养基将细胞稀释至1×10^6cells/mL，20μL/孔种入384孔多聚赖氨酸包被的细胞板。

6）5% CO_2、37℃培养箱孵育过夜。

（2）FLIPR实验

试剂准备：

1）配制250mmol/L Probenecid溶液：按照试剂盒操作说明，在77mg Probenecid中加入1mL FLIPR缓冲盐溶液。

2）配制2×（8mmol/L）Fluo-4 Direct™加样缓冲液：提前融化实验用量管数Fluo-4 Direct™，每管加入10mL FLIPR缓冲盐溶液，加入0.2mL 250mmol/L Probenecid溶液，避光振荡涡旋＞5min。

3）检测缓冲液：20mmol/L HEPES，1×HBSS，0.5% BSA。

化合物检测方法：

1）EC_{80}检测：

①去除EC_{80}检测细胞板中的细胞培养液，每孔加入20μL检测缓冲液，然后再加入2×Fluo-4检测试剂，每孔20μL，放入37℃孵箱中孵育50min，然后室温静置10min。

②将激动剂TARC human（CCL17）用检测缓冲液3倍稀释成10个浓度并转移到EC_{80}检测化合物板中，每孔30μL。激动剂TARC human（CCL17）起始浓度为1000nmol/L。

③将EC_{80}检测细胞板、EC_{80}检测化合物板、移液枪头分别放入FLIPR仪器中，启动仪器，从EC_{80}检测化合物板中转移10μL激动剂TARC human（CCL17）到细胞板中，读数，计算EC_{80}。

2）化合物拮抗活性检测：

①对于待测化合物：将BQ2样品稀释至6000μL/mL、1200μL/mL、240μL/mL、48μL/mL，除2号、8号、16号样品外，其他16个样品用DMSO配制为20mmol/L溶液，用Echo转移900nL到CCR4化合物板中，双复孔。然后每孔中加入30μL检测缓冲液，终浓度为100μmol/L。2号、8号、16号样品DMSO溶解后，用检测缓冲液稀释成600μmol/L，每孔30μL，终浓度为100μmol/L。1～19号样品用DMSO稀释为2mmol/L溶液，用Echo转移900nL到CCR4化合物板中，双复孔，然后每孔中加入30μL检测缓冲液，终浓度为10μmol/L。

对于参考化合物：通过Bravo用DMSO将参考化合物C-021进行3倍稀释成10个浓度，用Echo转移900nL到CCR4化合物板中，双复孔，然后每孔中加入30μL检测缓冲液，拮抗剂C-021终浓度为50μmol/L。

②去除化合物检测细胞板中的细胞培养液，每孔加入20μL检测缓冲液，然后再加入2×Fluo-4检测试剂，每孔20μL。

③用FLIPR转移10μL化合物至细胞板中，放入37℃孵箱中孵育50min，然后室温静置10min。

④配制CCR4的$6\times EC_{80}$并加入到EC_{80}板中，每孔30μL。

⑤将细胞板和EC_{80}板、移液枪头放入FLIPR仪器中，启动仪器，从EC_{80}板中转移10μL化合物到细胞板中，读数，计算各化合物抑制率。

3）分析数据公式如下：

拮抗剂抑制率：Inhibition%=100–（RLU–LC）/（DMSO–LC）×100%

RLU：相对光吸收值，1至Maximum allowed的读值；

DMSO：DMSO组荧光信号平均值；LC：拮抗剂最高浓度点荧光信号平均值。

（三）实验结果

1. COX-2实验结果

（1）阳性抑制剂塞来昔布对COX-2的剂量曲线　通过多浓度梯度给药，得到了阳性抑制剂塞来昔布对COX-2的抑制率曲线（图4-3-1），计算得到IC_{50}值为10.73nmol/L。

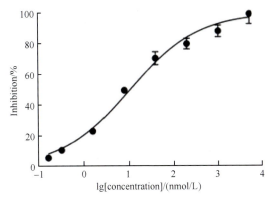

图4-3-1　塞来昔布对COX-2抑制率曲线（$n=2$）

（2）痹祺胶囊19个化合物对COX-2的抑制活性　痹祺胶囊及19个化合物对COX-2抑制活性实验结果见图4-3-2。由结果可知，痹祺胶囊200μg/mL和40μg/mL对该酶抑制率分别为

91.95%和78.58%，表现出显著的抑制活性（$P<0.001$）。与阴性对照组比较，丹参素、迷迭香酸、丹酚酸B在10μmol/L、100μmol/L对该酶抑制率达80%以上，均有显著抑制活性（$P<0.001$）；藁本内酯在10μmol/L、100μmol/L对该酶也有较显著抑制作用（$P<0.05$、$P<0.001$），且都有一定浓度相关性。人参皂苷Rb_1、阿魏酸在100μmol/L浓度对该酶抑制率均在70%以上，丹参酮II_A、党参炔苷在100μmol/L浓度对该酶抑制率均在50%以上，均有显著抑制活性（$P<0.001$）；士的宁、茯苓酸、牛膝皂苷D在10μmol/L、100μmol/L对该酶抑制率在30%，且都具有显著性差异（$P<0.01$、$P<0.001$）。

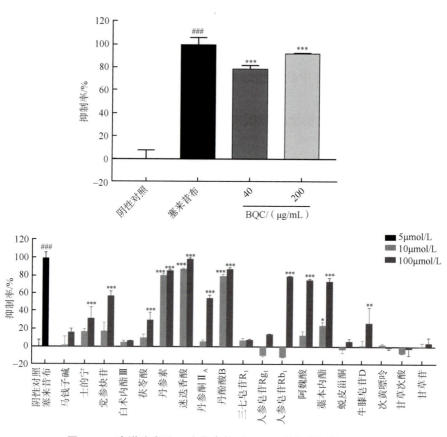

图4-3-2　痹祺胶囊及19个化合物对COX-2的抑制活性（$n=2$）

综上所述：迷迭香酸、丹酚酸B、丹参素、人参皂苷Rb_1、阿魏酸、藁本内酯、丹参酮II_A、党参炔苷作为抑制COX-2的主要活性物质。士的宁、茯苓酸、牛膝皂苷D也具有一定的抑制活性。

2. NOS实验结果

（1）阳性抑制剂DPI（diphenyleneiodonium chloride）对NOS的剂量曲线　通过多浓度梯度给药，得到了阳性抑制剂DPI对NOS的抑制率曲线，IC_{50}=22.68nmol/L（图4-3-3）。

（2）痹祺胶囊及其19个化合物对NOS的抑制活性　痹祺胶囊及19个化合物对NOS抑制活性实验结果见图4-3-4。由结果可知：痹祺胶囊在200μg/mL和40μg/mL的给药浓度下对该酶的抑制率分别为45.95%和24.47%，均具有一定的抑制活性（$P<0.05$、$P<0.01$）。与阴性对照组比较，迷迭香酸、丹酚酸B在10μmol/L、100μmol/L对NOS均有显著抑制活性（$P<0.001$），且100μmol/L浓度下抑制率达100%以上，抑制活性最强；人参皂苷Rb_1、藁本内酯、马钱子

碱、士的宁、党参炔苷在10μmol/L、100μmol/L均有显著抑制活性（$P<0.05$、$P<0.01$、$P<0.001$）；丹参素、丹参酮ⅡA、蜕皮甾酮、甘草苷、茯苓酸、三七皂苷R₁、人参皂苷Rg₁、白术内酯Ⅲ在100μmol/L浓度对该酶有显著抑制作用（$P<0.01$、$P<0.001$）。

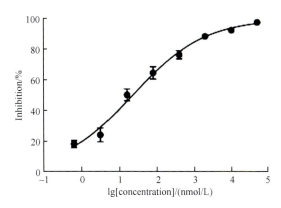

图4-3-3　阳性抑制剂DPI对NOS的抑制率曲线（$n=2$）

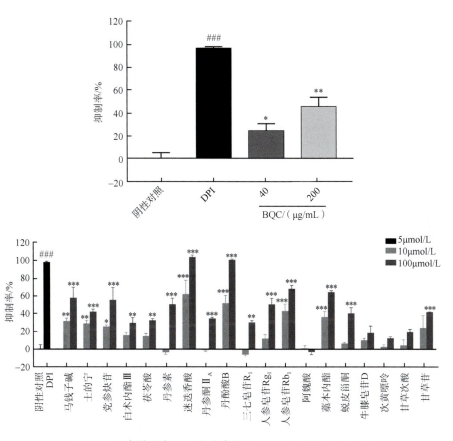

图4-3-4　痹祺胶囊及19个化合物对NOS的抑制活性（$n=2$）

综上：马钱子碱、士的宁、党参炔苷、白术内酯Ⅲ、茯苓酸、丹参素、丹参酮ⅡA、丹酚酸B、迷迭香酸、三七皂苷R₁、人参皂苷Rg₁、人参皂苷Rb₁、藁本内酯、蜕皮甾酮、甘草苷在不同给药浓度下，均有不同程度的抑制活性。

3. NF-κB实验结果

（1）阳性激动剂TNF-α对NF-κB的剂量效应 通过多浓度梯度给药，得到了阳性激动剂TNF-α对NF-κB的激动结果及细胞存活率（图4-3-5），计算得到EC_{50}为1.328ng/mL，50%的细胞发生细胞毒性反应的浓度（median cytotoxic concentration，CC_{50}）>1000ng/mL。

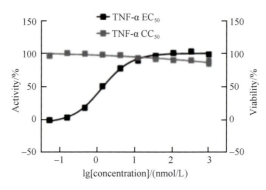

图4-3-5 TNF-α对NF-κB的激动结果及细胞存活率曲线（$n=2$）

（2）痹祺胶囊及其19个化合物对NF-κB的拮抗活性 痹祺胶囊及19个化合物对NF-κB抑制活性实验结果见图4-3-6。本研究中，19个化合物抑制活性检测的同时，平行检测化合物对HEK-Dual™ TNF-α细胞株的细胞毒性，结果见图4-3-7。痹祺胶囊在200μg/mL和40μg/mL时对该酶均无显著抑制活性。与阴性对照组比较，藁本内酯、茯苓酸、马钱子碱在100μmol/L

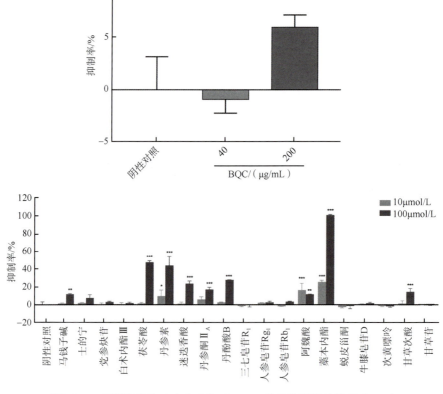

图4-3-6 痹祺胶囊及19个化合物对NF-κB的拮抗活性结果图（$n=2$）

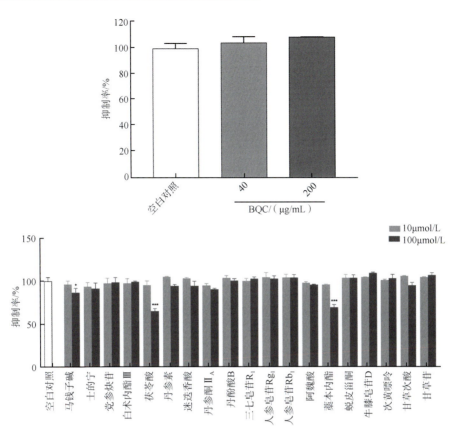

图4-3-7 痹祺胶囊及19个化合物细胞存活率结果（$n=2$）

对TNF-α诱导的NF-κB均有显著抑制活性，但结合细胞存活率结果，以上3个化合物在该浓度下的细胞存活率分别为67.5%、65.4%、87.0%，均显示出显著毒性（$P<0.05$、0.001），因此推测藁本内酯、茯苓酸、马钱子碱对NF-κB抑制活性为假阳性结果；丹参素、阿魏酸低、高浓度及丹酚酸B、迷迭香酸、丹参酮II_A、甘草次酸高浓度和藁本内酯低浓度对NF-κB均有显著抑制活性（$P<0.05$、0.01、0.001），且无细胞毒性。

4. CCR4的拮抗活性实验

（1）阳性拮抗剂对CCR4的拮抗活性结果　通过多浓度梯度给药，得到阳性拮抗剂C-021对CCR4的拮抗结果（图4-3-8），计算得到$IC_{50}=1796$nmol/L。

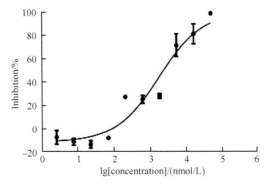

图4-3-8 阳性拮抗剂对CCR4的拮抗活性曲线（$n=2$）

（2）痹祺胶囊及其19个化合物CCR4的拮抗活性结果　痹祺胶囊及19个化合物对CCR4抑制活性实验结果见图4-3-9。实验结果表明，痹祺胶囊在1mg/mL时，对CCR4的拮抗率为48.03%，表现出一定的拮抗活性（$P < 0.01$）。与阴性对照组比较，藁本内酯在低、高浓度对CCR4均有显著拮抗活性（$P < 0.001$），且呈浓度相关性；甘草次酸在高浓度对CCR4有显著拮抗活性（$P < 0.001$），其他化合物无显著拮抗作用。

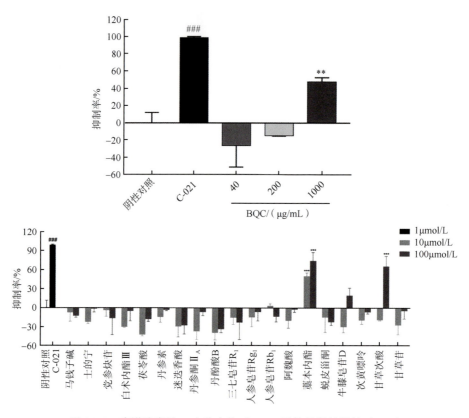

图4-3-9　痹祺胶囊及19个化合物对CCR4受体的拮抗活性（$n=2$）

二、活血作用相关靶点抑制实验

本部分研究痹祺胶囊及代表性化合物对凝血酶（thrombin）、磷酸二酯酶（PDE3A）的酶学抑制活性，对肾上腺素能受体α1A（ADRA1A）的拮抗作用。

（一）仪器与材料

1. 仪器

实验用主要仪器见表4-3-3。

表4-3-3　仪器设备信息

仪器设备	厂家	型号
二氧化碳培养箱/Carbon dioxide incubator	Thermo	3111
低温高速离心机/Centrifuge	Thermo	Legend RT plus
电热恒温水槽/Thermostatic Electric Sink	上海精宏实验设备有限公司	DK-600

续表

仪器设备	厂家	型号
液氮储存系统/Liquid Nitrogen Storage Equipment	Thermo	7405
细胞计数仪/Automated Cell Counter	BIO-RAD	TC20
超净工作台/Clean Bench	上海智城分析仪器制造有限公司	ZHJH-C1118B
倒置显微镜/Microscope	Olympus	CKX41SF
微孔板振荡器/Microporous Quick Shaker	Thermo	080913192
纳升级声波移液系统/Echo liquid handler	LABCYTE	550
FLIPR 移液枪头/FLIPR pipette Tips	Molecular Devices	9000-0764
超声波纳升液体处理系统	Labcyte	Echo 550
酶标仪	Perkin Elmer	2104 Multilabel Reader

2. 材料和试剂

实验所用试剂及材料见表4-3-4。

表4-3-4　实验耗材及试剂信息

试剂/耗材名称	生产厂家	货号
人凝血因子 Ⅹa（Human Factor Ⅹa）	HYPHEN BioMed	EZ007A
人凝血酶（Human Thrombin）	HYPHEN BioMed	EZ006O
BIOPHEN CS-11（22）	HYPHEN BioMed	F1800144
BIOPHEN CS-01（38）	HYPHEN BioMed	F2000197
利伐沙班（Rivaroxaban）	Selleck Chemicals	S3002
阿加曲班（Argatroban）	Sigma	141396-28-3
三羟甲基氨基甲烷（Tris）	Roche	10708976001
氯化钠（NaCl）	Sigma	S9888-2.5KG
U-46619	Tocris	2339
GR 32191B	Sigma	G5044-5MG
6cm培养皿	Costar	430166
10cm培养皿	Costar	430167
15mL离心管	Corning	430790
50mL离心管	Corning	430828
384孔透明板	Greiner	655090
96孔透明板	Corning	3690
384孔板（黑边底透平底）	Corning	3764
聚丙烯透明圆底384孔板	Corning	3656
FLIPR® Calcium 4 assay kit	Molecular devices	R7446
透析的胎牛血清/Dialyzed Fetal Bovine Serum/DFBS	Biosera	04-011-1A
DMEM/F12 培养基/DMEM/F12 Medium	Gibco	10565-018
磷酸盐缓冲液/Dulbecco's phosphate-buffered saline/DPBS	Gibco	14190-144

续表

试剂/耗材名称	生产厂家	货号
遗传霉素/geneticin/G418	InvivoGen	ant-gn-5
胰酶/Trypsin-EDTA（0.25%）	Gibco	25200-072
FLIPR®钙4实验试剂盒/FLIPR® Calcium 4 Evaluation Kit	Molecular Devices	R8141
Hank's平衡盐溶液/Hanks' Balanced Salt Solution/HBSS	Gibco	14025-092
4-（2-羟乙基）-1-哌嗪乙磺酸溶液/HEPES	Gibco	15630-080
丙磺舒/Probenecid	InvivoGen	P36400
肾上腺素/Epinephrine	Sigma	E4642
WB4101	Sigma	B018
384 well Echo plate	Labcyte	6007279
PDE3A	BPS	60032
双嘧达莫/Dipyridamoie	MCE	HY-B0312
IMAP FP IPP Explorer Kit	Molecular Device	R8124
FAM-cGMP	Molecular Device	R7507

（二）实验方法

1. 凝血酶实验步骤

（1）化合物准备　参考化合物阿加曲班（Argatroban）以2mmol/L的起始浓度（终浓度200μmol/L），在DMSO中5倍连续梯度稀释8个点，转移6μL到96孔反应板中；待测样品转移6μL到反应板中，2个复孔，化合物终浓度分别为10μmol/L和100μmol/L，痹祺胶囊终浓度为200μg/mL和40μg/mL；空白对照孔及100%酶活性对照孔每孔加入6μL DMSO。

（2）缓冲液准备　配制一定量的含0.05mol/L Tris buffer，0.3mol/L NaCl，pH=7.8的缓冲液。100%酶活性对照孔、阳性对照组及样品组各加入42μL，空白对照组加入48μL。

（3）酶准备　用实验缓冲液将Thrombin（FIIa）稀释为工作浓度3NIH/mL（终浓度0.3NIH/mL）。100%酶活性对照孔、阳性对照组及样品组各加入6μL。将反应板放入多功能酶标仪中37℃孵育5min。

（4）底物准备　用实验缓冲液将底物稀释为工作浓度2.5mg/mL（终浓度0.25mg/mL）。向每组各加入6μL，将反应板放入多功能酶标仪中37℃孵育5min，在405nm检测吸光值。

（5）数据分析　抑制率（%）=100×[1−（样品读值−低信号平均值）/（高信号平均值−低信号平均值）]。运用GraphPad Prism 5数据分析软件，选用"log（inhibitor）vs. response-Variable slope"拟合分析，计算阳性对照组的IC_{50}值。

2. PDE3A实验步骤

按如下步骤进行两次独立复孔（2复孔）实验。采用化合物曲喹辛（Trequinsin）作为标准对照，实验中最大给药浓度为0.1μmol/L，3倍梯度稀释，共10个给药浓度，化合物给药浓度为100μmol/L、10μmol/L。每浓度设2个复孔。

（1）反应缓冲液和反应终止液配制

①5倍反应缓冲液　10mmol/L Tris-HCl，pH 7.2

　　　　　　　　　10mmol/L $MgCl_2$

　　　　　0.05% NaN₃

　　　　　0.01% Tween-20

②1倍反应缓冲液　5倍反应缓冲液稀释成1倍反应缓冲液

　　　　　1mmol/L DTT

③反应终止液　5倍IMAP progressive binding A溶液

　　　　　5倍IMAP progressive binding B溶液

　　　　　IMAP progressive binding bead

（2）待测样品配制

①待测样品稀释：分别用100% DMSO配制终浓度100倍的化合物，如化合物检测终浓度为100μmol/L，配制成100倍浓度，即10000μmol/L。

②转移待测样品到384反应板：用Echo550仪器从上述稀释好的待测样品中转移200nL到384孔反应板中，阴性对照和阳性对照均转移入200nL的100% DMSO。

（3）酶学反应

①配制2倍酶溶液：将PDE3A加入1倍反应缓冲液，形成终浓度为0.075μg/mL的2倍酶溶液。

②配制2倍的底物溶液：将FAM标记的cGMP加入1倍反应缓冲液，形成2倍底物溶液。

③向384孔板中加入酶溶液：向384孔反应板孔中加入10μL的2倍酶溶液。对于无酶活对照孔，用10μL的1倍反应缓冲液替代酶溶液。1000r/min离心1min，室温下孵育15min。

④向384孔板中加入底物溶液启动酶学反应：向384孔反应板每孔中加入10μL的2倍底物溶液。1000r/min离心1min。室温反应30min。

⑤酶学反应的终止：向384孔反应板每孔中加入60μL的反应终止液终止反应，室温下摇床600r/min振荡避光孵育60min。

（4）Envision读取数据及数据计算　用EnVision读数[参数设置Ex480/Em535（s），Em535（p），Ex代表激发光，Em代表发射光，s、p分别代表垂直和水平方向上的发射光]。

（5）抑制率计算　Envision上复制数据。把数据转化成抑制率数据。其中最大值（即加DMSO、加酶组）是指DMSO对照的信号值，最小值（即加DMSO、不加酶组）是指无酶活对照的信号值。抑制率（%）=（最大值−样本值）/（最大值−最小值）×100%。

将数据导入MS Excel并使用XLFit excel add-in version 5.4.0.8进行曲线拟合。从EnVision上获得Ratio数据，把Ratio转化成抑制率数据。

Equation used is：$Y = Bottom + (Top-Bottom) / (1 + (IC_{50}/X)^{\wedge}HillSlope$

3. ADRA1A实验步骤

（1）实验系统　将稳定表达ADRA1A受体的293/TP细胞，培养于10cm培养皿中，在37℃、5% CO₂培养箱中培养，当细胞汇合度达到80%～85%时，进行消化处理，将收集到的细胞悬液，以15 000个细胞每孔的密度接种到384微孔板，然后放入37℃、5% CO₂培养箱中继续过夜培养后用于实验。CHO-K1细胞系常规培养，传代在含有10%胎牛血清的Ham's F12中。

（2）待测样品的配制　在检测前，用HBSS-20mM HEPES稀释样品，配制成相应检测浓度5倍的溶液。单体化合物最高检测浓度为100μmol/L，10倍稀释，2个浓度。痹祺胶囊终浓度为200μg/mL和40μg/mL。最终检测体系中DMSO含量不超过0.2%。

（3）检测方法

a. 实验概览

第1天：

①从液氮储存系统/Liquid Nitrogen Storage Equipment里分别取出细胞CHO-K1/α1A于37℃电热恒温水槽/Thermostatic Electric Sink中快速融化后，用移液器分别转移细胞悬液到15mL离心管中，并各补加10mL完全培养基（DMEM/F12培养基/DMEM/F12Medium+10%胎牛血清/Fetal Bovine Serum/FBS +500μg/mL遗传霉素/geneticin/G418）。

②1000r/min离心4min后弃上清液，各用5mL完全培养基重悬细胞沉淀后，分别转移至T75培养瓶中，各补加15mL培养基，放置在37℃、5% CO_2培养箱/Carbon dioxide incubator中培养。细胞传代1次后用于FLIPR细胞实验。

③细胞密度达到80%～90%时，弃培养基并用5mL磷酸盐缓冲液/Dulbecco's phosphate-buffered saline/DPBS清洗细胞。

④移去磷酸盐缓冲液/Dulbecco's phosphate-buffered saline/DPBS，加入2mL胰酶/Trypsin-EDTA（0.25%），置37℃二氧化碳培养箱/Carbon dioxide incubator 2～5min。

⑤加10mL培养基（DMEM/F12培养基/DMEM/F12 Medium+10%透析的胎牛血清/Dialyzed Fetal Bovine Serum/DFBS）收集细胞，用细胞计数仪/Automated Cell Counter计数。

⑥在细胞板中每孔铺50μL细胞，置于37℃、5% CO_2培养箱/Carbon dioxide incubator中培养16～24h。

第2天：

①准备assay buffer，配制1×FLIPR®钙4实验试剂盒/FLIPR®Calcium 4 Evaluation Kit染料。

②从二氧化碳培养箱/Carbon dioxide incubator中取出细胞384孔板/384 well plate。移除上清液。加1×FLIPR®钙4实验试剂盒/FLIPR®Calcium 4 Evaluation Kit染料。

③将加过1×FLIPR®钙4实验试剂盒/FLIPR®Calcium 4 Evaluation Kit染料的细胞384孔板/384 well plate置于37℃、5% CO_2培养箱/Carbon dioxide incubator中孵育1h。

④高通量实时荧光检测分析系统/FLIPR检测：向细胞384孔板/384 well plate中每孔加15μL化合物，15min后，加22.5μL激动剂，检测荧光信号。抑制剂检测步骤：配制染料工作液（参照Molecular Devices公司产品说明书操作）；往细胞板内加入染料，每孔20μL；然后每孔加入10μL待测样品或阳性拮抗剂，然后放入37℃、5% CO_2培养箱孵育1h；取出细胞板，于室温平衡15min；加入阳性激动剂工作液，读板，检测并记录RFU值。

b. 检测前的准备工作

激动剂检测的准备工作方案为：将细胞接种到384微孔板，每孔接种20μL细胞悬液（含1.5万个细胞），然后放置到37℃、5% CO_2培养箱中继续过夜培养后将细胞取出，加入染料，每孔20μL，然后将细胞板放到37℃、5% CO_2培养箱孵育1h，最后于室温平衡15min。检测时，将细胞板、待测样品板放入FLIPR内指定位置，由仪器自动加入10μL 5×检测浓度的激动剂及待测样品检测RFU值。

抑制剂检测的准备工作方案为：将细胞接种到384微孔板，每孔接种20μL细胞悬液（含1.5万个细胞），然后放置到37℃、5% CO_2培养箱中继续过夜培养后将细胞取出，抑制剂检测时，加入20μL染料，再加入10μL配制好的样品溶液，然后将细胞板放到37℃、5% CO_2培养箱孵育1h，最后于室温平衡15min。检测时，将细胞板、阳性激动剂板放入FLIPR内指定位置，由仪器自动加入12.5μL的5×EC_{80}浓度的阳性激动剂检测RFU值。

c. 信号检测

将装有待测样品溶液（5×检测浓度）的384微孔板、细胞板和枪头盒放到FLIPR内，运行激动剂检测程序，仪器总体检测时间为120s，在第21秒时自动将激动剂及待测样品10μL加入到细胞板内。

将装有5×EC_{80}浓度阳性激动剂的384微孔板、细胞板和枪头盒放到FLIPR^{TETRA}（Molecule Devices）内，运行抑制剂检测程序，仪器总体检测时间为120s，在第21秒时自动将12.5μL阳性激动剂加入到细胞板内。

（4）数据分析　通过ScreenWorks（version 3.1）获得原始数据以*FMD文件保存在计算机网络系统中。数据采集和分析使用Excel和GraphPad Prism 6软件程序。对于每个检测孔而言，以1～20s的平均荧光强度值作为基线，21～120s的最大荧光强度值减去基线值即为相对荧光强度值（ΔRFU），根据该数值并依据以下方程可计算出激活或抑制百分比。

激活率（%）=（$\Delta RFU_{Compound}$−$\Delta RFU_{Background}$）/（$\Delta RFU_{Agonist\ control\ at\ EC100}$−$\Delta RFU_{Background}$）×100%

抑制率（%）={1−（$\Delta RFU_{Compound}$−$\Delta RFU_{Background}$）/（$\Delta RFU_{Agonist\ control\ at\ EC80}$−$\Delta RFU_{Background}$）}×100%

使用GraphPad Prism 6用四参数方程对数据进行分析，从而计算出EC_{50}和IC_{50}值。四参数方程如下：

$$Y=Bottom+(Top-Bottom)/\{1+10^{[(lgEC_{50}/IC_{50}-X)*HillSlope]}\}$$

X是浓度的Log值，Y是抑制率。

（三）实验结果

1. 凝血酶实验结果

（1）阳性抑制剂阿加曲班对凝血酶的剂量效应　通过多浓度梯度给药，得到了阳性抑制剂对凝血酶的抑制率曲线（图4-3-10），计算得到IC_{50}值为602.3nmol/L。

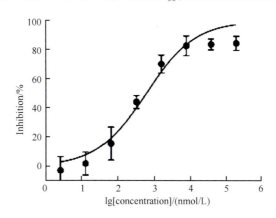

图4-3-10　阿加曲班对凝血酶抑制率曲线（$n=2$）

（2）痹祺胶囊及化合物对凝血酶的抑制活性　痹祺胶囊及19个化合物对凝血酶抑制活性实验结果见图4-3-11。由结果可知，痹祺胶囊在200μg/mL和40μg/mL给药浓度下对该酶均无显著抑制活性。与阴性对照组比较，丹酚酸B、迷迭香酸、阿魏酸、丹参酮ⅡA、丹参素在低、高浓度对凝血酶均有显著抑制活性（$P<0.01$、0.001），且除丹参酮ⅡA外，其他4个化合物都呈现浓度相关性。

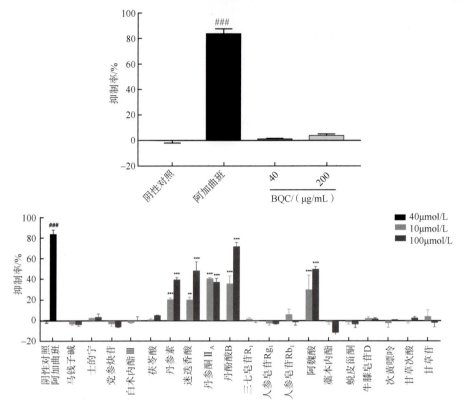

图4-3-11　痹祺胶囊及19个化合物对凝血酶抑制率结果图（n=2）

2. PDE3A 实验结果

（1）阳性抑制剂曲喹辛（Trequinsin）对PDE3A的剂量效应　通过多浓度梯度给药，得到了阳性抑制剂曲喹辛对PDE3A的剂量曲线（图4-3-12），计算得到IC_{50}为0.087nmol/L。

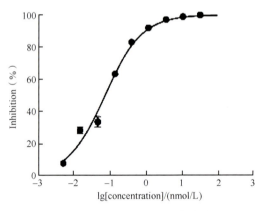

图4-3-12　曲喹辛对PDE3A抑制率曲线（n=2）

（2）痹祺胶囊及化合物对PDE3A的抑制活性　痹祺胶囊及其19个化合物对PDE3A抑制活性实验结果见图4-3-13。由结果可知，痹祺胶囊在200μg/mL和40μg/mL给药浓度下对该酶均无显著抑制活性。与阴性对照组比较，丹酚酸B、迷迭香酸在低、高浓度下对该酶均有显著抑制作用并呈浓度相关性（$P<0.001$），且在高浓度下抑制率达100%以上，抑制活性强；

丹参素、藁本内酯及甘草苷在高浓度时对该酶抑制活性也较显著（$P<0.001$），其他化合物无显著抑制作用。

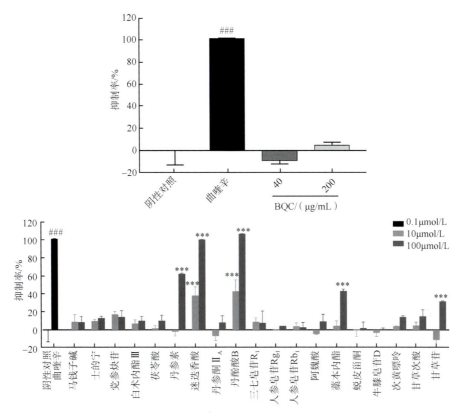

图4-3-13 痹祺胶囊及其19个化合物对PDE3A抑制活性图（$n=2$）

3. ADRA1A 实验结果

（1）拮抗剂对ADRA1A的剂量效应 通过多浓度梯度给药，得到阳性拮抗剂WB4101对ADRA1A的拮抗曲线（图4-3-14），其IC_{50}为18.09nmol/L。

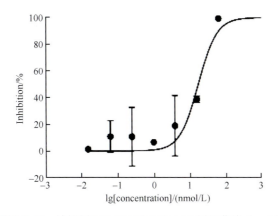

图4-3-14 拮抗剂WB4101对ADRA1A剂量曲线（$n=2$）

（2）痹祺胶囊及其19个化合物对ADRA1A的拮抗实验 痹祺胶囊及其19个化合物对ADRA1A抑制活性实验结果见图4-3-15。由结果可知，与阴性对照组比较，马钱子碱在低、高浓度对ADRA1A拮抗率分别为96.78%、74.54%，拮抗作用强（$P<0.001$）且呈现浓度相关性；甘草次酸及藁本内酯高浓度、人参皂苷Rb$_1$低浓度对该受体拮抗率分别为97.32%、64.09%、65.56%，也有较显著拮抗活性（$P<0.001$）。其他化合物无显著拮抗作用。

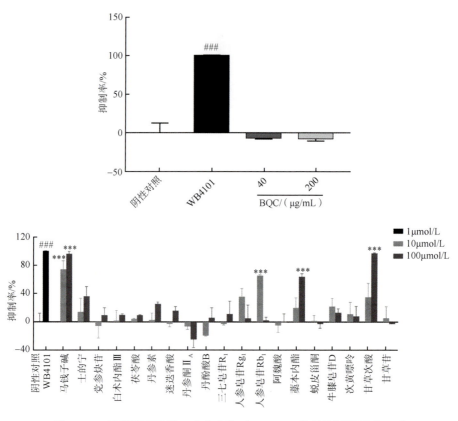

图4-3-15　痹祺胶囊及其19个化合物对ADRA1A的拮抗活性图（$n=2$）

三、抑制血管翳形成相关靶点抑制实验

利用荧光微流体迁移率变化测定（Mobility Shift Assay）的方法在Km ATP的情况下，在KDR激酶上测试14个样品的抑制率。荧光微流体迁移率变化测定技术，是用来检测小分子抑制剂对激酶的抑制作用的方法。激酶催化ATP脱去一个磷酸基团生成ADP，并将该磷酸基团转移到底物肽上，该底物肽带有荧光标记，其产物因增加了一个磷酸基团，所带的电荷发生了变化，在电泳泳动过程中，底物和磷酸化的产物因迁移率不同被分开，并分别被检测到，其量与荧光信号成正比。利用Caliper仪器测定底物与产物的量，并计算出产物的转化率，进而计算出抑制率。

（一）仪器与材料

1. 主要仪器

实验用主要仪器见表4-3-5。

表4-3-5 实验仪器表

仪器设备	厂家	型号
激酶检测仪/微流控系统	Perkin Elmer	EZ Reader Ⅱ
自动微孔移液器	BioTek	PRC384U
生化培养箱	上海博迅	SPX-100B-Z
离心机	BECKMAN COULTRE	Avanti J-15R

2. 主要试剂及材料

实验中所用试剂及材料见表4-3-6。

表4-3-6 试剂及材料信息

名称	厂家	货号	批号
KDR	Carna	08-191	07CBS-0540
Peptide FAM-P22	GL Biochem	112393	P180116-MJ112393
ATP	Sigma	A7699-1G	987-65-5
DMSO	Sigma	D2650	474382
EDTA	Sigma	E5134	60-00-4
96-well plate	Corning	3365	22008026
384-well plate	Corning	3573	19714026
Staurosporine	Selleckchem	S1421	S142105

（二）实验方法

1. 配制1倍激酶缓冲液和终止液

（1）1倍激酶缓冲液　50mmol/L HEPES，pH 7.5；0.0015%聚氧乙烯月桂醚-35（Brij-35）。

（2）终止液　100mmol/L HEPES，pH 7.5；0.015% Brij-35；0.2% Coating Reagent #3；50mmol/L EDTA。

2. 待测样品配制

（1）样品稀释　化合物的测试浓度为100μmol/L和10μmol/L，配制成100倍浓度，即10000μmol/L和1000μmol/L。取一EP管1，加入10μL的100% DMSO，再加入10μL的20mmol/L的化合物溶液，即为10mmol/L的化合物溶液。另取一EP管2，加入90μL的100% DMSO，再加入10μL 10mmol/L化合物溶液，即配制成1mmol/L化合物溶液。转移100μL 100% DMSO到EP管中作为不加化合物和不加酶的对照。

BQ1的测试浓度为1000μg/mL、200μg/mL、40μg/mL、8μg/mL，配制成100倍浓度，即100000μg/mL、20000μg/mL、4000μg/mL、800μg/mL。取一EP管3，加入100μL的100000μg/mL的化合物溶液。另取一EP管4，加入80μL的100% DMSO，再加入20μL的100000μg/mL化合物溶液，即配制成20000μg/mL化合物溶液。另取一EP管5，加入80μL的100% DMSO，再加入20μL的20000μg/mL化合物溶液，即配制成4000μg/mL化合物溶液。另取一EP管6，加入80μL的100% DMSO，再加入20μL的4000μg/mL化合物溶液，即配制成800μg/mL化合物溶液。转移100μL 100% DMSO到EP管中作为不加化合物和不加酶的对照。

（2）转移5倍化合物到反应板　从配制好的100倍浓度待测样品中取5μL到96孔板中，加入95μL激酶缓冲液，配制成5倍浓度待测样品。

取5μL的5倍浓度待测样品到384孔反应板。例如，96孔板的A1孔转移到384孔板的A1和A2孔中，96孔板的A2孔转移到384孔板的A3和A4孔中，以此类推。

3. 激酶反应与终止

1）将激酶加入1倍激酶缓冲液，形成2.5倍激酶溶液；

2）转移10μL上述2.5倍激酶溶液到384孔板反应板中，阴性对照孔加入1倍激酶缓冲液，室温下孵育10min；

3）将FAM标记的底物多肽和ATP加入1倍激酶缓冲液，形成2.5倍底物溶液；

4）转移10μL上述2.5倍底物溶液到384孔板反应板中；

5）28℃下孵育60min，向384孔板反应板中加35μL终止液终止反应。

4. 数据读取

CaliperEZ Reader Ⅱ上读取转化率数据

参数（Down stream voltages：–500V，Up stream voltages：–2250V，Base pressure–0.5 PSI，Screen pressure–1.2 PSI）

5. 数据计算

1）从CaliperEZ Reader Ⅱ上复制转化率数据

2）把转化率转化成抑制率数据：Percent inhibition =（max–conversion）/（max–min）×100% "min" 为不加酶进行反应的对照样孔读数；"max" 为加入DMSO作为对照孔读数。

3）用XLFit excel add-in version 5.4.0.8拟合IC_{50}值。

拟合公式：$Y = Bottom +（Top–Bottom）/[1+（IC_{50}/X）\char`\^HillSlope]$

（三）VEGFR2酪氨酸激酶的抑制活性实验结果

1. 阳性抑制剂星形孢菌素对VEGFR2酪氨酸激酶的剂量效应

通过多浓度梯度给药，得到了阳性激动剂星形孢菌素（Staurosporine）对VEGFR2/KDR的抑制率曲线（图4-3-16），计算得到IC_{50}=8.4nmol/L。

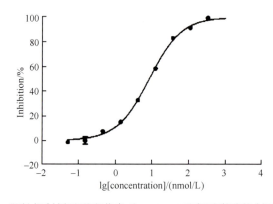

图4-3-16　阳性抑制剂星形孢菌素对VEGFR2酪氨酸激酶抑制活性（n=2）

2. 痹祺胶囊及其19个化合物对VEGFR2抑制活性结果

痹祺胶囊及其19个受试化合物对VEGFR2抑制活性实验结果见图4-3-17。结果表明，在给药浓度为1mg/mL和200μg/mL时，痹祺胶囊对该受体的抑制率分别为59.98%和47.71%，给药浓度为40μg/mL和10μg/mL时，对该受体的抑制率为32.42%和18.18%，均具有显著的抑制活性（$P<0.001$），具有浓度依赖关系。与阴性对照组比较，茯苓酸、牛膝皂苷D在低、高浓度对该靶点有较强抑制作用（$P<0.01$、0.001），抑制率最高分别为60.51%、77.77%；丹参素在高浓度抑制率为62.26%，有较好抑制作用（$P<0.001$）；丹酚酸B、人参皂苷Rg_1、马钱子碱在低、高浓度有较弱抑制作用（$P<0.05$、0.01、0.001）；甘草次酸、三七皂苷R_1、藁本内酯、迷迭香酸、甘草苷、阿魏酸在高浓度下对该酶均有较弱抑制作用（$P<0.05$、0.01、0.001）。

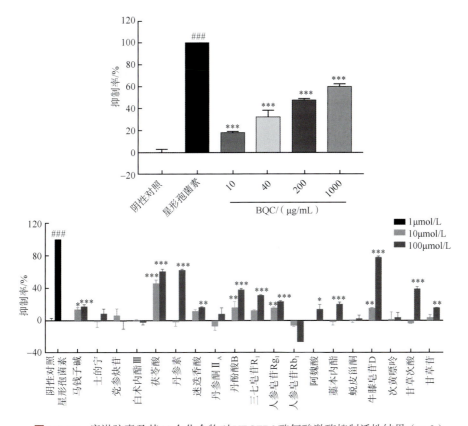

图4-3-17　痹祺胶囊及其19个化合物对VEGFR2酪氨酸激酶抑制活性结果（$n=2$）

综上所述：痹祺胶囊、茯苓酸、牛膝皂苷D、丹酚酸B、藁本内酯、甘草次酸在不同给药浓度下，对VEGFR2受体表现出不同的抑制活性。

四、抑制基质降解相关靶点抑制实验

本部分研究痹祺胶囊及其化合物对基质金属蛋白酶3（MMP-3）的抑制作用，进而探究痹祺胶囊及化其合物对基质降解抑制作用。

（一）仪器与材料

1. 主要仪器

实验主要仪器见表4-3-7。

表4-3-7　实验主要仪器

中文名称	型号	厂家
酶标仪Envision	FlexStation 3	Molecular Devices
离心机	Beckman	AllegraTM 25R Centrifuge

2. 主要试剂及材料

实验所用试剂及材料见表4-3-8。

表4-3-8　试剂及材料信息

名称	品牌	货号
基质金属蛋白酶3（MMP-3）抑制剂筛选试剂盒	abcam	Ab139439
96孔透明板	Corning	3690
Dimethyl Sulfoxide（DMSO）	Sigma	D2650-100ML

（二）实验方法

1. 样品的制备

将痹祺胶囊及其代表性化合物用DMSO配制成一定浓度的母液，然后用乙醇稀释到所需浓度，痹祺胶囊的最终给药浓度为200μg/mL和40μg/mL，化合物最终给药浓度为100μmol/L和10μmol/L。以基质金属蛋白酶抑制剂（NNGH）为阳性对照，以130μmol/L的起始浓度（终浓度1.3μmol/L），在DMSO中10倍连续梯度稀释8个点。

2. 试剂盒的准备

1）将溶解在DMSO中的MMP Substrate和MMP Inhibitor解冻，室温放置。

2）根据实验需求，取1μL的MMP Inhibitor（NNGH）母液，按照1∶200的比例用Assay Buffer稀释，升温至反应温度。

3）按照每个样品需要10μL MMP Substrate工作液的比例配制适量的MMP Substrate工作液。取适量的MMP Substrate母液，按照1∶24的比例用Assay Buffer稀释，升温至反应温度。

4）按照每个样品需要20μL MMP3 Enzyme工作液的比例配制适量的MMP3 Enzyme工作液。取适量的MMP3 Enzyme母液，按照1∶99的比例用Assay Buffer稀释，升温至反应温度。

5）使用96孔板设置对照孔和样品孔，并按照下表依次加入样品和各溶液。加入待测样品后，混匀，37℃孵育30～60min。

名称	空白对照	100%酶活性对照	阳性抑制剂组	样品
Assay Buffer	90μL	70μL	50μL	35μL
MMP3 Enzyme工作液	0	20μL	20μL	20μL
MMP Inhibitor工作液	0	20μL	20μL	35μL

6）在各孔加入10μL MMP Substrate工作液，开始反应。

7）在412nm的条件下，进行荧光测定。在反应10～60min时间内，每间隔1min读数测定1次，记录数据。

3. 结果计算

抑制率（%）=（$V_{100\%酶活性对照}-V_{样品}$）/（$V_{100\%酶活性对照}-V_{空白对照}$）×100%

V为反应速度，单位为OD/min

（三）实验结果

1. 阳性抑制剂NNGH对基质金属蛋白酶3（MMP-3）的剂量效应

通过多浓度梯度给药，得到了阳性抑制剂NNGH对基质金属蛋白酶3（MMP-3）的抑制剂量效应曲线图（图4-3-18）。其IC_{50}值为18.14nmol/L。

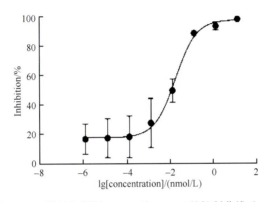

图4-3-18　阳性抑制剂NNGH对MMP-3的抑制曲线（$n=2$）

2. MMP-3抑制活性实验结果

痹祺胶囊及其19个受试化合物对MMP-3抑制活性实验结果见图4-3-19。结果表明，痹祺胶囊高浓度和低浓度对该酶均无明显抑制活性。与阴性对照组比较，丹参素、藁本内酯、丹酚酸B、迷迭香酸在低、高浓度对MMP-3表现出显著抑制作用（$P<0.01$、0.001），其中藁本内酯抑制率分别为70.84%、73.79%，丹参素高浓度抑制率为73.56%，均显示较强抑制活性。党参炔苷在高浓度亦有较弱抑制活性（$P<0.05$），其他化合物无显著抑制作用。

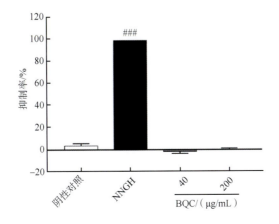

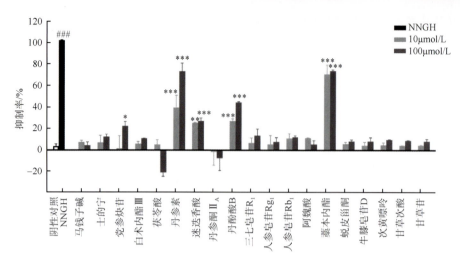

图4-3-19　痹祺胶囊及其19个受试化合物对MMP-3抑制活性实验结果图（$n=2$）

五、小结与讨论

类风湿关节炎是一种病因未明的慢性、系统性、炎症性自身免疫性疾病，属于中医"痹病（症）"的范畴。主要表现为对称性、慢性、进行性多关节炎。RA的基本病理特征是滑膜炎症，由于关节滑膜细胞增生，形成血管翳，进而侵犯关节软骨、软骨下骨、韧带和肌腱等，造成关节软骨、骨关节囊破坏，最终导致关节畸形和功能丧失，严重时甚至可致残疾，对患者的生活造成不利影响。现代医学表明：类风湿关节炎患者伴有炎症、血瘀、软骨损伤等症状[106, 107]。痹祺胶囊处方来源于汉代名医华佗传世验方"一粒仙丹"，由马钱子、党参、茯苓、白术、甘草、川芎、丹参、三七、地龙、牛膝10味药组成；具有益气养血、祛风除湿、活血止痛的功效，主要用于气血不足、风湿瘀阻、肌肉关节酸痛、关节肿大僵硬变形或肌肉萎缩、风湿和类风湿关节炎、腰肌劳损、软组织挫伤等证候[108]。临床研究表明，痹祺胶囊对类风湿关节炎具有显著的治疗效果，但其作用机制尚不明确。本研究在明确痹祺胶囊药理作用及化学物质组的基础上，结合类风湿关节炎的发病特征，考察了痹祺胶囊及代表性单体成分对抗炎止痛、活血散瘀、抑制血管翳生成及抑制基质降解相关靶点的调节作用，初步明晰了其作用机制及药效物质基础。

（一）抗炎止痛相关机制

RA最基本的病理特征表现为关节滑膜细胞异常增生和慢性炎症反应，随着炎症的发展，会直接导致关节疼痛、肿胀、骨侵蚀和软骨破坏等症状发生。RA的炎症反应与炎性细胞因子密切相关，随着成纤维样滑膜细胞（FLS）中抗炎因子IL-4、IL-10、IL-37、IL-38等含量下降，免疫细胞、滑膜细胞等产生大量促炎因子IL-1、IL-17、IL-6、IL-8、TNF-α以及趋化因子，进而诱导炎性细胞浸润，并激活免疫细胞，促进炎症反应的发展；同时滑膜细胞增殖，影响细胞凋亡，并会导致软骨组织损伤及骨破坏[109, 110]。炎症作为类风湿关节炎的重要病理特征，对其抑制干预是治疗类风湿关节炎的重要策略。药理研究表明：痹祺胶囊对类风湿关节炎具有良好的疗效，其在炎症方面主要是通过抑制促炎细胞因子的水平，缓解自身炎症反应及免疫反应，从而发挥疗效[111, 112]。然而，痹祺胶囊对炎症因子的调控机制目前尚不清楚，本研究通过选取与炎症相关靶点COX-2、NOS、NF-κB、CCR4的抑制剂筛选实验，探究痹祺胶囊发挥抗炎作用的机制及物质基础。

1. COX-2机制

环氧化酶（cyclooxygenase，COX）又称前列腺素合成酶，作为一种膜结合蛋白，是催化花生四烯酸合成前列腺素（prostaglandin，PG）的关键限速酶。目前发现COX至少有3种亚型，即COX-1、COX-2和COX-3[113]。COX-2通常在一系列胞内外刺激诱导下表达，如脂多糖（LPS）、肿瘤坏死因子-α（TNF-α）、白细胞介素-1β（interleukin-1β，IL-1β）等因子刺激诱导下，主要表达于炎症细胞，特别是巨噬细胞、单核细胞和滑膜细胞，参与炎症反应及免疫调节过程。花生四烯酸在COX-2的作用下首先通过加氧转化为不稳定的前列腺素G2（prostaglandin G2，PGG2），然后COX-2进一步将PGG2还原为PGH2。PGH2通过合成酶、还原酶、脱水反应或同分异构化等形成不同的前列腺素（prostaglandins，PGs），包括PGE2、PGD2、PGF2α和15-脱氧前列腺素J2等，因此COX-2是炎症部位PGs的主要来源[114]。众所周知，PGE2和炎症的发生密切相关，研究发现，在RA患者的滑膜组织中可检测到COX-2含量升高，其在免疫细胞和血管内皮细胞中也均有表达[115]；同时在RA患者的血清中，检测到PGE2表达量明显升高，表明PGE2与类风湿关节炎的发病有关[116]。PGE2可通过诱导炎症细胞释放趋化因子，募集炎性细胞移动，并在巨噬细胞中与脂多糖协同诱导表达IL-6、IL-1等促炎因子[117]，进而参与调控RA的炎症过程；另一方面，RA作为一种自身免疫性疾病，与机体自身免疫系统密切相关，COX-2通过合成PGE2，可以有效抑制T淋巴细胞和B淋巴细胞增殖以及自然杀伤细胞功能，抑制TNF-α；也可与IL-12协同促进幼稚T细胞向辅助Th1分化，进而在调节机体自身免疫的过程中发挥重要作用[118]，如图4-3-20。此外，PGs是重要的致痛介质，能产生广泛而持久的致痛作用；PGE2还可以通过促进血管舒张和血管生成来介导慢性炎症。综上所述：COX-2作为RA炎症反应的重要靶点，在正常生理条件下，COX-2的表达水平较低，而在炎症部位的促炎因子的诱导下，COX-2可以从包括单核细胞、巨噬细胞、滑膜细胞、成纤维细胞和内皮细胞在内的各种细胞中大量释放，所有这些细胞都参与炎症过程并导致身体损伤；COX-2抑制剂的引入显著抑制关节滑膜细胞的增殖和分化，从而抑制滑膜炎症，预防关节损伤[119]。

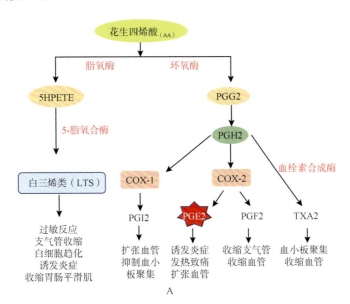

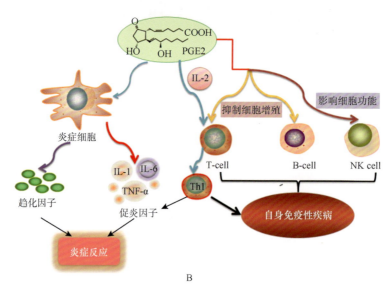

B

图4-3-20　PGE2过程及作用机制图

（A：COX-2诱导PGE2产生过程；B：PGE2作用机制）

　　因此，本研究选取COX-2为研究载体，探究了痹祺胶囊及代表性化合物对COX-2的抑制活性，结果表明痹祺胶囊及士的宁、党参炔苷、茯苓酸、丹参素、丹参酮Ⅱ$_A$、丹酚酸B、迷迭香酸、人参皂苷Rb$_1$、阿魏酸、藁本内酯、牛膝皂苷D在不同给药浓度下，对COX-2表现出不同的抑制活性，因此推测痹祺胶囊可能是通过抑制COX-2影响花生四烯酸代谢途径，抑制致炎因子的产生，发挥抗炎止痛作用。

2. NOS机制

　　机体内的一氧化氮（NO）是一种不稳定、高活性的生物分子，它是由一氧化氮合成酶（NOS）通过氧化L-精氨酸而生成，NO参与众多生理功能的调节。哺乳动物体内主要有3种NOS亚型，分别为内皮型一氧化氮合酶（eNOS）、神经型一氧化氮合酶（nNOS）和诱导型一氧化氮合酶（iNOS）[120]。iNOS主要存在于巨噬细胞、淋巴细胞、小神经胶质细胞、角质化细胞、肝细胞、星形细胞及血管内皮上皮细胞，是机体产生NO过程中的关键酶，其表达量与炎症反应呈正相关性。研究发现，关节软骨组织和滑膜组织是合成iNOS及NO的关键部位，RA患者的血清、软骨组织和滑膜细胞中iNOS和NO呈现高表达[121, 122]，NO在调节机体自身免疫、炎症、细胞凋亡等生理病理过程中具有重要作用，结合RA的病理特征不难发现，NO和iNOS作为主要炎症介质，在RA的发病过程中起重要作用，因此，对NO和iNOS的表达调控也是防治RA的重要靶点之一[123]。

　　NO在机体软骨组织损伤过程中具有"双重作用"，一方面：由构成型NOS催化产生的生理性的、低浓度的NO可对软组织损伤起到修复作用；另一方面：在机体发生炎症或其他病理状态下，体内NO异常升高，可促进IL-1β、PGE2、TNF-α等促炎因子释放，并影响线粒体功能和关节软骨组织的损伤，加重炎症反应，同时，炎性细胞因子IL-1α、IL-1β、TNF-α等又可以反向诱导iNOS的合成，进而形成恶性炎症循环[124-126]。NO信号转导在炎性外周疼痛的形成及维持中起重要作用[127]，其生成及作用机制见图4-3-21。

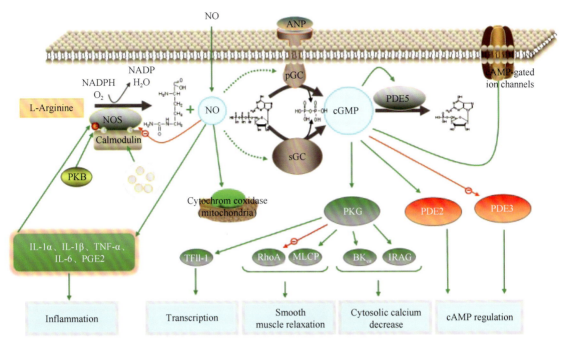

图4-3-21 NO生成过程及作用机制图

RA作为一种自身免疫性疾病，目前研究发现NO可调节T淋巴细胞的生成，进而在RA发病中发挥作用。其机制主要是：NO通过调节线粒体的生成及膜电位，进而活化T细胞，同时相关炎性因子随之增多，Th1/Th2细胞失衡，Th2细胞具有广泛的抗炎作用，NO会选择性增强Th1细胞增殖，从而在RA的发病过程中加重了炎症反应[128]。此外，在RA发病过程中，巨噬细胞活化后会产生大量的NO，进而诱导滑膜血管生成和增生，促进滑膜病变[129]。NO还可以直接或间接促进IL-α、IL-1β、IL-6、TNF-α、MMP-13等细胞因子释放，从而在RA中引起炎症反应及关节破坏；滑膜细胞侵袭和增生血管的内皮细胞产生的NO会直接影响软骨代谢和骨破坏[130]。

因此，本研究选取NOS为研究载体，探究了痹祺胶囊及代表性化合物对NOS的体外抑制活性。结果表明，痹祺胶囊及马钱子碱、士的宁、党参炔苷、白术内酯Ⅲ、茯苓酸、丹参素、丹参酮ⅡA、丹酚酸B、迷迭香酸、三七皂苷R₁、人参皂苷Rg₁、人参皂苷Rb₁、藁本内酯、蜕皮甾酮、甘草苷对NOS有抑制作用，推测抑制NOS活性为痹祺胶囊发挥治疗作用的重要途径之一。

3. NF-κB机制

NF-κB是炎症反应和肿瘤进程中的一个重要转录因子，与免疫、炎症和应激反应的多种基因转录调控相关，同时也参与调控细胞增殖和凋亡等过程。研究表明：RA患者的滑膜组织中NF-κB的表达水平显著升高，高度活化的NF-κB可诱导TNF-α、IL-1β、IL-6等促炎因子生成，加重炎症反应；与此同时，促炎细胞因子水平的升高又可正反馈调节NF-κB活化，进而形成恶性炎症循环，加重了RA的炎症发展[131, 132]。

NF-κB的激活主要通过NF-κB的抑制性蛋白（IκB）磷酸化及其在蛋白激酶（IKK）作用下降解而实现。NF-κB二聚体起初与IκB胞内结合而呈非活性状态，随后被多种刺激剂，如脂多糖（LPS）、细菌、病毒等激活，激活的NF-κB与IκB解离后转位入核，进而诱导一系列炎症基因如诱生型的一氧化氮合酶（iNOS）、环氧合酶-2（COX-2）和肿瘤坏死因子-α（TNF-α）等表达（图4-3-22）。而这些炎症介质的基因表达受另一种炎症反应的重要转录因子AP-1调控，AP-1的激活主要通过MAPKs、ERK1/2和JNK途径实现[133-135]。因此，抑制NF-κB、AP-1等转录因子的表达和阻断MAPKs等信号通路，对炎性具有潜在的抑制作用。除此之外，NF-κB可以导致软骨损伤和骨破坏，破骨细胞生成调控的缺陷是类风湿关节炎等溶骨性疾病和骨侵蚀的主要原因，其主要是通过介导破骨细胞分化因子（RANKL）受体激活剂的作用进而导致骨破坏[136]。

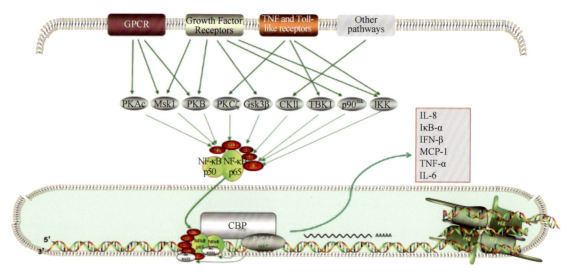

图4-3-22　NF-κB信号通路

　　本实验通过研究痹祺胶囊及药效化合物对NF-κB的抑制作用，结果发现：丹参素、迷迭香酸、丹酚酸B对NF-κB均有抑制活性，表明上述成分可通过抑制NF-κB活性，发挥抗炎作用，可能为痹祺胶囊发挥抗炎作用的主要物质基础。

4. CCR4受体机制

　　趋化因子（chemokines）是一类由细胞分泌的能够诱导炎性细胞定向趋化游走小细胞因子或低相对质量信号蛋白，分为CC、CXC、CX3C及C 4种类型；其受体对应为：CCR、CXCR、CX3CR和CR。CC趋化因子受体4（CCR4）属于CCR家族受体成员之一，主要表达于Th2细胞，其次在NK细胞、巨噬细胞、树突细胞中具有表达[137, 138]。研究发现：CCR4与自身免疫性疾病密切相关，在RA患者的血清和滑膜淋巴细胞中表达均增多，表明CCR4与RA的发病有关，可作为治疗RA的潜在靶点[139]。

　　CCR4作为一种免疫细胞表面分子，可协助免疫细胞的迁移、分化以及发育，在RA的发病过程中，可将T细胞迁移到滑膜组织中。临床研究发现：RA的发病与Th1/Th2细胞比例失衡有关，CCR4通过与趋化因子CCL17结合，进而募集Th2细胞向炎症部位迁移，并活化大量Th2细胞，造成Th1/Th2细胞比例失衡，促进了炎症反应[140]。同时，CCR4还可以引起Th1细胞分泌γ-干扰素（IFN-γ）、Th2细胞分泌IL-10等细胞因子，参与免疫反应[141]；如图4-3-23所示。

　　本实验通过研究痹祺胶囊及药效化合物对CCR4的抑制作用，结果发现：痹祺胶囊、藁本内酯、牛膝皂苷D、甘草次酸对CCR4均有抑制活性，表明上述成分可通过抑制CCR4活性，发挥抗炎作用，可能为痹祺胶囊发挥抗炎作用的主要物质基础。

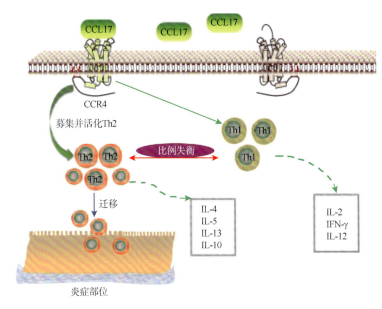

图 4-3-23　CCR4作用机制图

（二）活血相关机制

RA属于中医"痹证"范畴，临床表现为疼痛、肿胀、局部结节及舌脉瘀滞等现象，归属于中医的血瘀证。研究表明，血瘀证是类风湿关节炎的基本病机之一[142]。"瘀血"作为重要的病理因素和致病产物贯穿在RA病程始终，血瘀证具体可以表现在炎症反应、凝血纤溶系统激活、血栓形成、微循环障碍、高黏滞血症、结缔组织增生等。RA"瘀血证"与凝血和纤溶系统异常、血液微循环障碍、血液黏稠度增高、血管内皮受损、组织和细胞代谢异常、免疫功能障碍等多种病理生理改变有关[143, 144]。本研究在明确RA"瘀血证"的基础上，结合痹祺胶囊活血止痛的功效，选取了与活血相关的受体凝血酶（thrombin）、磷酸二酯酶（PDE3A）、肾上腺素能受体α1A（ADRA1A），进行探究痹祺胶囊发挥活血止痛作用的药效成分。

1. Thrombin机制

动静脉阻塞是血栓引起的疾病之一，血栓的形成及调节主要与血管、血小板、凝血因子及血液流变有关。血栓是静脉内凝血的结果，其3要素为：①血管壁的局部损伤；②凝血机制障碍引起的高凝血状态；③血液淤滞。

研究发现：活化的血小板分子参与了RA的病理过程；凝血和纤溶的平衡在维持机体正常血液运行和RA软骨组织修复中发挥重要作用[145]。当血管内皮受损，血小板黏附于受损的内皮表面，开始时血小板与内皮非特异性接触，然后血小板膜发生改变，牢固地附着于内皮并沿内皮扩展。血小板被激活后，活化的血小板聚集，减慢血流速度，使局部的垂直张力增加；同时通过释放激动剂如二磷酸腺苷（ADP）、TXA2，使更多的血小板黏附于受损的内膜；另外活化的血小板表面表达大量带正电荷的磷脂，聚集凝血因子，促进凝血反应。血小板激活的同时，血液与组织因子接触，激活凝血系统。首先血液中活化的Ⅶ因子与组织因子结合，激活Ⅸ因子（即Ⅸa因子），然后在Ca^{2+}及血小板第3因子存在的条件下，与其辅助因子Ⅷa组成复合物，激活Ⅹ因子（即Ⅹa因子），最后Ⅹa与其辅助因子Ⅴ结合，组成凝血酶原复合物，激活凝血酶，使纤维蛋白原变成纤维蛋白，形成血栓[146, 147]。

Thrombin是凝血过程的关键酶。当血管组织损伤时，引起血浆因子、组织因子及血小板的释放，这3类凝血因子的激活导致凝血酶原致活物的生成，它可将凝血酶原转变成有活性的凝血酶。后者可促进可溶性的血浆纤维蛋白原转变成不溶性的纤维蛋白（图4-3-24）。研究发现：在RA患者的血液中凝血因子异常升高，其中凝血因子ⅩⅢ（FⅩⅢ）是一种具有广泛生物活性的凝血酶，主要参与凝血机制和血栓形成，同时还可以通过调控炎症反应、参与骨破坏和促进血管翳生成，进而影响RA的病理发展过程[148]。

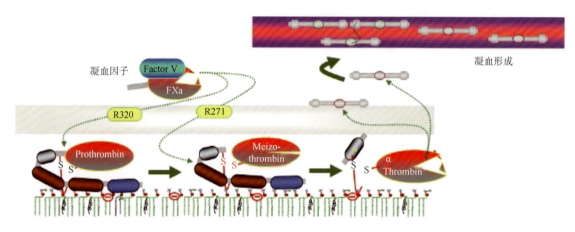

图4-3-24　内源性凝血机制

所以，本研究选取Thrombin为研究载体，探究了痹祺胶囊及药效化合物对Thrombin的体外抑制活性。结果表明，丹参素、丹参酮ⅡA、阿魏酸对Thrombin都显示出较好的抑制活性，推测为痹祺胶囊通过抑制Thrombin发挥活血止痛的药效物质基础。

2. PDE3A机制

PDEs是一个多基因的大家族，它包括11型共30余种具有不同底物专一性、酶动力学特征、调控特点以及细胞与亚细胞分布区域不同的磷酸二酯酶同工酶。磷酸二酯酶Ⅲ（PDE3）是一种可以水解细胞内第二信使环磷酸腺苷（cyclic Adenosine-3′, 5′-monophosphate，cAMP）和环磷酸鸟苷（cyclic guanosine monophosphate，cGMP）的酶，在调节血小板方面起重要作用[149]。人类PDE3的两种同工酶PDE3A和PDE3B是分别位于染色体12和11上的不同基因的产物；PDE3A又可分为PDE3A1、PDE3A2和PDE3A3 3种亚型，主要分布于心脏、血小板、血管平滑肌等细胞中，具有调节心肌收缩力、血小板聚集、血管平滑肌收缩及肾素释放等作用[150]。

环磷酸腺苷（cyclic Adenosine-3′, 5′-monophosphate，cAMP）是核苷酸的衍生物，为蛋白激酶致活剂，是细胞内参与调节物质代谢和生物学功能的重要物质，是生命信息传递的第二信使。当细胞受到外界刺激时，胞外信号分子首先与受体结合形成复合体，然后激活细胞膜上的Gs蛋白，被激活的Gs蛋白再激活细胞膜上的腺苷酸环化酶（AC），催化ATP脱去1个焦磷酸而生成cAMP。生成的cAMP作为第二信使通过激活PKA（cAMP依赖性蛋白激酶），使靶细胞蛋白磷酸化，从而调节细胞反应，cAMP最终又被磷酸二酯酶（PDE）水解成5′-AMP而失活[151]。

血小板内cAMP含量对血小板的聚集性有调节作用[152]。cAMP升高可通过以下方式抑制血小板聚集：①抑制血小板磷脂酶A₂和环加氢酶的活性，干扰膜的花生四烯酸代谢，从而减少PG内过氧化物和血栓素A_2（TXA_2）合成。而TXA_2可促进Ca^{2+}从钙库中释放，促进血小板内ADP、Ca^{2+}、5-HT等活性物质释放，以进一步促进血小板聚集和释放反应；②cAMP升高可激活致密小管（钙贮库）的钙泵，加速胞质Ca^{2+}重摄回钙库，从而降低胞质内游离钙离子浓度。而Ca^{2+}是激活血小板、启动血小板收缩和释放反应的关键物质，由于胞质内Ca^{2+}减少，从而抑制血小板被激活[153]。血小板内cAMP含量，主要受血小板AC和PDE活性的调节。前者活性提高，可加速底物ATP转化生成cAMP，增加cAMP含量；后者被激活，可加速cAMP降解降低cAMP含量。因此，抑制PDE的活性可抑制cAMP的裂解，增高细胞内cAMP浓度，从而抑制血小板聚集[154-156]；如图4-3-25所示。综上所述：cAMP可通过抑制血小板聚集，改善血管微循环，进而在治疗血瘀证方面发挥重要作用，结合RA的病理过程，可初步推测cAMP在RA的发病过程中参与了血瘀肿痛的形成和发展。

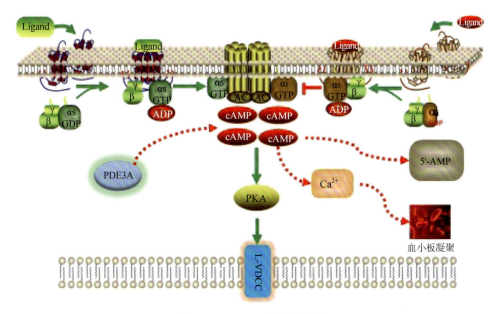

图4-3-25 PDE3A作用机制图

本研究考察了痹祺胶囊及其药效化合物对PDE3A的抑制活性。结果显示，迷迭香酸、丹酚酸B、藁本内酯、甘草苷对PDE3A显示良好的抑制活性。由此得出结论：痹祺胶囊可能是通过抑制PDE3A的活性，阻断细胞内cAMP的降解，从而抑制血小板聚集，发挥活血化瘀的治疗作用。

3. ADRA1A 机制

肾上腺素能受体是介导儿茶酚胺作用的一类组织受体，为G蛋白偶联受体，根据其对去甲肾上腺素的不同反应情况，分为肾上腺素能α受体和β受体。α受体广泛分布于血管平滑肌、脂肪、肝、肺、心肌等组织，还可见于中枢神经系统的各个部位[157]。按照药理学特性及分子克隆情况，血管平滑肌中的肾上腺素能α受体可分为α_1-AR和α_2-AR亚型，根据受体对相应激动剂和拮抗剂的亲和性不同，肾上腺素能受体α1可分为肾上腺素能受体α1A和肾上腺素能受体α1B等[158]。研究发现：肾上腺素受体可参与多种信号通路，在炎症反应、自身免疫、活血化瘀等方面发挥作用，进而干预RA的病理进程[159]。

肾上腺素能受体α1介导了机体内源性儿茶酚胺的大多数反应，参与了机体的许多基本生理过程，诸如交感神经传导、血管张力、心脏收缩、肝脏代谢以及泌尿生殖系统平滑肌活动的调控[160-162]。α受体拮抗剂可选择性地阻断与血管收缩有关的受体效应，而与血管舒张有关的α受体效应不受影响，通过直接舒张血管平滑肌，使血管扩张，外周阻力降低，血压下降；图4-3-26为α1肾上腺素受体激动剂收缩血管机制图。

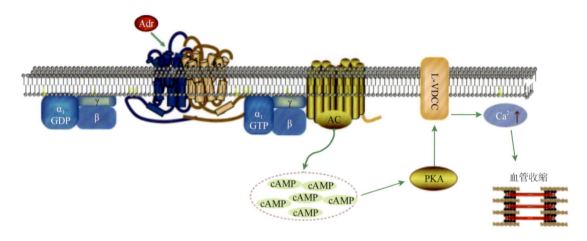

图4-3-26 α1肾上腺素受体激动剂收缩血管机制图

多种活血化瘀药物都可扩张冠状动脉、增加冠脉血流量，还能扩张外周血管，减低外周阻力，增加器官组织血流量，具有改善心功能和血流动力学的作用。因此为了探究痹祺胶囊活血止痛的作用机制，本研究选择肾上腺素能受体α1进行作用机制的深入研究。实验结果发现：马钱子碱、士的宁、藁本内酯、牛膝皂苷Ⅳ、甘草次酸对该受体具有良好的拮抗活性，说明痹祺胶囊可通过拮抗α1肾上腺素能受体α1舒张血管，发挥活血作用。

（三）抑制血管翳生成机制

滑膜血管翳的生成是RA的最基本和重要的病理表现之一，RA的滑膜组织的主要特征是新血管生成，并失去原有正常的血管构造。血管内皮生长因子（VEGF）是一种特定作用于血管内皮细胞的因子，在血管生成中起着关键作用，它刺激内皮细胞的增殖和迁移，形成新的血管，并增加血管的通透性[163]。临床研究表明在RA患者的血清以及滑膜中的巨噬细胞和成纤维细胞中VEGF的表达均明显增加，表明其在RA的病理过程中发挥血管翳生成的重要作用，因此对其受体的研究可作为治疗RA的重要靶点[164]。

VEGF是一种特异作用于血管内皮细胞的多功能细胞因子，是参与调控血管和血管新生的关键分子，属于血小板源生长因子家族成员。VEGF具有广泛的生物学效应，其在RA发病过程中促进血管翳生成的机制主要有：①促进内皮细胞的增殖；VEGF是一种内皮细胞的特异性有丝分裂原和催化因子，在体外可促进内皮细胞的生长，在体内可诱导血管的发生。②提高血管的通透性，VEGF可以提高血管的通透性，引起血浆蛋白外渗。③改变细胞外基质，VEGF可以诱导内皮细胞表达血浆蛋白溶酶原激活物和血浆蛋白溶酶原激活物抑制剂，以及诱导组织因子、基质胶原酶等在内皮细胞的表达，激发Ⅷ因子从内皮细胞中释放，这些作用可以改变细胞外基质，使其更易于血管生长。④VEGF可诱导Bcl-2、survivin等抗凋亡分子的表达，抑制内皮细胞凋亡，促进血管生成。⑤VEGF还可与其他血管生成的诱导因子（如成纤维细胞生长因子）发挥协同效应[164, 165]。VEGF通过与其特异性的膜受体血管内皮生长因子受体（vascular endothelial growth factor receptor，VEGFR）的相互作用发挥生物学功能，VEGFR属于酪氨酸激酶受体家族的亚科，具有高亲和力。其家族包括3种酪氨酸蛋白激酶受体VEGFR-1、VEGFR-2、VEGFR-3和2种非酪氨酸激酶跨膜受体NRP-1和NRP-2。其中VEGFR-2主要在内皮细胞中表达，与VEGF-A结合后增强内皮细胞有丝分裂、促进血管内皮细胞增殖、提高内皮细胞存活、改善内皮细胞的抗凋亡作用，并且可以促进内皮细胞迁移、血管通透性增加以及血管新生[166, 167]，如图4-3-27所示。

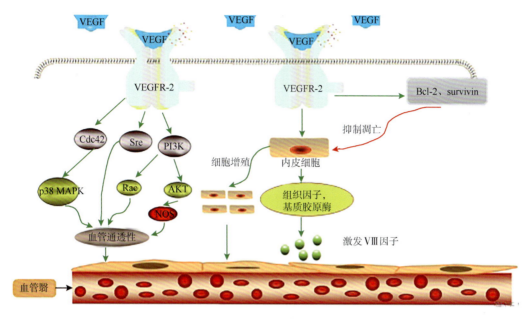

图4-3-27 VEGFR-2作用机制图

本实验通过研究痹祺胶囊及药效化合物对VEGFR的抑制作用，结果发现：痹祺胶囊（1mg/mL）、茯苓酸、牛膝皂苷Ⅳ、丹酚酸B、藁本内酯、甘草次酸对VEGF受体均有抑制活性，表明上述成分可抑制VEGFR活性，可能为痹祺胶囊抑制血管翳生成的主要物质基础。

（四）抑制基质降解机制

基质金属蛋白酶（MMP）属于锌依赖性内肽酶家族，参与细胞外基质（ECM）中各种蛋白质的降解，根据其底物及其结构域的组织将MMP分为：胶原酶、明胶酶、溶血素、基质溶素、膜基质（MT)-MMP和其他MMP。研究表明：MMP在组织重构、器官发生发育、血管形成、细胞增殖及凋亡等过程中发挥重要作用，对类风湿关节炎的关节破坏作用表现为直接降解软骨和骨质，滑液和血清基质金属蛋白酶大多数被发现以非活性形式存在[168]。MMP-3是MMP家族中的一种蛋白质，又称基质溶解素1（stromelysin-1），可由软骨细胞、滑膜细胞等分泌，能降解Ⅱ、Ⅲ、Ⅳ、Ⅸ、Ⅺ型胶原以及基质中的蛋白多糖、层黏连蛋白等多种基质蛋白。研究发现：在RA患者的血清和滑膜中MMP-3表达明显升高，可将其作为诊断RA的重要标志物[169, 170]。

RA患者有多种细胞表达MMP-3，其中最主要的细胞是成纤维样滑膜细胞和软骨细胞。MMP-3酶原在丝氨酸蛋白酶、胰蛋白酶的作用下被活化，进而被成纤维化膜细胞和软骨细胞释放至滑膜液及血清中，使得滑膜液和血液中MMP-3明显升高，促进血管翳的形成，并侵蚀关节软骨，导致关节损伤和骨破坏[171]。另一方面，成纤维样滑膜细胞在受到中性粒细胞分泌的IL-1、TNF-α和EGF的作用下，正反馈上调*MMP-3*基因的表达；其次巨噬细胞也可以通过分泌IL-6和IL-17促进软骨细胞中*MMP-3*基因表达上调[172-174]；如图4-3-28所示。

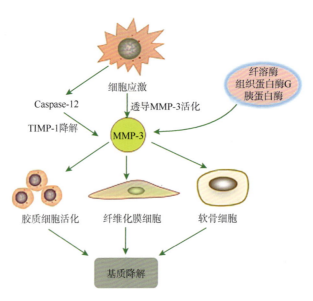

图4-3-28　MMP-3作用机制图

本实验通过研究痹祺胶囊及其药效化合物对MMP-3的抑制作用，结果发现：党参炔苷、丹参素、丹酚酸B、迷迭香酸、藁本内酯对MMP-3均有抑制活性，表明上述成分可通过抑制MMP-3活性，在调节软骨损伤和骨破坏，并抑制血管翳生成等方面发挥作用。

六、总　　结

综上所述，通过体外受体实验研究发现：痹祺胶囊可能通过作用于COX-2、NOS、NF-κB、CCR4、Thrombin、PDE3A、ADRA1A、VEGFR、MMP-3等受体发挥益气养血、祛风除湿、活血止痛的功效，在RA的治疗中具有明显的疗效。实验结果见表4-3-9。

1）痹祺胶囊通过抑制COX-2、NOS、NF-κB、CCR4的活性，减少致炎因子的合成分泌，发挥抗炎止痛，保护滑膜组织和软骨关节的作用。其COX-2抑制剂可能为士的宁、党参炔苷、茯苓酸、丹参素、丹参酮ⅡA、丹酚酸B、迷迭香酸、人参皂苷Rb1、阿魏酸、藁本内酯、牛膝皂苷D；NOS抑制剂可能为马钱子碱、士的宁、党参炔苷、白术内酯Ⅲ、茯苓酸、丹参素、丹参酮ⅡA、丹酚酸B、迷迭香酸、三七皂苷R1、人参皂苷Rg1、人参皂苷Rb1、藁本内酯、蜕皮甾酮、甘草苷；NF-κB抑制剂可能为丹参素、迷迭香酸、丹酚酸B、丹参酮ⅡA、阿魏酸、藁本内酯、甘草次酸；CCR4抑制剂可能为藁本内酯、牛膝皂苷D、甘草次酸。

2）痹祺胶囊通过抑制Thrombin、PDE3A、ADRA1A活性，使血液中血小板、凝血因子等表达降低，进而舒张血管，发挥活血散瘀的作用，缓解关节组织的瘀血肿痛。Thrombin抑制剂可能为丹参素、丹参酮ⅡA、阿魏酸、迷迭香酸、丹酚酸B；PDE3A抑制剂可能为：丹参素、迷迭香酸、丹酚酸B、藁本内酯、甘草苷；ADRA1A抑制剂可能为马钱子碱、藁本内酯、甘草次酸、人参皂苷Rb1。

表4-3-9　痹祺胶囊及其药效成分受体实验结果总结

药材	结构类型	化合物	抗炎止痛				活血			抑制血管翳形成	抑制基质降解
			环氧化酶 COX-2(-)	一氧化氮合酶 NOS(-)	核因子κB NF-κB(-)	趋化因子受体4 CCR4(-)	凝血酶 Thrombin(-)	磷酸二酯酶 PDE3A(-)	肾上腺素能受体α1A ADRA1A(-)	VEGF受体 VEGFR(-)	基质金属蛋白酶3 MMP-3(-)
马钱子	生物碱	马钱子碱（典）		√					√	√	
		土的宁（典）	√	√							√
党参	炔类	党参炔苷	√	√							
白术	白术内酯	白术内酯Ⅲ		√							
茯苓	三萜类	茯苓酸	√	√						√	
丹参	酚酸类	丹参素		√	√		√	√		√	√
		迷迭香酸	√	√	√		√	√		√	√
	丹参酮	丹参酮ⅡA		√	√		√			√	
	丹酚酸	丹酚酸B	√	√	√		√	√		√	√
三七	原人参三醇型皂苷	三七皂苷R1		√						√	
		人参皂苷Rg1		√						√	
	原人参二醇型皂苷	人参皂苷Rb1	√	√					√		
川芎	酚酸	阿魏酸	√		√		√			√	
	苯酞	藁本内酯	√	√	√	√			√	√	√
牛膝	甾酮	蜕皮甾酮	√	√							
	皂苷	牛膝皂苷D	√			√				√	
地龙	核苷类	次黄嘌呤								√	
甘草	三萜皂苷	甘草次酸		√	√	√			√	√	
	黄酮	甘草苷		√				√		√	
		痹祺胶囊	√	√		√				√	

3）痹祺胶囊通过抑制VEGFR，降低血管通透性，抑制细胞基质外溢和细胞异常增殖，最终使得血管翳生成受阻，防止骨破坏。其药效物质主要是马钱子碱、茯苓酸、丹参素、迷迭香酸、丹酚酸B、三七皂苷R_1、人参皂苷Rg_1、阿魏酸、藁本内酯、牛膝皂苷D、甘草次酸、甘草苷。

4）痹祺胶囊通过抑制MMP-3，在调节软骨损伤和骨破坏，并抑制血管翳生成等方面发挥作用。其药效物质主要是党参炔苷、丹参素、丹酚酸B、迷迭香酸、藁本内酯。

参 考 文 献

[1] 吴启富，接红宇，丁朝霞，等. 痹祺胶囊对类风湿关节炎患者血压及血液流变学影响的临床研究[J]. 中医药导报，2011，17（6）：15-17.

[2] 齐迹，王健敏. 来氟米特联合痹祺胶囊对类风湿关节炎患者CRP、ESR水平及DAS28指数的影响[J]. 医学理论与实践，2020，33（21）：3580-3582.

[3] 张润桐，吴海宁，于桂红，等. 基于网络药理学的淫羊藿防治疾病的优效成分及信号通路研究[J]. 中国中药杂志，2018，43（23）：4709-4717.

[4] Eid H M，Haddad P S. The antidiabetic potential of quercetin：Underlying mechanisms[J]. Curr Med Chem，2017，24（4）：355-364.

[5] Wu Q，Kroon P A，Shao H，et al. Differential effects of quercetin and two of its derivatives，isorhamnetin and isorhamnetin-3-glucuronide，in Inhibiting the proliferation of human breast-cancer MCF-7 cells[J]. J Agric Food Chem，2018，66（27）：7181-7189.

[6] 叶清，李俊年，杨冬梅，等. 植物槲皮素对东方田鼠免疫功能的影响[J]. 兽类学报，2019，39（1）：77-83.

[7] 成满福，刘晓艳. 类风湿关节炎动物模型及中医病因病机研究概述[J]. 吉林中医药，2015，11：1182-1184.

[8] 王涵，林红强，谭静，等. 党参药理作用及临床应用研究进展[J]. 世界最新医学信息文摘，2019，19（7）：21-22，24.

[9] 郭晓黎，牟慧琴. 健脾益气养血法在治疗类风湿关节炎中的运用[J]. 甘肃中医，2008，（9）：11-12.

[10] 卢艳东，王瑞琳，刘娟，等. 类风湿关节炎滑膜淋巴细胞CD20、CD45RO的表达及意义[J]. 适用检验医师杂志，2010，2（1）：25-28.

[11] 张倩乔，李晓，张征，等. CD8～+CD57～+T细胞在体外对MDS骨髓造血的影响[J]. 上海交通大学学报：医学版，2009（5）：543-547，557.

[12] Zheng Y S，Wu Z S，Ni H B，et al. Codonopsis pilosula polysaccharide attenuates cecal ligation and puncture sepsis via circuiting regulatory T cells in mice[J]. Shock，2014，41（3）：250-255.

[13] Deng X，Fu Y，Luo S，et al. Polysaccharide from *Radix Codonopsis* has beneficial effects on the maintenance of T-cell balance in mice[J]. Biomed Pharmacother，2019，112：108682.

[14] 张天红，张馨，耿爱萍. 潞党参药理实验研究[J]. 时珍国医国药，2001，12（6）：488-489.

[15] Zhang X J，Zhu X J，Zhu C C，et al. Pharmacological action of polysaccharides from *Radix Codonopsis* on immune function and hematopoiesis in mice[J]. Tradit Chin Res Clin Pharmacol，2003，14（3）：174-176.

[16] 李义波，杨柏龄，侯茜，等. 党参多糖对小鼠造血干细胞衰老相关蛋白p53 p21 Bax和Bcl-2的影响[J]. 解放军药学学报，2017，33（2）：120-124.

[17] 高石曼. 党参药材的质量评价及其免疫调节和造血改善的药效物质基础研究[D]. 北京：北京协和医学院，2020.

[18] 丁力，马润章，王建林. 白术对脑出血大鼠血清白蛋白含量与垂体-甲状腺轴功能的影响[J]. 神经损伤与功能重建，2012，7（5）：318-320.

[19] 后盾，吴正翔. 黄芪、白术对再生障碍性贫血骨髓红系造血祖细胞促增殖作用的实验研究[J]. 江西中医学院学报，1999，1：29.

[20] 邱世翠，李彩玉，邸大琳，等.白术对小鼠骨髓细胞增殖和IL-1的影响[J].滨州医学院学报，2001，（5）：421-422.

[21] 徐旭，窦德强.茯苓对免疫低下小鼠免疫增强的物质基础研究[J].时珍国医国药，2016，27（3）：592-593.

[22] 周淑华.类风湿关节炎从瘀论治概述[J].山西中医，2013，12：43-44，47.

[23] Colville-Nash P R，Scott D L. Angiogenesis and rheumatoid arthritis：Pathogenetic and the RA peutic implications[J]. Ann Rheum，1992，51：919.

[24] 靖卫霞，鲁丽.中医从瘀论治类风湿关节炎研究进展[J].世界中西医结合杂志，2010，5（2）：178-180.

[25] 黄嘉，黄慈波.类风湿关节炎的诊断治疗进展[J].临床药物治疗杂志，2010，（1）：1-5.

[26] 梁勇，羊裔明，袁淑兰.丹参酮药理作用及临床研究进展[J].中草药，2000，31（4）：304-306.

[27] 赵淼.丹参药理作用的研究进展[J].内蒙古中医药，2008，（11）：53-54.

[28] 赵全如，谢晓燕.丹参的化学成分及药理作用研究进展[J].广东化工，2021，48（1）：57-59.

[29] 李芊，吴效科.川芎化学成分及药理作用研究新进展[J].化学工程师，2020，34（1）：44，62-64.

[30] 谭亮，汤秋凯，樊光辉.三七皂苷R1在心血管及神经系统疾病应用的研究进展[J].华南国防医学杂志，2019，33（2）：142-145.

[31] 杨娜，周柏松，王亚茹，等.人参皂苷Rg1生物活性研究进展[J].中华中医药杂志，2018，33（4）：1463-1465.

[32] 周军.牛膝中化学成分和药理作用研究进展[J].天津药学，2009，21（3）：66-67.

[33] 毛平，夏卉莉，袁秀荣，等.怀牛膝多糖抗凝血作用实验研究[J].时珍国医国药，2000，11（12）：1075.

[34] 王春玲.中药地龙的活性成分与药理作用研究[J].亚太传统医药，2015，11（7）：53-54.

[35] Zhang A，Lee Y C. Mechanisms for joint pain in rheumatoid arthritis（RA）：from cytokines to central sensitization[J]. Curr Osteoporos Rep，2018，16（5）：603-610.

[36] Boyden S D，Hossain I N，Wohlfahrt A，et al. Non-inflammatory causes of pain in patients with rheumatoid arthritis[J]. Curr Rheumatol Rep，2016，18（6）：30.

[37] Pinho-Ribeiro F A，Verri W A Jr，Chiu I M. Nociceptor sensory neuron-immune interactions in pain and inflammation[J]. Trends Immunol，2017，38（1）：5-19.

[38] Schaible H G. Nociceptive neurons detect cytokines in arthritis[J]. Arthritis Res Ther，2014，16（5）：470.

[39] 殷武.马钱子生物碱类成分镇痛作用研究[D].南京：南京中医药大学，2000：7-60.

[40] 李永丰.马钱子碱通过钾离子通道调节外周镇痛[J].中国药理学与毒理学杂志，2021，10：787-788.

[41] 吕晓玲，马立强，孙明洁，等.迷迭香酸对小鼠炎症介质的影响[J].天津科技大学学报，2010，2：5-8.

[42] 吴擎添.外用"万应止痛油"治疗软组织损伤的临床研究[D].广州：广州中医药大学，2011.

[43] Yu G，Qian L，Yu J，et al. Brucine alleviates neuropathic pain in mice via reducing the current of the sodium channel[J]. J Ethnopharmacol，2019，233：56-63.

[44] 崔姣，许惠琴，陶玉菡.马钱子碱透皮贴剂镇痛实验研究及对大鼠脑啡肽含量的影响[J].湖南中医药大学学报，2015，5：7-9.

[45] Shetty A，Hanson R，Korsten P，et al. Tocilizumab in the treatment of rheumatoid arthritis and beyond[J]. Drug Des Devel Ther，2014，8：349-364.

[46] Levi M，Grange S，Frey N. Exposure-response relationship of tocilizumab，an anti-IL-6 receptor monoclonal antibody，in a large population of patients with rheumatoid arthritis[J]. J Clin Pharmacol，2013，53（2）：151-159.

[47] Laveti D，Kumar M，Hemalatha R，et al. Anti-inflammatory treatments for chronic diseases：a review[J]. Inflamm Allergy Drug Targets，2013，12（5）：349-361.

[48] 李渊博，许鹏.高迁移率族蛋白1（HMGB1）与类风湿关节炎发病的关系[J].细胞与分子免疫学杂志，2016，32（8）：1128-1132.

[49] 谢小倩，王亚乐，罗沙沙，等.类风湿关节炎发病机制研究进展[J].世界最新医学信息文摘，2019，19（71）：109-111.

[50] Shapouri-Moghaddam A，Mohammadian S，Vazini H，et al. Macrophage plasticity，polarization，and

function in health and disease[J]. J Cell Physiol, 2018, 233（9）: 6425-6440.

[51] 侯本祥.内毒素诱导单核—巨噬细胞产生细胞因子的作用机制[J].国外医学.口腔医学分册, 1997, 24
（4）: 201-204.

[52] Moudgil K D, Choubey D. Cytokines in autoimmunity: role in induction, regulation, and treatment[J]. J
Interferon Cytokine Res, 2011, 31（10）: 695-703.

[53] Sclavons C, Burtea C, Boutry S, et al. Phage display screening for tumor necrosis factor-α-binding peptides:
Detection of inflammation in a mouse model of hepatitis[J]. Int J Pept, 2013, 2013: 348409.

[54] 翟红霞.炎症中细胞因子的作用[J].国外医学（创伤与外科基本问题分册）, 1996, 17（3）: 138-141.

[55] Savale L, Tu L, Rideau D, et al. Impact of interleukin-6 on hypoxia-induced pulmonary hypertension and
lung inflammation in mice[J]. Respir Res, 2009, 10（1）: 6-12.

[56] Kröncke K D, Fehsel K, Kolb-Bachofen V. Inducible nitric oxide synthase in human diseases[J]. Clin Exp
Immunol, 1998, 113（2）: 147-156.

[57] Umino T, Kusano E, Muto S, et al. AVP inhibits LPS-and IL-1β-stimulated NO and cGMP via V1 receptor in
cultured rat mesangial cells[J]. Am J Physiol-Renal Physiol, 1999, 276（3）: 433-441.

[58] Xie F, Lang Q, Zhou M, et al. The dietary flavonoid luteolin inhibites Aurora B kinase activity and blocks
proliferation of cancer cells[J]. Eur J Pharm Sci, 2012, 2（2）: 86-90.

[59] 况荣华, 周林, 傅颖珺.中药以LPS-TLR4为作用靶点的抗炎机制的研究进展[J].南昌大学学报（医学
版）, 2011, 51（10）: 89-92.

[60] Zhang H, Ren Q C, Ren Y, et al. Ajudecumin A from *Ajuga ovalifolia* var. *calantha* exhibits anti-
inflammatory activity in lipopolysaccharide-activated RAW264.7 murine macrophages and animal models of
acute inflammation[J]. Pharm Biol, 2018, 56（1）: 649-657.

[61] 吴沅皞, 刘维, 刘晓亚, 等.痹祺胶囊对兔骨关节炎软骨代谢的作用研究[J].中华中医药学刊, 2010,
28（8）: 1608-1610.

[62] 宝乐尔, 毕力格, 孟香花, 等.马钱子研究进展[J].中国民族医药杂志, 2021, 27（8）: 41-45.

[63] 张建军, 胡春玲.中药党参研究的现代进展[J].甘肃高师学报, 2017, 22（3）: 39-43.

[64] 左军, 张金龙, 胡晓阳.白术化学成分及现代药理作用研究进展[J].辽宁中医药大学学报, 2021,
23（10）: 6-9.

[65] 赵全如, 谢晓燕.丹参的化学成分及药理作用研究进展[J].广东化工, 2021, 48（1）: 57-59.

[66] 杨娟, 袁一恓, 尉广飞, 等.三七植物化学成分及药理作用研究进展[J].世界科学技术—中医药现代化,
2017, 19（10）: 1641-1647.

[67] 张晓娟, 张燕丽, 左冬冬.川芎的化学成分和药理作用研究进展[J].中医药信息, 2020, 37（6）: 128-133.

[68] 孟大利, 李铣.中药牛膝化学成分和药理活性的研究进展[J].中国药物化学杂志, 2001（2）: 60-64.

[69] 黄庆, 李志武, 马志国, 等.地龙的研究进展[J].中国实验方剂学杂志, 2018, 24（13）: 220-226.

[70] 邓桃妹, 彭灿, 彭代银, 等.甘草化学成分和药理作用研究进展及质量标志物的探讨[J].中国中药杂志,
2021, 46（11）: 2660-2676.

[71] Logan C Y, Nusse R. The Wnt signaling pathway in development and disease[J]. Annu Rev Cell Dev Biol,
2004, 20: 781-810.

[72] Johnson M L, Kamel M A. The Wnt signaling pathway and bone metabolism[J]. Curr Opin Rheumatol, 2007,
19（4）: 376-382.

[73] Kramer I, Wibulswas A, Croft D, et al. Rheumatoid arthritis: targeting the proliferative fibroblasts[J]. Prog
Cell Cycle Res, 2003, 5: 59-70.

[74] Spector T D, Hart D J, Nandra D, et al. Low-level increases in serum C-reactive protein are present in early
osteoarthritis of the knee and predict progressive disease[J]. Arthritis Rheum, 1997, 40: 723-727.

[75] Bertazza L, Mocellin S. Tumor necrosis factor（TNF）biology and cell death[J]. Front Biosci, 2008, 13:
2736-2743.

[76] Raisz L G. Prostaglandins and bone：physiology and pathophysiology[J]. Osteoarthritis Cartilage，1999，7（4）：419-421.

[77] Gaur U，Aggarwal BB. Regulation of proliferation，survival and apoptosis by members of the THF superfamily[J]. Biochem Pharmacal，2003，66（8）：1403.

[78] Wittmann D H，Schein M，Condon R E. Management of secondary peritioitis[J]. J Ann Surg，1996，224（1）：10-18.

[79] 孙铁铮，吕厚山，药立波，等. TNF-α对类风湿关节炎滑膜成纤维细胞MAPK通路的活化[J]. 中国免疫学杂志，2000，16（6）：329-332.

[80] Chang Y，Zhao Y F，Cao Y L，et al. Bufalin exerts inhibitory effects on IL-1β-mediated proliferation and induces apotosis in hunman rheumatoid arthritis fibroblast-like synoviocytes[J]. Inflammation，2014，37（5）：1552-1559.

[81] 文军，荣晓凤. 复方大黄散对类风湿关节炎大鼠MMP-10及IL-33的影响[J]. 免疫学杂志，2015，31（1）：41-46.

[82] Ono T，Nakashima T. Recent advances in osteoclast biology[J]. Histochem Cell Biol，2018，149（4）：325-341.

[83] Biskobing D M，Fan X，Rubin J. Characterization of MCSF-induced proliferation and subsequent osteoclast formation in murine marrow culture[J]. J Bone Miner Res，1995，10（7）：1025-1032.

[84] Dougall W C，Glaccum M，Charrier K，et al. RANK is essential for osteoclast and lymph node development[J]. Genes Dev，1999，13（18）：2412-2424.

[85] Miossec P. Rheumatoid arthritis：still a chronic disease[J]. Lancet，2013，381（9870）：884-886.

[86] Maruotti N，Grano M，Colucci S，et al. Osteoclastogenesis and arthritis[J]. Clin Exp Med，2011，11（3）：137-145.

[87] Chen M，Qiao H，Su Z，et al. Emerging therapeutic targets for osteoporosis treatment[J]. Expert Opin Ther Targets，2014，18（7）：817-831.

[88] Tompkins K A. The osteoimmunology of alveolar bone loss[J]. Connect Tissue Res，2016，57（2）：69-90.

[89] Dharmapatni A A S S K，Algate K，Coleman R，et al. Osteoclast-Associated Receptor（OSCAR）. Distribution in the synovial tissues of patients with active RA and TNF-alpha and RANKL regulation of expression by osteoclasts *in vitro*[J]. Inflammation，2017，40（5）：1566-1575.

[90] Goettsch C，Rauner M，Sinningen K，et al. The osteoclast-associated receptor（OSCAR）is a novel receptor regulated by oxidized low-density lipoprotein in human endothelial cells[J]. Endocrinology，2011，152（12）：4915-4926.

[91] Zhang C，Dou C E，Xu J，et al. DC-STAMP，the key fusion-mediating molecule in osteoclastogenesis[J]. J Cell Physiol，2014，229（10）：1330-1335.

[92] Faccio R，Novack D V，Zallone A，et al. Dynamic changes in the osteoclast cytoskeleton in response to growth factors and cell attachment are controlled by beta3 integrin[J]. J Cell Biol，2003，162（3）：499-509.

[93] Zhao Q，Shao J，Chen W，et al. Osteoclast differentiation and gene regulation[J]. Front Biosci，2007，12：2519-2529.

[94] 蒋益萍，吴岩斌，秦路平，等. 墨旱莲组分中组织蛋白酶K非活性位点抑制剂研究[J]. 药学学报，2017，52（6）：936-942.

[95] Delmas P D，Ensrud K E，Adachi J D，et al. Efficacy of raloxifene on vertebral fracture risk reduction in postmenopausal women with osteoporosis：Four-year results from a randomized clinical trial[J]. J Clin Endocrinol Metab，2002，87（8）：3609-3617.

[96] Kung A W，Chao H T，Huang K E，et al. Efficacy and safety of raloxifene 60 milligrams/day in postmenopausal Asian women[J]. J Clin Endocrinol Metab，2003，88（7）：3130-3136.

[97] Hayman A R，Jones S J，Boyde A，et al. Mice lacking tartrate-resistant acid phosphatase（Acp5）have disrupted endochondral ossification and mild osteopetrosis[J]. Development，1996，122（10）：3151-3162.

[98] Richy F，Schacht E，Bruyere O，et al. Vitamin D analogs versus native vitamin D in preventing bone loss and osteoporosis-related fractures：A comparative meta-analysis[J]. Calcif Tissue Int，2005，76（3）：176-186.

[99] Glaser D L，Kaplan F S. Osteoporosis. Definition and clinical presentation[J]. Spine（Phila Pa 1976），1997，22（24 Suppl）：12s-16s.

[100] Ortega N，Behonick D，Stickens D，et al. How proteases regulate bone morphogenesis[J]. New York Academy of Sciences，2003，995：109-116.

[101] Malemud C J. Matrix metalloproteinases：role in skeletal development and growth plate disorders[J]. Front Biosci，2006，11：1702-1715.

[102] 王中华，赵安兰，程超，等. 基于网络药理学与GEO芯片探究痹祺胶囊治疗类风湿关节炎的作用机制[J]. 现代药物与临床，2022，37（1）：50-57.

[103] Hauser A S，Attwood M M，Rask-Andersen M，et al. Trends in GPCR drug discovery：new agents，targets and indications[J]. Nat Rev Drug Discov，2017，16（12）：829-842.

[104] 柯璇，洪浩. 细胞核G蛋白偶联受体研究进展[J]. 药学研究，2021，40（4）：247-250.

[105] 王靖，徐芳，杨孔. G蛋白偶联受体研究进展[J]. 西南民族大学学报（自然科学版），2020，46（6）：563-570.

[106] 谢小倩，王亚乐，罗沙沙，等. 类风湿关节炎发病机制研究进展[J]. 世界最新医学信息文摘，2019，19（71）：109-111.

[107] 熊江华，李艳. 中药复方对类风湿关节炎干预机制的研究进展[J]. 中国实验方剂学杂志，2017，23（9）：230-234.

[108] 国家药典委员会. 中国药典[S]. 一部. 北京：中国医药科技出版社，2020：1808.

[109] 伍沙沙，王延，徐婷，等. 成纤维样滑膜细胞在类风湿关节炎发病机制中的作用[J]. 风湿病与关节炎，2022，11（2）：43-47.

[110] 韩宇飞，高明利，刘东武. 类风湿关节炎的发病机制研究进展综述[J]. 中国卫生标准管理，2021，12（1）：162-165.

[111] 冯其帅，王贵芳，王强松，等. 痹祺胶囊水提取物及其单体成分抗炎活性比较[J]. 中国实验方剂学杂志，2016，22（3）：89-93.

[112] 王桂珍，黄传兵，汪元，等. 痹祺胶囊对强直性脊柱炎患者的临床疗效及细胞因子的影响[J]. 中草药，2020，51（21）：5566-5570.

[113] Jafarnezhad-Ansariha F，Yekaninejad M S，Jamshidi A R，et al. The effects of β-D-mannuronic acid（M2000），as a novel NSAID，on COX1 and COX2 activities and gene expression in ankylosing spondylitis patients and the murine monocyte/macrophage，J774 cell line[J]. Inflammopharmacology，2018，26（2）：375-384.

[114] Hashemi Goradel N，Najafi M，Salehi E，et al. Cyclooxygenase-2 in cancer：A review[J]. J Cell Physiol，2019，234（5）：5683-5699.

[115] 姚航平，李敏伟，张立煌，等. 滑膜成纤维细胞环氧化酶-2和诱导型一氧化氮合酶在类风湿关节炎中的表达[J]. 中华检验医学杂志，2002（6）：24-27.

[116] Ahsan H，Irfan H M，Alamgeer，Jahan S，et al. Potential of ephedrine to suppress the gene expression of TNF-α，IL-1β，IL-6 and PGE2：A novel approach towards management of rheumatoid arthritis[J]. Life Sci，2021，282：119825.

[117] Oshima H，Hioki K，Popivanova B K，et al. Prostaglandin E（2）signaling and bacterial infection recruit tumor-promoting macrophages to mouse gastric tumors[J]. Gastroenterology，2011，140：596-607.

[118] Yao C，Sakata D，Esaki Y，et al. Prostaglandin E2-EP4 signaling promotes immune inflammation through Th1 cell differentiation and Th17 cell expansion[J]. Nat Med，2009，15：633-640.

[119] Fan H W，Liu G Y，Zhao C F，et al. Differential expression of COX-2 in osteoarthritis and rheumatoid arthritis[J]. Genet Mol Res，2015，14（4）：12872-12879.

[120] Tran A N，Boyd N H，Walker K，et al. NOS Expression and NO Function in Glioma and Implications for Patient Therapies[J]. Antioxid Redox Signal，2017，26（17）：986-999.

[121] Mo X，Chen J，Wang X，et al. Krüppel-like factor 4 regulates the expression of inducible nitric oxide synthase induced by TNF-α in human fibroblast-like synoviocyte MH7A cells[J]. Mol Cell Biochem，2018，438（1-2）：77-84.

[122] Firestein G S，McInnes I B. Immunopathogenesis of Rheumatoid Arthritis[J]. Immunity，2017，46（2）：183-196.

[123] Shi J B，Chen L Z，Wang B S，et al. Novel pyrazolo[4，3-d]pyrimidine as potent and orally active inducible nitric oxide synthase（iNOS）dimerization inhibitor with efficacy in rheumatoid arthritis mouse model[J]. J Med Chem，2019，62（8）：4013-4031.

[124] 孙波，殷秀芝，张辉. 一氧化氮与疾病的发生[J]. 中国煤炭工业医学杂志，2000，3（12）：1179-1180.

[125] Giustizieri M L，Albanesi C，Scarponi C，et al. Nitric oxide donors suppress chemokine production by keratinocytes *in vitro* and *in vivo*[J]. Am J Pathol，2002，161（4）：1409-1418.

[126] Raij L. Nitric oxide in the pathogenesis of cardiac disease[J]. J Clin Hypertens（Greenwich），2006，8（12）：30-39.

[127] Gomes F I F，Cunha F Q，Cunha T M. Cunha. Peripheral nitric oxide signaling directly blocks inflammatory pain[J]. Biochem Pharmacol，2020，176：113862.

[128] 张宁，徐永健，张珍祥，等. 一氧化氮——NF-κB信号通路在人初始T细胞向Th1/Th2分化中的作用[J]. 细胞与分子免疫学杂志，2004（2）：215-217.

[129] Liu Q，Xiao X H，Hu L B，et al. Anhuienoside C ameliorates collagen-induced arthritis through inhibition of MAPK and NF-κB signaling pathways[J]. Front Pharmacol，2017，8：299.

[130] 刘雅珺，杨树龙. 类风湿性关节炎与一氧化氮及其合成酶的相关研究进展[J]. 南昌大学学报（医学版），2020，60（6）：66-70.

[131] Maracle C X，Kucharzewska P，Helder B，et al. Targeting non-canonical nuclear factor-κB signalling attenuates neovascularization in a novel 3D model of rheumatoid arthritis synovial angiogenesis[J]. Rheumatology（Oxford），2017，56（2）：294-302.

[132] An L，Li Z，Shi L，et al. Inflammation-Targeted Celastrol Nanodrug Attenuates Collagen-Induced Arthritis through NF-κB and Notch1 Pathways[J]. Nano Lett，2020，20（10）：7728-7736.

[133] 张静，杨柏松，汪雨静. Toll受体4/核转录因子信号通路与动脉粥样硬化关系[J]. 创伤与急危重病医学，2019，1：63-64.

[134] 石勤业，郭剑，徐建红. 核转录因子κB及其抑制因子研究[J]. 医学信息，2020，22：45-47，54.

[135] 乔彬峻，段虎斌，皇甫斌，等. 核转录因子-κB在动脉粥样硬化缺血性脑卒中模型大鼠脑组织中的表达[J]. 中西医结合心脑血管病杂志，2014，9：1116-1117.

[136] Ilchovska D D，Barrow D M. An Overview of the NF-κB mechanism of pathophysiology in rheumatoid arthritis，investigation of the NF-κB ligand RANKL and related nutritional interventions[J]. Autoimmun Rev，2021，20（2）：102741.

[137] Nicolay J P，Albrecht J D，Alberti-Violetti S，et al. CCR4 in cutaneous T-cell lymphoma：Therapeutic targeting of a pathogenic driver[J]. Eur J Immunol，2021，51（7）：1660-1671.

[138] Gao Y，You M，Fu J，et al. Intratumoral stem-like CCR4+ regulatory T cells orchestrate the immunosuppressive microenvironment in HCC associated with hepatitis B[J]. J Hepatol，2022，76（1）：148-159.

[139] Flytlie H A，Hvid M，Lindgreen E，et al. Expression of MDC/CCL22 and its receptor CCR4 in rheumatoid arthritis，psoriatic arthritis and osteoarthritis[J]. Cytokine，2010，49（1）：24-29.

[140] 任舒婷，李玉生. Th1/Th2失衡对于类风湿关节炎炎症损伤的临床意义[J]. 标记免疫分析与临床，2015，22（9）：864-866.

[141] 杨娉婷，沈辉，赵丽娟，等. 趋化因子受体CCR4在活动期类风湿关节炎患者外周血CD4～+T细胞表达的研究[J]. 中华风湿病学杂志，2005（7）：401-404.

[142] Zhu Y，Yu H，Pan Y，et al. Acupuncture combined with western medicine on rheumatoid arthritis and effects on blood stasis[J]. Zhongguo Zhen Jiu，2018，38（5）：4793.

[143] 夏璇，黄清春，接力刚. 类风湿关节炎"血瘀证"的研究进展[J]. 云南中医学院学报，2010，33（4）：66-70.

[144] 李文杰. 基于病因、证候分型及血栓素合酶探讨RA血瘀病机[D]. 广州：广州中医药大学，2014.

[145] 周莹，何志龙，孔毅. 凝血酶抑制剂的研究进展[J]. 中国药业，2013，22（12）：9-12.

[146] Chen X. Rac1 regulates platelet microparticles formation and rheumatoid arthritis deterioration[J]. Platelets，2020，31（1）：112-119.

[147] 蔡聪颖. PT、APTT、FBG及AT-Ⅲ在类风湿关节炎病情活动度监测中的意义[J]. 标记免疫分析与临床，2020，27（12）：2138-2141.

[148] 张旭飞. 类风湿关节炎血瘀证与血浆凝血因子XⅢ的相关性研究[D]. 承德：承德医学院，2018.

[149] Kim Y R，Yi M，Cho S A，et al. Identification and functional study of genetic polymorphisms in cyclic nucleotide phosphodiesterase 3A（PDE3A）[J]. Ann Hum Genet，2021，85（2）：80-91.

[150] 孙欢，于明，赵绮旎，等. 磷酸二酯酶在心力衰竭治疗中的研究进展[J]. 中国比较医学杂志，2020，30（3）：115-120.

[151] 樊君，石奇，尚红伟，等. 环磷酸腺苷的研究进展[J]. 中国现代应用药学杂志，2005，22（7）：597-599.

[152] Haslam R J，Dickinson N T，Jang E K. Cyclic nucleotides and phosphodiesterases in platelets[J]. Thromb Haemost，1999，82：412-423.

[153] Weber A A，Hohlfeld T，Schrör K. cAMP is an important messenger for ADP-induced platelet aggregation[J]. 1999，10（4）：238-241.

[154] Tilley D G，Maurice D H. Vascular smooth muscle cell phosphodiesterase（PDE）3 and PDE4 activities and levels are regulated by cyclic AMP *in vivo*[J]. Mol Pharmacol，2002，62（3）：497-506.

[155] Zhao H，Quilley J，Montrose D C，et al. Differential effects of phosphodiesterase PDE-3/PDE-4-specific inhibitors on vasoconstriction and cAMP-dependent vasorelaxation following balloon angioplasty[J]. Am J Physiol Heart Circ Physiol，2007，292（6）：H2973-H2981.

[156] Begum N，Shen W，Manganiello V. Role of PDE3A in regulation of cell cycle progression in mouse vascular smooth muscle cells and oocytes：Implications in cardiovascular diseases and infertility[J]. Curr Opin Pharmacol，2011，11（6）：725-729.

[157] 马力，杨泽平，母茜，等. α_1-肾上腺素受体结构改变影响其生物学活性及生理功能的研究进展[J]. 中国药理学通报，2019，35（6）：748-752.

[158] Piascik M T，Perez D M. Alpha1-adrenergic receptors：New insights and directions[J]. J Pharmacol Exp Therap，2001，298（2）：403-410.

[159] 吴华勋，魏伟. 肾上腺素受体及其信号参与类风湿关节炎神经免疫调节的研究进展[J]. 神经药理学报，2015，5（1）：59-64.

[160] 邓晓宇，邓福杰. 肾上腺素能受体的临床研究进展[J]. 山东医药，2010（9）：109-110.

[161] Cotecchia S. The alpha1-adrenergic receptors：diversity of signaling networks and regulation[J]. J Recept Signal Trans Res，2010，30（6）：410-419.

[162] Docherty J R. The pharmacology of α_1-adrenoceptor subtypes[J]. Eur J Pharmacol，2019，855：305-320.

[163] Zhan H，Li H，Liu C，et al. Association of circulating vascular endothelial growth factor levels with autoimmune diseases：A systematic review and Meta-analysis[J]. Front Immunol，2021，12：674343.

[164] Hetland M L，Christensen I J，Lottenburger T，et al. Circulating VEGF as a biological marker in patients with rheumatoid arthritis? Preanalytical and biological variability in healthy persons and in patients[J]. Disease Markers，2013，24（1）：1-10.

[165] 达古拉，李鸿斌. VEGF在类风湿关节炎血管形成中的作用及其相关研究进展[J]. 医学综述，2012，18（5）：644-648.

[166] 陈剑霖，沈金花. VEGF及其受体的研究进展[J]. 世界最新医学信息文摘，2016，16（64）：44.

[167] Secker G A，Harvey N L. Regulation of VEGFR signalling in lymphatic vascular development and disease：An update[J]. Int J Mol Sci，2021，22（14）：7760.

[168] 刘明明，李爱玲，修瑞娟. 基质金属蛋白酶的研究进展[J]. 中国病理生理杂志，2018，34（10）：1914-1920.

[169] 王晓亮，郑伟，赵娜，等. 类风湿关节炎患者血清IL-35，MMP-3，Gal-1水平及其与免疫功能指标的相关性研究[J]. 现代检验医学杂志，2022，37（2）：71-75.

[170] Byrjalsen I，Christiansen C，Karsdal M A，et al. Suppression of active，but not total MMP-3，is associated with treatment response in a phase III clinical study of rheumatoid arthritis[J]. Clin Exp Rheumatol，2018，36（1）：94-101.

[171] 孙环宇，李亚平，刘荣清，等. 类风湿关节炎和骨关节炎滑膜滑液中MMP-3和MMP-13的表达及意义[J]. 宁夏医科大学学报，2015，37（3）：242-244，357.

[172] 申重阳，曹琳琳. 类风湿关节炎患者MMP-3的表达及其临床意义[J]. 淮海医药，2020，38（1）：110-112.

[173] Wasserman A M. Diagnosis and management of rheumatoid arthritis[J]. Am Fam Physician，2011，84（11）：1245-1252.

[174] England B R，Hershberger D. Management issues in rheumatoid arthritis-associated interstitial lung disease[J]. Curr Opin Rheumatol，2020，32（3）：255-263.

第五章 痹祺胶囊配伍规律研究

　　风湿、类风湿关节炎均属中医学"痹证"范畴。中医认为，痹证的发生，"皆因体虚，腠理空虚，受风寒湿气而成痹也"，可见痹证的发生是由于机体气血失衡、内脏衰弱，风寒湿热等袭击肌肤表层、经络等，内外兼侵的结果。针对如此病情复杂的疾病，药物单行一方面显然无法应对复杂的疾病状态，另一方面难以避免不良反应的发生，因此往往需要将两种以上的药物配合使用，即中药复方。中药复方集中体现了中医理论的治则治法、配伍理论和组方原则，其中中药配伍理论在辨证立法的基础上，以法立方，以方遣药的系统理论和实践，体现了中医药的特色和优势。痹祺胶囊由马钱子、党参、白术等10味药材组成，具有益气养血、祛风除湿、活血止痛的作用，体现了内外并重、标本兼治的组方理念。

　　中药复方配伍规律一直是历代医家探讨的重点，古代医家主要采用理论思辨和临床验证的方式进一步指导临床实践，随着现代科学技术的发展，采取体内、体外的方式从药效物质基础、复方药代动力学、有效组分配伍等多角度、多学科融合的方式探讨中药复方的作用机制，为进一步研究中药的临床应用、剂型改良、质量提升等提供科学实验依据。本章基于功能配伍对痹祺胶囊进行拆方研究，分别采用环磷酰胺诱导的大鼠气血两虚模型、巴豆油致小鼠耳肿模型、高分子右旋糖酐诱导的微循环障碍模型、小鼠热板致痛和醋酸致小鼠扭体实验等功能相关整体动物模型、网络药理学方法，从而阐释痹祺胶囊的配伍规律。

第一节　基于功能作用的痹祺胶囊配伍规律研究

　　中药复方是根据中医药理论指导，按君臣佐使原则配伍不同功效的中药，同时对机体从生理、病理上进行调整，来共同发挥治疗作用[1]。中药复方是由各"子方"组成的一个整体，它的配伍不是简单地加减药物的作用，也不是单单抵消药物的毒副作用，方中不同成分的有机组合使得复方产生疗效[2]。拆方研究就是把一个处方拆成多个"子方"后进行药效物质基础研究和疗效变化的观察，从中发现中药复方的配伍规律，拆方研究是说明配伍机制的一个重要方法。痹祺胶囊基于"痹证"益气养血、祛风除湿、止痛的治疗原则而组方，方中君药为党参，具有健脾益肺、养血生津的功效，发挥益气养血作用；臣药为茯苓、白术、马钱子、丹参，茯苓利水渗湿，健脾；白术健脾益气，燥湿利水，二者辅助党参健脾益气养血。马钱子具有散结消肿、通络止痛之功效；丹参活血祛瘀，通经止痛。马钱子通络止痛，丹参畅行血脉、通利关节，两药针对风湿痹证主要症状辅助治疗，切中病机；佐药由三七、川芎、牛膝、地龙构成，四药合用，活血化瘀，通络止痛；甘草为使药，缓急止痛、调和诸药。

　　本节基于对痹祺胶囊功效定位、所用药材性味功效的分析，结合痹证的治法治则，将痹祺胶囊拆分为益气养血组（党参、茯苓、白术）、活血通络组（丹参、三七、川芎、牛膝、地龙）和抗炎（除湿）镇痛组（马钱子、甘草）3组，通过环磷酰胺诱导的大鼠气血两虚模型、高分子右旋糖酐诱导的微循环障碍模型、巴豆油致小鼠耳肿模型、醋酸致小鼠扭体实验和小鼠热板致痛实验分别考察痹祺胶囊各拆方组的药效作用，探讨其配伍规律（实验设计见图5-1-1）。

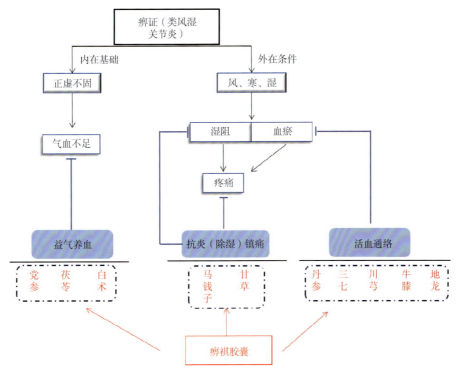

图5-1-1　痹祺胶囊拆方分组图

一、益气养血功能研究

（一）仪器与材料

1. 供试品

痹祺胶囊，天津达仁堂京万红药业有限公司，规格0.3g/粒；批号408700；制马钱子粉、党参、白术、地龙（制）、茯苓、川芎、丹参、三七、牛膝、甘草，天津达仁堂京万红药业有限公司，批号分别为1-2012001、1-2009007-5G1、1-2008043、1-2101020、1-2007004-3GI、1-2007005-5GI、1-2008036、1-2009002、1-2008044-3、1-2008053-7。党参、茯苓、白术、丹参、三七、川芎、牛膝、地龙、甘草药材粉碎后过200目筛。

2. 阳性对照药

利可君片：江苏吉贝尔药业股份有限公司，规格20mg/片，批号211006。

3. 试剂

注射用环磷酰胺：Baxter Oncology GmbH，规格0.2g/瓶，批号1B453A；异氟烷：深圳市瑞沃德生命科技有限公司，批号21060901；戊巴比妥钠：Sigma公司；Rat Erythropoietin（EPO）ELISA Kit：Biolegend公司产品，批号B354857；红细胞裂解液：北京索莱宝科技有限公司，批号20211202；FITC CD3抗体（批号213048）、PECD4抗体（批号1921506）、PerCP CD8a抗体（批号2290323）均购自Elabscience公司。

4. 实验仪器

BC-2800Vet全自动血液细胞分析仪：深圳迈瑞生物医疗电子股份有限公司；SpectraMax M5酶标仪：美国Molecular Devices公司；BDLSR fortessa流式细胞仪：美国BD公司。

5. 实验动物

大鼠：品系SD，北京斯贝福生物技术有限公司提供，实验动物生产许可证号SCXK（京）2019-0010。饲养在天津天诚新药评价有限公司实验动物屏障系统[实验动物使用合格证SYXK（津）2011-0005]，温度、湿度、换气次数由中央系统自动控制，温度维持在20～26℃，相对湿度维持在40%～70%，通风次数为10～15次/h全新风，光照为12h明、12h暗。自由摄食饮水，大鼠饲料由北京科澳协力饲料有限公司提供，饮水为纯净水（由北京凯弗隆北方水处理设备有限公司生产的KFRO-400GPD型纯水机制备）。实验动物的使用经天津天诚新药评价有限公司实验动物伦理委员会批准（批准号No.2022050703）。

（二）实验方法

1. 动物分组

SD大鼠70只，雄性，体质量200～220g，随机分为7组，每组10只，分别为空白对照组、模型组、阳性药利可君组（0.4g/kg）、痹祺胶囊组（1.6g/kg）、痹祺胶囊益气养血组（0.60g/kg）、痹祺胶囊活血通络组（0.67g/kg）、痹祺胶囊抗炎（除湿）镇痛组（0.33g/kg）。

2. 动物造模及给药

除空白对照组外，其余大鼠分别以环磷酰胺40mg/kg、40mg/kg、30mg/kg剂量连续3d腹腔注射诱导气血两虚模型，于第5d眼眶采血检测外周血细胞数量判断模型建立情况。模型建立成功后将动物分组并分别灌胃给药，连续给药7d。于第7d末次给药1h后采外周血检测血细胞数目。

3. 脾脏指数

于末次给药结束1h后腹主动脉采血后分别收集各组脾脏，称质量并计算脾脏指数。

脾脏指数（%）=脾脏质量（g）/大鼠体质量（g）×100%

4. ELISA法检测血清中EPO含量

末次给药结束1h后，以1%戊巴比妥钠进行麻醉后从腹主动脉中采血于采血管中，于3000r/min，4℃离心10min，分离得到血清样品，–80℃保存备用。

取冷冻血清，37℃复融，采用ELISA法检测各因子水平，具体方法同前。

△EPO=模型组/给药组EPO值–空白组EPO平均值

5. 流式细胞术检测脾脏中CD4[+]/CD8[+]

具体方法同前。

6. 统计方法

所有数据均以均数±标准误（$\bar{x}$±sem）表示，组间差异性采用单因素方差分析，$P<0.05$表示组间差异具有统计学意义。

（三）实验结果

1. 痹祺胶囊及其拆方对环磷酰胺诱导气血两虚模型外周血细胞的影响（表5-1-1，图5-1-2）

连续3d分别腹腔注射40mg/kg、40mg/kg、30mg/kg环磷酰胺后于第5d开始分别给予利可君、痹祺胶囊、益气养血组、活血通络组、抗炎（除湿）镇痛组药物，连续给药7d后，检测各组外周血细胞数量，结果表明与模型组相比，痹祺胶囊可显著增加外周血细胞如WBC、

RBC数量，还可增加血中HGB的含量（$P<0.01$），对其各拆方组的结果分析发现，只有以党参、茯苓、白术为组成的益气养血组可显著改善环磷酰胺诱导的外周血细胞减少（$P<0.01$）。

表5-1-1 痹祺胶囊拆方配伍对环磷酰胺诱导的大鼠气血两虚模型外周血细胞数量的影响

组别	剂量	WBC/（$\times10^9$/L）	RBC/（$\times10^{12}$/L）	HGB/（g/L）
空白对照组	—	11.73±0.58	6.94±0.20	149.13±2.45
模型组	—	8.18±1.09&	4.97±0.14&&	114.88±2.98&&
利可君组	0.4g/kg	13.69±2.18*	6.27±0.45*	139.00±8.07*
痹祺胶囊组	1.6g/kg	14.75±1.58**	6.58±0.38**	147.00±7.74**
活血通络组	0.67g/kg	10.18±1.56	5.44±0.25	120.75±5.41
益气养血组	0.60g/kg	14.93±1.16**	6.13±0.19**	135.63±2.95**
抗炎（除湿）镇痛组	0.33g/kg	10.46±0.73	5.38±0.12	120.13±2.35

注：与空白对照组比较，&$P<0.05$，&&$P<0.01$；与模型组比较，*$P<0.05$，**$P<0.01$。

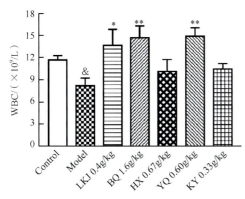

Control 空白对照组　Model 模型对照组　LKJ 利可君组
BQ 痹祺胶囊组　HX活血通络组　YQ益气养血组
KY抗炎（除湿）镇痛组

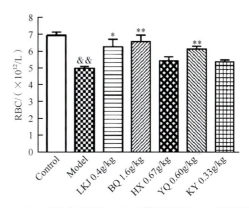

Control 空白对照组　Model 模型对照组　LKJ 利可君组
BQ 痹祺胶囊组　HX活血通络组　YQ益气养血组
KY抗炎（除湿）镇痛组

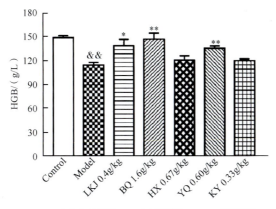

Control 空白对照组　Model 模型组　LKJ 利可君组
BQ 痹祺胶囊组　HX活血通络组　YQ益气养血组
KY抗炎（除湿）镇痛组

图5-1-2 痹祺胶囊拆方配伍对环磷酰胺诱导的大鼠气血两虚模型外周血细胞数量的影响

2. 痹祺胶囊及其拆方对环磷酰胺诱导气血两虚模型血清EPO含量的影响

对痹祺胶囊各拆方组给药后血清EPO的变化进行分析，结果发现，与模型组相比，益气养血组可进一步增加血清中EPO的含量（$P>0.05$），其效果与阳性药利可君相当，但弱于痹祺胶囊；而活血通络组与抗炎（除湿）镇痛组血清中EPO含量进一步降低（$P>0.05$），以党参、茯苓、白术为组成的益气养血组为激活EPO合成并释放的主要药味，但全方配伍效果更好（表5-1-2，图5-1-3）。

表5-1-2　痹祺胶囊拆方配伍对环磷酰胺诱导气血两虚模型血清EPO相对含量的影响

组别	剂量	△EPO/（pg/mL）
模型组	—	32.18±7.16
利可君组	0.4g/kg	49.08±12.65
痹祺胶囊组	1.6g/kg	72.98±10.49
活血通络组	0.67g/kg	19.63±8.12
益气养血组	0.60g/kg	47.63±12.92
抗炎（除湿）镇痛组	0.33g/kg	22.83±9.11

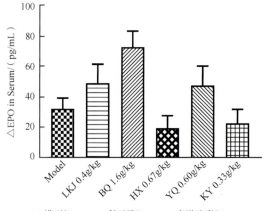

Model 模型组　　LKJ 利可君组　　BQ 痹祺胶囊组
HX活血通络组　　YQ益气养血组　　KY抗炎（除湿）镇痛组

图5-1-3　痹祺胶囊拆方配伍对环磷酰胺诱导气血两虚模型血清EPO相对含量的影响

3. 痹祺胶囊及其拆方对环磷酰胺诱导气血两虚模型脾脏指数的影响

环磷酰胺可使骨髓超微结构发生变化，造血微循环遭到破坏。脾脏作为造血系统和免疫系统的重要脏器，脾脏指数可在一定程度上反映脏器损伤程度。结果表明，与空白对照组相比，环磷酰胺模型组脾脏增大，脾脏指数显著增高（$P<0.01$）；而利可君、痹祺胶囊与益气养血组给药7d后可显著降低脾脏指数（$P<0.05$，$P<0.01$），活血通络组与抗炎（除湿）镇痛组也可在一定程度上降低脾脏指数，但无统计学差异，由此可推测，痹祺胶囊中主要以党参、茯苓、白术为组成的益气养血组起到改善环磷酰胺诱导的脾脏损伤的作用（表5-1-3，图5-1-4）。

表5-1-3　痹祺胶囊拆方配伍对环磷酰胺诱导气血两虚模型脾脏指数的影响

组别	剂量	脾脏指数/%
空白对照组	—	0.31±0.02
模型组	—	0.48±0.03[&&]

续表

组别	剂量	脾脏指数/%
利可君组	0.4g/kg	0.36±0.03*
痹祺胶囊组	1.6g/kg	0.36±0.03*
活血通络组	0.67g/kg	0.45±0.04
益气养血组	0.60g/kg	0.35±0.03**
抗炎（除湿）镇痛组	0.33g/kg	0.41±0.03

注：与空白对照组比较，&&$P<0.01$；与模型组比较，*$P<0.05$，**$P<0.01$。

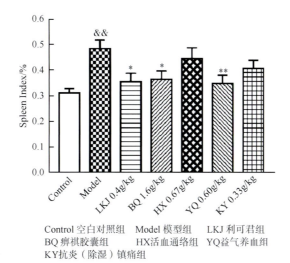

Control 空白对照组　　Model 模型组　　LKJ 利可君组
BQ 痹祺胶囊组　　HX 活血通络组　　YQ 益气养血组
KY 抗炎（除湿）镇痛组

图5-1-4　痹祺胶囊拆方配伍对环磷酰胺诱导气血两虚模型脾脏指数的影响

4. 痹祺胶囊及其拆方对环磷酰胺诱导气血两虚模型脾脏CD4$^+$/CD8$^+$的影响

采用流式细胞术对大鼠脾脏T淋巴细胞分型的研究发现，环磷酰胺注射12d后对脾脏CD4$^+$ T淋巴细胞和CD8$^+$ T淋巴细胞的比例均有不同程度的上升，而CD8$^+$ T淋巴细胞比例的上升更为明显，与空白对照组相比，CD4$^+$/CD8$^+$比例显著下降（$P<0.05$）；连续给予阳性药利可君、痹祺胶囊全方及各拆方7d后，与模型组相比，痹祺胶囊可显著提高CD4$^+$/CD8$^+$比例（$P<0.05$），其各拆方组中只有益气养血组可显著提高CD4$^+$/CD8$^+$比例（$P<0.01$），即党参、白术、茯苓为痹祺胶囊中改善环磷酰胺诱导免疫抑制的主要药味（表5-1-4，图5-1-5）。

表5-1-4　痹祺胶囊拆方配伍对环磷酰胺诱导气血两虚模型脾脏CD4$^+$/CD8$^+$的影响

组别	剂量	CD4$^+$/CD8$^+$
空白对照组	—	1.05±0.05
模型组	—	0.86±0.05$^\&$
利可君组	0.4g/kg	1.29±0.15*
痹祺胶囊组	1.6g/kg	1.17±0.11*
活血通络组	0.67g/kg	0.88±0.05
益气养血组	0.60g/kg	1.31±0.14**
抗炎（除湿）镇痛组	0.33g/kg	0.88±0.07

注：与空白对照组比较，&$P<0.05$；与模型组比较，*$P<0.05$，**$P<0.01$。

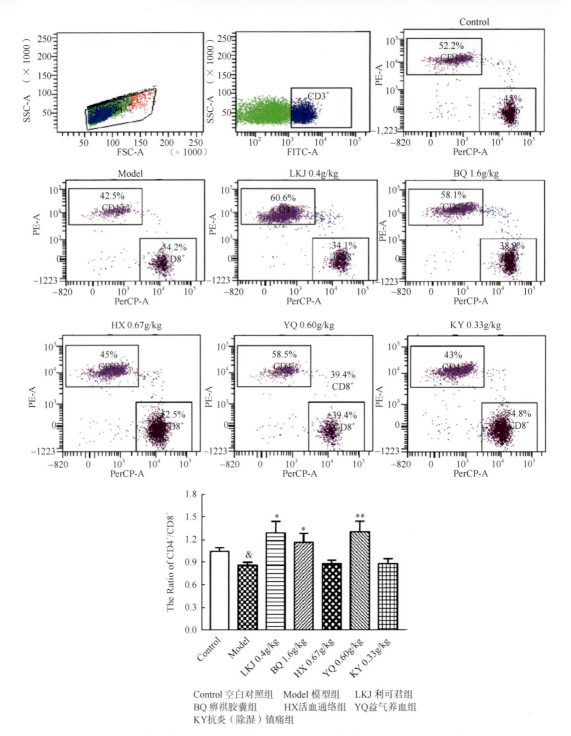

Control 空白对照组　　Model 模型组　　LKJ 利可君组
BQ 痹祺胶囊组　　HX 活血通络组　　YQ 益气养血组
KY 抗炎（除湿）镇痛组

图5-1-5 痹祺胶囊拆方配伍对环磷酰胺诱导气血两虚模型脾脏$CD4^+/CD8^+$的影响

（四）小结与讨论

痹证是指风寒湿热之邪闭阻经络，导致气血运行不畅，而引起的以肢体关节疼痛、肿胀、麻木、重着甚至活动不利为主要表现的病证[3]。痹证病因较多，发病机制较为复杂，中医认为可将其病因归结为内因和外因两个方面。《济生方》中有"皆因体虚，腠理空虚，受风寒湿气而成痹也"[4]，由于患者素体本虚，元气不足，气血亏少，使得肢体筋脉失濡，腠理松懈，风寒湿等外邪乘机而入，发为痹证。正气虚是痹病发生的基础，邪侵是痹病的重要条件。正气虚即人的气血精津等物质不足，人体调节功能、抗邪功能低下是引起痹病的先决条件，是内因。若卫气虚弱，腠理不密，御邪力弱，则邪气乘虚而入，经脉闭阻，气血运行不畅，形成痹病[5]。由此可见，正气不足，气血亏虚是痹证诱发的根本原因，即正虚为本，邪痹为标。正虚包括气虚、血虚、阴虚、阳虚，或气血两亏，或阴阳俱损，或气血阴阳俱不足。由于正气不足，气不行血，导致血行无力，血虚致瘀。袁占盈[6]教授结合自己多年的临证经验，主张从虚论治痹证，或补气兼以祛邪，或养血兼以祛邪，或滋阴兼以祛邪，或温阳兼以祛邪。综上痹证为内虚外邪综合作用致病，由于正虚为根本致病因素，因此治疗中需以扶正为主，兼以抑邪祛邪。由此可见，气血亏虚为痹证发生发展的基础，则益气养血为扶正的关键治法。

痹证包括现代医学中的风湿性关节炎、类风湿关节炎、骨性关节炎、痛风等疾病，其中RA为痹证的典型疾病。RA发病与痹证病因基本保持一致，元气不足、气血两虚导致营卫不和、卫气不固，外邪乘机而入，外邪侵袭又进一步加重素体虚弱。中医治疗RA，重在扶正，因此方中常见益气养血药，补益气血，以固本祛邪[7]。

环磷酰胺（cyclophosphamide，Cy）是临床上广泛应用的烷化剂类化疗药物之一，主要用于治疗急慢性白血病、多发性骨髓瘤、恶性淋巴瘤，但具有白细胞计数、血小板减少等不良反应，环磷酰胺可使骨髓超微结构发生变化，造血微循环破坏，骨髓造血重建活性下降，导致血细胞数量的减少[8]。气能生血、行血，血能生气、行气，二者在体内相互依存，共同作用。在免疫方面，气具有防御作用，《灵枢·本藏》中指出"卫气者，所以温分肉，充皮肤，肥腠理，司开阖者也"。现代医学认为白细胞是人体血液中一类具有免疫功能的血细胞，在人体中具有吞噬异物产生抗体的作用，其水平高低能够反映机体抵抗病原体入侵能力和对疾病的免疫抵抗力。环磷酰胺诱导的免疫抑制模型符合中医气血两虚的临床表现。痹祺胶囊及益气养血组对环磷酰胺引起的红细胞、白细胞和血红蛋白的下降，均具有明显的提升作用（图5-1-2）。

正常成年人体内红细胞由骨髓生成，骨髓是人体重要的造血器官，是形成血细胞的主要场所。促红细胞生成素（EPO）被认为是红细胞生成的主要调控因子，在红系分化和增殖过程中发挥着重要的作用，正常生理情况下，EPO由肾脏肾小管间质细胞分泌，与骨髓中红系定向祖细胞上的EPOR结合，促进骨髓的红系定向祖细胞分化。而EPO在肾脏的生成速度受低氧反应调控，而低氧反应又由循环中的红细胞数量调节[9]。本研究发现环磷酰胺可引起血清EPO含量增加，可能与体内红细胞数量、血红蛋白含量降低，导致机体缺氧有关；而痹祺胶囊可在环磷酰胺引起的EPO含量增加的基础上，进一步提高血清EPO含量，而益气养血组的效果稍弱于痹祺胶囊（图5-1-3）。

脾脏是最大的外周免疫器官，对于维持免疫稳态具有至关重要的作用，同时与造血有一定联系，当机体失血时，脾脏可代偿性造血，致使脾脏体积扩大，质量增加[10]，本研究发现环磷酰胺模型大鼠脾脏指数显著增大（图5-1-4），结合外周WBC、RBC在环磷酰胺注射12d时有所回升，提示脾脏在这个过程中可能发挥了代偿性造血功能。脾脏是成熟T细胞、B细胞定居的场所，具有合成生物活性因子、过滤和净化血液的作用。T淋巴细胞是构成机体免疫防御系统的重要成分，T淋巴细胞有2个主要亚群，即$CD4^+$ T淋巴细胞和$CD8^+$ T淋巴细胞。在正常情况下，$CD4^+$ T淋巴细胞和$CD8^+$ T淋巴细胞在体内维持着稳定的比例，处于平衡状态，共同参与机体的免疫应答。研究发现，活化的淋巴细胞所产生出来的细胞因子，能够调节机体免疫，再生障碍性贫血（AA）患者体内造血调控因子的异常严重影响骨髓造血功能，造血负调控因子在 AA 患者中处于主导地位，异常活化的淋巴细胞会使造血负调控因子（IL-17、IL-27、IFN-γ、TNF-α等）表达增加，致使造血微环境紊乱。在 AA 患者中发现外周血和骨髓中 Th17 细胞比正常人显著增加[11]。Th17 细胞是一种效应 $CD4^+$ T 淋巴细胞，主要分泌 IL-17，研究发现 IL-17 等负性细胞因子分泌的减少，可以促进骨髓造血功能的恢复。本研究发现，环磷酰胺可引起 $CD4^+$ T 淋巴细胞、$CD4^+/CD8^+$ 比例增加，而痹祺胶囊及益气养血组可显著降低 $CD4^+$ T 淋巴细胞、$CD4^+/CD8^+$ 比例（图5-1-5），提示可能抑制负性细胞因子的分泌改善骨髓造血微环境。

本研究结果显示痹祺胶囊改善气血两虚的功能主要归因于益气养血组药即党参、白术、茯苓的 3 药配伍。现代药理学研究表明，中药中的多糖类成分为主要增强免疫的活性成分[12]。党参为补气药，可养血生津，因其具有气血双补之功，故常用于气虚不能生血，或血虚无以化气之气血两虚症，为补中益气的良药。现代研究表明，党参药理作用广泛，具有改善造血功能、增强免疫、抗炎、抗氧化等多种作用，而党参多糖、炔苷和党参苷 I 等是其主要有效成分。李义波等[13]发现党参多糖能够减轻 X 射线诱导的小鼠造血干细胞凋亡，改善造血功能障碍。邢秀玲等[14]在党参多糖对环磷酰胺（CTX）所致小鼠贫血的疗效研究中结果显示，党参多糖低、中、高剂量组较模型组外周血 EPO 均显著升高，表明党参多糖能促进造血因子分泌，从而提高造血功能。杨绒娟等[15]发现党参水溶性成分可显著提高小鼠胸腺指数和脾脏指数，单核/巨噬细胞系统吞噬指数和吞噬系数、血清溶血素水平，提示党参具有免疫增强作用。党参炔苷和党参苷 I 促进造血干（祖）细胞CFU-E（红系细胞集落）、BFU-E（爆式红系细胞集落）、CFU-GM（粒细胞-巨噬细胞集落）、CFU-GEMM（粒细胞-红系细胞-巨噬细胞-巨核细胞集落）等集落的形成，提示其可以在体外提高造血干（祖）细胞的水平，促进造血前体细胞的体外增殖，利于造血细胞的生长、发育和成熟[16]。

白术亦为补气药，可补气健脾，燥湿利水，因其对脾虚湿滞之症具有标本兼顾之效，因此也被誉为"脾脏补气健脾第一要药"。因其既能益气健脾，又能固表止汗，可用于治疗气虚自汗，卫气不固。由此可见方中白术在治疗痹证中，主要取其补气固表之功，于内扶正，于外固卫。现代研究表明白术多糖可以增加动物机体脾脏和胸腺的质量，具有免疫器官损伤的拮抗性作用[17]；还能促进刀豆蛋白 A（ConA）诱导的脾淋巴细胞转化[18]，显著增强外周血 T 淋巴细胞的增殖，促进淋巴细胞进入 S 和 G2/M 期，有效地提高了 $CD4^+$ 和 $CD8^+$ T 细胞的百分比[19]，改善白细胞的失衡以及体液和细胞免疫的紊乱。白术还可促进小鼠骨髓细胞增殖及 IL-1 的产生，调节骨髓造血功能，提示白术能明显增强机体的免疫功能[20]。另外黄芪白术配伍对再生障碍性贫血髂前上嵴骨髓中CFU-E、BFU-E 集落形成具有促进作用[21]。

茯苓为健脾渗湿药，味甘而淡，甘则能补，淡则能渗，药性平和，既能祛邪，又可扶正，常用于治疗脾虚湿盛泄泻，以健脾补中，渗湿止泻。本方中茯苓治疗痹证主要取其健脾补中、祛湿化痰之功，与党参、白术两味补气药相配伍，增强补气健脾，固本扶正的功效。研究表明，茯苓多糖有增强免疫功能的作用，有效抑制脾脏增大及胸腺萎缩，增强细胞免疫和体液免疫能力。另外茯苓多糖通过增强体质以及免疫能力的方式，在老年人的骨髓保护上具有一定的功效，此外对于机体免疫系统、免疫组织、免疫器官均有保护改善的作用[22]。茯苓水煎液、乙酸乙酯组分和粗糖组分均可以提高环磷酰胺所致的免疫低下小鼠血清中的 IgG、IL-2 和 TNF-α 水平，具有提高机体免疫功能的作用[23]。

综上，痹祺胶囊中改善环磷酰胺所致大鼠免疫低下的药主要为党参、白术、茯苓，党参气血双补，白术补气健脾，茯苓健脾渗湿，3 药共奏益气养血，健脾化湿之效。然而党参、白术和茯苓发挥益气养血功能的药理作用机制还需后续进行深入研究。

二、抗炎功能研究

（一）仪器与材料

1. 供试品

痹祺胶囊，天津达仁堂京万红药业有限公司，规格0.3g/粒；批号408700；制马钱子粉、党参、白术、地龙（制）、茯苓、川芎、丹参、三七、牛膝、甘草，天津达仁堂京万红药业有限公司，批号分别为1-2012001、1-2009007-5G1、1-2008043、1-2101020、1-2007004-3GI、1-2007005-5GI、1-2008036、1-2009002、1-2008044-3、1-2008053-7。党参、茯苓、白术、丹参、三七、川芎、牛膝、地龙、甘草药材粉碎后过200目筛。

2. 阳性对照药

醋酸地塞米松：天津药物研究院自制。

3. 造模剂

巴豆油：天津药物研究院自制。

4. 实验仪器

STX123ZH电子天平：奥豪斯仪器（常州）有限公司，序列号C104061781。

5. 实验动物

小鼠：品系ICR，北京斯贝福生物技术有限公司提供，实验动物生产许可证号SCXK（京）2019-0010。饲养在天津天诚新药评价有限公司实验动物屏障系统[实验动物使用合格证SYXK（津）2011-0005]，温度、湿度、换气次数由中央系统自动控制，温度维持在20～26℃，相对湿度维持在40%～70%，通风次数为10～15次/h全新风，光照为12h明、12h暗。自由摄食饮水，大鼠饲料由北京科澳协力饲料有限公司提供，饮水为纯净水（由北京凯弗隆北方水处理设备有限公司生产的KFRO-400GPD型纯水机制备）。实验动物的使用经天津天诚新药评价有限公司实验动物伦理委员会批准（批准号No.2022031501）

（二）实验方法

1. 动物分组

ICR小鼠60只，雄性，体质量18～20g，随机分为6组，每组10只，分别为模型对照组、阳性药地塞米松组（3mg/kg）、痹祺胶囊全方组（0.6g/kg）、痹祺胶囊益气养血组（0.22g/kg）、痹祺胶囊活血通络组（0.25g/kg）、痹祺胶囊抗炎（除湿）镇痛组（0.13g/kg）。

2. 动物模型及给药

痹祺胶囊及其各拆方组灌胃给药，每天1次，连续给药7d，阳性对照组灌胃给药，每天1次，连续给药3d，模型对照组给予同等体积的0.5% CMC-Na溶液。末次给药30min后，各组以巴豆油50μL均匀涂抹于小鼠右耳廓内外两面，诱导耳肿胀模型，致炎4h后将小鼠左、右耳沿耳廓线剪下，用手动耳肿打孔器（6mm）沿耳缘相同部位打下左右耳片，称重，分别计算小鼠耳肿胀及耳肿胀抑制率：

肿胀度（mg）=右耳质量−左耳质量

肿胀抑制率（%）=（模型对照组平均肿胀度−给药组肿胀度）/模型对照组平均肿胀度×100%

3.统计方法

所有数据均以均数±标准误（$\bar{x}\pm sem$）表示，组间差异性采用单因素方差分析，$P<0.05$表示组间差异具有统计学意义。

（三）实验结果

从痹祺胶囊全方实验来看，2.4g/kg痹祺胶囊剂量组抗巴豆油致小鼠耳炎效果最好，但因马钱子具有毒性，药典中规定了马钱子的用量上限，因此我们首先对预实验中采用的痹祺胶囊3个剂量对应的马钱子、甘草组剂量即0.13g/kg、0.25g/kg与0.5g/kg进行了简单急性毒性实验，单次灌胃马钱子、甘草0.13g/kg、0.25g/kg时并未表现出明显毒性反应，但0.5g/kg剂量组灌胃后小鼠即表现出全身抽搐、心脏急速跳动等症状，有的小鼠可在数分钟后症状缓解，但连续灌胃3d以上动物死亡率超50%，结合全方实验结果，因此研究痹祺胶囊抗炎作用的配伍研究选用剂量为0.6g/kg的全方对应的各拆方组。

如表5-1-5、图5-1-6所示，痹祺胶囊全方及各拆方均具有不同程度减轻巴豆油诱导的小鼠耳肿胀的症状，其中以马钱子、甘草配伍的抗炎（除湿）镇痛组抗炎效果显著（$P<0.01$），其肿胀抑制率为59.26%，为痹祺胶囊发挥抗炎效果的主要功能药对，此外以丹参、三七、川芎、地龙、牛膝为组成的活血通络组也具有抑制巴豆油诱导的小鼠耳肿胀效果（$P<0.05$），可能与活血药味加快血液流速从而加快炎症因子代谢有关。

表5-1-5　痹祺胶囊各拆方组对巴豆油耳炎的抑制作用

组别	剂量	肿胀度/mg	肿胀抑制率/%
模型组	—	5.4±0.54	0.00±10.03
地塞米松组	3mg/kg	2.0±0.39**	62.96±7.30***
痹祺胶囊组	0.6g/kg	2.1±0.41**	61.11±7.53***
活血通络组	0.25g/kg	4.0±0.30*	25.93±5.52
益气养血组	0.22g/kg	4.6±0.16	14.81±3.02
抗炎（除湿）镇痛组	0.13g/kg	2.2±0.25**	59.26±4.62***

注：与模型组比较，*$P<0.05$，**$P<0.01$，***$P<0.001$。

（四）小结与讨论

痹证病因病机较复杂，主要是正气亏虚（内因）和风寒湿热（外因）等外邪侵袭，诸因杂至，出现痰浊凝聚，瘀血内停，湿胜着脉，热毒灼络，导致局部经络、组织受损，闭阻不通，气血运行不畅，形成痹证[24]。炎症机制在痹证发病机制中发挥着重要作用，而免疫功能异常是痹证慢性炎症持续和加重的重要原因，大量炎症细胞和炎症因子破坏患者的自身免疫耐受。正气亏虚即人的气血精津等物质不足，人体调节功能、抵御外邪功能不足，这与患者免疫功能低下密不可分。脾虚是痹证发病的重要原因之一，脾胃功能正常，正气充旺，自无罹患痹证之虑；脾胃虚弱，运化失常，正气不足，气血亏虚，脏腑衰弱则易发为痹[5]。而脾气虚弱与炎症因子的调节相关，研究表明炎症因子BAFF/BLys（B细胞活化因子/B淋巴细胞刺激因子）、IL-21、IL-10及其他炎性指标及免疫学指标与中医脾阴虚症状的联系紧密[25]。痹证在临床上表现为病情缠绵，往往经久不愈，病久不愈，必有痰瘀，脾为生痰之源，肺为贮痰之器；在中医证候上呈现出虚实夹杂、痰瘀互结的临床特征。痰瘀的发生也与多种炎症因子相关，官和立等[26]发现气道炎症患者痰中IL-8、IL-17水平较正常升高，黄龙等[27]的研究也表明TNF-α、IL-8是气道痰液炎症反应中的重要介质，华军益等[28]研究发现冠心病痰瘀辨证与血清炎症因子单核细胞趋化蛋白-1（MCP-1）、基质金属蛋白酶-9（MMP-9）和可溶性细胞间黏附因子-1（slCAM-1）关系密切。痹证表现多为肢体关节、肌肉、筋骨等处酸麻重着、疼痛、麻木、肿胀，甚至关节红肿热痛、屈伸不利。关节的肿胀、疼痛是痹证主要的临床表现，关节炎症与机体的嘌呤代谢紊乱有关，大量的单钠尿酸盐沉积于关节及周围组织中，引起关节软骨、滑囊、骨质等损伤反应[29]，促使周围单核细胞、巨噬细胞激活，促使炎症介质（如IL-1β、IL-18等）释放，C反应蛋白（CRP）升高促使局部血管扩张，增加血管内皮通透性，引起关节、软组织、滑膜的炎性损伤[30]。由此可见，炎症反应在痹证发展过程中具有重要的调控作用。

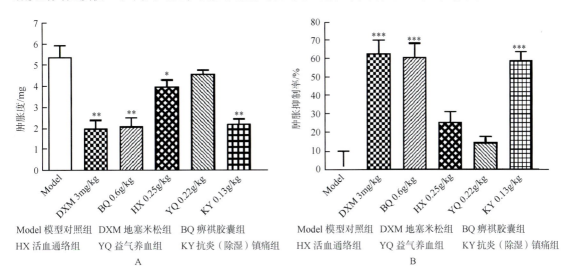

图5-1-6 痹祺胶囊各拆方组对巴豆油耳炎的抑制作用

A.肿胀度；B.肿胀抑制率

RA作为一种慢性自身免疫性疾病，其主要病理机制为关节的滑膜炎症反应，以慢性滑膜炎和软骨破坏为主要特征，滑膜细胞和血管翳过度增殖及多种炎性细胞浸润是破坏RA关节软骨和骨骼的重要病理生理基础[31]，最终导致骨质的破坏及关节的畸形。目前认为RA的这种炎症过程是由许多细胞因子介导的，如TNF-α、IL-1β、IL-6、IL-8、IL-12、IL-17、IL-18、IL-23和IFN-γ等[32]。IL-1是目前被认定为类风湿关节炎发病过程中一种最重要的细胞因子，体外IL-1A与IL-1B能够对滑膜单核细胞生成因子、成纤维细胞以及软骨细胞等物质发挥诱导作用，导致骨破坏，再加上类风湿关节炎患者体内IL-1与IL-Ra处于不协调状态，从而引发具有破坏性的滑膜炎症[33]。在类风湿关节炎患者滑液、血清中，IL-6始终保持升高趋势，并且其作为B细胞分化因子，可诱导自身抗体产生，IL-6还可在新陈代谢过程中加快破骨细胞的形成速度[34]。IL-17作为一种促炎细胞因子，可独立于IL-1及TNF-α直接对RA的炎症环境及软骨破坏产生影响，对破骨细胞生成以及骨吸收有至关重要的作用，继而引发风湿性关节炎中骨侵蚀和关节破坏[35]。TNF-α能够刺激成纤维细胞样滑膜细胞增殖；激活破骨细胞，抑制成骨细胞；聚集免疫细胞介导炎症反应；侵蚀软骨细胞等[36]。由此可见炎症反应贯穿于整个RA病程始终，因此抑制炎症反应对于RA治疗具有重要意义，目前常见的药物治疗方案中，以改善病情抗风湿药（DMARDs）、COX-2抑制剂、皮质激素类药物等为主，可以实现改善患者疼痛和减轻各类症状的作用。

中药在治疗炎症方面涉及多种机制，如HPA轴功能、炎症介质水平的调节、氧化应激损伤及炎症信号通路的改变等[37]，具有抗炎作用的中药有效成分包括生物碱类、香豆素类、黄酮类、萜类、甾类和芳香族类化合物[38]。

马钱子具有通络止痛、散结消肿的功效，因其性善通行，功善止痛，常用于治疗跌打损伤、骨折肿痛等症；又因其善搜筋骨间风湿，开通经络，透达关节，止痛力强，为治疗风湿顽痹、拘挛疼痛、麻木瘫痪等症的常用药[39]。张锡纯谓其"开通经络，透达关节之力，远胜于他药"，研究发现马钱子的发酵品以及含有马钱子的合剂皆有镇痛抗炎作用，马钱子所含的部分生物碱如士的宁、异士的宁、马钱子碱等具有镇痛抗炎作用[40]。马钱子碱可抑制炎症、细胞增殖和促进细胞凋亡，也可下调炎症因子（TNF-α、NF-κB、IL-6和COX-2）、细胞增殖（细胞周期蛋白D1）和凋亡标志物Bax、caspase-3、PI3K（磷酸肌醇3激酶）、AKT、mTOR以及过表达Bcl-2，研究表明马钱子碱通过下调PI3K/AKT/mTOR途径抑制炎症、细胞增殖和促进细胞凋亡[41]。甘草具有补脾益气、清热解毒、祛痰止咳、缓急止痛、调和诸药的功效，研究表明甘草多糖可以通过调节机体固有免疫、体液免疫、细胞免疫和细胞因子来增强机体免疫力，还可以通过调控机体氧化平衡、MAPK信号通路和NF-κB核因子发挥有效的抗炎作用，并具有防治骨关节炎作用[42]。甘草黄酮类成分通过抑制炎症介质的合成与释放，抑制IKK激活，从而阻止NF-κB的转录发挥抗炎作用；甘草查耳酮A通过抑制NO和PGE2的产生，降低iNOS和COX-2的表达，发挥抗炎镇痛作用[43]。

巴豆油作为致炎剂，主要致炎成分是佛波酯（TPA），涂抹或注射在动物局部（如耳廓、足趾等部位）可引起局部血管的通透性增加，毛细血管扩张，从而导致炎性浸润反应，是一种常用的急性炎症模型，常作为研究筛选抗炎药物的常规实验方法[44]。本研究结果显示痹祺胶囊全方及其各拆方组均具有不同程度减轻巴豆油诱导的小鼠耳肿胀的症状，其中以马钱子、甘草配伍的抗炎（除湿）镇痛组抗炎效果极显著，丹参、三七、牛膝、地龙、川芎为组成的活血通络组也显示出显著抗炎作用，但两组效果均弱于全方组。研究发现丹参中的丹参酮 II_A、隐丹参酮等成分具有显著抗炎活性，抗炎机制包括抑制NF-κB通路和TLR4/MyD88/NF-κB信号通路等抑制促炎细胞因子TNF-α、IL-1β、IL-6等的释放，减轻RA大鼠的炎症和关节损伤[45]。三七总皂苷可抑制NF-κB信号通路，降低TNF-α mRNA，从而抑制烫伤后炎症反应的发生[46]。川芎中的洋川芎内酯类化合物通过抑制NF-κB通路发挥抗炎活性，是临床治疗骨质疏松及慢性盆腔炎的有效活性成分[47]。

综上所述，本研究表明痹祺胶囊中主要发挥抗炎功能的中药为马钱子、甘草，辅以川芎、丹参、三七、地龙、牛膝，全方配伍可起到增效的作用。

三、活血通络功能研究

（一）仪器与材料

1. 供试品

痹祺胶囊，天津达仁堂京万红药业有限公司，规格0.3g/粒；批号408700；制马钱子粉、党参、白术、地龙（制）、茯苓、川芎、丹参、三七、牛膝、甘草，天津达仁堂京万红药业有限公司，批号分别为1-2012001、1-2009007-5G1、1-2008043、1-2101020、1-2007004-3GI、1-2007005-5GI、1-2008036、1-2009002、1-2008044-3、1-2008053-7。党参、茯苓、白术、丹参、三七、川芎、牛膝、地龙、甘草药材粉碎后过200目筛。

2. 阳性对照药

复方丹参片，湖南时代阳光药业有限公司，规格0.32g/片，批号20200910。

3. 试剂

高分子右旋糖酐（葡聚糖T500），上海源叶生物科技有限公司，批号H20M10B88790；戊巴比妥钠：Sigma公司；凝血酶时间（TT）测定试剂盒，美德太平洋（天津）生物科技股份有限公司，批号032106A。

4. 实验仪器

BI-2000A$^+$医学图像分析系统，成都泰盟软件有限公司；LG-R-80F全自动血液黏度分析仪，北京普利生仪器有限公司；LG-Paker 1凝血因子分析仪，北京普利生仪器有限公司。

5. 实验动物

大鼠：品系SD，北京斯贝福生物技术有限公司提供，实验动物生产许可证号SCXK（京）2019-0010。饲养在天津天诚新药评价有限公司实验动物屏障系统[实验动物使用合格证SYXK（津）2011-0005]，温度、湿度、换气次数由中央系统自动控制，温度维持在20～26℃，相对湿度维持在40%～70%，通风次数为10～15次/h全新风，光照为12h明、12h暗。自由摄食饮水，大鼠饲料由北京科澳协力饲料有限公司提供，饮水为纯净水（由北京凯弗隆北方水处理设备有限公司生产的KFRO-400GPD型纯水机制备）。实验动物的使用经天津天诚新药评价有限公司实验动物伦理委员会批准（批准号No.2022031001）

（二）实验方法

1. 动物分组

SD大鼠70只，雄性，体质量200～220g，随机分为7组，每组10只，分别为空白对照组、模型组、阳性药复方丹参片组（0.3g/kg）、痹祺胶囊全方组（1.6g/kg）、痹祺胶囊益气养血组（0.60g/kg）、痹祺胶囊活血通络组（0.67g/kg）、痹祺胶囊抗炎（除湿）镇痛组（0.33g/kg）。

2. 动物模型及给药

各组灌胃给药，每天1次，连续给药7d。空白对照组和模型组给予同等体积的动物专用饮用水。末次给药30min后，每组以3mL/kg腹腔注射1%异戊巴比妥钠麻醉后，除空白对照组外，其余各组均以3mL/kg剂量经静脉注射10%高分子右旋糖酐。30min后，首先采集大鼠腹腔肠系膜微循环图像及视频用于观察各组肠系膜血液循环及血液流速的测定，然后腹主动脉采血于枸橼酸钠抗凝管中，部分全血用于检测全血血液流变学指标，包括全血不同切速（200.00/s、30.00/s、3.00/s、1.00/s）下的全血黏度；另一部分全血经3000r/min，4℃离心10min，分离得到血浆样品，−80℃保存备用。

3. 凝血酶时间（TT）

取冷冻血浆，37℃复融，按照试剂盒所示对各组血浆凝血酶时间进行检测。

4. 统计方法

所有数据均以均数±标准误（$\bar{x}±\mathrm{sem}$）表示，组间差异性采用单因素方差分析，$P<0.05$表示组间差异具有统计学意义。

（三）实验结果

1. 痹祺胶囊拆方配伍对大鼠肠系膜微循环的影响

药效评价研究发现，0.4g/kg、0.8g/kg与1.6g/kg痹祺胶囊对高分子右旋糖酐诱导微循环障碍模型发现1.6g/kg剂量组效果最优，因此在考察痹祺胶囊活血通络功能时采用全方1.6g/kg下各拆方组对应的剂量考察各组药效。

如表5-1-6、图5-1-7所示，注射10%高分子右旋糖酐30min后，与空白对照组相比，模型组及各给药组毛细血管流速明显降低（$P<0.01$），可见血管呈现局部深红色团块状聚集，血液流动性降低，血流方向逆向摆动等血液循环障碍。但与模型组相比，除抗炎（除湿）镇痛组外，各给药组毛细血管血流明显加快（$P<0.01$，$P<0.05$），其中复方丹参片组、全方组及活血通络组血流速度得到明显的改善（$P<0.01$），且活血通络组毛细血管流速改善较接近复方丹参片组。由此可以判断痹祺胶囊能够改善由高分子右旋糖酐诱导的大鼠肠系膜毛细血管微循环障碍，且改善作用可能以活血通络组药物作用为主。

表5-1-6 痹祺胶囊拆方配伍对高分子右旋糖酐诱导大鼠毛细血管流速的影响

组别	剂量	毛细血管流速
空白对照组	—	229.34 ± 13.95
模型组	—	$70.66\pm3.76^{\&\&}$
复方丹参片组	0.3g/kg	$192.50\pm17.00^{**}$
痹祺胶囊组	1.6g/kg	$168.71\pm8.51^{**}$
活血通络组	0.67g/kg	$178.07\pm16.14^{**}$
益气养血组	0.60g/kg	$90.60\pm6.70^{*}$
抗炎（除湿）镇痛组	0.33g/kg	75.76 ± 6.61

注：与空白对照组比较，$\&\&P<0.01$；与模型组比较，$^{*}P<0.05$，$^{**}P<0.01$。

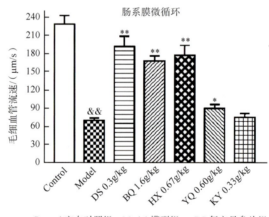

图5-1-7 痹祺胶囊拆方配伍对高分子右旋糖酐诱导大鼠毛细血管流速的影响

2. 痹祺胶囊拆方配伍对全血黏度的影响

如表5-1-7、图5-1-8所示，与空白对照组相比，注射高分子右旋糖酐后，模型组4个切速下的全血黏度值及红细胞聚集指数均有明显升高（$P<0.01$，$P<0.01$），表明高分子右旋糖酐可诱导大鼠微循环障碍。与模型组相比，给药后复方丹参片组、痹祺胶囊全方组及活血通络组在4个切速下的全血黏度值及红细胞聚集指数均显著下降（$P<0.01$），结果表明痹祺胶

囊的活血作用主要依赖于全方中的活血药味，即丹参、三七、川芎、牛膝、地龙，其作用机制可能与抑制红细胞聚集有关。

表5-1-7 痹祺胶囊拆方配伍对高分子右旋糖酐诱导大鼠全血黏度的影响

分组	剂量/（g/kg）	全血黏度				红细胞聚集指数
		高切（200.00/s）	中切（30.00/s）	低切（3.00/s）	低切（1.00/s）	
C	—	4.09±0.11	6.65±0.17	20.69±0.61	27.38±0.81	5.46±0.36
M	—	6.03±0.20&&	10.42±0.39&&	36.10±1.69&&	47.76±2.24&&	7.87±0.33&&
F	0.3	5.12±0.14**	8.76±0.33**	28.31±1.57**	37.46±2.07**	6.59±0.26**
BQ	1.6	4.97±0.13**	8.23±0.26**	26.98±1.09**	35.71±1.45**	6.50±0.27**
H	0.67	4.93±0.21**	8.05±0.25**	26.17±1.01**	34.33±1.10**	6.32±0.21**
Y	0.60	5.58±0.10	9.73±0.26	32.31±1.74	42.22±1.66	7.38±0.45
K	0.33	5.61±0.20	9.83±0.53	33.79±2.87	43.29±4.01	7.57±0.65

C：空白对照组，M：模型组，F：复方丹参片组，BQ：痹祺胶囊组，H：活血通络组，Y：益气养血组，K：抗炎（除湿）镇痛组
注：与空白对照组比较，&&$P<0.01$；与模型组比较，**$P<0.01$。

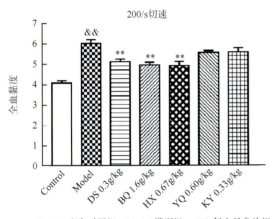

Control 空白对照组 Model 模型组 DS 复方丹参片组
BQ 痹祺胶囊组 HX 活血通络组 YQ 益气养血组
KY 抗炎（除湿）镇痛组

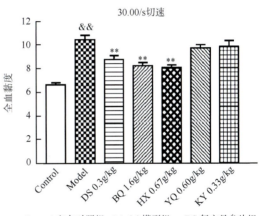

Control 空白对照组 Model 模型组 DS 复方丹参片组
BQ 痹祺胶囊组 HX 活血通络组 YQ 益气养血组
KY 抗炎（除湿）镇痛组

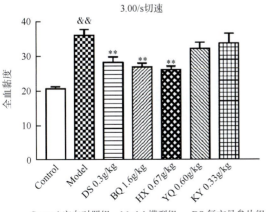

Control 空白对照组 Model 模型组 DS 复方丹参片组
BQ 痹祺胶囊组 HX 活血通络组 YQ 益气养血组
KY 抗炎（除湿）镇痛组

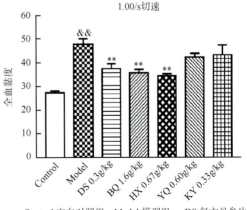

Control 空白对照组 Model 模型组 DS 复方丹参片组
BQ 痹祺胶囊组 HX 活血通络组 YQ 益气养血组
KY 抗炎（除湿）镇痛组

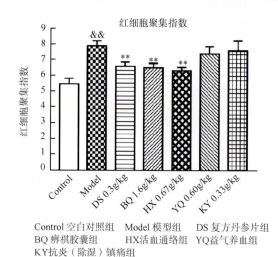

Control 空白对照组　　Model 模型组　　DS 复方丹参片组
BQ 痹祺胶囊组　　HX 活血通络组　　YQ 益气养血组
KY 抗炎（除湿）镇痛组

图5-1-8　痹祺胶囊拆方配伍对高分子右旋糖酐诱导大鼠全血黏度的影响

3. 痹祺胶囊拆方配伍对凝血酶时间（TT）的影响

对血浆凝血酶时间测定发现，痹祺胶囊中的活血通络组可显著延长凝血酶时间，与模型组相比具有显著差异（$P < 0.05$），结果见表5-1-8和图5-1-9。

表5-1-8　痹祺胶囊各拆方组对高分子右旋糖酐诱导大鼠血浆凝血酶时间（TT）的影响

组别	剂量	凝血酶时间/s
空白对照组	—	35.89±1.38
模型组	—	31.54±1.14[&]
复方丹参片组	0.3g/kg	40.16±3.11[*]
痹祺胶囊组	1.6g/kg	40.96±1.88[**]
活血通络组	0.67g/kg	38.40±1.74[**]
益气养血组	0.60g/kg	32.87±0.80
抗炎（除湿）镇痛组	0.33g/kg	33.11±0.97

注：与空白对照组比较，$\&P < 0.05$；与模型组比较，$*P < 0.05$，$**P < 0.01$。

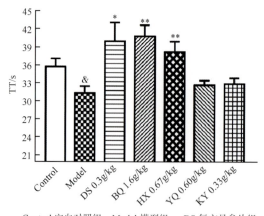

Control 空白对照组　　Model 模型组　　DS 复方丹参片组
BQ 痹祺胶囊组　　HX 活血通络组　　YQ 益气养血组
KY 抗炎（除湿）镇痛组

图5-1-9　痹祺胶囊各拆方组对高分子右旋糖酐诱导大鼠血浆凝血酶时间（TT）的影响

（四）小结与讨论

痹证病因主要有两个方面，即内因和外因。内因多为正气虚弱，气不行血，血行不畅，留阻于经络，气血精微不得以遍布输送，而致外卫不固，营卫不和，如《素问·逆论调》曰："荣气虚则不仁，卫气虚则不用，荣卫俱虚则不仁且不用"。外因为风、寒、湿邪乘虚而入，侵袭肢节、肌肉、经络之间，以致气血运行失常，而为痹病，正如《素问·痹论》曰："风寒湿三气杂至，合而为痹"[48]。《医林改错·下卷》有云："痹证有瘀血"，说明痹证易阻于血管[49]。"气为血之帅，血为气之母"，气血相依，气能生血、气能行血、气能摄血，气虚则血无以推动统摄而易溢于脉外，散于筋骨关节，阻塞经络而成血瘀。湿性重浊黏滞，聚湿内生痰浊，痰浊血瘀交结阻络，进一步恶化病情。风为百病之长，性善行而数变，故湿邪、寒邪常依附于风而遍布于肌表内里。由此可见正气虚是痹病发生的基础，邪侵是痹病的重要条件，其中血瘀贯穿于痹证各个发病阶段。

痹证，为痹阻经络，损害筋骨关节，致关节肿胀变形，肢体僵硬，筋骨、关节、肌肉等处发生疼痛、重着、酸楚、麻木，或关节屈伸不利、僵硬、变形等症状。在RA发病后期，病久邪留伤正，正虚邪恋，导致气血津液运行无力，血滞为瘀，湿聚津凝为痰，这些病理产物形成后相互交结，留滞于筋脉关节，痼结很深，不易祛除，并成为新的致病因素，进一步损坏筋脉关节。由此可见改善"瘀血"在痹证治疗中起着重要作用。血瘀证的病理基础为血液流变学、微循环异常。现代医学认为，血瘀证相当于循环系统疾病，活血化瘀药就是通过改善血液流变学，纠正血液循环和微循环障碍，增加组织器官血流量来调节全身或局部血行失常的治疗方法。活血化瘀作用主要表现为改善血液流变性、改善微循环、扩张血管、抗血栓、降血脂、调节结缔组织代谢等[50]。

正常情况下，红细胞表面带有负电荷，使红细胞在近距离内相互排斥，成为电荷斥力。血液流动过程中具有剪切力，红细胞的膜弯曲力可防止相邻红细胞的对应膜变为平行；电荷斥力、剪切力和膜弯曲力共同与红细胞表面大分子物质间的桥接力相抗衡，保持了红细胞的正常流动。葡聚糖T500（Dextran 500）的相对分子质量为480000，注射葡聚糖T500后，在红细胞间形成单层分子右旋糖酐层，大分子两端被吸附在红细胞表面，纤维蛋白原、球蛋白等大分子蛋白也被吸附在红细胞表面，形成桥接，从而降低了红细胞的电荷斥力和膜弯曲力，血流减慢又降低了剪切力，导致红细胞聚集。由于剪切力降低，首先在毛细血管后静脉中出现红细胞聚集，并使缓慢的血流进一步减慢，酸性产物潴留，引起局部毛细血管通透性增高，血液浓缩，血液黏度进一步增加，血流阻力增加。另外红细胞聚集引起回心血量及心输出量减少，使有效循环血量减少，加剧血液流变性异常，构成恶性循环[51]。本研究发现，静脉注射Dextran 500 30min后，大鼠肠系膜微循环血液流速显著减慢，明显可见红细胞聚集，同时4个切速下全血黏度和红细胞聚集指数增加；而痹祺胶囊及拆方活血通络组可显著增加肠系膜血流，降低全血黏度和红细胞聚集指数，抑制红细胞聚集（图5-1-7、图5-1-8）。

高分子右旋糖酐引起急性微循环障碍的主要因素与其作为大分子物质激活内源性凝血途径、形成大量微血栓有关，大量微血栓阻塞于微血管，进一步引起血管内皮以及组织缺血、缺氧，释放大量组织因子，激活外源性凝血途径，加剧凝血功能紊乱，大量微血栓阻塞于组织，导致器官功能障碍，形成了凝血功能紊乱-微循环障碍-器官功能障碍的恶性循环，成为器官功能障碍的主要因素[52]。TT用于筛选共同凝血途径，反映纤维蛋白原转为纤维蛋白的时间。纤维蛋白原是凝血过程中的主要蛋白质，在凝血酶、血纤维稳定因子（FX Ⅲ a）、Ca^{2+}等凝血因子的作用下形成纤维蛋白单体，并相互共价结合形成纤维蛋白多聚体，形成稳定的纤维蛋白网，最终网罗红细胞（RBC）、血小板（PLT）等成分形成稳定血栓结构[53]。本研究发现，Dextran 500可显著缩短TT时间，加剧凝血功能紊乱，而痹祺胶囊及其拆方活血通络组可显著延长TT时间，即抑制凝血途径的激活（图5-1-9）。

本研究表明痹祺胶囊中发挥活血功能的中药主要为川芎、丹参、三七、地龙和牛膝。现代药理研究表明活血化瘀中药含有丰富的化学成分，主要包括黄酮、萜类、甾体、糖类等成分；同时，其具有抑制血小板聚集及抗血栓、抗动脉粥样硬化、抑制缺血再灌注损伤、抗肿瘤、抗纤维化、保肝护肝、抗炎镇痛、降压、调节免疫力等多种药理作用。川芎中阿魏酸、川芎嗪和川芎挥发油可以降低纤维蛋白原（FIB）含量、延长凝血酶原时间（PT）和活化部分凝血活酶时间（APTT），改善红细胞压积及红细胞变形指数，川芎水提物可以抗血小板聚集，川芎甲醇提取部位和川芎挥发油均可以明显改善全血黏度和血浆黏度[54, 55]。此外，川芎还具有促进血管扩张、抗动脉粥样硬化、抗高血压、抑制血管平滑肌异常增生等保护血管作用[56]。由此可见川芎活血功能与其多途径改善血液循环及保护血管作用相关。

现代药理研究表明丹参具有激活纤溶酶原的作用，产生纤溶作用，通过溶解血栓发挥其活血化瘀作用[57]。丹参中的活血化瘀成分主要为丹参素、原儿茶醛、迷迭香酸和丹酚酸B等[58]。其中丹参水溶性化合物有抗心肌缺血作用[59]；丹参的总酚酸类成分具有很强的抗脂质过氧化和清除自由基等作用，能够清除氧自由基，抑制再灌注时心肌细胞膜的脂质过氧化作用，拮抗Ca^{2+}内流，改善心肌缺血[60]；丹参酮能够通过清除氧自由基及增加低密度脂蛋白的结合活性，有效抑制低密度脂蛋白氧化以阻止动脉粥样硬化[61]。此外丹参还可以通过减少线粒体中活性氧的生成，防止血管内皮细胞功能障碍，改变血管的张力和通透性，保护血管的正常功能[62]。

研究发现，三七中三七皂苷可以通过磷脂酰肌醇-3激酶/蛋白激酶B（PI3K/Akt）通路激活核因子2相关因子（Nrf2）抗氧化信号，并在体外改善糖氧剥夺/再灌注（OGD/r）诱导的血脑屏障破坏[63]。人参皂苷Rg_1可以通过升高血浆组织纤溶酶原激活物t-PA百分比，降低组织t-PA抑制剂活性，剂量相关性提高血管内皮细胞NO释放和抑制凝血酶诱导的血小板聚集，降低大鼠实验性血栓的形成[64]。

地龙具有清热定惊、通络、平喘、利尿的功能；用于治疗高热神昏、惊痫抽搐、关节痹痛、肢体麻木、半身不遂、肺热喘咳、水肿尿少等症。现代研究表明，地龙中的纤维蛋白溶解酶、蚓激酶和蚓胶原酶均为溶栓有效成分，其中地龙纤溶酶具有纤溶作用和激活纤溶酶原的作用，蚓激酶具有较强的抗凝及溶栓作用，蚓胶原酶可降解陈旧性血栓[65]。

药理研究显示，牛膝能改变血液流变性，牛膝中齐墩果烷型三萜皂苷具有直接抑制凝血因子Xa（FXa）的作用，其中以齐墩果酸-3-O-β-D-（6'-甲醛）-吡喃葡萄糖醛酸苷作用最强[66]。据报道，牛膝多肽K可能通过防止缺血诱导的脑内皮细胞氧化损伤和组织因子（TF）、纤溶酶原激活物抑制剂-1（PAI-1）和NF-κB的激活，减少短暂性大脑中动脉闭塞（tMCAO）大鼠大脑中动脉下游微血栓的形成[67]。

综上所述，本研究表明痹祺胶囊主要发挥活血通络功能的药味为川芎、丹参、三七、地龙、牛膝，其可通过增加肠系膜毛细血管血流速度、降低全血黏度及红细胞聚集指数，发挥改善微循环障碍的作用。

四、镇痛功能研究

（一）材料

（1）供试品 痹祺胶囊，天津达仁堂京万红药业有限公司，规格0.3g/粒；批号408700；制马钱子粉、党参、白术、地龙（制）、茯苓、川芎、丹参、三七、牛膝、甘草，天津达仁堂京万红药业有限公司，批号分别为1-2012001、1-2009007-5G1、1-2008043、1-2101020、1-2007004-3GI、1-2007005-5GI、1-2008036、1-2009002、1-2008044-3、1-2008053-7。党参、茯苓、白术、丹参、三七、川芎、牛膝、地龙、甘草药材粉碎后过200目筛。

（2）阳性对照药 罗通定片：四川迪菲特药业有限公司，规格30mg/片，批号201102；阿司匹林肠溶片：石药集团欧意药业有限公司，规格25mg/片，批号018200837。

（3）试剂 冰醋酸，天津市康科德科技有限公司，批号210312。

（4）实验仪器 YLS-6B智能热板仪：济南益延科技发展有限公司。

（5）实验动物 小鼠：品系ICR，北京斯贝福生物技术有限公司提供，实验动物生产许可证号SCXK（京）2019-0010。饲养在天津天诚新药评价有限公司实验动物屏障系统[实验动物使用合格证SYXK（津）2011-0005]，温度、湿度、换气次数由中央系统自动控制，温度维持在20～26℃，相对湿度维持在40%～70%，通风次数为10～15次/h全新风，光照为12h明、12h暗。自由摄食饮水，大鼠饲料由北京科澳协力饲料有限公司提供，饮水为纯净水（由北京凯弗隆北方水处理设备有限公司生产的KFRO-400GPD型纯水机制备）。实验动物的使用经天津天诚新药评价有限公司实验动物伦理委员会批准（批准号No.2022030301）

（二）实验方法

1. 热板致痛实验

动物筛选：首先将小鼠置于（55.0±0.5）℃的热板仪上，记录小鼠首次舔足所需的时间（s）为小鼠的正常痛阈值。选择正常痛阈值在5～30s内的小鼠（将喜跳跃小鼠剔除）。

动物分组：按照阈值将小鼠分为6组，分别为空白对照组，阳性对照罗通定组（50mg/kg），痹祺胶囊组（1.2g/kg），益气养血组（0.45g/kg）、活血通络组（0.5g/kg）与抗炎（除湿）镇痛组（0.25g/kg），每组10只。

动物给药：痹祺胶囊及各拆方组连续给药7d，阳性药在测定前单次给药。末次给药结束后60min与90min分别测定小鼠的舔足反应时间（s），若小鼠在40s内仍未出现舔足的情况，为防止多次测量下小鼠足爪烫伤，停止计时，时间按40s计。

2. 醋酸扭体实验

动物分组：将小鼠随机分为6组，空白对照组，阳性药阿司匹林组（0.12g/kg），痹祺胶囊组（1.2g/kg），益气养血组（0.45g/kg）、活血通络组（0.5g/kg）与抗炎（除湿）镇痛组（0.25g/kg），每组10只。

动物给药：对照组给予0.5% CMC-Na悬液，阳性药组给予阿司匹林0.12g/kg，阳性药组每日给药1次，连续给药3d；痹祺胶囊组及各拆方组，每日给药1次，连续给药7d。

扭体观察：第7d，末次给药后1h，小鼠腹腔注射0.6%醋酸溶液（按0.2mL/只），室温保持在28℃左右，注射5min后观察15min内发生扭体反应的次数，以腹部凹陷、臀部歪扭、身体扭曲或抽胯为扭体1次的标准。记录扭体次数，统计分析各组差异。

扭体抑制率（%）=（模型对照组扭体均数−给药组扭体均数）/模型对照组扭体均数 ×100%

3. 统计方法

所有数据均以均数±标准误（$\bar{x}\pm sem$）表示，组间差异性采用单因素方差分析，$P<0.05$ 表示组间差异具有统计学意义。

（三）实验结果

1. 痹祺胶囊及其拆方对热板所致疼痛的镇痛作用

药效评价实验发现，痹祺胶囊具有明显的中枢镇痛作用，且1.2g/kg剂量组效果最优，因此以该剂量组进行各拆方组中枢镇痛作用的研究。结果如表5-1-9、图5-1-10所示，在给药60min后，痹祺胶囊与阳性药可显著延长小鼠热板舔足时间（$P<0.05$），但各拆方组与空白对照组相比无明显变化，给药90min时抗炎（除湿）镇痛组的舔足反应时间显著延长（$P<0.01$），即痹祺胶囊的中枢镇痛作用主要是以马钱子、甘草为组成部分的抗炎（除湿）镇痛组为主要起效药味。

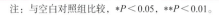

表5-1-9　痹祺胶囊各拆方组对小鼠热板致痛的影响

组别	剂量	舔足反应时间	
		60min	90min
空白对照组	—	12.05±0.59	13.75±0.58
罗通定组	50mg/kg	17.87±1.96*	25.97±2.04**
痹祺胶囊组	1.2g/kg	15.56±1.39*	22.52±1.45**
活血通络组	0.5g/kg	10.41±0.55	13.68±0.56
益气养血组	0.45g/kg	11.06±0.64	14.70±0.78
抗炎（除湿）镇痛组	0.25g/kg	12.32±1.05	21.66±2.69**

注：与空白对照组比较，*$P<0.05$，**$P<0.01$。

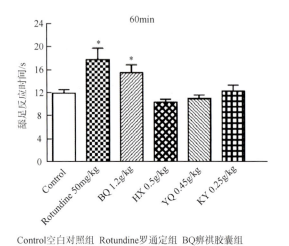
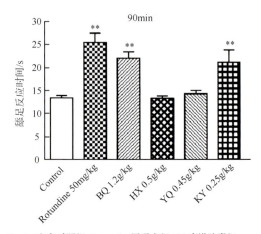

Control空白对照组　Rotundine罗通定组　BQ痹祺胶囊组
HX活血通络组　　　YQ益气养血组　　　KY抗炎（除湿）镇痛组

Control空白对照组　Rotundine罗通定组　BQ痹祺胶囊组
HX活血通络组　　　YQ益气养血组　　　KY抗炎（除湿）镇痛组

图5-1-10　痹祺胶囊各拆方组对小鼠热板致痛的影响

2. 痹祺胶囊及其拆方对醋酸所致小鼠扭体的镇痛作用

痹祺胶囊具有明显的抑制醋酸扭体作用，且1.2g/kg剂量组效果最优，因此以该剂量组进行各拆方组外周镇痛作用的研究。结果如表5-1-10、图5-1-11所示，痹祺胶囊各拆方组均可抑制醋酸所致的小鼠扭体反应次数，其抑制率分别为活血通络组11.57%、益气养血组26.17%、抗炎（除湿）镇痛组69.70%，以马钱子、甘草为组成的抗炎（除湿）镇痛组为痹祺胶囊发挥抗炎作用的主要药味（$P<0.01$）。

表5-1-10　痹祺胶囊各拆方组对醋酸所致小鼠扭体次数的影响

组别	剂量	扭体次数	抑制率/%
模型对照组	—	36.3±6.44	0.00±17.74
阿司匹林对照组	0.12g/kg	8.50±2.54**	76.58±7.00**
痹祺胶囊组	1.2g/kg	10.30±3.50**	71.63±9.64*
活血通络组	0.5g/kg	32.10±6.78	11.57±18.69
益气养血组	0.45g/kg	26.80±7.18	26.17±19.77
抗炎（除湿）镇痛组	0.25g/kg	11.00±4.78**	69.70±13.15*

注：与模型对照组比较，**$P<0.01$，*$P<0.05$。

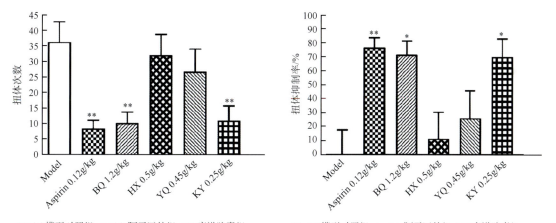

Model 模型对照组　Aspirin阿司匹林组　BQ 痹祺胶囊组
HX活血通络组　YQ益气养血组　KY抗炎（除湿）镇痛组
A

Model 模型对照组　Aspirin阿司匹林组　BQ 痹祺胶囊组
HX活血通络组　YQ益气养血组　KY抗炎（除湿）镇痛组
B

图5-1-11　痹祺胶囊各拆方组对醋酸所致小鼠扭体次数（A）与扭体抑制率（B）的影响

（四）小结与讨论

痹证的发生是由于人体正气虚弱致使风、寒、湿邪乘虚侵入机体所致，外邪入侵，留滞经络、肌肉、关节，引起气血闭阻，环流不畅，而出现疼痛、酸楚、麻木、沉重无力、关节肿大、屈伸不利等症状。痹证发病，必然会伴有病发部位的疼痛，中医常将疼痛归结为"不通则痛"和"不荣则痛"。"不荣则痛"就是指因营养、润养、濡养不充分或血液循环不好，供养不足而导致的局部或全身的疼痛或不舒服的感觉，包括气虚作痛、血虚作痛、气血两虚、肾虚腰痛等；"不通则痛"指风寒湿、瘀血、痰浊等阻塞脉络或饮食阻滞六腑，导致气血运行受阻、脏腑升降失调、经络沟通闭塞而引起的疼痛或不适，包括气滞痛、血瘀痛、痰食痛、寒痹痛、行痹痛、著痹痛等[68]。痹证内因，元气不足，气血亏虚或久病气血不足，经脉、筋肉失于濡养，则为"不荣则痛"；其中"气主煦之"，指气的主要功能是温煦身体，如果气虚则身体的有些部位不能被温煦，由此受寒而导致经络踡急并产生疼痛；"血主濡之"，血的重要功能之一就是濡养机体的各种器官和组织，如果血虚则会造成组织器官得不到濡养，比血虚还要严重的是阴虚，这些都会造成身体的疼痛[69]。痹证外因，外感风、寒、热、湿等邪气，或因外伤损伤经络脏腑，气血凝滞，壅闭经络，则为"不通则痛"[70]。其中风性善行，风邪易致痛位不定；湿邪重浊黏腻，痛位固定；寒邪收引，《素问·举痛论》指出"寒气入经而稽迟，泣而不行，客于脉外则血少，客于脉中则气不通，故卒然而痛"[71]。由此可见，痹证治疗过程中，需注重缓解病位疼痛。

RA临床表现为对称性及侵蚀性的多关节炎，病理特征为滑膜炎症，其主要症状是疼痛[72]。RA的疼痛通常发生在手、手腕和脚的小关节，有时也发生在肘部、肩部、颈部、膝盖、脚踝或臀部，因此很长一段时间内，RA疼痛被认为是外周炎症的直接结果。现代研究表明RA疼痛源于多种机制，包括炎症、外周敏化和中枢神经系统疼痛调节机制的异常，以及随着疾病的进展，关节内结构的改变[73]，其他因素如睡眠障碍、抑郁和焦虑等也可能影响RA患者对疼痛的感知[74]。RA外周疼痛机制包括直接激活化学感受器和炎症介质作用于化学感受器而致敏。其中TNF-α、IL-6、IL-17、IL-1β可以直接改变伤害神经元的应答，机械痛敏由IL-17、IL-6和TNF-α引起，而热痛觉过敏主要由TNF-α和IL-1β诱导[75, 76]；前列腺素（PG）水平升高在RA关节疼痛的发展中起重要的作用，损伤组织释放前列腺素（PGE2、PGF2α、PGD2、PGI2和血栓素），并在关节处的沉积可导致痛觉敏感和异常性疼痛[77]；还有神经肽如P物质（SP）、白三烯B4（LTB4）及相关离子通道均涉及外周疼痛信号的转导[78]。RA中枢神经系统疼痛调节机制主要有3种：①疼痛下行通路促进性疼痛途径；②疼痛下行通路抑制性疼痛途径；③中枢敏化[79]。两个关键部位是导水管周围灰质（PAG）和延髓腹内侧髓质（RVM），PAG接受来自输入额叶皮层、杏仁核、下丘脑相关因素，如压力和情绪，而导致痛感；RVM可以抑制或促进疼痛[80]。另外，与RA中枢疼痛机制有关的还有脊髓中不规则趋化因子（FKN）、组织蛋白酶S（CatS）、CGRP的释放，TLR4、花生四烯酸增多[81]。

马钱子被称为"通络止痛之王"[59]。研究表明马钱子的发酵品以及含有马钱子的合剂皆有镇痛抗炎作用[60]。马钱子碱可以显著抑制炎症组织中前列腺素E2的释放，并降低醋酸诱导的血管通透性，通过抗炎发挥镇痛作用[82]。马钱子碱能抑制外周炎症组织PGE2的释放，抑制大鼠血浆5-HT、6-keto-PG-Fla与血栓烷素（TXB2）炎症介质的释放，发挥抗炎镇痛作用[83]。此外马钱子碱还可通过抑制PGE2释放降低感觉神经末梢对痛觉敏感性及抑制钙激活钾离子通道（BKca）发挥镇痛作用[84]。马钱子碱可提高小鼠电刺激致痛的痛阈值及大鼠5-羟色胺（5-HT）致炎后足压痛的镇痛率，其中枢镇痛机制与增加大脑功能区脑啡肽的含量有关[85]。甘草单用，止痛作用较弱，与白芍合用可增强其解痉止痛作用，芍药甘草汤对肌肉痉挛、平滑肌痉挛甚至血管痉挛所致的疼痛均有较好疗效[86]。但近来有研究发现甘草中查耳酮类成分可阻断小鼠初级感觉神经元DRG细胞电压门控性钠通道的活性，抑制小鼠初级感觉神经元兴奋性发挥镇痛活性[87]。甘草查耳酮A可通过抑制大鼠脊髓背角p38 MAPK/NF-κB信号通路，抑制炎性因子的释放，降低脊髓背角小胶质细胞的活化程度，对神经病理性疼痛发挥镇痛作用[88]。另外也有研究表明甘草总黄酮和甘草查耳酮对离体子宫有一定的解痉止痛的作用[89]。

本节通过小鼠热板实验和醋酸扭体实验考察痹祺胶囊及其各拆方配伍组的中枢镇痛和外周镇痛作用。结果显示，在热板实验中马钱子、甘草组成的抗炎（除湿）镇痛组在给药

90min时可以显著延长小鼠舔后足反应时间；在扭体实验中马钱子、甘草组成的抗炎（除湿）镇痛组可显著降低醋酸扭体反应，具有显著的外周镇痛作用，除此之外，活血通络组和益气养血组具有抑制醋酸扭体反应的趋势。综上研究表明痹祺胶囊中主要发挥抗炎功能的中药为马钱子、甘草，但作用机制仍需深入研究。

五、小　　结

本节基于痹祺胶囊的功能主治，从益气养血、活血通络及抗炎镇痛3个角度分别建立了环磷酰胺诱导大鼠气血两虚模型、高分子右旋糖酐诱导大鼠微循环障碍模型、巴豆油致小鼠耳肿模型、中枢及外周致痛模型评价痹祺胶囊全方的功能，并筛选出优效剂量进行拆方研究。

1）痹祺胶囊对环磷酰胺诱导的气血两虚大鼠具有改善作用，表现在增加外周血中血细胞数量，降低脾脏指数，提高脾脏CD4$^+$ T淋巴细胞比例，降低CD8$^+$ T淋巴细胞比例，从而提高CD4$^+$/CD8$^+$比例，其中以1.6g/kg剂量组效果最优。

以1.6g/kg痹祺胶囊相应剂量各个拆方组[0.60g/kg益气养血组、0.67g/kg活血通络组、0.33g/kg抗炎（除湿）镇痛组]对环磷酰胺诱导的气血两虚大鼠作用研究表明，痹祺胶囊全方较各个拆方组改善气血两虚效果更优，并且只有益气养血组对气血两虚模型大鼠改善外周血细胞、升高血清EPO含量、降低脾脏指数及升高CD4$^+$/CD8$^+$比例与痹祺胶囊全方组作用相近，且均具有统计学意义。由此推断痹祺胶囊改善气血两虚的功能主要归因于益气养血组药即党参、白术、茯苓。

2）痹祺胶囊对高分子右旋糖酐诱导的微循环障碍具有改善作用，可改善肠系膜微循环血液状态，加快流速；对全血黏度的考察发现，痹祺胶囊可显著降低200.00/s、30.00/s等4个切速下的黏度，改善血液黏滞状态；对TT的考察发现，痹祺胶囊可延长血浆凝血酶时间，提示痹祺胶囊可能通过抑制纤维蛋白原激活从而发挥凝血作用。在痹祺胶囊3个剂量的药效上发现，1.6g/kg剂量组效果最优。

以1.6g/kg痹祺胶囊相应剂量各个拆方组（0.60g/kg益气养血组、0.67g/kg活血通络组、0.33g/kg抗炎（除湿）镇痛组）对高分子右旋糖酐诱导的大鼠血瘀模型研究表明，痹祺胶囊全方组和活血通络组药可通过提高肠系膜毛细血管血流速度、降低全血黏度及红细胞聚集指数，延长血浆凝血酶时间，抑制纤维蛋白原激活发挥抗微循环障碍作用。痹祺胶囊全方组和活血通络组药在降低红细胞聚集指数方面的作用效果与阳性药复方丹参片相当。由此推断痹祺胶囊发挥活血功能的主要药味为川芎、丹参、三七、地龙和牛膝。

3）以巴豆油诱导小鼠耳肿模型考察痹祺胶囊的抗炎作用，结果表明0.6g/kg、1.2g/kg与2.4g/kg痹祺胶囊可显著减轻小鼠耳肿胀度，具有抗炎作用，其中以2.4g/kg剂量组效果最优。

因拆方抗炎（除湿）镇痛组中含有马钱子，马钱子具有毒性，对各剂量马钱子、甘草配伍组进行简单急性毒性实验后发现0.5g/kg具有较大毒性，因此选择0.6g/kg痹祺胶囊全方对应的各拆方剂量（0.22g/kg益气养血组、0.25g/kg活血通络组、0.13g/kg抗炎（除湿）镇痛组）进行研究。研究发现痹祺胶囊各拆方组均具有不同程度减轻巴豆油诱导的小鼠耳肿胀的效果，其中以马钱子、甘草配伍的抗炎（除湿）镇痛组为痹祺胶囊发挥抗炎效果的主要功能药对，此外以丹参、三七、川芎、地龙为组成的活血通络组发挥抗炎效果可能与活血通络药味加快血液流速从而加快炎症因子代谢或抑制炎症因子释放等有关。

4）中枢镇痛：本次以热板实验考察痹祺胶囊的中枢镇痛作用，结果表明痹祺胶囊在

30～120min内均有延长小鼠舔足反应时间的作用，给药后60～90min时对热板致痛小鼠的作用最强，至120min时效果逐渐减弱，3个剂量中以1.2g/kg痹祺胶囊效果最优。

以1.2g/kg痹祺胶囊对应的剂量进行拆方发现，马钱子、甘草组成的抗炎（除湿）镇痛组在给药90min时具有显著的中枢镇痛作用，推测痹祺胶囊中枢镇痛的药效功能主要由以上两个药味贡献。

5）外周镇痛：以0.6%的醋酸溶液腹腔注射诱导小鼠出现扭体反应评价痹祺胶囊的外周镇痛效果，结果表明，0.6g/kg、1.2g/kg和2.4g/kg的痹祺胶囊均可显著减少小鼠扭体次数，其中以1.2g/kg效果最优。

以1.2g/kg痹祺胶囊对应的剂量进行拆方发现，各拆方组具有不同程度的抑制醋酸扭体反应的作用，但主要贡献药效的为马钱子、甘草组成的抗炎（除湿）镇痛组。

综上，中医认为痹证的发生，"皆因体虚，腠理空疏，受风寒湿气而成"，正气亏虚，邪气乘虚而入，闭阻经络，血行不畅而致瘀，留滞于关节而致痹。故以益气养血、活血化瘀、通络止痛为主要治则，痹祺胶囊正是遵循以上原则组方，而十味药材中党参、茯苓、白术主要发挥益气养血作用，丹参、三七、川芎、牛膝、地龙主要发挥活血通络作用，马钱子、甘草主要发挥抗炎镇痛作用（图5-1-12）。

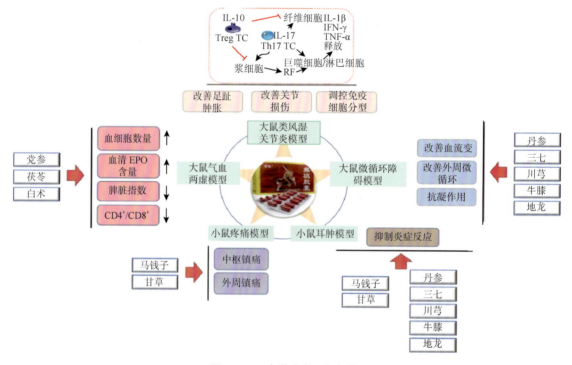

图5-1-12　痹祺胶囊配伍规律

第二节　基于体外细胞模型的痹祺胶囊配伍规律研究

RA作为一种慢性自身免疫性疾病，其主要病理机制为关节的滑膜炎症反应，以慢性滑膜炎和软骨破坏为主要特征，滑膜细胞和血管翳过度增殖及多种炎性细胞浸润是破坏RA关节软骨和骨骼的重要病理生理基础，最终导致骨质的破坏及关节的畸形。目前为止还没有能够完全治疗RA的药物，缺乏针对RA有效的、全面的临床治疗措施。而中药的一个显著特点是多靶点发挥作用，也是现代医学治疗RA的趋势。本部分实验采用体外细胞模型，探究痹祺胶囊全方及抗炎（除湿）镇痛组（马钱子、甘草）、活血通络组（川芎、丹参、三七、地龙、牛膝）、益气养血组（党参、白术、茯苓）3组拆方对成纤维细胞样滑膜细胞RA-HFLS增殖及炎症因子释放量的影响，分析比较全方及3组拆方抑制滑膜细胞增殖及抗炎药效作用，阐释其配伍规律。

一、实验材料

1. 细胞株

人风湿性关节滑膜成纤维细胞（RA-HFLS），购自赛百慷（上海）生物技术股份有限公司。

2. 供试品

痹祺胶囊，天津达仁堂京万红药业有限公司，规格0.3g/粒；批号408700；制马钱子粉、党参、白术、地龙（制）、茯苓、川芎、丹参、三七、牛膝、甘草，天津达仁堂京万红药业有限公司，批号分别为1-2012001、1-2009007-5G1、1-2008043、1-2101020、1-2007004-3GI、1-2007005-5GI、1-2008036、1-2009002、1-2008044-3、1-2008053-7。党参、茯苓、白术、丹参、三七、川芎、牛膝、地龙、甘草药材粉碎后过200目筛。

3. 试剂

DMEM/F12（1∶1）培养基、胎牛血清（fetal bovine serum，FBS）、双抗（氨苄青霉素、链霉素100×），美国Gibco公司；1×PBS缓冲液，北京Solarbio公司；DMSO，美国Sigma公司；MTS、TNF-α，美国Peprotech公司；人IL-6 ELISA试剂盒、人IL-1β ELISA试剂盒、人PGE2 ELISA试剂盒，南京建成生物技术有限公司；无水乙醇，天津市康科德科技有限公司。

4. 仪器

高压灭菌器HVE-50，日本Hirayama公司；倒置显微镜，日本Olympus公司；MCO-5M CO2细胞培养箱，日本Olympus公司；超净工作台，苏州净化设备有限公司；酶标仪，德国Berthold公司；涡旋混合器，上海五相仪器仪表有限公司；电热恒温鼓风干燥箱，上海知信仪器有限公司；电热恒温水浴锅，南京普森仪器设备有限公司；超声仪，昆山市超声仪器有限公司；旋转蒸发仪，东京理化器械株式会社；超低温冰箱，美国Thermo Scientific公司。

二、实验方法

（一）RA-HFLS细胞培养

人风湿性关节滑膜成纤维细胞（RA-HFLS）培养条件：用DMEM/F12（1∶1）完全培养基培养（含1%双抗和10%胎牛血清），置于37℃、5% CO2细胞培养箱中。

1. 细胞复苏

从液氮罐中迅速取出细胞并立即放入37℃水浴锅中，迅速摇动冻存管使其快速融化。将细胞转移至15mL离心管于1000r/min离心3min，弃去冻存液，加入1mL新鲜培养基重悬细胞，并转移至100mm培养皿中，将细胞吹打均匀后放入37℃、5% CO2培养箱中培养。细胞培养6h后换液，以除去冻存中产生的代谢废物及死亡细胞等。

2. 细胞换液及传代

根据细胞生长情况确定换液频率，一般1～2d换液1次。换液时操作简易，弃去旧培养基，用PBS洗2次，再加入新的完全培养基。

当细胞生长至90%时，进行传代操作，弃去旧培养基，用PBS清洗2次，加入1mL 0.25%胰酶消化后加新鲜培养基用移液枪反复吹打皿底使细胞脱壁悬浮。取1/3细胞悬浮液转移至加有7mL完全培养基的100mm培养皿中，于37℃、5% CO_2培养箱中继续培养。

（二）给药样品制备

各给药组样品制备流程见图5-2-1，具体操作步骤如下所述：

全方样品制备：称取2g痹祺胶囊粉末于50mL锥形瓶中，加20mL 70%乙醇超声处理30min，过滤，收集滤液，滤渣加10mL 70%乙醇同法超声，如此3次后合并滤液。取100mL旋蒸瓶，称重并记录，将合并所得滤液转移至旋蒸瓶，旋蒸浓缩至干，将含有提取物的旋蒸瓶再次称质量并记录。

抗炎（除湿）镇痛组样品制备：按照痹祺胶囊组方药材配比，计算2g痹祺胶囊中抗炎（除湿）镇痛组各药材的对应量。然后，精密称取马钱子粉末0.1653g、甘草粉末0.2480g于50mL锥形瓶中，加20mL 70%乙醇超声处理30min，过滤，收集滤液，滤渣加10mL 70%乙醇同法超声，如此3次后合并滤液。取100mL旋蒸瓶，称质量，将合并后滤液转移至旋蒸瓶，旋蒸浓缩至干，旋蒸瓶再次称质量并记录。

活血通络组样品制备：按照痹祺胶囊组方药材配比，计算2g痹祺胶囊中活血通络组各药材的对应量。然后，精密称取川芎粉末0.3306g、丹参粉末0.1653g、三七粉末0.1653g、地龙粉末0.0165g、牛膝粉末0.1653g于50mL锥形瓶中，加20mL 70%乙醇超声处理30min，过滤，收集滤液，滤渣加10mL 70%乙醇同法超声，如此3次后合并滤液。取100mL旋蒸瓶1个，称质量，将合并后滤液转移至旋蒸瓶，旋蒸浓缩至干，旋蒸瓶再次称质量并记录。

益气养血组样品制备：按照痹祺胶囊组方药材配比，计算2g痹祺胶囊中益气养血组各药材的对应量。然后，精密称取党参粉末、白术粉末、茯苓粉末各0.2480g于50mL锥形瓶中，加20mL 70%乙醇超声处理30min，过滤，收集滤液，滤渣加10mL 70%乙醇同法超声，如此3次后合并滤液。取100mL旋蒸瓶1个，称质量，将合并后滤液转移至旋蒸瓶，浓缩至干，旋蒸瓶再次称质量并记录。

（三）倒置显微镜观察细胞形态

取生长至80%～90%的RA-HFLS细胞，胰酶消化后用移液枪吹打至脱落，调整细胞密度为$1×10^4$cell/孔均匀接种于96孔板，边缘孔用无菌水填充，接种完毕后轻轻振荡使细胞分布均匀，在37℃、5% CO_2培养箱孵育24h后进行给药处理，实验设为空白对照组（Control），每孔加100μL完全培养基；模型组（Model）每孔加含10ng/mL TNF-α的完全培养基100μL；痹祺胶囊全方组、抗炎（除湿）镇痛组、活血通络组、益气养血组每孔加入100μL终浓度分别为500μg/mL、100.66μg/mL、200.56μg/mL、157.19μg/mL的组方溶液及10ng/mL的TNF-α混合溶液100μL，每组设6个复孔。给药后于37℃、5% CO_2培养箱中培养24h，于显微镜下观察各给药组对细胞形态的影响并拍照记录。

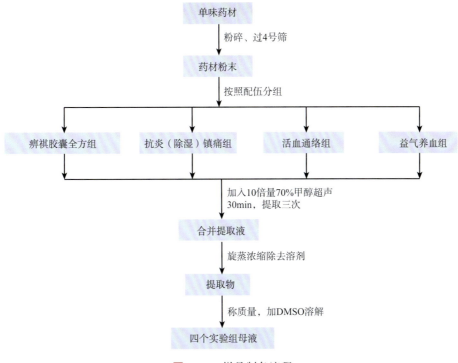

图5-2-1　样品制备流程

（四）MTS法检测细胞增殖活性

取生长至80%～90%的RA-HFLS细胞，胰酶消化后用移液枪吹打至脱落，调整细胞密度为1×10⁴cell/孔均匀接种于96孔板，边缘孔用无菌水填充，接种完毕后轻轻振荡使细胞分布均匀，在37℃、5% CO_2培养箱孵育24h后进行给药处理，实验分组及给药同（三）项下，给药后于37℃、5% CO_2培养箱中培养24h，每孔加入20μL MTS，37℃、5% CO_2的环境下孵育2h后490nm下读取吸光值，检测痹祺胶囊全方和3组拆方对细胞增殖的影响。

（五）炎症因子检测

取对数生长期细胞，调整细胞密度为1×10⁵个/mL，接种于12孔板，置于37℃、5% CO_2的培养箱中，培养24h后给药处理，给药浓度设置同（三），孵育24h后收集各组细胞培养上清液，用酶联免疫吸附试剂盒分别检测各给药组PGE2、IL-6和IL-1β的含量。

1. PGE2含量检测

（1）试剂准备　使用前所有试剂应置于室温平衡至少30min。洗涤液为25倍浓缩液，使用前将所有洗涤液倒入500mL烧杯中，用双蒸水定容到500mL即为工作液。

标准液的稀释：加150μL标准品稀释液到标准品干粉管中，然后涡旋混匀30s，充分溶解，避免气泡，即为标准品原液（24h内用完）。取5支干净的Eppendorf管，每管加150μL的标准品稀释液，分别标记上480ng/L、240ng/L、120ng/L、60ng/L、30ng/L。取150μL标准品原液加入标记480ng/L的管中，混匀后同样取出150μL，加入下一管，以此类推直至最后一管。零孔：直接加标准品/样品稀释液。

生物素抗原的稀释：先用掌上离心机离心，然后抽取生物素抗原稀释液1mL到浓缩型生物素抗原中，涡旋混匀15s，然后将所有液体倒入稀释液瓶中即为生物素抗原工作液。

亲和素-HRP的稀释：先用掌上离心机离心，然后抽取亲和素-HRP稀释液1mL到浓缩型亲和素-HRP中，涡旋混匀15s，然后将所有液体倒入稀释液瓶中即为亲和素-HRP工作液。

（2）样本前处理　细胞培养上清液检测分泌性的成分时，用无菌管收集。2000～3000r/min，离心20min左右。仔细收集上清液。

（3）洗板方法　手工洗板：先洗去酶标孔中的液体，在吸水纸上拍干，然后每孔加入300μL稀释好的洗涤液，轻轻摇晃30s，然后甩掉，在吸水纸上拍干，重复4～5次。

（4）详细操作步骤　使用前先将试剂盒在室温下平衡0.5h。

空白孔：不加样，只加显色剂A、B和终止液用于调零。

标准品孔：每孔加入稀释好的标准品50μL，然后再加入生物素抗原工作液50μL。

零孔：加入标准品/样品稀释液50μL，然后加入生物素抗原工作液50μL。

样品孔：加入样品50μL，然后加入生物素抗原工作液50μL。

轻轻摇晃，盖上封板膜，37℃培养箱中孵育30min。

将25倍浓缩洗涤液用蒸馏水25倍稀释后备用。

第1次洗涤：小心揭掉封板膜，弃去液体，甩干，每孔加满洗涤液，静置30s后弃去，如此重复5次，拍干。

加入50μL亲和素-HRP到零孔、标准品孔和样品孔中，轻轻摇晃，盖上封板膜，37℃培养箱中孵育30min。

第2次洗涤：小心揭掉封板膜，弃去液体，甩干，每孔加满洗涤液，静置30s后弃去，如此重复5次，拍干。

显色：每孔先加入显色剂A 50μL，再加入显色剂B 50μL，酶标板覆膜，轻轻振荡混匀，37℃避光显色10min左右（提示：根据显色情况酌情缩短或延长孵育时间，但不可超过30min。当标准品孔出现明显梯度时，即可终止）。

终止：每孔加入终止液50μL（提示：终止液的加入顺序应尽量与显色液的加入顺序相同）。

测定：以空白孔调零，450nm波长依序测量各孔的吸光度（OD值）。测定应在加终止液后10min以内进行。

计算：根据浓度和OD值算出标准曲线的回归方程，使用ELISAcalc进行计算，拟合模型选用logistic曲线（四参数）。

2. IL-6含量检测

（1）试剂准备　使用前所有试剂应置于室温平衡至少30min。洗涤液为25倍浓缩液，使用前将所有洗涤液倒入500mL烧杯中，用双蒸水定容到500mL即为工作液。

标准液的稀释：加150μL标准品稀释液到标准品干粉管中，然后涡旋混匀30s，充分溶解，避免气泡，即为标准品原液（24h内用完）。取5支干净的Eppendorf管，每管加150μL的标准品稀释液，分别标记上160ng/L、80ng/L、40ng/L、20ng/L、10ng/L。取150μL标准品原液加入标记160ng/L的管中，混匀后同样取出150μL，加入下一管，以此类推直至最后一管。零孔：直接加标准品/样品稀释液。

生物素抗原的稀释：先用掌上离心机离心，然后抽取生物素抗原稀释液1mL到浓缩型生物素抗原中，涡旋混匀15s，然后将所有液体倒入稀释液瓶中即为生物素抗原工作液。

亲和素-HRP的稀释：先用掌上离心机离心，然后抽取亲和素-HRP稀释液1mL到浓缩型亲和素-HRP中，涡旋混匀15s，然后将所有液体倒入稀释液瓶中即为亲和素-HRP工作液。

（2）样本前处理　细胞培养上清液检测分泌性的成分时，用无菌管收集。2000～3000r/min，离心20min左右。仔细收集上清液。

（3）洗板方法　手工洗板，先洗去酶标孔中的液体，在吸水纸上拍干，然后每孔加入300μL稀释好的洗涤液，轻轻摇晃30s，然后甩掉，在吸水纸上拍干，重复4～5次。

（4）详细操作步骤　使用前先将试剂盒在室温下平衡0.5h。

空白孔：不加样，只加显色剂A、B和终止液用于调零。

标准品孔：每孔加入稀释好的标准品50μL，然后再加入生物素抗原工作液50μL。

零孔：加入标准品/样品稀释液50μL，然后加入生物素抗原工作液50μL。

样品孔：加入样品50μL，然后加入生物素抗原工作液50μL。

轻轻摇晃，盖上封板膜，37℃培养箱中孵育30min。

将25倍浓缩洗涤液用蒸馏水25倍稀释后备用。

第1次洗涤：小心揭掉封板膜，弃去液体，甩干，每孔加满洗涤液，静置30s后弃去，如此重复5次，拍干。

加入50μL亲和素-HRP到零孔、标准品孔和样品孔中，轻轻摇晃，盖上封板膜，37℃培养箱中孵育30min。

第2次洗涤：小心揭掉封板膜，弃去液体，甩干，每孔加满洗涤液，静置30s后弃去，如此重复5次，拍干。

显色：每孔先加入显色剂A 50μL，再加入显色剂B 50μL，酶标板覆膜，轻轻振荡混匀，37℃避光显色10min左右（提示：根据显色情况酌情缩短或延长孵育时间，但不可超过30min。当标准品孔出现明显梯度时，即可终止）。

终止：每孔加入终止液50μL（提示：终止液的加入顺序应尽量与显色液的加入顺序相同）。

测定：以空白孔调零，450nm波长依序测量各孔的吸光度（OD值）。测定应在加终止液后10min以内进行。

计算：根据浓度和OD值算出标准曲线的回归方程，使用ELISAcalc进行计算，拟合模型选用logistic曲线（四参数）。

3. IL-1β含量检测

（1）试剂准备　使用前所有试剂置于室温平衡至少30min。洗涤液为25倍浓缩液，使用前将所有洗涤液倒入500mL烧杯中，用双蒸水定容到500mL即为工作液。

标准液的稀释：加150μL标准品稀释液到标准品干粉管中，然后涡旋混匀30s，充分溶解，避免气泡，即为标准品原液（24h内用完）。取5支干净的Eppendorf管，每管加150μL的标准品稀释液，分别标记上64ng/L、32ng/L、16ng/L、8ng/L、4ng/L。取150μL标准品原液加入标记64ng/L的管中，混匀后同样取出150μL，加入下一管，以此类推直至最后一管。零孔：直接加标准品/样品稀释液。

生物素抗原的稀释：先用掌上离心机离心，然后抽取生物素抗原稀释液1mL到浓缩型生物素抗原中，涡旋混匀15s，然后将所有液体倒入稀释液瓶中即为生物素抗原工作液。

亲和素-HRP的稀释：先用掌上离心机离心，然后抽取亲和素-HRP稀释液1mL到浓缩型亲和素-HRP中，涡旋混匀15s，然后将所有液体倒入稀释液瓶中即为亲和素-HRP工作液。

（2）样本前处理　细胞培养上清液检测分泌性的成分时，用无菌管收集。2000～3000r/min，离心20min左右。仔细收集上清液。

（3）洗板方法　手工洗板，先洗去酶标孔中的液体，在吸水纸上拍干，然后每孔加入300μL稀释好的洗涤液，轻轻摇晃30s，然后甩掉，在吸水纸上拍干，重复4～5次。

（4）详细操作步骤　使用前先将试剂盒在室温下平衡0.5h。

空白孔：不加样，只加显色剂A、B和终止液用于调零。

标准品孔：每孔加入稀释好的标准品50μL，然后再加入生物素抗原工作液50μL。

零孔：加入标准品/样品稀释液50μL，然后加入生物素抗原工作液50μL。

样品孔：加入样品50μL，然后加入生物素抗原工作液50μL。

轻轻摇晃，盖上封板膜，37℃培养箱中孵育30min。

将25倍浓缩洗涤液用蒸馏水25倍稀释后备用。

第1次洗涤：小心揭掉封板膜，弃去液体，甩干，每孔加满洗涤液，静置30s后弃去，如此重复5次，拍干。

加入50μL亲和素-HRP到零孔、标准品孔和样品孔中，轻轻摇晃，盖上封板膜，37℃培养箱中孵育30min。

第2次洗涤：小心揭掉封板膜，弃去液体，甩干，每孔加满洗涤液，静置30s后弃去，如此重复5次，拍干。

显色：每孔先加入显色剂A 50μL，再加入显色剂B 50μL，酶标板覆膜，轻轻振荡混匀，37℃避光显色10min左右（提示：根据显色情况酌情缩短或延长孵育时间，但不可超过30min。当标准品孔出现明显梯度时，即可终止）。

终止：每孔加入终止液50μL（提示：终止液的加入顺序应尽量与显色液的加入顺序相同）。

测定：以空白孔调零，450nm波长依序测量各孔的吸光度（OD值）。测定应在加终止液后10min以内进行。

计算：根据浓度和OD值算出标准曲线的回归方程，使用ELISAcalc进行计算，拟合模型选用logistic曲线（四参数）。

（六）统计分析

实验结果以平均值±标准差（$\bar{x}$±SD）表示，统计软件为Graphpad Prism。组间比较采用单因素方差分析（One-way ANOVA），$P < 0.05$为差异有统计学意义。

三、实 验 结 果

1. 样品配制情况

计算各组得到的提取物的质量并记录，如表5-2-1所示。各组提取物分别加3mL DMSO完全溶解，分别计算母液浓度，给药时按照全方浓度为500μg/mL进行稀释，4个给药组均用培养基稀释435.14倍进行细胞给药，最终细胞给药培养基中DMSO的最大含量为0.23%，对细胞无毒副作用。

表 5-2-1　各组样品制备结果

分组	药材	称取量/g	总质量/g	提取物质量/g	DMSO配制浓度/ （mg/mL）	细胞给药浓度/ （μg/mL）
痹祺全方	痹祺胶囊	2	2	0.6527	217.57	500
抗炎（除湿）镇痛	马钱子	0.1653	0.4132	0.1314	43.8	100.66
	甘草	0.2480				
活血通络	川芎	0.3306	0.8429	0.2618	87.27	200.56
	丹参	0.1653				
	三七	0.1653				
	地龙	0.0165				
	牛膝	0.1653				
益气养血	党参	0.2480	0.7439	0.2052	68.4	157.19
	白术	0.2480				
	茯苓	0.2480				

2. 对RA-HFLS细胞形态的影响

痹祺胶囊全方及各组拆方对RA-HFLS细胞形态影响的结果如图5-2-2所示。根据结果可以看出，与空白对照组相比，TNF-α诱导后细胞密度明显增加，痹祺胶囊全方和3组拆方给药干预后细胞形态发生变化，细胞触角变少，部分细胞皱缩，且细胞密度显著降低。其中痹祺胶囊给药组抑制细胞增殖的效果最好，细胞密度相对最低。抗炎（除湿）镇痛组和益气养血组与痹祺胶囊全方组相比抑制细胞增殖的效果相对较差，细胞密度明显相对较高。活血通络组与痹祺胶囊全方组活性相当，细胞密度均有显著降低作用。3个拆方组中活血通络组抑制细胞增殖活性最强。

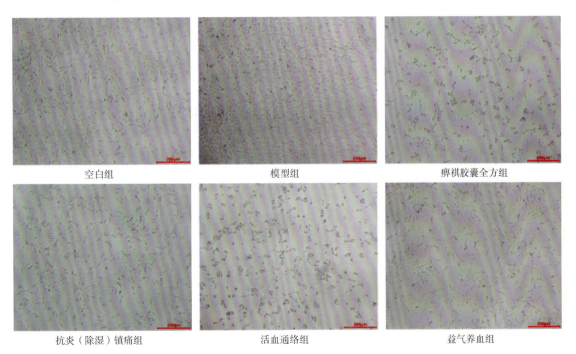

空白组　　　　　　　　　模型组　　　　　　　　　痹祺胶囊全方组

抗炎（除湿）镇痛组　　　　　活血通络组　　　　　　　益气养血组

图 5-2-2　痹祺胶囊全方组和拆方组给药24h后对细胞形态的影响

根据结果推测痹祺胶囊全方和拆方可能是通过促进细胞凋亡来抑制其增殖活性，且痹祺胶囊全方组活性最好，抗炎（除湿）镇痛组、活血通络组和益气养血组均有不同程度的活性，并起到了一定的协同作用。

3. 对RA-HFLS细胞增殖的影响

痹祺胶囊全方及各组拆方对TNF-α诱导的RA-HFLS细胞增殖活性影响结果如图5-2-3所示。根据结果可以看出，与空白组相比，TNF-α诱导后细胞增殖能力显著增高（$P < 0.001$），表明造模成功。与模型组相比，痹祺胶囊全方组和3个拆方组在给药浓度下均能显著降低TNF-α诱导的细胞增殖活性（$P < 0.001$）；与痹祺胶囊全方组相比，抗炎（除湿）镇痛组和益气养血组抑制RA-HFLS细胞增殖的活性相对较差，有显著性差异（$P < 0.05$）；活血通络组与痹祺胶囊全方组相比，抑制细胞增殖的能力相当，无显著性差异。结果表明，3组拆方中活血通络组抑制细胞异常增殖的效果最好，且3组拆方在痹祺胶囊全方中起到了一定的协同作用。

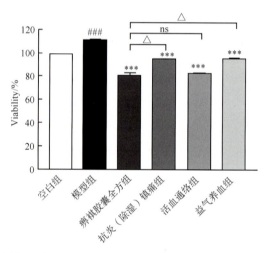

图5-2-3　痹祺胶囊全方组和拆方组对RA-HFLS细胞增殖的影响（###$P < 0.001$ *vs* 模型组，***$P < 0.001$ *vs* 空白组，△$P < 0.05$ *vs* 痹祺胶囊全方组）

4. 对RA-HFLS细胞上清液中炎症因子PGE2、IL-6和IL-1β释放量的影响

通过酶联免疫吸附法，检测得到痹祺胶囊全方组和各拆方组对TNF-α诱导的RA-HFLS细胞上清液中与类风湿关节炎密切相关的炎症因子PGE2、IL-6和IL-1β释放量的影响，如图5-2-4所示。

根据图5-2-4A可知，与空白组相比，TNF-α作用于细胞后，模型组细胞培养上清液中的炎症相关因子PEG2的含量显著升高（$P < 0.001$）。与模型组相比，痹祺胶囊全方组和抗炎（除湿）镇痛组、活血通络组、益气养血组给药处理后，细胞上清液中PGE2的分泌量均显著减少（$P < 0.001$，$P < 0.05$，$P < 0.001$，$P < 0.05$）。与痹祺胶囊全方组相比，活血通络组PGE2的释放量无显著性差异，说明其抑制PGE2分泌的活性与痹祺胶囊作用相当；而抗炎（除湿）镇痛组和益气养血组抑制PGE2释放作用显著弱于痹祺胶囊全方组（$P < 0.05$）。

由图5-2-4B可知，与空白组相比，用TNF-α处理细胞后，模型组炎症因子IL-6的含量显著增多（$P < 0.001$）。与模型组相比，痹祺胶囊全方组和抗炎（除湿）镇痛组、活血通络组、益气养血组均能显著抑制IL-6的分泌（$P < 0.001$，$P < 0.05$，$P < 0.01$，$P < 0.05$），其中痹祺

全方组的作用效果最强。与痹祺胶囊全方组相比，抗炎（除湿）镇痛组、活血通络组和益气养血组抑制IL-6分泌的活性均显著降低（$P<0.05$）。

如图5-2-4C所示，与空白组相比，TNF-α孵育后模型组细胞上清液中IL-1β的含量显著增多（$P<0.001$）。与模型组相比，痹祺胶囊全方组和抗炎（除湿）镇痛组、活血通络组、益气养血组给药处理后，IL-1β的释放量均显著减少（$P<0.001$，$P<0.01$，$P<0.01$，$P<0.05$）；与痹祺胶囊全方组相比，抗炎（除湿）镇痛组和益气养血组抑制IL-1β释放的活性较差，有显著性差异（$P<0.05$）；活血通络组IL-1β的释放量与痹祺胶囊全方组相比无显著性差异，说明两组抑制IL-1β分泌的活性作用相当。

以上结果表明，痹祺胶囊全方组和各拆方组［抗炎（除湿）镇痛组、活血通络组、益气养血组］，对类风湿关节炎相关炎症因子的分泌均有显著的抑制作用，其中痹祺胶囊全方组的作用效果最好，3组拆方中活血通络组的抑制效果优于抗炎（除湿）镇痛组和益气养血组，说明3个拆方组配伍后发挥出一定的协同作用。

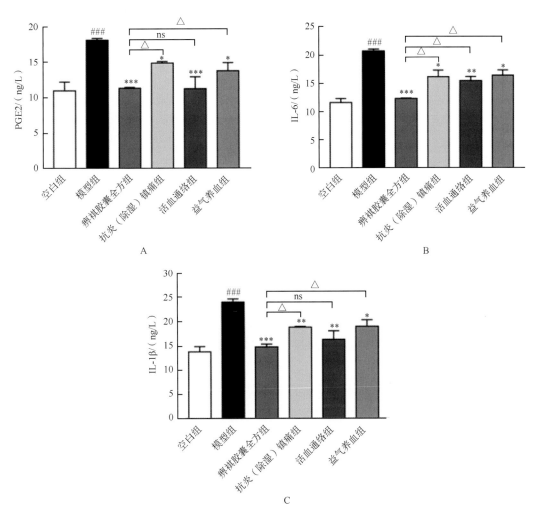

图5-2-4 痹祺胶囊全方组和拆方组对上清液中PGE2（A）、IL-6（B）和IL-1β（C）分泌的影响

###$P<0.001$ vs空白组，*$P<0.05$ vs模型组，**$P<0.01$ vs模型组；***$P<0.001$ vs模型组，△$P<0.05$ vs痹祺胶囊全方组

四、小结与讨论

类风湿关节炎是以关节滑膜的增生、关节软骨破坏和软骨下骨侵蚀为主要病理改变的全身性自身免疫性疾病[90]，其中以滑膜炎为最主要病理改变。正常滑膜组织由成纤维样滑膜细胞（Fibroblast-like synoviocyte，FLS）和巨噬样滑膜细胞（macrophage like synoviocyte，MLS）组成[91, 92]。在环境、吸烟、性激素等多种因素的诱导下，各种免疫细胞、炎症因子相互作用导致FLS的活化。活化的FLS又可以分泌多种趋化因子，刺激炎症细胞聚集并进一步分泌炎性因子，进一步刺激FLS的增殖，使原本只有4层左右的FLS细胞层增至10层。不断增殖活化的FLS细胞便成为RA-FLS，其具有凋亡减少、侵袭力增强等类肿瘤细胞特性并能分泌IL-1β、IL-6、TNF-α、基质金属蛋白酶（matrix metalloproteinase，MMP）以及聚合素酶等分子，对关节软骨和骨造成破坏[93, 94]。RA-FLS的异常增生在RA发病机制中发挥了重要作用，是RA发生发展过程中的关键细胞，也是RA治疗最关键的靶点[95]。TNF-α是参与滑膜炎症反应的重要细胞因子，贯穿RA的整个病程，其作为一种促炎因子，可通过激活巨噬细胞、中性粒细胞和单核细胞等参与免疫调节，也可通过诱导成纤维样滑膜细胞和软骨细胞产生炎症介质，在触发RA炎症反应和关节破坏等过程中发挥着重要作用，目前常被用来诱导RA-FLS损伤构建RA体外细胞模型[96, 97]。

痹祺胶囊由马钱子、党参、白术、三七、茯苓、丹参、川芎、牛膝、地龙和甘草10味药组成。该方具有益气养血、祛风除湿、活血止痛的功效，临床用于治疗风湿性关节炎、类风湿关节炎、颈椎病、肩周炎、骨质增生、腰椎间盘突出、腰肌劳损、髌骨软骨病、急慢性软组织损伤和血栓性前静脉炎等病症，疗效确切[98, 99]。本部分研究通过建立TNF-α诱导的RA-HFLS细胞模型，比较痹祺胶囊全方组和3个功能拆方组（除湿止痛组、活血通络组、益气养血组）对类风湿关节炎相关药效指标的影响。实验结果表明，痹祺胶囊全方组和3个拆方组均能显著抑制TNF-α诱导的RA-HFLS细胞增殖，并且能显著抑制细胞上清液中炎症因子PGE2、IL-6、IL-1β的释放，其中痹祺胶囊全方组的药效活性最好，3个拆方组中活血通络组优于除湿止痛和益气养血组。说明3个功能拆方组配伍后（即痹祺胶囊）可起到一定的配伍增效作用。

第三节　基于网络药理学的痹祺胶囊配伍规律研究

中药复方物质组成复杂，对其药效物质基础及作用机制的阐释带来很大困难，而网络药理学的兴起为中药复方机制的研究提供了一个全新的角度，借助网络分析预测中药的作用机制可从新的角度诠释中医理论。网络药理学是基于系统生物学及多向药理学等学科理论，运用组学、网络可视化等技术揭示药物、基因、疾病、靶点之间复杂的生物网络关系的学科，可在此基础上预测药物的药理学机制[100]。网络药理学从药物、靶点与疾病相互作用的整体性和系统性出发，通过网络方法分析药物、靶点与疾病的关系，应用于中医药研究领域，反映和阐释中药的多成分、多靶点、多途径作用关系[101]。网络药理学在中药靶点研究中应用广泛，且对于阐释中药作用机制具有较大的指导意义[102]。

本研究通过TCMSP、CTD、UniProt等相关数据库，分析了痹祺胶囊中39个主要成分的作用靶点，借助STRING 10和KEGG数据库获取蛋白间相互作用关系信息以及分析相关通路途径，同时运用Omicsbean在线分析软件对蛋白靶点进行生物信息学分析，从网络药理学角度，阐释痹祺胶囊配伍合理性，为进一步作用机制研究奠定基础。

一、材　　料

本实验主要材料是软件及相关数据库，具体信息如下：

ChemBio Office 2014；TCMSP数据库（http：//lsp.nwu.edu.cn/tcmspsearch.php）；CTD数据库（https：//ctdbase.org）；PharmMapper数据库（http：//lilab-ecust.cn/pharmmapper/）；TTD数据库（http：//db.idrblab.net/ttd/）；Pubchem数据库（https：//pubchem.ncbi.nlm.nih.gov/）；UNIPROT数据库（http：//www.uniprot.org/）；KEGG数据库（http：//www.genome.jp/kegg/）；STRING 10数据库（http：//string-db.org/）；OmicsBean在线分析软件（http：//www.omicsbean.cn/）；Omicshare Tools在线制图软件（https：//www.omicshare.com）；Cytoscape3.6.0软件。

二、实验方法

1. 目标化合物的选取

在前期对痹祺胶囊化学物质组及血中移行成分研究的基础上，结合中药系统药理分析平台（TCMSP）中收录的马钱子、党参、白术、茯苓、丹参、三七、川芎、牛膝、地龙与甘草的化学成分，同时结合相关活性文献报道并兼顾各种结构类型，选择痹祺胶囊中各药材的代表性成分为后续研究的目标化合物。

益气养血组包括党参中的3个成分（党参炔苷、党参苷Ⅰ、党参苷Ⅱ）；白术中的4个成分（白术内酯Ⅰ、白术内酯Ⅱ、白术内酯Ⅲ、苍术酮）；茯苓中的4个成分（土莫酸、茯苓酸、去氢土莫酸、茯苓酸B），化合物详细信息见表5-3-1。

表5-3-1　益气养血组化合物信息

中文名	结构类型	英文名	分子式/相对分子质量	来源
党参炔苷	炔类	lobetyolin	$C_{20}H_{28}N_8$ 396.4	党参
党参苷Ⅰ	木质素类	tangshenoside Ⅰ	$C_{29}H_{42}O_{18}$ 678.6	党参
党参苷Ⅱ	木质素类	tangshenoside Ⅱ	$C_{17}H_{24}O_9$ 372.37	党参
白术内酯Ⅰ	内酯类	atractylenolide Ⅰ	$C_{15}H_{18}O_2$ 230.30	白术
白术内酯Ⅱ	内酯类	atractylenolide Ⅱ	$C_{15}H_{20}O_2$ 232.32	白术
白术内酯Ⅲ	内酯类	atractylenolide Ⅲ	$C_{15}H_{20}O_3$ 248.32	白术
苍术酮	倍半萜类	atractylone	$C_{15}H_{20}O$ 216.32	白术
土莫酸	三萜类成分	tumulosic acid	$C_{31}H_{50}O_4$ 486.81	茯苓

续表

中文名	结构类型	英文名	分子式/相对分子质量	来源
茯苓酸	三萜类成分	pachymic acid	$C_{33}H_{52}O_5$ 528.8	茯苓
去氢土莫酸	三萜类成分	dehydrotumulosic acid	$C_{31}H_{48}O_4$ 484.7	茯苓
茯苓酸B	三萜类成分	poricoic acid B	$C_{30}H_{44}O_5$ 484.7	茯苓

活血通络组包括丹参中的7个成分（丹酚酸B、迷迭香酸、丹参素、丹参酮Ⅰ、隐丹参酮、丹参酮ⅡA、丹参新酮）；三七中的4个成分（人参皂苷Rg₁、人参皂苷Rb₁、三七皂苷R₁、人参皂苷CK）；川芎中的4个成分（阿魏酸、藁本内酯、洋川芎内酯A、洋川芎内酯Ⅰ）；牛膝中的4个成分（牛膝皂苷Ⅱ、牛膝皂苷Ⅳ、25S-牛膝甾酮、20-羟基蜕皮激素）；地龙中的1个成分（次黄嘌呤），化合物详细信息见表5-3-2。

表5-3-2　活血通络组化合物信息

中文名	结构类型	英文名	分子式/相对分子质量	来源
丹酚酸B	酚酸类	salvianolic acid B	$C_{36}H_{30}O_{16}$ 718.6	丹参
迷迭香酸	酚酸类	rosmarinic acid	$C_{18}H_{16}O_8$ 360.3	丹参
丹参素	酚酸类	danshensu	$C_9H_{10}O_5$ 197.0	丹参
丹参酮Ⅰ	丹参酮类	tanshinone Ⅰ	$C_{18}H_{12}O_3$ 276.3	丹参
隐丹参酮	丹参酮类	cryptotanshinone	$C_{19}H_{20}O_3$ 296.4	丹参
丹参酮ⅡA	丹参酮类	tanshinone ⅡA	$C_{19}H_{18}O_3$ 294.3	丹参
丹参新酮	丹参酮类	miltirone	$C_{19}H_{22}O_2$ 282.4	丹参
人参皂苷Rg₁	皂苷类	ginsenoside Rg₁	$C_{42}H_{72}O_{14}$ 801.0	三七
人参皂苷Rb₁	皂苷类	ginsenoside Rb₁	$C_{54}H_{92}O_{23}$ 1109.3	三七
三七皂苷R₁	皂苷类	notoginsenoside R₁	$C_{47}H_{80}O_{18}$ 931.5	三七
人参皂苷CK	皂苷类	ginsenoside metabolite compound K	$C_{36}H_{62}O_8$ 622.9	三七
阿魏酸	内酯类	ferulic acid	$C_{10}H_{10}O_4$ 194.06	川芎

续表

中文名	结构类型	英文名	分子式/相对分子质量	来源
藁本内酯	内酯类	Z-ligustilde	$C_{12}H_{14}O_2$ 190.24	川芎
洋川芎内酯A	内酯类	senkyunolide A	$C_{12}H_{16}O_2$ 192.25	川芎
洋川芎内酯 I	内酯类	senkyunolide I	$C_{12}H_{16}O_4$ 224.25	川芎
牛膝皂苷 II	皂苷类	achyranthoside II	$C_{41}H_{62}O_{15}$ 957.24	牛膝
牛膝皂苷 IV	皂苷类	achyranthoside IV	$C_{41}H_{60}O_{15}$ 793.01	牛膝
25S-牛膝甾酮	甾酮类	25S-inokosterone	$C_{27}H_{44}O_7$ 480.30	牛膝
20-羟基蜕皮激素	甾酮类	20-hydroxyecdysone	$C_{27}H_{44}O_7$ 480.60	牛膝
次黄嘌呤	核苷类	hypoxanthine	$C_5H_4N_4O$ 136.11	地龙

抗炎（除湿）镇痛组包括马钱子中的5个成分（士的宁、马钱子碱、番木鳖苷酸、咖啡酸、奎宁酸）；甘草中的3个成分（甘草苷、异甘草素、甘草次酸），化合物详细信息见表5-3-3。

表5-3-3 抗炎镇痛组化合物信息

中文名	结构类型	英文名	分子式/相对分子质量	来源
士的宁	生物碱类	strychnine	$C_{21}H_{22}N_2O_2$ 334.42	马钱子
马钱子碱	生物碱类	brucine	$C_{14}H_{12}O_3$ 228.24	马钱子
番木鳖苷酸	环烯醚萜类	loganic acid	$C_{16}H_{24}O_{10}$ 376.40	马钱子
咖啡酸	有机酸类	caffeic acid	$C_9H_8O_4$ 180.16	马钱子
奎宁酸	有机酸类	quinic acid	$C_7H_{12}O_6$ 192.17	马钱子
甘草苷	黄酮类	liquiritin	$C_{21}H_{22}O_9$ 418.396	甘草
异甘草素	黄酮类	isoliquiritigenin	$C_{15}H_{12}O_4$ 256.25	甘草
甘草次酸	三萜类	glycyrrhetic acid	$C_{30}H_{46}O_4$ 470.68	甘草

2. 各拆方组靶点的预测及分析

将3个拆方组中的化合物英文名称或CAS号输入TCMSP、CTD等数据库中，筛选与该方适应证密切相关的蛋白靶点名称。然后，把蛋白名称输入UniProt数据库，获得其相应靶点的人源的基因名称。将整合的基因导入STRING 10数据库中，获得蛋白间相互作用关系数据，通过将数据表导入Cytoscape软件，并进行Network Analyzer分析，筛选得到各拆方组的关键作用靶点。

3. 各拆方组靶点的生物信息学分析

运用Omicsbean数据库对靶点蛋白进行生物信息学GO分析，包括细胞组分（Cellular Component）、分子功能（Molecular Function）以及生物过程（Biological Process）。同时在STRING 10数据库中可得到与蛋白靶点相关的信号通路，通过KEGG数据库以及查阅相关文献，对得到的通路进行注释分析。

4. 各拆方组作用特点分析及网络构建

通过查阅数据库及文献，对痹祺胶囊各拆方组进行作用特点分析，构建药材-化合物、化合物-靶点、靶点-功效、靶点-通路关系，将其对应关系导入Cytoscape 3.6.0软件中，构建痹祺胶囊各拆方组"药材-化合物-靶点-通路-功效"网络药理图。通过整合网络分析，探究痹祺胶囊各拆方组通过多成分、多靶点、多通路发挥协同作用的机制，并阐释其配伍规律。

三、实验结果

（一）益气养血组作用特点分析

痹祺胶囊益气养血组由党参、茯苓、白术组成，选取党参、茯苓、白术中包含党参炔苷、党参苷Ⅰ、党参苷Ⅱ、白术内酯Ⅰ、白术内酯Ⅱ、白术内酯Ⅲ、苍术酮、土莫酸、茯苓酸、去氢土莫酸、茯苓酸B的11个化合物，通过TCMSP、CTD、PharmMapper等数据库得到了67个靶点。将67个作用靶点导入STRING数据库中，得到了蛋白间相互作用关系（图5-3-1），将PPI核

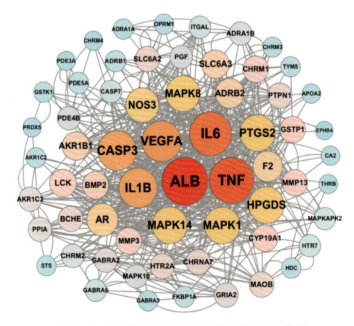

图5-3-1　益气养血药材作用蛋白靶点的PPI网络图

心靶点投射至OmicsBean在线分析软件中对益气养血组进行功能注释分析（GO分析，图5-3-2）和KEGG通路分析，并经Omicshare工具对前20条通路进行可视化（图5-3-3）。最后，通过Cytoscape软件，得到药材-化合物-靶点-通路-功效网络药理图（图5-3-4）。

对核心靶点分析结果显示：处于益气养血组PPI网络中心的蛋白ALB（度值=30）、TNF（度值=28）、IL6（度值=26）、VEGFA（度值=23）、IL1B（度值=22）、CASP3（度值=22）、HPGDS（度值=19）、MAPK1（度值=19）、MAPK14（度值=19）、MAPK8（度值=19）、AR（度值=15）、ADRB2（度值=12）等拥有较多蛋白间相互作用，提示益气养血组药材药效机制可能与这些蛋白相关性较大。

将靶点投射于STRING数据库中得到40条通路，经分析相关通路过程发现，主要涉及骨髓造血系统、免疫抗炎、骨形成与代谢、神经营养系统等方面，说明益气养血药材可能作用于ALB、TNF、IL6、CASP3、MAPK1、MAPK14、MAPK8、AR、ADRB2、PIM1、FKBP1A等蛋白进而通过T cell receptor signaling pathway、FoxO signaling pathway、Neurotrophin signaling pathway、Hematopoietic cell lineage、Prolactin signaling pathway等通路调控骨髓造血细胞增殖、凋亡，维持骨髓造血微环境；通过Osteoclast differentiation、MAPK signaling pathway、cAMP signaling pathway、Focal adhesion、PI3K-Akt signaling pathway等通路调控骨形成与代谢，抑制血管翳形成，维持关节微环境稳定；通过NOD-like receptor signaling pathway、Th1 and Th2 cell differentiation等通路调控免疫过程等发挥益气养血作用。

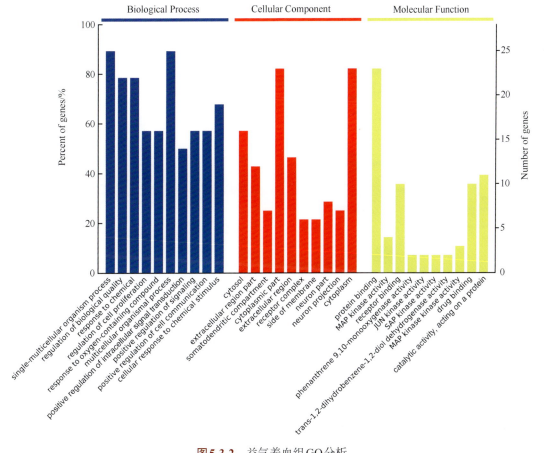

图5-3-2　益气养血组GO分析

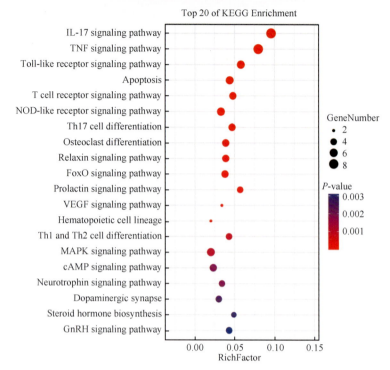

图5-3-3　益气养血组KEGG分析

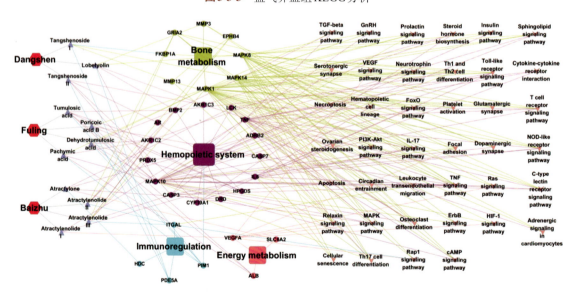

图5-3-4　益气养血组药材-化合物-靶点-通路-功效网络药理图

（二）活血通络组作用特点分析

痹祺胶囊活血通络组由丹参、三七、川芎、牛膝和地龙组成，本研究选取了丹参、三七、川芎、牛膝和地龙中包含丹酚酸B、迷迭香酸、丹参素、丹参酮Ⅱ$_A$、人参皂苷Rg$_1$、阿魏酸、25S-牛膝甾酮、20-羟基蜕皮激素、牛膝皂苷Ⅱ、次黄嘌呤等在内的20个化合物，通过TCMSP、CTD、PharmMapper等数据库得到了117个靶点。将117个作用靶点导入STRING数据库中，得到了蛋白间相互作用关系（图5-3-5），将PPI核心靶点投射至OmicsBean在线分析软件中对活血通络组进行功能注释分析（GO分析，图5-3-6）和KEGG通路分析，并经Omicshare工具对前20条通路进行可视化（图5-3-7）。最后，通过Cytoscape软件，得到药材-化合物-靶点-通路-功效网络药理图（图5-3-8）。

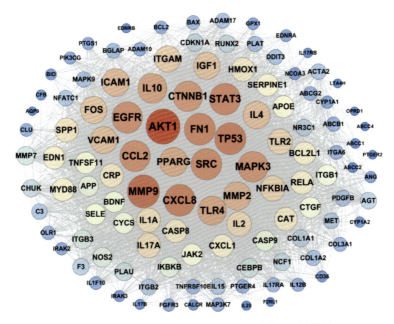

图5-3-5　活血通络组药材作用蛋白靶点的PPI网络图

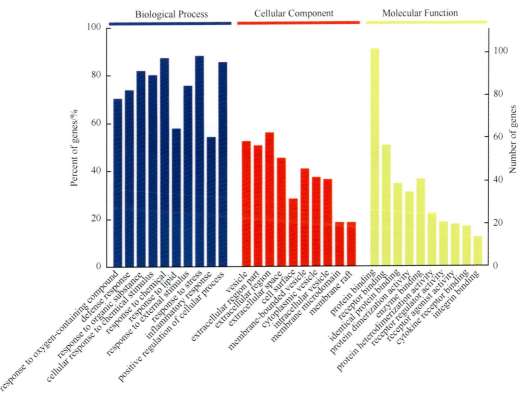

图5-3-6　活血通络组药材GO分析

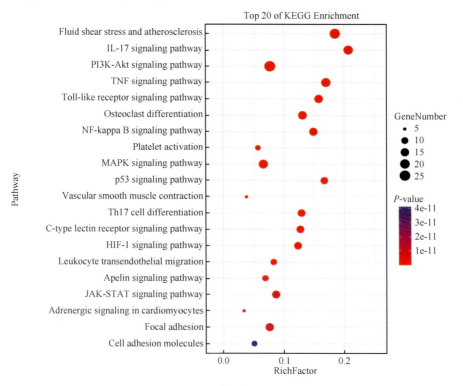

图5-3-7　活血通络组药材KEGG分析

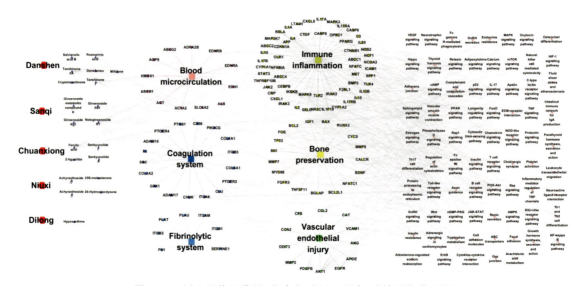

图5-3-8　活血通络组药材-化合物-靶点-通路-功效网络药理图

　　对核心靶点分析结果显示：处于活血通络组PPI网络中心的蛋白AKT1（度值=86）、MMP9（度值=79）、CXCL8（度值=76）、TP53（度值=76）、FN1（度值=75）、STAT3（度值=75）、SRC（度值=74）、CCL2（度值=73）、EGFR（度值=73）、MMP2（度值=64）等拥有较多蛋白间相互作用，提示活血通络组药材药效机制可能与这些蛋白相关性较大。

将靶点投射于STRING数据库中得到77条通路，经分析相关通路过程发现，涉及血液微循环、凝血和纤溶系统、免疫抗炎、血管内皮损伤、骨代谢等方面，说明活血通络药材可能作用于F3、FN1、CPX1、HMOX1、ICAM1、IGF1、PIK3CG、NOS2等蛋白通过Fluid shear stress and atherosclerosis、Platelet activation、Aldosterone-regulated sodium reabsorption、cGMP-PKG signaling pathway等通路调控血流动力学、凝血系统等过程；通过PI3K-Akt signaling pathway、VEGF signaling pathway、Vascular smooth muscle contraction等通路调控血管内皮增生、血管收缩等过程；通过IL-17 signaling pathway、Toll-like receptor signaling pathway、NF-kappa B signaling pathway、Chemokine signaling pathway等通路调控淋巴细胞分化、抑制炎症因子释放等发挥抗免疫炎症、软骨保护等作用。

（三）抗炎（除湿）镇痛组作用特点分析

痹祺胶囊抗炎（除湿）镇痛组由马钱子和甘草组成，本研究选取了马钱子、甘草中包含士的宁、马钱子碱、甘草苷、甘草次酸在内的8个化合物，通过TCMSP、CTD、PharmMapper等数据库得到了180个靶点。将180个作用靶点导入STRING数据库中，得到了蛋白间相互作用关系（图5-3-9），将PPI核心靶点投射至OmicsBean在线分析软件中对抗炎镇痛组进行功能注释分析（GO分析，图5-3-10）和KEGG通路分析，并经Omicshare工具对前20条通路进行可视化（图5-3-11）。最后，通过Cytoscape软件，得到药材-化合物-靶点-通路-功效网络药理图（图5-3-12）。

对核心靶点分析结果显示：处于抗炎（除湿）镇痛组PPI网络中心的蛋白TNF（度值=124）、AKT1（度值=123）、IL6（度值=122）、TP53（度值=114）、IL1B（度值=111）、VEGFA（度值=104）、PTGS2（度值=95）、CCL4（度值=47）、CCL3（度值=47）等拥有较多蛋白间相互作用，提示抗炎（除湿）镇痛组药材药效机制可能与这些蛋白相关性较大。

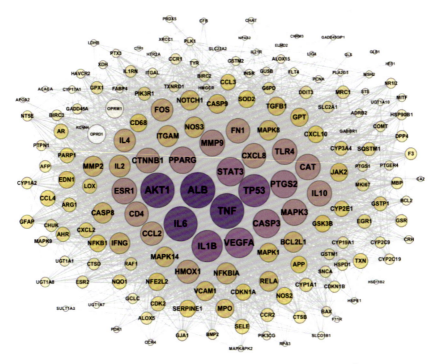

图5-3-9 抗炎（除湿）镇痛组药材作用蛋白靶点的PPI网络图

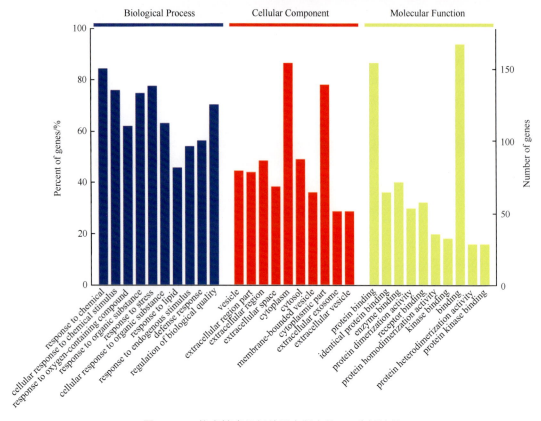

图5-3-10　抗炎镇痛组相关蛋白靶点的GO分析结果

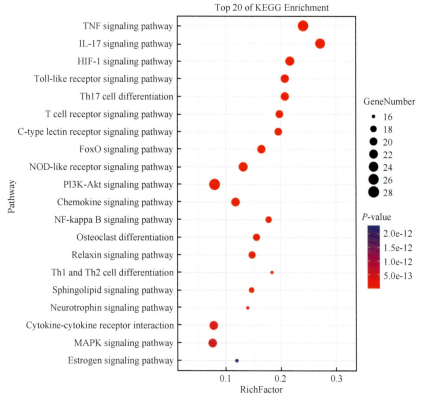

图5-3-11　抗炎镇痛组KEGG分析

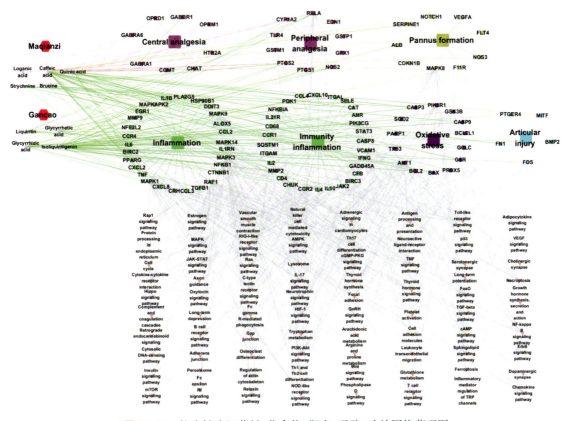

图5-3-12 抗炎镇痛组药材-化合物-靶点-通路-功效网络药理图

将靶点投射于STRING数据库中得到77条通路，经分析相关通路过程发现，涉及中枢镇痛、外周抗炎镇痛、免疫炎症调节、骨代谢平衡等方面，说明抗炎（除湿）镇痛组药材可能作用于TNF、IL6、PTGS2、OPRM1、OPRD1等蛋白通过Toll-like receptor signaling pathway、Sphingolipid signaling pathway、Serotonergic synapse、Long-term depression、Long-term potentiation、Chemokine signaling pathway等通路抑制中枢敏化调控中枢镇痛过程；通过C-type lectin receptor signaling pathway、FoxO signaling pathway、NF-kappa B signaling pathway、Fc epsilon RI signaling pathway、Arachidonic acid metabolism等抑制炎症因子释放及外周疼痛感受器敏化调控外周抗炎镇痛过程；通过IL-17 signaling pathway、Th17 cell differentiation、T cell receptor signaling pathway、Osteoclast differentiation、B cell receptor signaling pathway、Antigen processing and presentation、cGMP-PKG signaling pathway等通路抑制抗原递呈、滑膜中炎症细胞募集、血管翳形成、软骨破坏等过程发挥免疫抗炎、骨保护等作用。

四、小结与讨论

风、寒、湿、热、痰、瘀等邪气滞留肢体筋脉、关节、肌肉，经脉闭阻，不通则痛，是痹证的基本病机。患者平素体虚，阳气不足，卫外不固，腠理空虚，易为风、寒、湿、热之邪趁虚侵袭，痹阻筋脉、筋肉、骨节，而致营卫行涩，经络不通，发生疼痛、肿胀、酸楚、麻木，或肢体活动不灵。

痹祺胶囊由马钱子、党参、白术、丹参、茯苓、牛膝、地龙、川芎、三七和甘草十味全粉入药，其处方来源于"一粒仙丹"，具有益气养血、祛风除湿、活血止痛的作用，临床上用于气血不足，风湿瘀阻，肌肉关节酸痛，关节肿大，僵硬变形或肌肉萎缩，气短乏力；风湿、类风湿关节炎，腰肌劳损，软组织损伤属上述证候者。方中君药为党参，具有健脾益肺、养血生津的功效，发挥益气养血作用。臣药为茯苓、白术、马钱子、丹参。茯苓利水渗湿，健脾；白术健脾益气，燥湿利水。茯苓、白术辅助党参健脾益气养血。马钱子具有散结消肿、通络止痛之功效；丹参活血祛瘀，通经止痛。马钱子通络止痛，丹参畅行血脉、通利关节，两药针对风湿痹证主要症状如肢体筋骨、关节、肌肉等处疼痛或关节屈伸不利、僵硬、肿大、变形等症状辅助治疗，切中病机。佐药由三七、川芎、牛膝、地龙构成，三七具有散瘀止血，消肿定痛之功效；川芎活血行气，祛风止痛；牛膝具有逐瘀通经，补肝肾，强筋骨，利尿通淋，引血下行之功效；地龙具有清热定惊，通络，平喘，利尿之功效，四药合用，活血化瘀，通络止痛。甘草为使药，缓急止痛、调和诸药。以上诸药配伍而成的痹祺胶囊切合痹证病因病机，能够有效调节类风湿关节炎（RA）患者机体免疫功能及肢体协调能力，临床疗效显著。

因此，综合以上分析，我们在本部分网络药理研究中，将痹祺胶囊拆方为益气养血组、活血通络组和抗炎（除湿）镇痛组，重点关注造血微环境、血液微循环、抗炎镇痛等方面相关的作用靶点和途径进行分析研究，讨论如下。

（一）益气养血

风湿痹证基本病机为素体禀赋不足，五脏虚衰，气血阴阳失衡，复感风寒湿等邪，虚实夹杂，病情缠绵。在本病初期及病程中，风寒湿热痰瘀等湿邪痹阻筋脉，亦影响着气血的运行，从而复加重气血亏虚之证，临床表现为风湿痹阻和气血亏虚之象，即除了表现有关节肿痛等症状外，亦会出现乏力易疲、心悸头晕、面色不华等气血不足表现。正气亏虚，邪气得以留滞，反复内侵，机体无法有效抗邪，所以在本病初期就要及时益气扶正[103]。

气血不足会导致脏腑功能的减退，益气养血，就是通过补益人体之气而使气足生血来达到补血的目的，从而使气血恢复正常运行的状态。《景岳全书·脾胃》中指出气血的生化是胃之收纳和脾之运化的共同作用，"一运一纳，化生精气"。人体摄入的水谷因脾胃虚弱，无法在胃中得到充分腐熟，进而所化生的精血减少，脾气虚弱无以推动精血运行，而至机体四肢关节肌肉得不到充分濡养，卫气虚弱，外邪乘虚而入，流注肌肉关节发为痹证，故常用健脾益胃的药，如党参、白术等。脾主四肢，《素问·太阴阳明论篇》中论述了脾胃虚弱至四肢得病，认为人的手足"皆禀气于胃"，四肢废用，是由脾病不能运行胃中的津液，四肢得不到水谷的营养所致。

人体之气主要来源于先天元气、水谷精微所化之水谷之气以及肺吸入的自然界清气。气之温煦作用可推动精血津液正常输布到人体各个部位，气之防御作用可使机体不受外邪侵袭，正所谓"正气存内，邪不可干"。若正气不足，则温煦肢体筋脉无力，阴寒内生，使之"得寒则凝"，不通则痛。血是脾胃通过运化腐熟功能产生的水谷精微物质组成，具有濡养、化神的作用。《景岳全书·血症》中提出人体七窍的功能、肢体的运动、筋骨的柔韧、肌肉丰满健康，以及脏腑功能、神魂安定、营卫调和、津液输布都依赖于血的充盈，并提出"血衰则形萎，血败则形坏"的病机，认为血虚，肢体失其濡养，则四肢肌肉萎弱，不荣则痛。

正常成年人体内红细胞由骨髓生成，骨髓是人体重要的造血器官，是形成血细胞的主要场所，其中包含各血细胞系不同发育阶段的细胞，如粒细胞系、淋细胞系、红细胞系等。造血诱导微环境（hematopoietic inductive microenvironment，HIM）是支持和调节造血相关细胞增殖、分化、发育和成熟的内环境，特别在细胞增殖、分化、迁移等发挥必不可少的作用。HIM是由骨髓中邻近造血干细胞的支持细胞构成，包括骨髓基质细胞（bone marrow stromal cells，BMSCs）、造血因子及骨髓外基质，其中BMSCs是HIM的核心部分。BMSCs可通过直接接触造血细胞或分泌多种调控造血细胞生成的细胞因子，参与调节造血细胞增殖、分化及凋亡的过程，其分泌的黏附分子和细胞外基质，在造血细胞的储存、释放及回髓中起关键作用[104]。BMSCs本身的增殖、凋亡受到如红细胞生成素（erythropoietin，EPO）、集落形成刺激因子（colony-stimulating factor，CSF）及白细胞介素3（IL-3）、AKR1C3等多种细胞因子的调节，在实现这种调节的信号通路中，PI3K-Akt-FoxO信号通路、Caspase-3细胞凋亡通路、JAK-STAT信号通路等具有重要作用。四物汤可能通过激活PI3K-Akt-FoxO信号通路，下调Bim基因表达，从而抑制小鼠骨髓基质细胞凋亡[105]。

活化的淋巴细胞所产生的细胞因子，能够调节机体免疫，再生障碍性贫血（AA）患者体内造血调控因子的异常严重影响骨髓造血功能，研究发现，AA患者造血负调控处于主导地位[106]，IL-17等负性细胞因子分泌的减少，可以促进骨髓造血功能的恢复。RA特征主要是炎症细胞向滑膜关节浸润增多，最终导致软骨和骨骼损伤，研究发现滑膜巨噬细胞与RA严重程度密切相关，而Th1和Th17 T细胞亚群是炎症滑膜组织中发现的主要细胞类型。Th17细胞属于CD4$^+$ T细胞，主要分泌IL-17，能够诱导发生自身免疫性疾病，激活的T淋巴细胞可以引起造血干细胞的过度凋亡[107]。AA患儿外周血中IL-17水平明显上升，并与Th17细胞呈正相关，IL-17可在AA的发病过程中起到抑制骨髓造血的作用，还可以进一步诱导巨噬细胞分泌高水平的TNF-α、IL-6和IL-8等，从而抑制造血祖细胞的增殖[108, 109]。

雄激素的代表物质是睾丸酮，睾丸酮在体内作为一种前激素的形式存在，其进入靶组织后，在靶组织内特异性酶的作用下，还原为活性更强的代谢中间产物，而发挥生物学效应。在肾组织和巨噬细胞内，经特异性5α-还原酶的作用，睾丸酮生成5α-双氢睾丸酮（5α-DHT），进而促进肾脏产生EPO，巨噬细胞产生粒-巨噬细胞集落刺激因子以促进造血。在肝脏和骨髓内有睾丸酮的5β-还原酶，它能使睾丸酮还原为5β-双氢睾丸酮（5β-DHT），进而生成苯胆烷醇酮，后两种物质有直接刺激造血祖细胞的活性。5α-DHT和5β-DHT在造血方面有协同效应。慢性再障患者发病时血浆雄激素水平虽较正常人无明显变化，但因其骨髓内AR的量明显减少，而使雄激素刺激造血的作用无法充分发挥，从而慢性再障患者出现了造血功能减低的各种表现[110]。

骨形成蛋白表达于骨髓造血微环境，在造血调控中发挥重要作用，其中BMP-2、BMP-4和BMP-7在胚胎阶段主要促进造血系统的形成，在成人体内主要与造血系统损伤的修复有关，参与诱导造血细胞的分化，是重要的诱血因子。BMP-2蛋白是多功能蛋白，可直接参与造血的调控，研究发现BMP-2可通过促进EPO-R的释放和下调GATA-2而促进造血[111]，BMP信号的作用途径主要涉及TGF-β信号通路、Smad信号通路、Wnt信号通路、MAPK信号通路等[112]。

研究发现，血清白蛋白（ALB）是血浆中最重要的运输蛋白，通过抑制内源性过氧化物酶和阻断外源性氧化剂而发挥抗氧化作用，还可通过增加神经元丙酮酸代谢而维持病理状态下神经元的代谢，对老年脑卒中受损组织具有保护作用，临床上药效主要为血容量扩充、维持血浆胶体渗透压和血液稀释等[113]。白术能提高脑出血大鼠血清白蛋白水平及FT3含量，纠正低蛋白血症[114]。

分析痹祺胶囊益气养血组网络药理结果发现，益气养血组药材党参、茯苓、白术中党参炔苷、党参苷Ⅰ、党参苷Ⅱ、白术内酯Ⅰ、白术内酯Ⅱ、苍术酮、土莫酸、茯苓酸等化合物可作用于ALB、TNF、IL6、CASP3、MAPK1、MAPK14、MAPK8、AR、ADRB2、PIM1、FKBP1A、AKR1C3等蛋白，进而通过T cell receptor signaling pathway、FoxO signaling pathway、Neurotrophin signaling pathway、Hematopoietic cell lineage、Prolactin signaling pathway、TGF-beta signaling pathway等通路调控骨髓造血细胞增殖、凋亡，维持骨髓造血微环境；通过Osteoclast differentiation、MAPK signaling pathway、cAMP signaling pathway、Focal adhesion、PI3K-Akt signaling pathway等通路调控骨形成与代谢，抑制血管翳形成，维持关节微环境稳定；通过NOD-like receptor signaling pathway、Th1 and Th2 cell differentiation等通路调控免疫过程等发挥益气养血作用。

（二）活血通络

痰浊、瘀血、水湿在痹证的发生发展过程中起着重要作用。邪痹经脉，脉道阻滞，影响气血津液运行输布。血滞而为瘀，津停而为痰，酿成痰浊瘀血，痰浊瘀血阻滞经络，可出现皮肤瘀斑、关节周围结节、屈伸不利等症；痰浊瘀血与外邪相合，阻闭经络，深入骨骼，导致关节肿胀、僵硬、变形。痹证日久，影响脏腑功能，津液失于输布，水湿停聚局部，可致关节肢体肿胀。痰瘀水湿可相互影响，兼夹转化，如湿聚为痰，血滞为瘀，痰可碍血，瘀能化水，痰瘀水湿互结，旧病新邪胶着，而致病程缠绵，顽固不愈。早在20世纪60年代，陈可冀院士团队以冠心病为突破口，采用现代科学技术方法，从宏观表征、器官组织、细胞分子水平等揭示了"血瘀证"的科学内涵，从微循环障碍、血流动力学异常、血小板活化、血管内皮受损、炎症反应等不同角度进行血瘀证的本质研究[115]。

现代医学认为，血液及关节局部的纤凝异常是RA一个重要病理特征[116]。膝骨关节炎（KOA）患者骨内压增高，导致关节静脉回流受阻，局部血浆黏度升高，血沉加快，红细胞变形能力下降，静脉瘀滞，血液流变学异常[117]。血小板是从骨髓成熟的巨核细胞胞质脱落下来的小块胞质，其主要功能是对机体的止血作用。血小板聚集性增高是血瘀证临床诊断标准之一[118]。研究表明[119]，在血瘀证的形成过程中，血小板异常活化，血小板平均体积（MPV）、血小板体积分布宽度（PDW）较正常人明显增高，使血液处于"高聚"状态，血行不畅，从而导致血瘀证的发生。此外，血小板活化后会释放出有激活作用的血小板颗粒，致使更多血小板被激活，进一步扩大血小板活化效应。谈冰等[120]认为机体内长期慢性炎症导致细胞因子失衡及免疫紊乱，造成血管内皮细胞的受损，从而直接或间接激活凝血-纤溶系统，并且干扰抗凝，引起微循环障碍。RA滑膜的各类细胞产生多种细胞因子，包括IL-1、IL-2、IL-4、IL-6、IL-15、TNF-α、IL-17等。其中TNF-α、IL-17等炎症因子的升高，引起NF-κB信号通路异常活化，而活化后的NF-κB信号通路又可以引起IL-1、TNF-α及VEGF的大量释放，刺激内皮细胞分泌炎性介质，激活凝血系统及抑制纤溶等，还能促使血管翳的形成。贾杰芳等[121]发现RA患者血清细胞间黏附分子（ICAM-1）可损伤内皮细胞，加剧血瘀的发生。

RA血瘀状态的机制可能与血管新生及血管翳的形成密切相关。VEGF属于血小板源性生长因子家族的成员，广泛存在于机体组织并能作用于血管内皮细胞的表面受体，维持血管正常的形态和完整性，促进血管生成和诱导血管发生，形成血管翳，血管翳能引起骨、软骨和关节的破坏，导致不可逆的关节功能丧失，有研究表明，通过抑制RA滑膜细胞VEGF mRNA的表达，可抑制滑膜血管翳的生成，减轻关节软骨和骨的破坏[122]。PI3K/Akt作为VEGF的下游信号通路，可经由PI3K-Akt下游分子哺乳动物雷帕霉素靶蛋白复合体2和Fos促进内皮细胞增殖和血管新生，参与血瘀状态的维持[123]。一氧化氮（nitricoxide，NO）是体内一氧化氮合酶（nitric-oxide synthase，NOS）催化L-精氨酸生成的一种细胞内和细胞间发挥神经递质作用的小分子内源性反应气体，是由血管内皮细胞产生并释放的内皮依赖性舒血管因子，具有舒张血管、抑制血小板黏附聚集、防止血栓形成等作用，是保护血管壁的重要生物活性物质[124]。eNOS是心血管功能的体内稳态调节剂，能通过刺激可溶性鸟苷酸环化酶（soluble guanylate cyclase，sGC）并增加平滑肌细胞中的环磷酸鸟苷（cyclic guanosinc monophosphate，cGMP）来舒张所有类型的血管，sGC在NO信号转导通路中起重要作用，是信号转导的关键，也是NO的唯一受体[125]。抑制eNOS会显著增强血小板聚集的程度和持续时间，且血流剪切力可使eNOS磷酸化，促进NO释放，起到抑制血小板聚集的作用[126]。

现代药理学验证丹参具有抗血小板聚集、抗凝血、钙拮抗等作用，丹参中的主要成分丹参酮具有钙拮抗作用，对受体操纵性钙通道及动脉平滑肌细胞电压依赖性钙通道均有抑制作用，从而能产生扩血管效应；还可促进纤维蛋白降解，抑制血小板凝集，减少血栓形成，加速改善微循环和血液流变学[127]；但丹参素的抗血小板聚集的作用强于丹参酮[128]。三七中的人参三醇皂苷（PTS）能降低脑血管阻力，增加脑血流量，对血压无影响，抑制对ADP诱导的大鼠血小板聚集，从而抑制大鼠动-静脉旁路血栓的形成，证明PTS注射液可以改善脑循环，具有良好的活血化瘀之功。川芎中的有效成分主要包括苯酞类（藁本内酯、丁基苯酞、洋川芎内酯I）、酚酸类（阿魏酸、阿魏酸松柏酯）、生物碱（川芎嗪），其中藁本内酯、阿魏酸等具有抗血小板聚集、延长凝血酶原时间等作用[30]。牛膝具有显著降低血栓长度、湿重和干重的作用和降低血小板聚集性、改善红细胞变形能力、降低纤维蛋白原水平的作用[129]。毛平等[130]研究发现，牛膝多糖（ABP）可延长小鼠凝血时间（CT）、大鼠血浆凝血酶原时间（PT）、白陶土部分凝血活酶时间（KPT），可能为怀牛膝活血作用的物质基础之一。蚓激酶是从地龙中取出来的一组具有纤溶活性的酶，能降低血液黏稠度，改善微循环，可使体外血栓形成的时间延长，既抗凝又不影响止血，有利于血栓的防治[131]。

分析痹祺胶囊活血通络组网络药理结果发现，活血通络组药材丹参、三七、川芎、牛膝和地龙中丹酚酸B、迷迭香酸、丹参素、丹参酮Ⅱ$_A$、人参皂苷Rg$_1$、阿魏酸、25S-牛膝甾酮等化合物可作用于AKT1、MMP9、CXCL8、TP53、FN1、STAT3、SRC、CCL2、EGFR、MMP2等蛋白，进而通过Fluid shear stress and atherosclerosis、Platelet activation、Aldosterone-regulated sodium reabsorption、cGMP-PKG signaling pathway等通路调控血流动力学、凝血系统等过程；通过PI3K-Akt signaling pathway、VEGF signaling pathway、Vascular smooth muscle contraction等通路调控血管内皮增生、血管收缩等过程；通过IL-17 signaling pathway、Toll-like receptor signaling pathway、NF-kappa B signaling pathway、Chemokine signaling pathway等通路调控淋巴细胞分化、抑制炎症因子释放等发挥抗免疫炎症、软骨保护等作用。

（三）抗炎镇痛

邪侵是类风湿关节炎发病的重要因素，风寒湿邪侵入经脉，致使关节凝滞，气血运行不畅而成痹证，但从肝脾辨证出发认为肝脾失调，内生风湿可能为本病发病的重要基础。因此湿邪既是致病因素，又是各种病邪的载体，湿邪或从寒化，或从热化，到中晚期，多属湿浊凝聚为痰，血脉痹阻不通、痰瘀互结而致关节变形，疼痛僵硬，拘急不得屈伸等症。

RA发病过程中，关节软骨的退化、破坏最为重要的原因之一就是大量炎症因子的侵袭，而TNF-α和IL-1、IL-6、IL-17、IL-15等在一定程度上具有相辅相成的关系，既能同时合成分泌，又能相互促进分泌，促进滑膜细胞增生、软骨细胞凋亡等，进一步破坏关节软骨。IL-1β在RA启动中发挥较为关键的作用，IL-1β对前列腺素E2、胶原酶的释放等有促进作用。前列腺素E2可抑制软骨细胞的生长，促使其凋亡。IL-6不仅能促进T细胞和B细胞的增殖和活化，调节急性期反应蛋白的表达，并且能促进多种炎症介质的生成，而且具有增强IL-1β、TNF-α等细胞因子的效应，诱导肝脏合成急性反应蛋白及类风湿因子，从而促使炎症反应的产生。IL-17与受体结合后，通过丝裂源蛋白激酶（mitogen-activated protein kinase，MAPK）和核转录因子κB（nuclear factor-κB，NF-κB）等途径发挥生物学作用，其具体生物学作用包括以下几个方面：①诱导炎症因子（IL-1β、IL-6、TNF-α）、趋化因子配体1、核转录因子等的产生。②协同TNF-α、IL-1β等炎症因子，促进病变部位粒细胞生成和活化，从而促进炎症反应的发生。③刺激人滑膜细胞 分泌粒细胞集落刺激因子（GM-CSF）和前列腺素2（PGE2），参与炎症的发生。④诱导软骨组织产生NOS及MMP，抑制基质修复成分如蛋白聚糖和胶原的生成，导致细胞外基质的降解。⑤上调滑膜细胞内的降解酶活性及MMP-1、2、9和13在滑膜组织中的表达，导致滑膜、韧带和软骨的破坏[132]。RA的炎症过程激活了关节的初级传入神经纤维，从而导致外周敏化（伤害性初级传入神经元的敏感性增加）和中枢敏化（中枢神经系统伤害性神经元的高兴奋性），敏化的过程被认为是关节炎疼痛的基础。研究发现，炎症因子（IL-1β、TNF-α和IL-6等）、神经递质和神经营养因子均可在脊髓甚至在高级中枢神经系统内导致NF-κB信号通路的激活。此外，NF-κB信号通路的激活使脊髓内炎症反应加重、神经递质释放量增加、离子通道功能改变。在外界刺激因素持续存在的情况下，NF-κB信号通路极有可能处于长期激活状态，进而导致脊髓背角内炎症持续存在，神经递质受体大幅度增加，甚至导致神经元及神经胶质细胞产生结构性的改变，最终产生慢性、难治性和神经病理性疼痛[133]。

背根节（dorsal root ganglion，DRG）损伤或炎症可导致DRG神经元兴奋性异常增强和痛觉过敏。研究显示，长期慢性在体压迫（chronic compression of DRG，CCD）或急性离体分离（acute dissociation of DRG，ADD）背根节导致的神经元兴奋性异常增强和痛觉过敏受环鸟苷酸（cGMP）-蛋白激酶G（PKG）信号通路活动的调控，在体压迫DRG的椎间孔内注射cGMP-PKG抑制剂显著减轻痛觉过敏[134]。儿茶酚氧位甲基转移酶（catechol-o-methytranserase，COMT）不仅可调节儿茶酚胺类物质如多巴胺、肾上腺素、去甲肾上腺素，从而影响在调节疼痛中重要的非阿片类镇痛机制，还可影响多巴胺能神经系统的活性，神经内源性脑啡肽含量，μ-阿片受体的局部密度[135]。μ-阿片受体系统与降低对疼痛刺激的疼痛反应有关。脑啡肽是神经内分泌系统产生的一种多肽激素，属内源性阿片样物质。内源性阿片肽是体内具有阿片样活性的一类物质，通过作用于不同部位的各种类型的阿片受体，发挥复杂而又多样的生理调节作用。大脑功能区的脑啡肽是脑内含量最高的内源性神经肽，具有广泛的镇痛作用[136]。NRM（中缝大核）内5-羟色胺$_{2A}$（5-HT$_{2A}$）受体主要分布在非5-羟色胺（5-HT）神经元，且随外周炎症的发展，5-HT$_{2A}$受体的合成增加。外周5-羟色胺通过激活其2A受体参与了角叉菜胶的炎症痛，阻断5-HT$_{2A}$受体引起了内源性阿片肽及阿片受体表达量的升高，从而发挥了一定的镇痛作用[137]。

研究发现，马钱子碱能抑制外周炎症组织PGE2的释放，抑制大鼠血浆5-HT、6-keto-PG-

Fla与血栓烷素（TXB2）炎症介质的释放，发挥抗炎作用[83]。此外马钱子碱还可通过PGE2释放抑制降低感觉神经末梢对痛觉敏感性及抑制钙激活钾离子通道（BKca）发挥镇痛作用[84]。马钱子碱可提高小鼠电刺激致痛的痛阈值及大鼠5-HT致炎后足压痛的镇痛率，其镇痛机制与增加大脑功能区脑啡肽的含量有关[85]。

分析痹祺胶囊抗炎（除湿）镇痛组网络药理结果发现，抗炎（除湿）镇痛组药材马钱子、甘草中士的宁、马钱子碱、甘草苷、甘草次酸等化合物可作用于TNF、AKT1、IL6、TP53、IL1B、VEGFA、PTGS2、CCL4、CCL3、OPRM1、OPRD1等蛋白进而通过Toll-like receptor signaling pathway、Sphingolipid signaling pathway、Serotonergic synapse、Long-term depression、Long-term potentiation、Chemokine signaling pathway、Neurotrophin signaling pathway等通路抑制中枢敏化调控中枢镇痛过程；通过C-type lectin receptor signaling pathway、FoxO signaling pathway、NF-kappa B signaling pathway、Fc epsilon RI signaling pathway、Arachidonic acid metabolism等抑制炎症因子释放及外周疼痛感受器敏化调控外周抗炎镇痛过程；通过IL-17 signaling pathway、Th17 cell differentiation、T cell receptor signaling pathway、Osteoclast differentiation、B cell receptor signaling pathway、Antigen processing and presentation、cGMP-PKG signaling pathway等通路抑制抗原递呈、滑膜中炎症细胞募集、血管翳形成、软骨破坏等过程发挥免疫抗炎、骨保护等作用。

综上所述，本部分利用网络药理学的方法基于配伍理论分析了痹祺胶囊3个功能拆方组代表性化合物的作用靶点及作用途径，结果发现其可广泛作用于与骨髓造血微环境、血流动力学、凝血和纤溶系统、血管内皮损伤、抗炎镇痛等相关的蛋白及通路，揭示了痹祺胶囊在治疗RA的配伍合理性，显示了中医治疗疾病的整体观念（图5-3-13）。

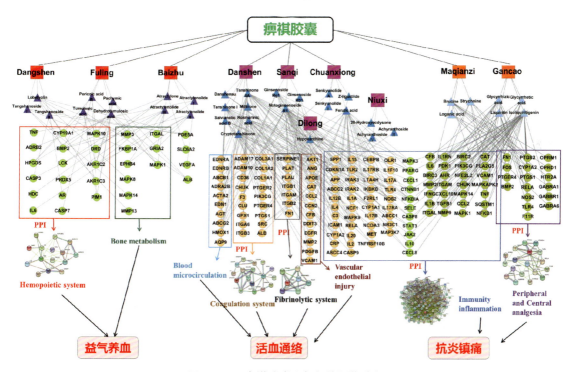

图5-3-13 痹祺胶囊配伍规律网络分析

参 考 文 献

[1] 徐东铭，徐雅红.中药复方药效活性成分研究思路初探[J].中国医药学报，2001，6：51-54.

[2] 信晨曦，梁洁，周昱杉，等.中药复方制剂配伍机理的研究概况[J].中国新药杂志，2018，24：2895-2900.

[3] 何厚金.治疗浅析[J].中医药导报，2010，16（9）：84-85.

[4] 张勇，温蕾.中医对风湿性关节炎的病因病机认识及治疗现状研究[J].中医临床研究，2018，10（35）：144-146.

[5] 黄莺飞.痹证从脾虚论治探讨[J].四川中医，2009，27（8）：33-34.

[6] 刘建平.袁占盈教授从虚论治痹证验案浅析[J].中医学报，2013，28（9）：1305-1306.

[7] 黄玥，陈炯华，王永生.符为民教授精准辨治痹证经验撷菁[J].四川中医，2018，36（11）：14-16.

[8] 张健敏，马迎春.归芪三七颗粒与归芪三七口服液对环磷酰胺及^{60}Co-γ射线所致大鼠血虚模型影响的对比研究[J].甘肃医药，2018，1：85-87.

[9] 马婕.慢性高原病骨髓红系造血细胞凋亡变化及其信号通路研究[D].西宁：青海大学，2019.

[10] 刘金元，杨冬娣，杜标炎，等.六味地黄汤抗胸腺和脾脏萎缩作用的实验研究[J].江西中医学院学报，2005，1：62-63.

[11] De Latour R P，Visconte V，Takaku T，et al. Th17 immune responses contribute to the pathophysiology of aplastic anemia[J]. Blood，2010，116（20）：4175-4184.

[12] 李富煌，白文军，倪和民，等.中药复方免疫增强剂有效成分对小白鼠部分生理指标的影响[J].北京农业，2012（24）：87-89.

[13] 李义波，杨柏龄，侯茜，等.党参多糖对小鼠造血干细胞衰老相关蛋白p53 p21 Bax和Bcl-2的影响[J].解放军药学学报，2017，33（2）：120-124.

[14] 邢秀玲，赵海鹰，李丽君，等.党参多糖对环磷酰胺所致小鼠贫血的治疗效果观察[J].临床误诊误治，2022，35（1）：99-102.

[15] 杨绒娟，石轶男，宸妍妍，等.党参可溶性粉对小鼠抗应激和免疫功能的影响[J].山西农业科学，2017，45（3）：398-401，432.

[16] 高石曼.党参药材的质量评价及其免疫调节和造血改善的药效物质基础研究[D].北京：北京协和医学院，2020.

[17] Guo L，Sun Y L，Wang A H，*et al*. Effect of polysaccharides extract of rhizoma atractylodis macrocephalae on thymus，spleen and cardiac indexes，caspase-3 activity ratio，Smac/DIABLO and HtrA2/Omi protein and mRNA expression levels in aged rats[J]. *Molecular Biology Reports*，2012，39（10）：9285-9290.

[18] 徐伟，方思佳，关然，等.白术多糖对小鼠淋巴细胞的免疫调节作用[J].中国免疫学杂志，2020，36（13）：1573-1577.

[19] Li W，Guo S，Xu D，et al. Polysaccharide of *Atractylodes macrocephala* Koidz（PAMK）relieves immunosuppression in cyclophosphamide-treated geese by maintaining a humoral and cellular immune balance[J]. Molecules，2018，23（4）：932.

[20] 邱世翠，李彩玉，邸大琳，等.白术对小鼠骨髓细胞增殖和IL-1的影响[J].滨州医学院学报，2001，（5）：421-422.

[21] 后盾，吴正翔.黄芪、白术对再生障碍性贫血骨髓红系造血祖细胞促增殖作用的实验研究[J].江西中医学院学报，1999，1：29.

[22] 马艳春，范楚晨，冯天甜，等.茯苓的化学成分和药理作用研究进展[J].中医药学报，2021，49（12）：108-111.

[23] 徐旭，窦德强.茯苓对免疫低下小鼠免疫增强的物质基础研究[J].时珍国医国药，2016，27（3）：592-593.

[24] 曲振君，郭秀文，纪春玲.痹证的中医中药治疗[J].中国现代医生，2008，46（2）：71，125.

[25] 付鹏.健脾养阴法对SS患者免疫功能及血清BAFF/BLys表达水平影响的研究[D].合肥：安徽中医药大学，2021.

[26] 官和立，刘晓俊，高凌云，等. 支气管哮喘患者诱导痰中白介素水平及与气道炎症的关系[J]. 四川医学，2011，32（6）：820-822.

[27] 黄龙，郑玉琼. 慢性阻塞性肺疾病气道炎症与痰液TNF-α、IL-8水平关系研究[J]. 中国临床医学，2005，12（1）：57-59.

[28] 华军益，刘艳，王坤根，等. 冠心病痰瘀辨证与血清炎症因子关系的临床研究[J]. 医学研究杂志，2008，37（3）：112-114.

[29] 张慧森，刘健，温石磊，等. 温针灸治疗膝关节痛风性关节炎湿热蕴结证患者的疗效及对关节疼痛、关节功能和血清炎症指标的影响[J]. 河北中医，2021，43（7）：1170-1173.

[30] 张增富，古婷博，董先惠. 电针对湿热瘀阻型痛风性膝关节炎NLRP3炎性体的影响[J]. 世界中医药，2020，15（15）：2321-2324.

[31] Zhu S L，Huang J L，Peng W X，et al. Inhibition of smoothened decreases proliferation of synoviocytes in rheumatoid arthritis[J]. Cell Mol Immunol，2017，14（2）：214-222.

[32] McInnes I B，Schett G. Cytokines in the pathogenesis of rheumatoid arthritis[J]. Nature Reviews. Immunology，2007，7（6）：429-442.

[33] 刘伟，黄健，陈彩霞，等. 高迁移率族蛋白1与类风湿关节炎的相关性研究进展[J]. 中国医药导报，2019，16（31）：46-51+55.

[34] Diaz-Torne C，Ortiz M D A，Moya P，et al. The combination of IL-6 and its soluble receptor is associated with the response of rheumatoid arthritis patients to tocilizumab[J]. Seminars in Arthritis and Rheumatism，2018，47（6）：757-764.

[35] Kirkham B W，Kavanaugh A，Reich K. Interleukin-17A：a unique pathway in immune-mediated diseases：psoriasis，psoriatic arthritis and rheumatoid arthritis[J]. Immunology，2014，141（2）：133-142.

[36] Lai N S，Yu H C，Tung C H，et al. The role of aberrant expression of T cell miRNAs affected by TNF-α in the immunopathogenesis of rheumatoid arthritis[J]. Arthritis Res Ther，2017，19（1）：261.

[37] 孙淑萍，杜云艳，李胜利，等. 中药主要抗炎机制研究进展[J]. 通化师范学院学报，2021，42（4）：78-84.

[38] 赵夏. 中药有效成分抗炎活性研究现状[J]. 中国高新科技，2019（13）：73-76.

[39] 秦贝贝，贾泽菲，王佳莉，等. 马钱子化学成分和药理作用的研究进展及其质量标志物（Q-Marker）预测分析[J]. 中草药，2022，53（18）：5920-5933.

[40] 解宝仙，唐文照，王晓静. 马钱子的化学成分和药理作用研究进展[J]. 药学研究，2014，33（10）：603-606.

[41] Seshadri V D. Brucine promotes apoptosis in cervical cancer cells（ME-180）via suppression of inflammation and cell proliferation by regulating PI3K/AKT/mTOR signaling pathway[J]. Environ Toxicol，2021，36（9）：1841-1847.

[42] 柴美灵，武晓英，张晓红，等. 甘草多糖的免疫调节和抗炎作用机制研究进展[J]. 中国兽药杂志，2021，55（5）：66-71.

[43] Yang R，Yuan B C，Ma Y S，et al. The anti-inflammatory activity of licorice，a widely used Chinese herb[J]. Pharm Biol，2017，55（1）：5-18.

[44] 王甜甜，李洪梅，李灵芝，等. 银屑平颗粒抗炎作用的实验研究[J]. 武警后勤学院学报：医学版，2015，5：362-364.

[45] 刘红彬. 基于NLRP3炎症小体的丹参抗炎活性成分及作用机制研究[D]. 成都：成都中医药大学，2021.

[46] 姚茹冰，赵智明，蔡辉. 活血化瘀中药三七抗炎及免疫调节作用研究进展[J]. 中西医结合心脑血管病杂志，2009，6：720-721.

[47] 徐兰兰，车仙花，李宁，等. 洋川芎内酯类化合物药理作用研究进展[J]. 现代中药研究与实践，2022，2：98-102.

[48] 于瀚，王剑飞. 痹病中医病因病机研究进展[J]. 继续医学教育，2016，30（3）：156-158.

[49] 王堃仰，邢立峰. 从"痹证有瘀血说"论治膝关节骨性关节炎[J]. 基层中医药，2022，1（1）：4.

[50] 李亚杰，彭成. 川芎提取物活血化瘀作用的实验研究[J]. 湖北民族学院学报：自然科学版，2011，

29（4）：456-459.

[51] 张健，赵自刚，牛春雨，等．夏至草醇提物对急性微循环障碍大鼠血液流变性异常的干预作用[J]．中国血液流变学杂志，2008，4：461-464.

[52] 李延伟，雷慧，刘正泉，等．夏至草醇提物对急性微循环障碍大鼠血小板功能的影响[J]．中国微循环，2009，3：179-182.

[53] 李新，徐旭，许浚，等．基于止血作用的三七粉质量标志物研究[J]．世界科学技术：中医药现代化，2022，1：47-54.

[54] 华芳．川芎活血化瘀功效相关药理作用定量测定方法的建立[D]．成都：成都中医药大学，2019.

[55] 尹丹丹．基于枯草杆菌代谢途径研究川芎中川芎嗪的来源及川芎活血化瘀作用的药效学研究[D]．合肥：安徽中医药大学，2019.

[56] Chen Z，Zhang C，Gao F，et al. A systematic review on the rhizome of *Ligusticum chuanxiong* Hort.（Chuanxiong）[J]. Food Chem Toxicol，2018，119：309-325.

[57] 徐怡，陈途，陈明．丹参的化学成分及其药理作用研究进展[J]．海峡药学，2021，33（5）：45-48.

[58] 谢志茹．丹参活血化瘀的生物学机制及基于Q-marker的质量控制研究[D]．广州：广东药科大学，2019.

[59] 陈俊材，方莲花，杜冠华．丹参水溶性化合物抗心肌缺血作用的研究进展[J]．中国药理学通报，2015，31（2）：162-165.

[60] 贾娜，项海芝，杨松松．丹参水溶性部分丹酚酸的进展述评[J]．辽宁中医学院学报，2006，8（3）：41-42.

[61] Li Z M，Xu S W，Liu P Q. Salvia miltiorrhizaBurge（Danshen）：a golden herbal medicine in cardiovascular therapeutics[J]. Acta Pharmacol Sin，2018，39（5）：802-824.

[62] Cheng Y C，Hung I L，Liao Y N，et al. *Salvia miltiorrhiza* protects endothelial dysfunction against mitochondrial oxidative stress[J]. Life（Basel），2021，11（11）：1257.

[63] Hu S，Wu Y，Zhao B，et al. *Panax notoginseng* saponins protect cerebral microvascular endothelial cells against oxygen-glucose deprivation/reperfusion-induced barrier dysfunction via activation of PI3K/Akt/Nrf2 antioxidant signaling pathway[J]. Molecules，2018，23（11）：2781.

[64] 肖若媚，邱雄泉，苏健芬．三七总皂苷对心血管疾病的药理研究新进展[J]．中国医疗前沿，2009，4（11）：30-31.

[65] 王萍，张悦．地龙药理作用研究进展[J]．黑龙江科技信息，2015（33）：119.

[66] 沈舒．牛膝抑制FXa活性成分的研究[D]．南京：南京中医药大学，2012.

[67] Cheng Q，Tong F，Shen Y，et al. Achyranthes bidentata polypeptide k improves long-term neurological outcomes through reducing downstream microvascular thrombosis in experimental ischemic stroke[J]. Brain Res，2019，1706：166-176.

[68] 王伟．疼痛发病机制及治疗原理的中医认识[J]．中国疗养医学，2010，19（12）：1108-1109.

[69] 杨建生，周生花．中医疼痛的病机以及辨证论治[J]．中国中医基础医学杂志，2014，20（4）：432+444.

[70] 吴春节，曹明璐．疼痛类疾病的中医传统疗法临床应用初探[J]．中国临床医生，2014，42（8）：85-86.

[71] 程伟，韦云．浅谈疼痛的中医辨证[J]．中国中医基础医学杂志，2013，19（5）：497-498.

[72] Smolen J S，Aletaha D，McInnes I B. Rheumatoid arthritis[J]. Lancet，2016，388（10055）：2023-2038.

[73] Cazzola M，Atzeni F，Boccassini L，et al. Physiopathology of pain in rheumatology[J]. Reumatismo，2014，66（1）：4-13.

[74] Walsh D A，McWilliams D F. Mechanisms，impact and management of pain in rheumatoid arthritis[J]. Nature reviews. Rheumatology，2014，10（10）：581-592.

[75] Sun W H，Dai S P. Tackling pain associated with rheumatoid arthritis：Proton-sensing receptors[J]. Adv Exp Med Biol，2018，1099：49-64.

[76] Schaible H G，von Banchet G S，Boettger M K，et al. The role of proinflammatory cytokines in the generation and maintenance of joint pain[J]. Annals of the New York Academy of Sciences，2010，1193：60-69.

[77] Ganesh T，Banik A，Dingledine R，et al. Peripherally restricted，highly potent，selective，aqueous-soluble

EP2 antagonist with anti-inflammatory properties[J]. Mol Pharma，2018，15（12）：5809-5817.

[78] 许冰馨，范凯健，王婷玉. 类风湿关节炎疼痛机制的研究进展[J]. 中南药学，2020，18（9）：1513-1516.

[79] Zhang A，Lee Y C. Mechanisms for joint pain in rheumatoid arthritis（RA）：from cytokines to central sensitization[J]. Current Osteoporosis Reports，2018，16（5）：603-610.

[80] Cao Y，Fan D，Yin Y. Pain mechanism in rheumatoid arthritis：From cytokines to central sensitization[J]. Mediators of Inflammation，2020，2020：2076328.

[81] McWilliams D F，Walsh D A. Pain mechanisms in rheumatoid arthritis[J]. Clin Exp Rheumatol，2017，107（5）：94-101.

[82] Yin W，Wang T S，Yin F Z，et al. Analgesic and anti-inflammatory properties of brucine and brucine N-oxide extracted from seeds of Strychnos nux-vomica[J]. J Ethnopharmacol，2003，88（2/3）：205-214.

[83] 殷武. 马钱子生物碱类成分镇痛作用研究[D]. 南京：南京中医药大学，2000：7-60.

[84] 李永丰. 马钱子碱通过钾离子通道调节外周镇痛[J]. 中国药理学与毒理学杂志，2021，10：787-788.

[85] 崔姣，许惠琴，陶玉菡. 马钱子碱透皮贴剂镇痛实验研究及对大鼠脑啡肽含量的影响[J]. 湖南中医药大学学报，2015，5：7-9.

[86] 李德志. 解痉止痛第一方：芍药甘草汤[J]. 江苏卫生保健，2020，（8）：33.

[87] 龙思如. 甘草查尔酮镇痛效应的机制研究[D]. 武汉：中南民族大学，2021.

[88] 李萍. 甘草查尔酮A对CCI大鼠的镇痛作用及机制研究[D]. 济南：山东大学，2021.

[89] 王东，代斌. 甘草黄酮的某些药理作用研究进展[J]. 国医论坛，2005，（3）：53-54.

[90] Arvikar S L，Crowley J T，Sulka K B，et al. Autoimmune arthritides，rheumatoid arthritis，psoriatic arthritis，or peripheral spondyloarthritis following lyme disease[J]. Arthr Rheumatol，2017，69（1）：194-202.

[91] Li H，Wan A. Apoptosis of rheumatoid arthritis fibroblast-like synoviocytes：possible roles of nitric oxide and the thioredoxin 1[J]. Mediators of Inflammation，2013，2013：953462.

[92] Shi D L，Shi G R，Xie J，et al. MicroRNA-27a inhibits cell migration and invasion of fibroblast-like synoviocytes by targeting follistatin-like protein 1 in rheumatoid arthritis[J]. Molecules Cells，2016，39（8）：611-618.

[93] Huang T L，Mu N，Gu J T，et al. DDR2-CYR61-MMP1 signaling pathway promotes bone erosion in rheumatoid arthritis through regulating migration and invasion of fibroblast-like synoviocytes[J]. J Bone Mineral Res，2017，32（2）：407-418.

[94] Xiong G，Huang Z，Jiang H，et al. Inhibition of microRNA-21 decreases the invasiveness of fibroblast-like synoviocytes in rheumatoid arthritis via TGFβ/Smads signaling pathway[J]. Iranian J Basic Med Sci，2016，19（7）：787-793.

[95] 田乐，朴松兰，何艳新，等. 红景天含药血清对肿瘤坏死因子α诱导的人类风湿关节炎成纤维样滑膜细胞增殖的影响[J]. 中药新药与临床药理，2022，33（3）：287-292.

[96] 赵阳，刘素芳，苏亚双，等. 白芍总苷对类风湿关节炎成纤维样滑膜细胞增殖和凋亡的影响及机制[J]. 世界中医药，2021，16（19）：2881-2884.

[97] 孟庆良，孟婉婷，卞华，等. 大黄素对TNF-α诱导的类风湿关节炎成纤维样滑膜细胞增殖的影响[J]. 中成药，2021，43（2）：480-484.

[98] 过振华，刘永芹，马红梅，等. 痹祺胶囊的药理学研究及其临床应用[J]. 黑龙江医药，2008，21（1）：68-70.

[99] 刘维，陈伏宇，王熠，等. 痹祺胶囊与正清风痛宁片治疗类风湿关节炎40例临床观察[J]. 中华中医药杂志，2007，22（4）：244-247.

[100] Hopkins A L. Network pharmacology：The next paradigm in drug discovery[J]. Nat Chem Biol，2008，4（11）：682-690.

[101] 李泮霖，苏薇薇. 网络药理学在中药研究中的最新应用进展[J]. 中草药，2016，47（16）：2938-2942.

[102] 董亚楠，韩彦琪，王磊，等. 基于网络药理学的六经头痛片治疗偏头痛的作用机制探讨[J]. 中草药，

2017, 48（20）: 4174-4180.

[103] 郭晓黎, 牟慧琴. 健脾益气养血法在治疗类风湿关节炎中的运用[J]. 甘肃中医, 2008（9）: 11-12.

[104] 李仙峰, 任明姬. 骨髓基质细胞参与造血调控研究[J]. 医学综述, 2008, 1: 45-47.

[105] 冯伟科, 胡琦, 张亚楠, 等. 基于PI3K-Akt-FoxO信号通路的四物汤对小鼠骨髓基质细胞凋亡的影响[J]. 时珍国医国药, 2020, 31（2）: 304-307.

[106] 郭超, 陈晓涛, 李宝坤, 等. 白细胞介素-17在破骨细胞凋亡中的作用研究进展[J]. 口腔医学, 2018, 11: 1031-1034.

[107] 王志远. 滋髓生血胶囊对慢性再生障碍性贫血患者IL-17及Caspase-3酶活性的影响[D]. 郑州: 河南中医药大学, 2020.

[108] Gu Y, Hu X, Liu C, et al. Interleukin（IL）-17 promotes macrophages to produce IL-8, IL-6 and tumour necrosis factor-alpha in aplastic anaemia[J]. Br J Haematol, 2008, 142（1）: 109-114.

[109] Broxmeyer H E, Starnes T, Ramsey H, et al. The IL-17 cytokine family members are inhibitors of human hematopoietic progenitor proliferation[J]. Blood, 2006, 108（2）: 770.

[110] 李殿青, 张伟华, 张子彦, 等. 雄激素受体基因在再生障碍性贫血发病中的作用[J]. 中华血液学杂志, 2001, 22（10）: 548.

[111] Maéno M, Ong R C, Suzuki A, et al. A truncated bone morphogenetic protein 4 receptor alters the fate of ventral mesoderm to dorsal mesoderm: roles of animal pole tissue in the development of ventral mesoderm[J]. Proceed National Acad Sci U S A, 1994, 91（22）: 10260-10264.

[112] 苏约翰. 骨形成蛋白对造血干细胞体外扩增特性和生理功能的影响[D]. 上海: 华东理工大学, 2014.

[113] 赵婷. 长效人血清白蛋白的制备及其生物功能与药代动力学研究[D]. 济南: 山东大学, 2012.

[114] 丁力, 马润章, 王建林. 白术对脑出血大鼠血清白蛋白含量与垂体-甲状腺轴功能的影响[J]. 神经损伤与功能重建, 2012, 7（5）: 318-320.

[115] 徐浩. 血瘀证与活血化瘀研究热点与展望[J]. 中国中西医结合杂志, 2022, 42（6）: 660-663.

[116] 周淑华. 类风湿关节炎从瘀论治概述[J]. 山西中医, 2013, 12: 43-44, 47.

[117] 胡艳昭, 崔丽红, 刘长利, 等. 关节镜下关节清理术联合红花化瘀汤熏蒸对膝关节骨关节炎患者的近远期疗效及血液流变学的影响[J]. 中国内镜杂志, 2020, 26（3）: 7-12.

[118] 王阶, 姚魁武. 血瘀证诊断标准研究述要及思考[J]. 中国中医药信息杂志, 2004, 11（1）: 17.

[119] 王紫艳, 李磊, 刘建勋, 等. 血瘀证血小板改变及中医药作用研究[J]. 中国中药杂志, 2021, 8（11）: 1-10.

[120] 谈冰, 刘健, 章平衡. 新风胶囊通过抑制NF-κB信号通路改善膝骨关节炎患者高凝状态[J]. 免疫学杂志, 2016, 32（9）: 781-789, 803.

[121] 贾杰芳, 杨文东, 马庆海. SLE、RA患者血清sICAM-1和PTM水平的变化及其临床意义[J]. 细胞与分子免疫学杂志, 2003, 2: 203-204.

[122] 达古拉, 李鸿斌. VEGF在类风湿关节炎血管形成中的作用及其相关研究进展[J]. 医学综述, 2012, 5: 644-648.

[123] 林章英, 汪元, 黄传兵, 等. 新风胶囊通过调控miR-126-VEGF/PI3K/AKT信号通路改善类风湿关节炎患者血瘀状态的作用机制研究[J]. 海南医学院学报, 2022, 28（7）: 522-527, 538.

[124] 蒋庆娟, 应燕萍. 内皮型一氧化氮合酶与血栓性疾病的研究进展[J]. 中国比较医学杂志, 2020, 6: 140-144.

[125] Tawa M, Kinoshita T, Masuoka T, et al. Impact of cigarette smoking on nitric oxide-sensitive and nitric oxide-insensitive soluble guanylate cyclase-mediated vascular tone regulation[J]. Hypertension Research, 2020, 43（3）: 178-185.

[126] 李雪莹, 赵迎春, 陈晟. 内皮型一氧化氮合酶与蛛网膜下腔出血的研究进展[J]. 国际神经病学神经外科学杂志, 2018, 4: 418-422.

[127] 张持, 赵振宇. 活血化瘀中药丹参及其方药基于中医辨证治疗冠心病的作用机理研究[J]. 中国中医基础

275

医学杂志，2014，4：462-464.

[128] 舒菁菁，李菲，董雅芬，等.丹参素药理作用及机制的研究进展[J].药学实践杂志，2012，30（4）：266-268.

[129] 周军.牛膝中化学成分和药理作用研究进展[J].天津药学，2009，21（3）：66-67.

[130] 毛平，夏卉莉，袁秀荣，等.怀牛膝多糖抗凝血作用实验研究[J].时珍国医国药，2000，11（12）：1075.

[131] 马艳春，宋立群，肖洪彬，等.地龙药理作用研究进展概况[J].中国临床保健杂志，2009，4：436-438.

[132] 谢庆云.IL-17信号通路关键基因DNA甲基化在骨关节炎软骨炎症中的作用及机制研究[D].上海：第二军医大学，2017.

[133] 李云泽.脊髓内NF-kappa B p65信号通路在膝关节骨性关节炎所致痛觉敏感中的作用[D].济南：山东大学，2017.

[134] 黄志江，李浩川，刘苏，等.大鼠背根节慢性压迫或急性分离引起的cGMP-PKG信号通路持续激活介导背根节神经元的异常兴奋性和痛觉过敏（英文）[J].生理学报，2012，5：563-576.

[135] 李莉.COMT基因、心理因素、急性术后疼痛之间的关系[D].长沙：中南大学，2007.

[136] Braz J，Beaufour C，Coutaux A，et al. Therapeutic efficacy in experimental polyarthritis of viral-driven enkephalin overproduction in sensory neurons[J]. J Neurosci，2001，21（20）：7881-7888.

[137] 张玉秋，高秀，姬广臣，等.外周致炎后5-羟色胺2A受体mRNA在大鼠中缝大核神经元中的表达（英文）[J]. Acta Pharmacol Sin，2001，10：61-66.

第六章 痹祺胶囊质量标志物确定及质量标准提升研究

痹祺胶囊由马钱子粉、地龙、党参、茯苓、白术、川芎、丹参、三七、牛膝、甘草10味中药组成。其质量标准收载于《中国药典》2020年版一部，由于痹祺胶囊前期基础研究薄弱，其药效物质基础及作用机制尚不明确，质量控制指标不清楚，制约了其质量标准研究，现标准除了性状、鉴别检查外，仅对制剂中土的宁和马钱子碱含量测定，未能体现中药多组分整体功效的特点，难以实现对其质量的有效控制。

本部分基于中药质量标志物的研究和确定的"五原则"，即成分"传递与溯源""特有性""有效性""处方配伍"和"可测性"，明确痹祺胶囊的质量标志物。在此基础上，建立基于质量标志物的多元质量控制方法，提升痹祺胶囊的质量标准。

第一节 痹祺胶囊质量标志物确定

中药质量标志物是针对中药生物属性、制造过程及配伍理论等中医药体系的自身特点，整合多学科知识提出的核心质量概念。在明确植物基原如 DNA 条码鉴别的基础上，明确了质量标志物的基本条件：①存在于中药材、饮片细胞结构和基原特征的物质和化学物质，或中药产品中存在的特有化学物质，或加工制备过程中形成的特有化学物质；②特有的物质可以用现代分析技术测定的；③存在的物质具有明确性与有效性和安全性等生物活性；④在产品全生产过程中物质具有追溯和传递性；⑤按中医配伍组成的方剂，以"君"药首选原则，兼顾"臣""佐""使"药的代表性物质。

质量标志物的研究和确定基于有效、特有、传递与溯源、可测和处方配伍的"五原则"，更具有临床价值和建立全程质量控制体系的可行性。

一、基于质量传递与溯源的质量标志物研究

通过对痹祺胶囊原料药材、制剂、入血成分及其代谢产物进行系统的表征、辨识，阐明痹祺胶囊药材成分组-制剂成分组-血行成分组逐级递进的质量传递过程与溯源路径。

1. 原料药材化学物质组辨识

采用UPLC-Q/TOF-MS方法，从10味原料药材中总共辨识出291个化合物。其中，从马钱子中辨识出21个化合物，包括16个生物碱类和5个有机酸类成分；从党参中辨识出9个化合物，包括4个脂肪酸类、2个苯丙素类、1个聚炔类、1个内酯类和1个生物碱类成分；从白术中辨识出12个化合物，包括6个内酯类、3个其他类、2个脂肪酸类和1个生物碱类成分；从茯苓中辨识出22个骨架结构为羊毛甾烷型的三萜酸类成分；从丹参中辨识出53个化合物，

包括33个二萜类、16个有机酸类和4个脂肪酸类成分；从三七中辨识出42个化合物，包括41个母核主要为原人参二醇型、原人参三醇型的三萜皂苷类成分和1个氨基酸类成分；从川芎中辨识出39个化合物，包括27个苯酞类和12个有机酸类成分；从牛膝中辨识出23个化学成分，包括16个以齐墩果酸为母核的三萜皂类、5个甾体类和2个生物碱类成分；从地龙中辨识出18个化合物，包括6个脂肪酸类、3个核苷类、2个氨基酸类和7个其他类成分；从甘草中辨识出63个化合物，包括46个黄酮类和17个三萜类成分。

2. 制剂中原型成分的辨识与表征

采用UPLC-Q/TOF-MS方法，在痹祺胶囊样品中共鉴定得到283个化学成分，其中三萜类成分91个，黄酮类成分47个，二萜类成分33个，有机酸类26个，苯酞类成分25个，生物碱类成分19个，脂肪酸类13个，内酯类成分6个，甾体类成分5个，氨基酸类成分3个以及其他类成分15个。与单味药比对后，来源于马钱子20个、党参7个、白术11个、茯苓21个、丹参53个、三七41个、川芎39个、牛膝22个、地龙17个及甘草59个。

3. 入血及代谢成分的辨识与表征

采用UPLC-Q/TOF-MS的技术方法，优化色谱、质谱分离检测条件，通过比对痹祺胶囊制剂、大鼠给药血浆及空白血浆样品的色谱图，筛选口服给予痹祺胶囊后大鼠血浆中吸收的原型成分及其代谢产物。经与对照品和文献数据比对，分析质谱裂解规律，在大鼠血浆中共鉴定得到81个痹祺胶囊相关的外源性化合物，包括59个吸收原型药物成分（包括15个三萜类、13个苯酞类、11个二萜类、7个有机酸类、5个黄酮类、3个内酯类、2个生物碱类、1个聚炔类、1个脂肪酸类和1个其他类成分）和22个代谢物（代谢途径主要为Ⅱ相代谢）。在给药大鼠血浆中检测到的吸收的原型成分及其代谢产物，可能是复方潜在的真正的活性成分，并与痹祺胶囊的药理作用直接相关。

4. 痹祺胶囊药材原有成分-制剂原型成分-血中效应成分的传递和变化

通过对药材、制剂及血中移行成分的系统辨识，并将制剂中的成分与药材中的成分进行比对归属，明确了质量属性的传递过程。痹祺胶囊中辨识出的283个成分，来源于马钱子20个（21→20）、党参7个（9→7）、白术11个（12→11）、茯苓21个（22→21）、丹参53个（53→53）、三七41个（42→41）、川芎39个（39→39）、牛膝22个（23→21）、地龙17个（18→17）及甘草59个（63→59）。在大鼠血浆中共筛选得到81个痹祺胶囊相关的外源性化合物，其中包括59个原型药物成分和22个代谢产物，主要来源于马钱子、三七、丹参、茯苓、川芎和甘草（表6-1-1）。

表6-1-1 痹祺胶囊及其入血成分与各味药材归属分析

药材来源	药材成分数	制剂中化合物编号	制剂中化合物数	成分类型	入血（代谢）成分数
马钱子	21	10-16, 18, 21-24, 26, 28, 30, 33, 34, 37, 40, 44	20	生物碱	3（2）
党参	9	32, 35, 64, 115, 196, 200, 238	7	聚炔类、脂肪酸类	2（2）
白术	12	13, 166, 180, 207, 210, 221, 225, 235, 246, 276, 277	11	内酯类	3（2）
茯苓	22	167, 181, 186, 208, 215, 217, 220, 229, 233, 239, 245, 248, 253, 257, 262, 269, 271, 272, 274, 281, 282	21	三萜酸类	9（4）

续表

药材 来源	药材成 分数	制剂中化合物编号	制剂中 化合物数	成分类型	入血（代谢） 成分数
丹参	53	9，17，36，41，48，49，57-60，67，70，80，81，84，86，93，97，102，129，131，134，150，151，158，164，170，172，174，175，178，179，190，191，194，198，201，206，209，214，219，223，227，230，241，243，244，260，265，268，275，283，280	53	二萜类、有机酸类	13
三七	42	53，56，61，65，72，75，82，83，88，89，91，99-101，103，105，109，111，113，114，116，118，119，122-124，126，130，133，137，141，144，146，148，155，156，162，165，168，184，189	41	三萜皂苷类	2
川芎	39	2，3，8，10，13，15，17，19，20，39，42，50-52，62，87，95，98，107，108，110，128，147，149，160，161，171，185，192，193，197，199，237，240，252，254，258，261，263	39	苯酞类	17（8）
牛膝	23	27，31，45-47，73，79，120，121，127，135，136，139，140，143，145，177，188，202，204，205，212	22	三萜类	2
地龙	18	1，4-7，138，213，218，226，234，249，255，273，275，278-280	17	核苷类、脂肪酸类	1
甘草	63	25，29，38，43，54，55，63，66，68，69，71，74，76-78，85，90，92，94，96，104，106，112，117，125，132，142，152-154，157，159，163，169，173，176，182，183，187，195，203，211，216，222，224，228，231，232，236，242，247，250，251，256，259，264，266，267，270	59	黄酮类、三萜类	7（4）

二、基于特有性的质量标志物研究

根据痹祺胶囊组方药材的特点，系统分析马钱子、党参、白术、丹参、茯苓、牛膝、地龙、川芎、三七和甘草中药物成分的生源途径，明确成分的生源学依据及其特有性。

（一）成分特有性分析总体思路和研究模式

1. 特有性的科学内涵及其存在规律

"特有性"的内涵有2个不同层次的内容：①能代表和反映同一类药材的共有性并区别于其他类药材的特征性成分；②能反映同一类、不同种药材之间的差异性成分。由于很多中药基原亲缘接近，成分类似，药效和药性等方面差异和倾向可能反映在成分的种类、含量或不同成分之间的相对比例等方面。

"特有性"是中药鉴别、质量评价和质量控制的重要条件，物质的特有性是决定药材品质功效差异的内在依据。科学的质量评价方法或质量标准应具有对特定药材的"针对性"和

"专属性"，若以普遍存在的成分作为含量测定指标，不能准确评价不同药材各自特有的质量特点。成分的"特有性"是中药质量控制方法"专属性"的基本条件，其重要价值在于可对不同药材进行有效的鉴别、评价和质量控制。因此，中药质量控制应基于中药成分的"特有性"。

2. 特有性的研究模式和分析方法

化学物质组的辨识和表征研究是成分"特有性"确定的前提。要想获得理想的Q-Marker，物质基础的系统辨识和比较研究是重要的基础和先决条件，以植物亲缘关系学、系统与进化植物学、植物化学分类学等理论为基础，分析各原料药材的植物学分类地位、系统位置和起源演化规律；基于原料药材化学物质组和植物亲缘学分析结果，提炼各药材的特有性成分和特征性成分，对各成分进行次生代谢产物生源途径分析，明确成分特有性的生源学依据；结合化学成分的入药部位及显微组织特有性、采收期和生物生长时期的特有性以及生态环境及化学性状环境饰变特点，分析不同基原、不同入药部位、不同炮制方法以及不同采收时间的化学成分差异性证据。

（二）药材成分特有性分析

1. 马钱子

马钱子为马钱科马钱属植物马钱子*Strychnos nux-vomica* L.的干燥成熟种子。分布于缅甸、泰国、中南半岛、马来西亚，最东达菲律宾，在中国云南至福建、台湾的热带线以南等地有栽培。

（1）亲缘学分析　马钱科Loganiaceae为蔷薇亚纲龙胆目下分类，该科植物约29属500种，广泛分布于亚洲、非洲和美洲的热带及亚热带地区，欧洲无该科植物分布。中国产8属，54种，9变种，主要分布于西南部至东部，分布中心在云南。

根据果实的类型，具内生韧皮部与无内生韧皮部，无腺毛与有腺毛等演化特征，我国的马钱科植物分为马钱亚科Loganiodeae和醉鱼草亚科Buddlejoideae，依据托叶鞘状至线状，外果皮不裂至开裂，花冠裂片覆瓦状排列至镊合状排列等不同演化特征，区分为6个族，即灰莉族Potelieae、马钱族Strychnea、钩吻族Gelsemieae、髯管花族Loganieae、度量草族Spigelieae和醉鱼草族Buddlejeae。根据托叶位置和形状、雄蕊的花丝与花药的形态特征，判断出灰莉属是原始类型的代表，马钱属是进化的中间类型，醉鱼草属是进化的代表。

马钱族Strychnea中国有2属，马钱属*Strychnos*和蓬莱葛属*Gardneria*，马钱属*Strychnos*约190种，广泛分布于全世界热带、亚热带地区，是一个泛热带分布类型，我国产10种，2变种，分布于我国西南部、南部及东南部。乔木状的马钱子*Strychnos nux-vomica*为马钱子在药典的唯一基原，山马钱*Strychnos nux-blanda*仅分布于印度、缅甸、泰国和中南半岛，其余8种野生均为藤本，其种子均可不同程度替代马钱子。蓬莱葛属*Gardneria*是亚洲特有属，属于东亚东喜马拉雅-日本分布类型，推测这个属的起源和分化中心是我国云南，很可能是第三纪喜马拉雅造山运动期间发生和发展起来的。

（2）生源学分析　马钱子中的生物碱主要为单萜吲哚类生物碱，是甲戊二羟酸途径（MVA）和氨基酸途径（AA）复合途径形成。首先是乙酰辅酶A形成甲戊二羟酸，通过ATP参与发生反应，形成焦磷酸烯丙酯（IPP）和焦磷酸二甲烯酯（DMAPP），最终形成合成萜类的前体物质——焦磷酸香叶酯（GrPP）、焦磷酸金合欢酯（Farpp）、焦磷酸香叶基香叶酯（GGPP）等。

生物碱的合成离不开氨基酸途径的介入，色氨酸来自莽草酸途径，由莽草酸代谢为分支酸再转化为邻氨基苯甲酸后形成。生物碱类通过氨基酸的参与，在骨架中引入N原子。已有文献报道，马钱子中的生物碱合成途径首先是色氨酸（tryptophan）和焦磷酸香叶酯（geranylpyrophosphate）生成了中间产物缝籽嗪（geissoschizine），通过SnvGO生成中间体dehydropreakuammicine，通过SnvNS$_1$/SnvNS$_2$、SnvNO、SnvWS等酶发生酯水解、脱羧、氧化、还原反应，形成重要中间体魏兰-盖里希醛（Wieland–Gumlichaldehyde），其通过丙二酰化反应生成prestrychnine，再自发催化生成士的宁（strychnine）和异士的宁（isostrychnine），然后通过多种羟化酶和甲基转移酶的修饰，生成了10-羟基士的宁（10-OH strychnine）、β-可鲁勃林（β-colubrine）和11-去甲马钱子碱（11-deMe brucine），最终形成马钱子碱（brucine）（图6-1-1）。

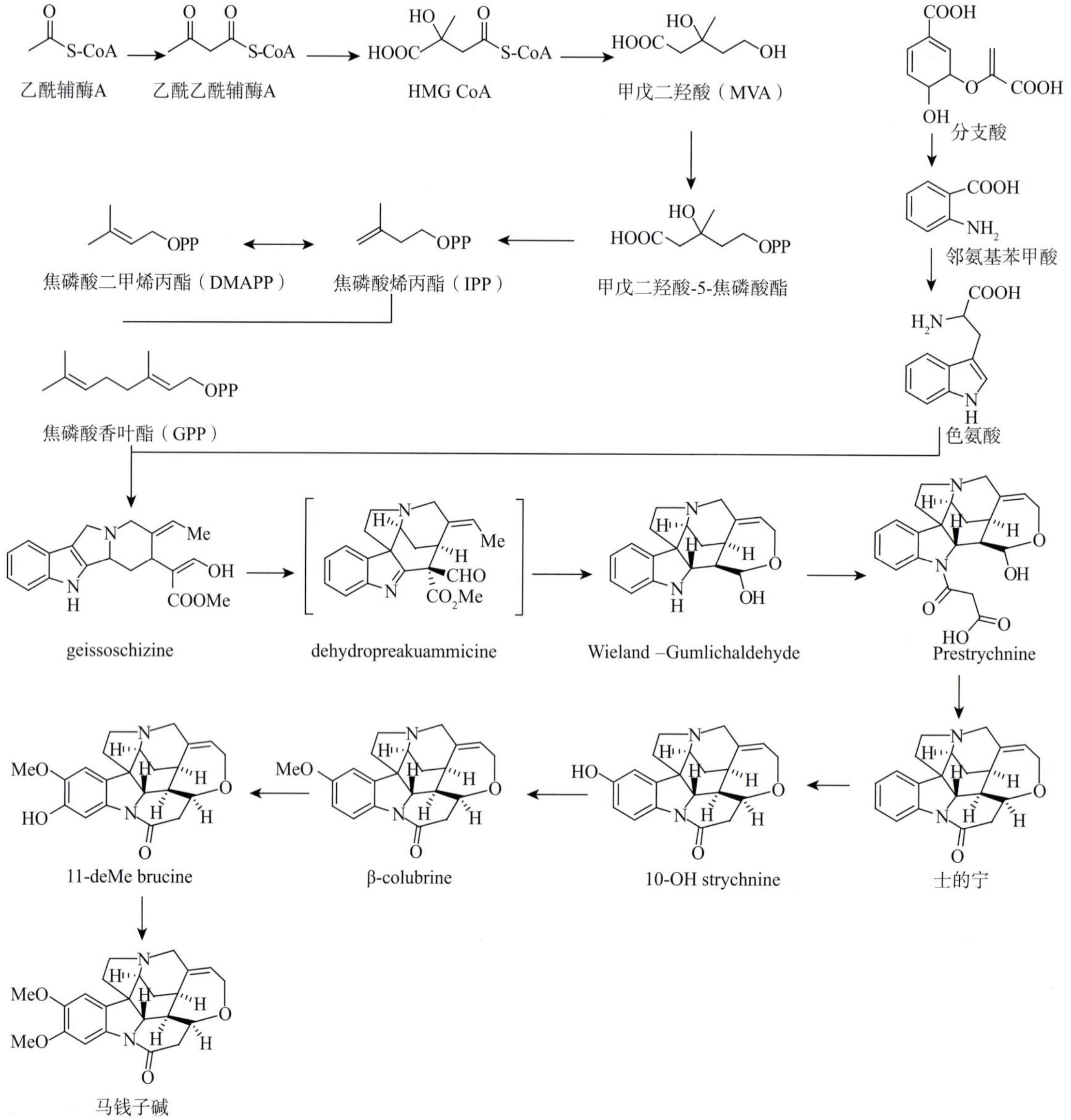

图6-1-1 马钱子生物碱类生物合成途径

（3）特有性理论分析 马钱子碱类生物碱在其他种属植物中未见报道，因此可以认为马钱子碱类生物碱为马钱科植物所特有。此外，合成马钱子碱和士的宁的关键酶SnvAT、Snv10H、SnvOMT和Snv11在马钱科植物中也不共有，马钱属的非洲马钱 Strychnos spinosa 因此无法生成士的宁和马钱子碱，可以认为马钱子碱和士的宁为马钱子所特有。并且，马钱子在临床使用时会加以炮制，常用的炮制方法主要有砂烫、醋炙、油炸法，其炮制前后的化学成分变化值得关注，研究表明，马钱子炮制后，士的宁氮氧化物、马钱子碱氮氧化物含量增加，并且有新的成分生成，而士的宁、马钱子碱的含量显著降低，说明发生了成分的转化。因此，马钱子碱、士的宁是马钱子的特征性成分。

（4）实验证据 痹祺胶囊的化学成分研究中，通过LC-MS技术检测出马钱子中21个化学成分，主要是生物碱类成分，其中士的宁和马钱子碱占主要，根据母核结构的差异生物碱可以分为士的宁型、伪型、氮氧化物型、氮甲基型四类，在结构上体现了生物合成途径的规律。

（5）结论 马钱子碱和士的宁等生物碱为马钱子的特有性成分。

2. 丹参

丹参为唇形科鼠尾草属植物丹参 Salvia miltiorrhiza Bunge 的干燥根及根茎。产于华北、华东等地。丹参的化学成分主要由丹酚酸类和丹参酮类构成。

（1）亲缘学分析 鼠尾草属植物包含约1000种，主要分布于美洲和欧亚大陆，属地中海、西亚至中亚分布型中的地中海至中亚和墨西哥至美国南部间断分布亚型，有中南美洲、中亚-地中海和东亚3个主要的多样性分布中心，分别具有各自独立的起源。鼠尾草属是草甸群落的优势类群，兼具次生木质化能力，显示其具有温带起源属性，从东亚中心的分布扩散规律看，鼠尾草属逐渐从适应高山冷湿环境的多年生狭域物种进化形成适应较干热气候的广布一年生物种。

中国有原产鼠尾草属植物82种24变种，形成了西南向华中至华东的逐步替代性分布，云南与四川两省中国鼠尾草物种分布数量最多，多样性最丰富，横断山区可能是物种多样性形成和分化中心。中国地区分布的鼠尾草属药用植物集中分布在孤隔亚属（Subg. Salvia）宽球苏组（Sect. Eurysphace）、荔枝草亚属（Subg. Sclarea）丹参组（Sect. Drymosphace）和鼠尾草亚属（Subg. Allagospadonopsis），约占中国鼠尾草属植物种类的60%。有研究表明，从化学分类学的角度，宽球苏组和丹参组中植物的亲缘关系更近一些，丹参组可能是一个单独的进化支，其雄蕊的结构类型也有别于鼠尾草属中其他类群的植物。

目前对鼠尾草属亚属间关系的研究，认为中国鼠尾草［除新疆鼠尾草（S. deserta）］植物和日本鼠尾草植物是单独的进化支，而产自中国新疆隶属荔枝草亚属（Subg. Sclarea）多球苏组（Sect. Pleiosphace）的新疆鼠尾草（S. deserta）与自欧洲引进的药鼠尾草（S. officinalis）具有较近的亲缘关系，表明新疆分布的植物在某种程度上属于古地中海植物区系，而中国鼠尾草和日本鼠尾草具有共同的起源。

（2）生源学分析 丹参中酚酸类成分具有多聚酚酸的特殊结构，而大多数多聚酚酸类化合物均为咖啡酸的衍生物，丹参素化学名为β-3,4-二羟基苯乳酸，被认为是各种丹参酚酸类化合物的基本化学结构，迷迭香酸从结构上看是咖啡酸与丹参素的二聚物，丹酚酸B为迷迭香酸二聚体，由3分子丹参素和1分子咖啡酸缩合而成，丹酚酸A由1分子丹参素与2分子咖啡酸缩合而成，因此理论上认为迷迭香酸可能为其他更为复杂的丹酚酸类化合物的代谢前体。迷迭香酸的次生代谢包括苯丙氨酸（phenylpropanoid）和酪氨酸（tyrosine-derived）2条相互平行的支路途径。苯丙氨酸在苯丙氨酸解氨酶（PAL）作用下生成肉桂酸，肉桂酸在肉桂酸-4-羟化酶（C4H）和4-香豆素CoA连接酶（4CL）的催化下生成苯丙氨酸支路途径的产物4-香豆酰CoA。另一支路，酪氨酸在酪氨酸氨基转移酶（TAT）和对羟基苯丙酮酸还原酶（HPPR）作用下经过4-羟基苯丙酮酸生成4-羟基苯乳酸。4-羟基苯乳酸与4-香豆酰CoA在迷迭香酸合成酶（RAS）作用下首先生成2-氧-(4-香豆酰)-3-(4-羟基苯)-乳酸（迷迭香酸生物合成途径中一个重要的中间产物），最后由细胞色素P450蛋白CYP98A14催化生成迷迭香酸。丹酚酸类化合物合成下游途径中迷迭香酸在漆酶作用下氧化成自由基，通过互变异构重排和分子内亲核反应形成中间产物，再经过丹酚酸E进一步催化生成丹酚酸B，或自发直接形成丹酚酸B（图6-1-2）。

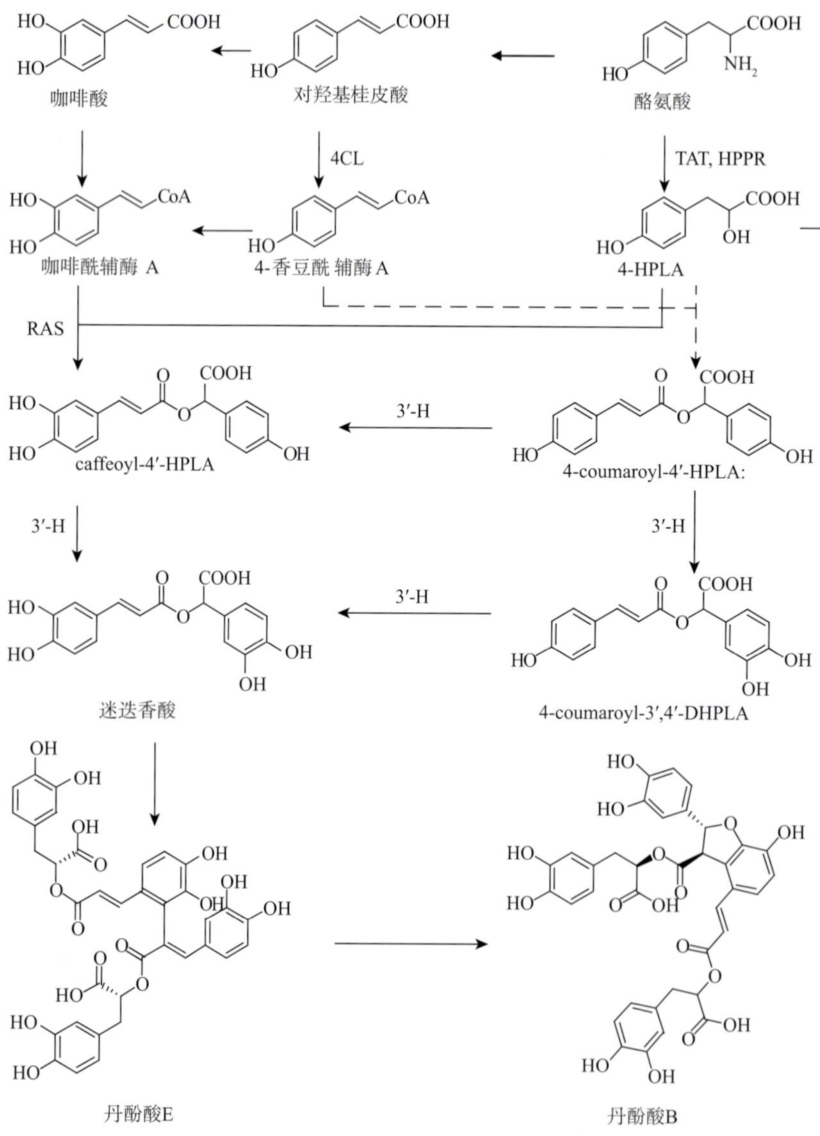

图6-1-2 迷迭香酸生物合成途径

丹参酮类化合物属于二萜，与其他天然二萜类化合物一样，具有共同的上游生物合成途径，即通过位于细胞质中的甲戊二羟酸途径（MVA）和位于质体中的甲基赤鲜醇4-磷酸途径（MEP），分别以乙酰CoA和丙酮酸、3-磷酸甘油醛（G3P）为原料合成焦磷酸烯丙酯（IPP）和焦磷酸二甲烯丙（DMAPP）。IPP和DMAPP在一系列焦磷酸合酶的催化下形成二萜共同前体焦磷酸香叶基香叶酯（GGPP）。次丹参酮二烯（miltiradiene）是形成丹参酮类化合物骨架的第一步，铁锈醇（ferruginol）是第1个CYP450酶修饰生成的化合物，故这2个化合物为丹参酮类化合物生物合成途径上的重要中间体化合物（图6-1-3）。

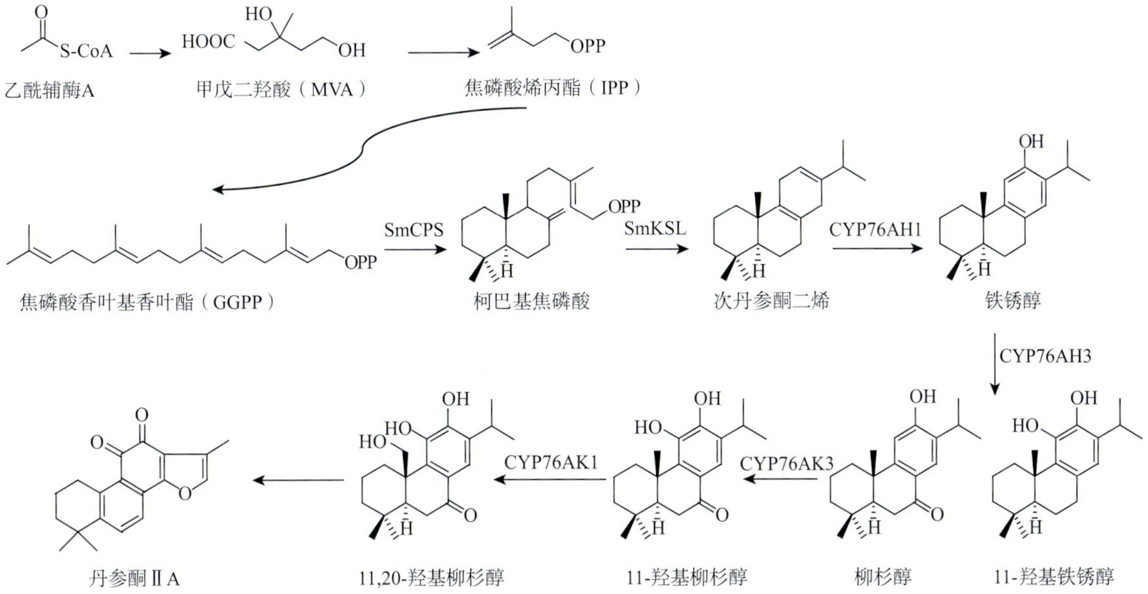

图6-1-3　丹参酮类生物合成途径

（3）特有性理论分析　根据文献报道，鼠尾草属植物的地上部分富含黄酮和三萜类成分，而根部则富含酚酸类及二萜类成分。酚酸类成分广泛分布在中国鼠尾草属植物中，但不同种类的酚酸在不同类群中分布却有明显差异，研究表明鼠尾草属植物尤其是宽球苏组和丹参组植物富含酚酸。在同一物种中根部中的含量往往大于地上部分中的含量。紫草酸和丹酚酸B除了引种的美洲鼠尾草亚属植物中没有检测到，其他3个亚属均有植物含有，在荔枝草亚属丹参组的植物中，这类成分极为丰富，其他类群植物中这两种成分或缺失或微量存在。

丹参酮类化合物主要分布在孤隔亚属宽球苏组和荔枝草亚属丹参组，主要分布在这两个类群中植物的根部，地上部分的含量较低；而在美洲鼠尾草亚属中没有检测到丹参酮，表明宽球苏组和丹参组可能为一个独立的单独进化支。有关鼠尾草属植物的二萜类化合物的研究则表明国内和欧洲分布的鼠尾草属植物的二萜类化合物主要是松香烷型，而美洲的主要是克罗烷型，说明它们在化学分类上具有明显的区别并具有一定的分类学意义。

（4）实验证据　在痹祺胶囊化学成分研究中，对丹参的化学成分进行了分析，共检测出53种化学成分，其中以丹酚酸B为代表的丹酚酸类和以丹参酮ⅡA为代表的丹参酮类成分作为主要成分，仅在丹参中被检出。

（5）结论　以丹酚酸B为代表的丹酚酸类成分和以丹参酮ⅡA为代表的丹参酮类成分是丹参的特有性成分。

3. 牛膝

牛膝为苋科牛膝属植物牛膝 *Achyranthes bidentata* Bl. 的干燥根。除东北外全国广布，以河南古怀庆府地区为道地产区，称"怀牛膝"。主要成分为以齐墩果酸为母核的五环三萜酸类成分以及甾酮类成分。

（1）亲缘学分析 《中国植物志》记载，牛膝属植物约15种，分布于两半球热带及亚热带地区，中国产3种，为土牛膝 *A. aspera*、牛膝 *A. bidentata* 和柳叶牛膝 *A. longifolia*。牛膝 *A. bidentata* 与该属祖型相近，起源于北太平洋扩张早期的第一次泛古大陆，夏威夷和南太平洋岛群的木本类型，是其在后期扩张中留下的孑遗。牛膝亚族 Achyranthinae 的原始类型为巨苋藤属 *Stilbanthus*，属喜马拉雅造山运动中形成的老第三纪古热带孑遗，而牛膝属的分化中心仍在这一带。

（2）生源学分析 牛膝的主要成分为以齐墩果酸为母核的五环三萜酸类成分以及甾酮类成分。在甾体和三萜的生物合成中，角鲨烯和环氧角鲨烯的环合是最重要的途径，2,3-氧化鲨烯通过"椅-船-椅"式构象变化，可以转化为 protosteryl 阳离子，导致羊毛甾醇、环阿屯醇等物质的形成，这些物质又可以进一步衍生为植物甾醇、甾体糖苷生物碱、甾体皂苷等；2,3-氧化鲨烯通过"椅-椅-椅"式构象变化，则导致了各种三萜皂苷苷元的形成，该过程中的第一个中间产物是 dammarenyl 阳离子，dammarenyl 阳离子可以直接生成达玛烯二醇，同时 dammarenyl 阳离子可以进一步被转化为 tirucallanyl 阳离子（生成甘遂烷型皂苷元）或 baccharenyl 阳离子，baccharenyl 阳离子又能被转化为五环的 lupanyl 阳离子，从而形成羽扇豆醇，lupanyl 阳离子的五元环 E 环重新打开，扩展成六元环的过程中产生了中间环化产物 germanicyl 阳离子，该阳离子能进一步生成 oleanyl 阳离子（生成 β-amyrin）和 ursanyl 阳离子（生成 α-amyrin），介导这些反应的酶主要有达玛烯二醇合成酶、羽扇豆醇合成酶、α-香树素合成酶和 β-香树素合成酶等，分别催化 2,3-氧化鲨烯形成达玛烷型、甘遂烷型等四环三萜骨架和齐墩果烷型、乌苏烷型、羽扇豆烷型等五环三萜类骨架（图6-1-4）。

（3）特有性理论分析 目前从牛膝中分离获得的牛膝皂苷类成分，均是以齐墩果烷为原型的五环三萜类成分，其 C-3 或 C-28 位与糖相连。牛膝属植物所含三萜类成分和昆虫变态激素同样在石竹目下的商陆科、石竹科植物中存在，该二科植物富含齐墩果烷型五环三萜皂苷类和甾酮类成分，这意味着此二类成分在石竹目植物中广泛存在，但结构类型在属之间具有明显差异，可以作为特征性成分。

（4）实验证据 在痹祺胶囊化学成分研究中，对牛膝的化学成分进行了分析，共检测出23种化学成分，其中以牛膝皂苷类、甾酮类作为主要成分，仅在牛膝中被检出。

（5）结论 牛膝皂苷类、甾酮类可以作为牛膝的特有性成分。

4. 甘草

甘草为豆科甘草属植物甘草 *Glycyrrhiza uralensis* Fisch.、胀果甘草 *Glycyrrhiza inflata* Bat. 或光果甘草 *Glycyrrhiza glabra* L. 的干燥根和根茎。

（1）亲缘学分析 《中国植物志》中记载，全世界甘草属植物约20种，主要分布于地中海区到亚洲温带，以北半球的寒温带和暖温带的干燥、半干燥地区为主，又以亚洲中东部较为集中；中国分布8种，为粗毛甘草 *G. aspera*、无腺毛甘草 *G. eglandulosa*、光果甘草 *G. glabra*、胀果甘草 *G. inflata*、刺果甘草 *G. pallidiflora*、圆果甘草 *G. squamulosa*、甘草 *G. uralensis* 和云南甘草 *G. yunnanensis*。内蒙古和新疆是甘草适宜和重点分布区域，其产量约占

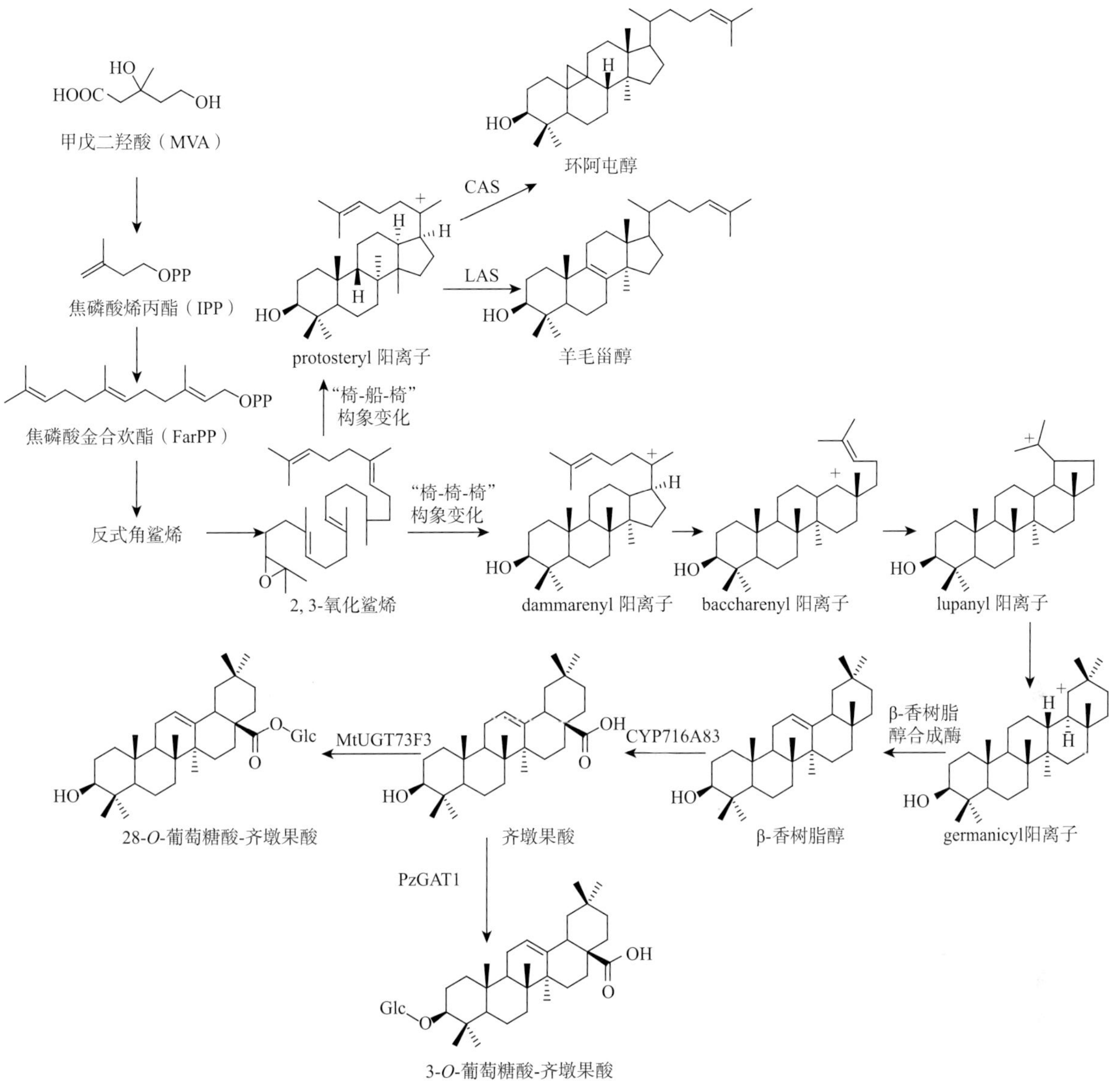

图6-1-4 牛膝皂苷生物合成途径

全国的一半以上。甘草属作为甘草亚族内的唯一属，发源于古地中海地区。不同地区甘草物种丰富度变化较大，由东向西随着大陆性气候加强，降水量减少，甘草群落物种丰富度下降，并且甘草分布区域越广泛，其形态变异幅度越大，无论生长年限、土壤类型和生态环境如何，在茎皮颜色、茎附属物（刺毛）和叶片边缘形状等形态特征均存在显著的变异与分化，研究发现白花和紫花萼类型甘草的甘草酸、甘草苷和异甘草素含量均高于普通花色类型，二者在3-羟基-3-甲基戊二酰辅酶A还原酶（HMGR）基因水平上存在碱基差异。甘草遗传多样性的研究发现，黄甘草、胀果甘草和乌拉尔甘草三者亲缘关系较近，平卧甘草与粗毛甘草存在很大的遗传变异，宁夏地区甘草种群遗传多样性水平最高，甘肃酒泉种群的遗传多样性水平最低。甘草属是一个分类争议较多的属，具有丰富的遗传多样性，《中国植物志》收录甘草属8种植物，将甘草属植物分为"甘草组"和"刺果甘草组"，根和根茎中是否含有甘草酸是分组的区分条件之一，而有的学者认为甘草属植物种类有18种3变种，其中存在争议的物种主要分布在新疆地区。

（2）生源学分析　甘草中的三萜皂苷类和黄酮类成分是甘草属的主要次生代谢产物。甘草中的三萜类成分大多数是以齐墩果烷为原型存在的，可与糖连接为皂苷，糖多为 D-葡萄糖酸，少部分为 D-葡萄糖、鼠李糖、阿拉伯糖等。

甘草中黄酮类成分可分为黄酮、黄酮醇、二氢黄酮、二氢黄酮醇、查耳酮、异黄酮、异黄烷等结构。黄酮类化合物的基本骨架由三个丙二酰辅酶A和一个香豆酰辅酶A通过乙酸-丙二酸途径和莽草酸途径生成查耳酮类化合物-柚皮素查耳酮，查耳酮类化合物可由具有立体选择性的查耳酮异构酶催化生成具有光学活性的（2S）-二氢黄酮。二氢黄酮作为黄酮类化合物生物合成过程中的重要中间体，可经多种反应生成其他黄酮亚类。甘草素、柚皮素在CYP450酶系的异黄酮合酶和细胞色素P450还原酶的协同作用下，发生芳基迁移反应，生成不稳定的2-羟基二氢异黄酮类化合物，随即又在2-羟基二氢异黄酮脱水酶催化下脱水，生成相应的异黄酮类化合物（图6-1-5，图6-1-6）。

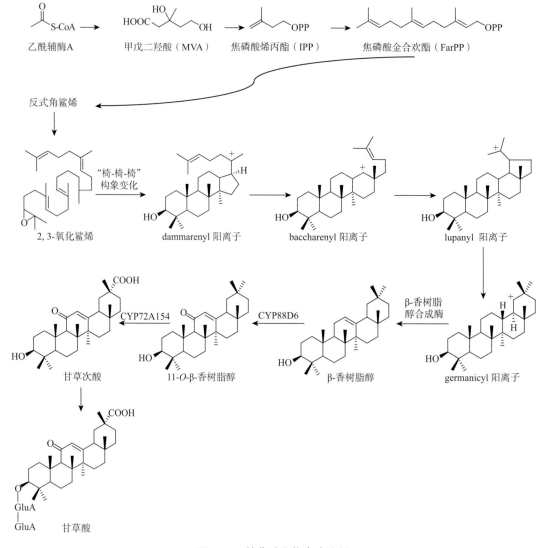

图6-1-5　甘草酸生物合成途径

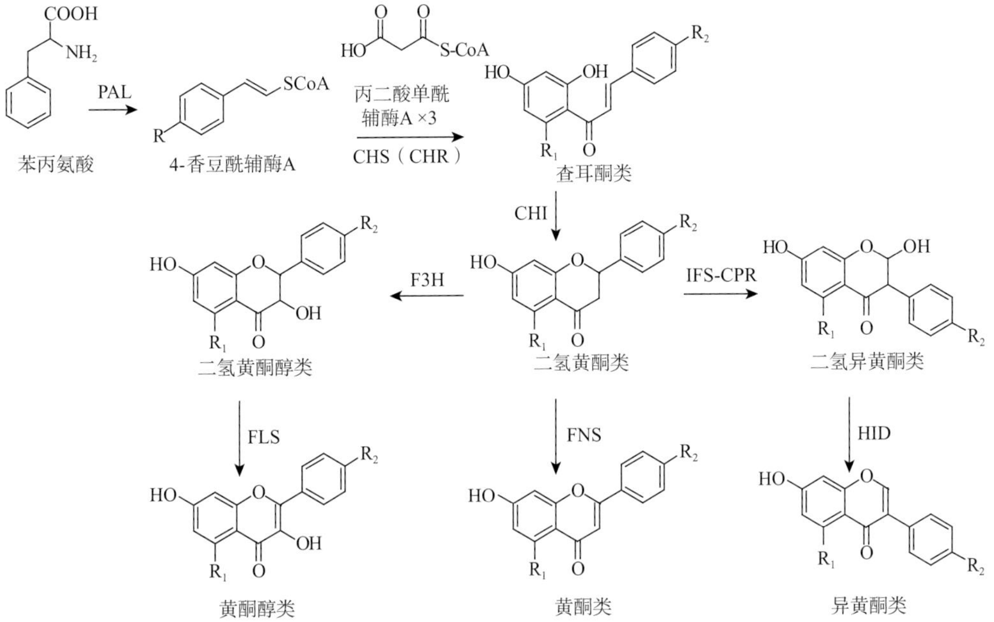

图6-1-6　甘草黄酮类生物合成途径

（3）特有性理论分析　甘草的药效成分是黄酮类和三萜类成分，不同产地的外部环境也会造成甘草中有效成分生物合成相关酶基因表达的差异。在对甘草质量与土壤因子的相关性研究中发现，速效钾、铵态氮及pH对甘草黄酮类成分的合成代谢起关键性作用，并且发现生态条件及种植技术等差异，会造成甘草酸和甘草苷的含量存在差异。而在甘草属植物的化学成分研究中，甘草中的黄酮类成分在甘草属植物中存在差别，如异甘草苷等查耳酮类成分在乌拉尔甘草中含量较高，而异黄烷-3-烯类就未在乌拉尔甘草中被发现。此外，甘草属中11-oxo，Δ^{12}-29/30-COOH齐墩果酸型化合物主要在乌拉尔甘草、胀果甘草和光果甘草中分布，在粗毛甘草和黄甘草中有零星分布。因此，甘草中黄酮类成分和三萜类成分具有特征性。

（4）实验证据　在痹祺胶囊化学成分研究中，对甘草的化学成分进行了分析，共检测出63种化学成分，其中以甘草苷为代表的黄酮类和以甘草酸为代表的三萜类作为主要成分，仅在甘草中被检出。

（5）结论　甘草苷、异甘草苷等黄酮类和甘草酸、甘草次酸等三萜类成分是甘草的特有性成分。

5. 三七

三七为五加科人参属植物三七 *Panax notoginseng*（Burk.）F.H.Chen的干燥根和根茎。

（1）亲缘学分析　人参属植物分布于北美洲东部及亚洲东部，在中国有6个种，3个变种，在北美洲有2个种。人参属植物发源于第三纪古热带山区，属东亚-北美间断分布的植物区系，于第四纪前从始发中心迁移至我国各地及分别通过白令海峡与朝鲜海峡迁移至现北美与日本等地，后由于冰河时期环境剧变，导致大部分地区人参属植物灭绝，仅现存人参属植物生存区存活，其中迁至中国西南地区的类群保持祖先原有倍性。人参属植物的现代分布中心从东喜马拉雅至中国西南地区，特别是云南西北部则是以假人参 *Panax pseudoginseng* Wall. 和竹节参 *Panax japonicus*（T. Nees）C. A. Mey.为核心的近代分化中心，随着海拔和纬度的变化分化出多种内变异类型。结合形态特征及化学成分，人参属划分为两大类群：第一类群被认为是古老类群，典型植物有人参*Panax ginseng* C. A. Mey、西洋参*Panax quinquefolius* L.、三七；第二类群被认为是进化的类群，典型植物有竹节参、姜状三七。假人参在形态上属于第一类群，但在化学成分上与第二类群相一致，是过渡类群。

（2）生源学分析　人参属古老类群的特征性成分组包括：①氨基酸-三七素；②以达玛烷型四环三萜皂苷为主的皂苷成分。植物达玛烷型四环三萜皂苷的合成主要通过甲戊二羟酸（MVA）途径，一般可分为3个阶段：①合成焦磷酸烯丙酯（IPP）和二甲基烯丙基焦磷酸（DMAPP）；②由异戊烯基转移酶和萜类环化酶催化IPP和DMAPP形成2,3-氧化鲨烯；③2,3-氧化鲨烯依次经过环化、羟基化修饰后最终形成原人参二醇型、原人参三醇型皂苷（图6-1-7）。

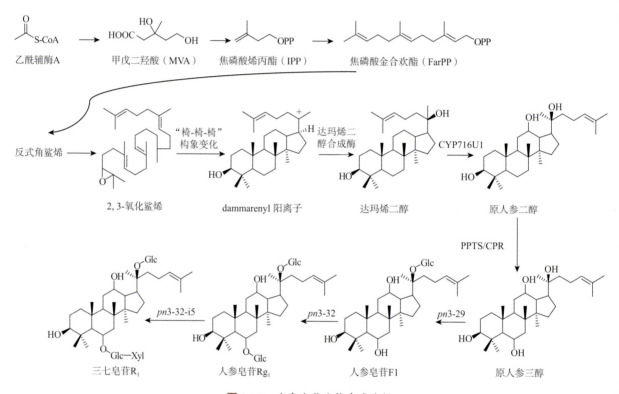

图6-1-7　人参皂苷生物合成途径

三七素主要分布于山黧豆属、人参属等植物中，先前研究表明，山黧豆*Lathyrus sativus* L.中三七素由β-异噁唑啉-5-酮丙氨酸合成。而在三七中未检测到β-异噁唑啉-5-酮丙氨酸的前体物质异噁唑-5-酮，表明三七中三七素生物合成可能有别于山黧豆（图6-1-8）。

（3）特有性理论分析　三七不含齐墩果烷型五环三萜皂苷，这与人参、西洋参有所区别，且三七含有特有的皂苷类成分-三七皂苷R$_1$等。古老类群共有皂苷成分（人参皂苷Rg$_1$、人参皂苷Re、人参皂苷Rb$_1$）比例存在明显差异，Rg$_1$、Re与Rb$_1$比例在人参中约为1.7∶1∶1.5，西洋参中约为0.2∶1∶1.2，三七中约为8∶1∶7。

药用植物次生代谢产物生物合成具有组织和器官的特异性。三七药材为其原植物的根和根茎，其中主根为临床主要药用部位，三七的药用部位还包括侧根、须根等部分，化学成分在不同的部位中也存在含量上的差异，研究表明不同药用部位中，三七总皂苷及单体皂苷含量趋势均表现为芦头＞主根＞须根＞筋条。民间也有使用三七叶和三七花的情况，三七的地上部位以原人参二醇型皂苷为主，而地下部位以原人参三醇型皂苷为主。三七炮制前后化学成分也有明显变化，与生品三七相比，不同炮制品（蒸制品、油炸品和砂炒品）中（人参皂苷Rg_1、人参皂苷Rb_1、人参皂苷Re、人参皂苷Rd和三七皂苷R_1）含量均有不同程度的降低。并且三七在蒸制过程中，三七素的含量明显减少，可能是因为三七素在高温、高压下不稳定，发生了脱羧反应。

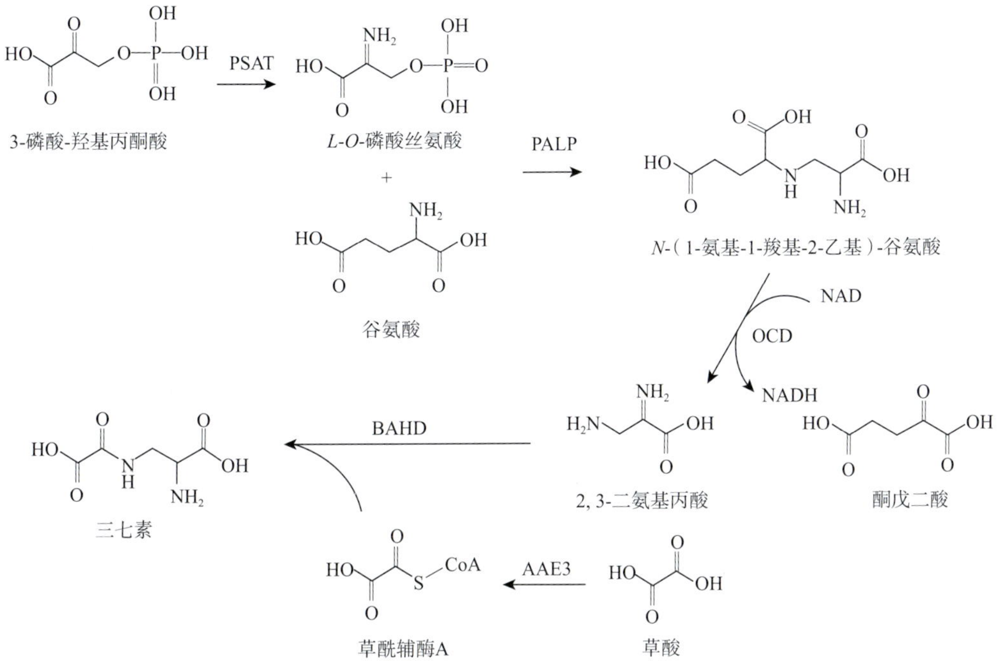

图6-1-8 三七素生物合成途径

（4）实验证据 在痹祺胶囊化学成分研究中，对三七的化学成分进行了分析，共检测出42种化学成分，其中以人参皂苷Rg_1、三七皂苷R_1为代表的人参皂苷类作为主要成分，仅在三七中被检出。

（5）结论 三七皂苷R_1可作为三七的特有性成分。

6. 白术

白术是菊科刺苞亚族苍术属植物白术*Atractylodes macrocephala* Koidz.的干燥块茎。在江苏、浙江、福建、江西、安徽、四川、湖北及湖南等地有栽培。白术的化学成分主要为倍半萜类，包括苍术酮、白术内酰胺、白术内酯Ⅰ、白术内酯Ⅱ、白术内酯Ⅲ、白术内酯Ⅳ等。

（1）亲缘学分析 菊科是种子植物中分化程度最高，含属、种数量最多，并能适应多种生态环境生长的最大的科，广泛分布于世界各地。苍术属是单系类群，从地理分布看，可能原广布于古北大陆东岸至地中海北岸，后被草原荒漠隔离，地中海为其属级分化中心。苍术属植物共7种，现分布于亚洲东部，中国现有该属5个种，分别是朝鲜苍术*Atractylodes coreana*（Nakai）Kitam.、苍术*Atractylodes lancea*（Thunb.）DC.、鄂西苍术*Atractylodes carlinoides*（Hand. -Mazz.）Kitam.、白术*Atractylodes macrocephala* Koidz.和关苍术*Atractylodes japonica* Koidz. ex Kitam.。

（2）生源学分析 倍半萜类是苍术属植物的主要活性成分之一，种类较多。而苍术酮仅分布于菊科苍术属，本属内各植物均含有该成分，其含量变化主要与物种有关，与环境的关系较小，可作为苍术属植物的特征性成分。倍半萜类成分具有共同的生源途径——甲戊二羟酸途径，首先通过乙酰辅酶A反应生成焦磷酸异戊烯酯，后进一步合成焦磷酸香叶酯、焦磷酸金合欢酯，焦磷酸金合欢酯在倍半萜环化酶催化作用下合成倍半萜。经双键断裂缩合形成中间体后，经氧化、脱水生成苍术酮，苍术酮自身氧化开环形成双烯醇结构，此结构不稳定，形成1,4-二羰基化合物，其中1个羰基以醛的形式存在，进一步氧化成酸，再经过不同程度的氧化、双键转位后闭环形成白术内酯Ⅰ、白术内酯Ⅲ或者偶联成双白术内酯。白术内酯Ⅱ由白术内酯Ⅲ脱水后生成。白术主要成分包括白术内酯Ⅰ、Ⅱ、Ⅲ等在内的多种倍半萜类成分，在植物代谢及次生代谢过程中，苍术酮作为特有的中间体，从而形成了独有的白术内酯类化合物（图6-1-9）。

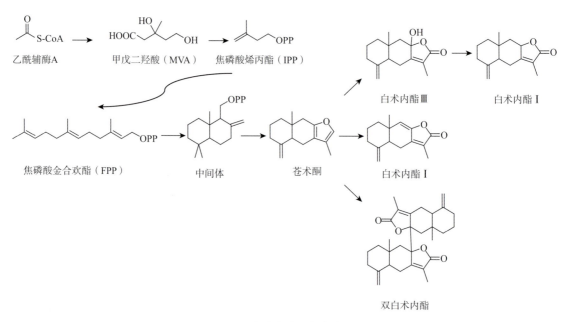

图6-1-9　白术内酯生物合成途径

（3）特有性理论分析　苍术属植物可以分为2个大组，第1组叶具叶柄，挥发油中含有大量苍术酮，包括鄂西苍术、白术和关苍术。第2组叶无柄，根茎中苍术酮含量相对较少，包括苍术、北苍术和朝鲜苍术。有叶柄组和无叶柄组在外观形态和化学成分上的差异，也反映在传统疗效上。苍术属植物均有健脾燥湿作用，但苍术类药材包括苍术、北苍术和朝鲜苍术药性苦烈雄厚，白术类药材甘润缓和；苍术燥湿，功兼里外，白术燥湿，侧重于里；苍术健脾，主要在于燥湿，白术健脾，关键在于补中。谭小娟等通过对白术生品、炮制品的指纹图谱进行研究比较，发现其中的白术内酯是其炮制前后变化的关键成分，为白术质量标志物的发现提供了实验依据。

（4）实验证据　在痹祺胶囊化学成分研究中，对白术的化学成分进行了分析，共检测出12种化学成分，其中白术内酯Ⅰ、Ⅱ、Ⅲ和苍术酮作为主要成分，仅在白术中被检出，是白术的特征性成分。

（5）结论　白术内酯类成分可以作为白术的特有性成分。

7. 川芎

川芎是伞形科芹亚科阿米芹族藁本属植物川芎 *Ligusticum chuanxiong* Hort.的干燥根茎。

（1）亲缘学分析　藁本属植物全球约60种，分布于北温带，中国约30种，其中28种集中分布在东经95°～102°，北纬22°～31°，包括云南西北部、四川东西部、湖北西部、西藏东部和南部，说明该地区不仅是藁本属种类分布的多度中心，也是藁本属分布的多样化中心。东亚的东北部可能为起源地，而祖型系第一次泛古大陆北太平洋扩张时开始形成。

（2）生源学分析　苯丙素类化合物多数是由莽草酸通过桂皮酸途径形成苯丙氨酸和酪氨酸，再发生脱氨、氧化还原等反应生成咖啡酸和对羟基桂皮酸，最终形成香豆素母核结构——伞形花内酯，再发生一系列反应生成藁本内酯、洋川芎内酯等特征性成分（图6-1-10）。

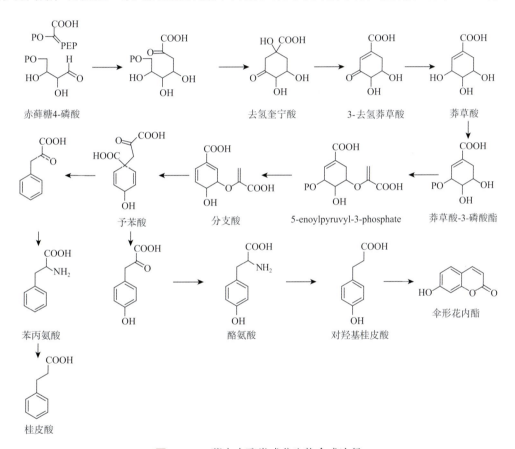

图6-1-10　藁本内酯类成分生物合成途径

（3）特有性理论分析　藁本属植物有相似的植物分类学特征和较为相近的化学成分，其中苯酞类成分与酚酸类被认为是藁本属的有效成分，苯酞类成分是其主导香味成分，也是其活性成分，具有抗炎、抗氧化、抗凋亡和神经保护等作用，对动脉粥样硬化、冠心病等心血管疾病、脑出血、脑缺血等脑血管疾病均有不错的治疗效果。传统中医学中，川芎有"益气补血"之功效，现代医学认为"益气补血"即改善微循环，提高机体免疫调节的能力，这也与苯酞类成分对多种疾病有广泛的药理作用互相联系。

（4）实验证据　在痹祺胶囊化学成分研究中，对川芎的化学成分进行了分析，共检测出39种化学成分，其中以洋川芎内酯A和藁本内酯为代表的苯酞类作为主要成分，仅在川芎中被检出。

（5）结论　藁本内酯等苯酞类成分可以作为川芎的特有性成分。

8. 党参

党参为桔梗科党参属植物党参 *Codonopsis pilosula*（Franch.）Nannf.、素花党参 *Codonopsis pilosula* Nannf.var. *modesta*（Nannf.）L.T.Shen 或川党参 *Codonopsis tangshen* Oliv. 的干燥根。党参产自西藏东南部、四川西部、云南西北部、甘肃东部、陕西南部、宁夏、青海东部、河南、山西、河北、内蒙古及东北等地区；素花党参为党参变种，产自四川西北部、青海、甘肃及陕西南部至山西中部；而川党参为党参属另一变种，产自四川北部及东部、贵州北部、湖南西北部、湖北西部以及陕西南部。

（1）亲缘学分析　桔梗科在世界范围内广布，有60～70个属，大约2000种，但主产地为温带和亚热带，个别属在北半球可伸至寒带。从植物区系来看，东亚区、地中海区和开普区（位于南非的西南部）是桔梗科的多度中心，但因为在东亚区和地中海区面积较大，属的分布又不均匀，在东亚区以西南部（即中国西南部）最集中，在地中海区以巴尔干半岛最集中。因此更确切地说，中国西南部，巴尔干半岛和开普区是桔梗科的多度中心。桔梗科的多样性研究发现，通过花粉、果实开裂方式等形态学特征，对桔梗科植物的归群进行分析，发现桔梗科最大的多样性中心在东亚区。在桔梗科的原始与进化类型的研究中发现，蓝钟花属 *Cyananthus* 和党参属 *Codonopsis* 中那种具多条长沟的花粉是原始的，具孔的花粉是进化的，最终判断出东亚是桔梗科原始类型的中心，而开普区和地中海区则是次生分化中心。可以看出党参属在桔梗科分类体系中处在较原始的地位，并且在地理位置上也相对独立。我国是世界党参的主要产区和分布中心，全世界有党参属植物40余种，中国党参属植物有39种12变种，党参 *Codonopsis pilosula*（Franch.）Nannf.主要分布于华北、东北、西北部分地区，全国多数地区引种，商品名称"潞党"，东北产的称"东党"，山西五台山野生的称"台党"；素花党参 *Codonopsis pilosula* Nannf.var. *modesta*（Nannf.）L.T. Shen 主要分布于甘肃、陕西、青海以及四川西北部，甘肃文县、四川平武产者又称"纹党""晶党"，陕西凤县和甘肃两当产者则称"凤党"；川党参 *Codonopsis tangshen* Oliv.主要分布于湖北西部、湖南西北部、四川北部和东部接壤地区以及贵州北部，商品原称单枝党、八仙党，因形多条广，又称"条党"。

（2）生源学分析　党参的化学成分主要为聚炔类和木质素类等。聚炔类成分是党参中的特征性成分之一，以党参炔苷为代表。聚炔类成分的生源途径不复杂，是由长链脂肪酸，经过一系列的水解、还原、氧化等转化途径衍生而来的代谢产物。基于几乎所有的天然聚炔类化合物的碳链都不具支链，而且大部分有孤立的顺式双键，这一双键的存在形式从末端甲基开始比较，与油酸中的双键一样。从而认为聚炔类的形成始于脂肪酸中的油酸。以同位素标记的油酸同系物施给植物，发现只有油酸是聚炔类化合物的母体化合物，而不是那些碳链已经缩短了的同系物。其途径是油酸通过还阳参油酸这一关键的中间体（在植物体中可与聚炔类共存的单炔键脂肪酸之一），再经过连续脱氢等变化，产生一系列聚炔类化合物。简单的碳链缩短可通过脱羧而产生C17聚炔类诸如镰叶芹酮，进一步降解生成C13碳氢化合物如戊炔一烯。

（3）特有性理论分析　党参炔苷对乙醇造成的胃黏膜损伤有很好的保护作用，这与党参的补中益气的传统功效相符，为党参胃黏膜保护作用的活性成分。党参炔苷具有很好的专属性和特征性，被用来作为指标性成分对党参进行定性鉴别和含量测定，使党参的质量标准评价有具体的量化指标。有研究对不同来源的党参作了党参炔苷含量的测定，结果显示不同种、同种不同产地及不同加工方法的党参中党参炔苷的含量存在显著差异。因此党参炔苷可作为党参品质评价的参考。

（4）实验证据 在痹祺胶囊化学成分研究中，对党参的化学成分进行了分析，共检测出9种化学成分，其中党参炔苷和党参苷I作为主要成分，仅在党参中被检出，说明其具有特征性。

（5）结论 党参炔苷可以视为党参的特有性成分。

9. 茯苓

茯苓为多孔菌科茯苓属真菌茯苓 *Poria cocos*（Schw.）Wolf. 的干燥菌核。广泛分布于华东、华南、西南等地区，主产于安徽、云南、湖北。

（1）亲缘学分析 多孔菌科下级分类诸多，常用作药材的有茯苓属的茯苓、多孔菌属的猪苓、云芝属的云芝等。

（2）生源学分析 茯苓三萜类化合物的生物合成由甲戊二羟酸（MVA）途径合成，以乙酰辅酶A为原料，进一步合成MVA，再经转化成焦磷酸异戊烯酯（IPP）和焦磷酸γ, γ-二甲基烯丙酯（DMAPP），两者经法尼基焦磷酸合成酶（FPS）催化生成焦磷酸金合欢酯（FPP），接着在鲨烯合酶（SQS）的催化下合成鲨烯，进而转化为茯苓三萜。

（3）特有性理论分析 多孔菌科真菌所含化合物类型基本相同，为三萜类成分，主要包括3种类型：羊毛甾烷型、麦角甾烷型和羽扇豆烷型，但多数化合物结构有差别。目前在茯苓中分离得到的三萜类成分，多以四环三萜的结构呈现，按照其骨架结构可以分为羊毛甾-8-烯型、羊毛甾-7,9（11）-二烯型、3,4-开环-羊毛甾-8-烯型以及3,4-开环-羊毛甾-7,9（11）-二烯型，并且茯苓中的茯苓酸、去氢土莫酸等主要羊毛甾烷型三萜未在其他菌种中被发现，说明这类成分具有特征性。对茯苓传统功效的现代研究表明，茯苓中的三萜类成分是发挥其利水渗湿功效的物质基础，可能是由于其所含的四环三萜类化学成分（茯苓酸、猪苓酸C、去氢土莫酸、3-表去氢土莫酸等）与醛固酮结构相类似，抑制了肾小管对Na^+的重吸收和K^+的排泄。

（4）实验证据 在痹祺胶囊化学成分研究中，对茯苓的化学成分进行了分析，共检测出22种化学成分，其中以茯苓酸为代表的羊毛甾烷型三萜类作为主要成分，仅在茯苓中被检出。

（5）结论 以茯苓酸为代表的羊毛甾烷型三萜类成分应为其特有性成分。

10. 地龙

地龙为环节动物门寡毛纲后孔目钜蚓科动物参环毛蚓 *Pheretima aspergillum*（E.Perrier）、通俗环毛蚓 *Pheretima vulgaris* Chen.、威廉环毛蚓 *Pheretima guillelmi*（Michaelsen）或栉盲环毛蚓 *Pheretima pectinifera* Michaelsen的干燥体。

（1）特有性理论分析 次黄嘌呤具有止喘活性，氨基酸具有抗凝血作用，琥珀酸的解热、抗癫痫作用与传统功效"清热定惊"一致；不饱和脂肪酸抗动脉粥样硬化、防治骨质疏松、蚓激酶、纤溶活性蛋白酶EQY-4、胍乙基磷酸丝氨酸激酶、纤溶活性蛋白抑制血小板聚集和溶栓活性，氨基酸的抗凝血，琥珀酸、肌苷的镇痛作用与传统功效"通络"一致；次黄嘌呤和琥珀酸的止喘活性、多不饱和脂肪酸改善气道通气功能与传统功效"平喘"一致。

（2）实验证据 在痹祺胶囊化学成分研究中，对地龙的化学成分进行了分析，共检测出18种化学成分，其中氨基酸类和核苷类为主要成分。

（3）结论 核苷类和多肽类成分可作为地龙的特有性成分。

（三）基于特有性的质量标志物确定

本部分对痹祺胶囊组成药味进行了"特有性"化学成分的分析，通过分析植物亲缘学、起源演化规律、次生代谢生源途径和炮制加工成分转化等影响中药成分转化的先天、后天因素，得到各药味在痹祺胶囊中的特有性化合物类群：马钱子中的生物碱类，党参中的聚炔类，白术中的内酯类，茯苓中的羊毛甾烷型三萜类，丹参中的丹酚酸类和丹参酮类，三七中的人参皂苷类，川芎中的苯酞类，牛膝中的五环三萜类和昆虫变态激素类甾酮，地龙中的核苷和多肽类，甘草中的黄酮和三萜类；并结合前期研究得到的体内外化学成分，基于物质传递与溯源的原则，最终选择出痹祺胶囊的特有性成分：马钱子中的马钱子碱和士的宁，党参中的党参炔苷，白术中的白术内酯 Ⅰ、Ⅱ、Ⅲ，茯苓中的茯苓酸和去氢土莫酸，丹参中的丹酚酸B和丹参酮Ⅱ$_A$，三七中的三七皂苷R$_1$，川芎中的藁本内酯和洋川芎内酯A，牛膝中的牛膝皂苷和蜕皮甾酮，地龙中的次黄嘌呤和多肽类，甘草中的甘草苷、异甘草苷和甘草次酸。

三、基于有效性的质量标志物研究

在全面分析痹祺胶囊化学成分和作用特点的基础上，采用整体动物、细胞分子模型、系统生物学和网络药理学等方法，阐释痹祺胶囊的质量标志物。

（一）基于整体动物模型的"有效性"研究

"有效性"是质量标志物确定的重要条件。痹祺胶囊具有益气养血、祛风除湿、活血止痛的作用，临床上用于气血不足，风湿瘀阻，肌肉关节酸痛，关节肿大、僵硬变形或肌肉萎缩，气短乏力；风湿、类风湿关节炎，腰肌劳损，软组织损伤属上述证候者。课题组采用Ⅱ型胶原诱导的关节炎（collagen-induced arthritis，CIA）大鼠模型，研究痹祺胶囊在整体动物模型下对类风湿关节炎大鼠的改善作用，并研究其作用机制，为其有效性提供实验依据。

实验发现，痹祺胶囊可对模型大鼠踝关节病变情况有不同程度改善，具体可见足肿胀度、关节炎评分显著降低，血清中RF、IL-17、TNF-α、IL-1β、IFN-γ含量显著降低，IL-10水平增高，脾脏、胸腺指数降低，踝关节骨、软骨组织损伤减轻，炎性细胞浸润、滑膜结缔组织增生减少。说明痹祺胶囊对CIA大鼠模型治疗效果较好，通过抗炎、免疫调节等发挥治疗作用。

（二）基于系统生物学的"有效性"研究

在整体动物药效学研究的基础上，进一步对痹祺胶囊进行蛋白质组学和代谢组学研究，并进行整合分析，从关键蛋白和代谢通路角度阐释其作用机制。

采用TMT技术筛选在类风湿关节炎发病前后及痹祺胶囊干预前后的实验大鼠的膝关节组织内的差异表达蛋白。结果发现，模型组和空白组比较，共有1583个差异蛋白，其中上调蛋白有784个，下调蛋白有799个；痹祺胶囊给药组与模型组比较，共有234个差异蛋白，其中上调蛋白有124个，下调蛋白有110个，经痹祺胶囊治疗有回归趋势的差异蛋白共有121个与类风湿关节炎疾病靶点取交集，得到38个回调蛋白，推断它们在类风湿关节炎的发病过程及痹祺胶囊治疗的作用机制中发挥了关键性作用，极有可能成为痹祺胶囊治疗类风湿关节炎的潜在靶标蛋白。对38个回调蛋白进行生物信息学分析发现，痹祺胶囊通过调节蛋白酪氨酸磷酸酶（PTPN22）、整合素β$_2$（ITGB2）、钙调蛋白（CALM2）、前列腺素合成酶（PTGIS）、激活钙调磷酸酶（PPP3R1）等关键蛋白的表达，干预了类风湿关节炎信号通路、破骨细胞分化信号通路、VEGF信号通路、PI3K-Akt信号通路、mTOR信号通路、TNF信号通路、钙离子信号通路、TGF-β信号通路、T细胞和B细胞信号通路等相关通路的转导，进而从调节免疫表达、抗炎止痛、抑制破骨细胞分化、抑制滑膜血管翳形成、抑制关节破坏、活血化瘀等方面发挥治疗作用。

通过UPLC-Q/TOF-MS，建立类风湿关节炎大鼠血清代谢指纹图谱，利用主成分分析进行模式识别，寻找与类风湿关节炎相关的潜在生物标志物，探讨类风湿关节炎相关的内在代谢循环途径和信号通路。通过分析，表征了18个类风湿关节炎血液差异代谢标志物，痹祺胶囊治疗组对其中14个生物标志物产生了逆转作用，主要干预前列腺素$F_{2\alpha}$、12-酮-白三烯B_4、马尿酸、酮戊二酸、L-苯丙氨酸等内源性代谢物的表达，调节花生四烯酸代谢通路、嘌呤代谢通路、TCA循环、醚脂代谢、苯丙氨酸代谢等信号通路，在机体供能、抗炎及免疫调节过程中发挥作用，从而达到对类风湿关节炎的治疗效果。

（三）基于网络药理学的"有效性"研究

在化学物质组及药效作用机制研究的基础上，采用网络药理学研究方法，建立痹祺胶囊"化合物-靶点-通路-药理作用-功效"网络，预测质量标志物。

实验预测出39个化合物的作用蛋白靶点124个，干预的通路80条，这些蛋白靶点及通路与免疫系统、炎症反应、血液系统、血管生成、软骨保护、疼痛反应等相关。研究结果体现了痹祺胶囊治疗类风湿关节炎的多成分、多靶点、多途径作用机制，其中党参中的党参苷Ⅱ，丹参中的丹参酮Ⅰ、丹参新酮，三七中的三七皂苷R_1，川芎中的阿魏酸，甘草中的异甘草素可作用于IL-2、IL-4、IL-10、ABCG2等，为痹祺胶囊发挥固有免疫的潜在物质基础之一，另外党参、茯苓、白术中的多糖成分均具有免疫调节作用，也可能为痹祺胶囊益气养血功效的潜在物质基础；马钱子中的士的宁、马钱子碱、咖啡酸、奎宁酸，丹参中的丹酚酸B、迷迭香酸、丹参酮Ⅱ$_A$，三七中的三七皂苷R_1、人参皂苷Rg_1、人参皂苷Rb_1，川芎中的阿魏酸，甘草中的甘草苷、异甘草素可富集到TNF、IL-1β、IL-6、IFN-γ、CCL2、CD68、CRP等与炎症相关的靶点，为痹祺胶囊发挥抗炎作用的潜在物质基础；马钱子中的士的宁、马钱子碱、番木鳖苷酸、咖啡酸、奎宁酸，党参中的党参炔苷、党参苷Ⅱ，丹参中的迷迭香酸、隐丹参酮、丹参酮Ⅰ、丹参酮Ⅱ$_A$、丹参新酮，三七中的三七皂苷R_1、人参皂苷Rg_1，川芎中的阿魏酸、Z-藁本内酯、洋川芎内酯A、洋川芎内酯Ⅰ，甘草中的异甘草素可作用于PTGS2、NR3C1、MAPK家族1、3、8、9等靶点，为痹祺胶囊镇痛的潜在物质基础；马钱子中咖啡酸，党参中党参炔苷，白术中白术内酯Ⅰ，茯苓中土莫酸、去氢土莫酸、茯苓酸B，丹参中迷迭香酸、隐丹参酮、丹参酮Ⅰ、丹参酮Ⅱ$_A$，三七中的三七皂苷R_1，川芎中的阿魏酸，甘草中的异甘草素，地龙中次黄嘌呤可作用于FN1、ITGAM、F2、VEGFA等靶点，为痹祺胶囊发挥活血作用的潜在物质基础。

（四）基于体外细胞药效模型的"有效性"研究

实验通过LPS诱导RAW264.7细胞建立体外炎症模型、TNF-α诱导的人类风湿关节炎成纤维样滑膜细胞（RA-HFLS）模型、RAW264.7与RANKL和M-CSF共培养诱导其分化为破骨细胞模型实验，探讨痹祺胶囊及方中19个重要单体成分马钱子碱、士的宁、党参炔苷、白术内酯Ⅲ、茯苓酸、丹参素、丹参酮Ⅱ$_A$、丹酚酸B、迷迭香酸、三七皂苷R_1、人参皂苷Rg_1、人参皂苷Rb₁、阿魏酸、藁本内酯、蜕皮甾酮、牛膝皂苷D、次黄嘌呤、甘草次酸、甘草苷对炎症因子表达的影响、对RA-HFLS细胞增殖和凋亡的影响及对破骨细胞形成的影响。

结果发现，痹祺胶囊能显著降低LPS诱导的RAW264.7细胞NO、TNF-α和IL-6的含量，且具有浓度依赖性，说明痹祺胶囊具有较好的抗炎作用。同时，来自10味药材中的19个单体化合物对LPS诱导的RAW264.7细胞炎症模型均有不同程度的抑制作用，细胞上清液中的NO、TNF-α和IL-6表达下调，并呈现良好的浓度依赖关系，说明19个单体化合物的抗炎作用与抑制NO、TNF-α和IL-6释放有关。痹祺胶囊能显著抑制TNF-α诱导的RA-HFLS细胞增殖，并且能显著促进HFLS-RA细胞的凋亡。马钱子中的马钱子碱和士的宁，丹参中的丹参素和丹参酮ⅡA，川芎中的阿魏酸和藁本内酯，牛膝中的蜕皮甾酮，地龙中的次黄嘌呤，甘草中的甘草次酸9个化合物对HFLS-RA细胞的增殖均有显著的抑制作用，可能为痹祺胶囊中发挥抑制滑膜增生的主要药效物质基础。痹祺胶囊能显著减少RANKL和M-CSF诱导RAW264.7分化为破骨细胞的数量，并能显著降低破骨细胞标志基因 *CTSK* 和 *TRAP* 的相对表达量。马钱子碱、士的宁、党参炔苷、茯苓酸、丹参素、丹酚酸B、迷迭香酸、三七皂苷R₁、人参皂苷Rg₁、人参皂苷Rb₁、藁本内酯、甘草次酸和甘草苷13个化合物对破骨细胞的形成均有显著的抑制作用，均能显著抑制 *CTSK* 和 *TRAP* 基因的表达，可能为痹祺胶囊发挥抑制破骨细胞分化的主要药效物质基础。

（五）基于受体结合实验的"有效性"研究

选取了与抗炎止痛相关的受体：COX-2、NOS、NF-κB、CCR4；与活血相关的受体：Thrombin、PDE3A、ADRA1A；与抑制血管翳生成相关的受体：VEGFR；以及与抑制基质降解相关的受体MMP-3为研究载体，评价痹祺胶囊及其19个单体成分干预后对受体的拮抗或激动作用以及对酶的抑制活性。

结果发现，痹祺胶囊通过抑制COX-2、NOS、NF-κB、CCR4的活性，减少致炎因子的合成分泌，发挥抗炎止痛、保护滑膜组织和软骨关节的作用。COX-2抑制剂可能为士的宁、党参炔苷、茯苓酸、丹参素、丹参酮ⅡA、丹酚酸B、迷迭香酸、人参皂苷Rb₁、阿魏酸、藁本内酯、牛膝皂苷D；NOS抑制剂可能为马钱子碱、士的宁、党参炔苷、白术内酯Ⅲ、茯苓酸、丹参素、丹参酮ⅡA、丹酚酸B、迷迭香酸、三七皂苷R₁、人参皂苷Rg₁、人参皂苷Rb₁、藁本内酯、蜕皮甾酮、甘草苷；NF-κB抑制剂可能为丹参素、迷迭香酸、丹酚酸B；CCR4抑制剂可能为：藁本内酯、牛膝皂苷Ⅳ、甘草次酸；痹祺胶囊通过抑制Thrombin、PDE3A、ADRA1A活性，使血液中血小板、凝血因子等表达降低，进而舒张血管，发挥活血散瘀的作用，缓解关节组织的瘀血肿痛。Thrombin抑制剂可能为丹参素、丹参酮ⅡA、阿魏酸，PDE3A抑制剂可能为迷迭香酸、丹酚酸B、藁本内酯、甘草苷，ADRA1A抑制剂为马钱子碱、士的宁、藁本内酯、牛膝皂苷Ⅳ、甘草次酸；痹祺胶囊通过抑制VEGFR，降低血管通透性，抑制细胞基质外溢和细胞异常增殖，最终使得血管翳生成受阻，防止骨破坏，主要药效物质为茯苓酸、牛膝皂苷Ⅳ、丹酚酸B、藁本内酯、甘草次酸；痹祺胶囊通过抑制MMP-3，在调节软骨损伤和骨破坏，并抑制血管翳生成等方面发挥作用，主要药效物质为党参炔苷、丹参素、丹酚酸B、迷迭香酸、藁本内酯。

（六）基于有效性的质量标志物确定

"有效性"是确定质量标志物的关键要素，复方药物有效性是基于方（药）-证（病）的对应关系，因此本课题组从全方和整体动物模型入手，评价其药效作用；进一步在方法学上，采用"系统-系统"的模式，进行全方的蛋白质组学和代谢组学研究；采用"要素-要素"的模式，进行化合物体外细胞模型和受体结合实验检测；并将网络预测与实验验证相结合，层层剥茧，确定药效物质基础，提炼和发现质量标志物。综上分析，推测马钱子碱、士的宁、党参炔苷、白术内酯Ⅲ、茯苓酸、丹参素、丹参酮ⅡA、丹酚酸B、迷迭香酸、三七皂苷R$_1$、人参皂苷Rg$_1$、人参皂苷Rb$_1$、阿魏酸、藁本内酯、蜕皮甾酮、牛膝皂苷D、次黄嘌呤、甘草次酸、甘草苷为基于有效性的质量标志物。

四、基于配伍环境的质量标志物研究

依据类风湿关节炎病理病机及痹祺胶囊组方特点，将该方拆方为益气养血组（党参、茯苓、白术）、活血通络组（川芎、丹参、三七、地龙、牛膝）、抗炎（除湿）镇痛组（马钱子、甘草）进行配伍规律的研究。

（一）基于整体动物功能模型的痹祺胶囊配伍规律研究

通过环磷酰胺诱导的大鼠气血两虚模型、高分子右旋糖酐诱导的微循环障碍模型、巴豆油致小鼠耳肿模型、醋酸致小鼠扭体实验和小鼠热板致痛实验分别考察痹祺胶囊各拆方组的药效作用，探讨其配伍规律。

结果表明，痹祺胶囊全方较各个拆方组改善气血两虚效果更优，而只有益气养血组对气血两虚模型大鼠改善外周血细胞、升高血清EPO含量、降低脾脏指数及升高CD4$^+$/CD8$^+$比例与痹祺胶囊全方组作用相近，且均具有统计学意义。由此推断痹祺胶囊改善气血两虚的功能主要归因于益气养血组药味，即党参、白术、茯苓。痹祺胶囊全方组和活血通络组通络可通过提高肠系膜毛细血管血流速度、降低全血黏度及红细胞聚集指数，延长血浆凝血酶时间，抑制纤维蛋白原激活发挥抗微循环障碍作用。痹祺胶囊全方组和拆方活血通络组在降低红细胞聚集指数方面的作用效果与阳性药复方丹参片相当。由此推断痹祺胶囊发挥活血功能主要为活血通络组药味，即川芎、丹参、三七、地龙和牛膝。痹祺胶囊各拆方组均具有不同程度减轻巴豆油诱导的小鼠耳肿胀的效果，其中以马钱子、甘草配伍的抗炎（除湿）镇痛组为痹祺胶囊发挥抗炎效果的主要功能药对，此外以丹参、三七、川芎、地龙、牛膝组成的活血通络组发挥抗炎效果可能与其活血药味加快血液流速从而加快炎症因子代谢或抑制炎症因子释放等有关。中枢镇痛以1.2g/kg痹祺胶囊对应的剂量进行拆方发现，马钱子、甘草组成的抗炎（除湿）镇痛组在给药90min时具有显著的中枢镇痛作用，推测痹祺胶囊中枢镇痛的药效功能主要由此药味贡献。外周镇痛以1.2g/kg痹祺胶囊对应的剂量进行拆方发现，各拆方组具有不同程度地抑制醋酸扭体反应的作用，但主要贡献药效的为马钱子、甘草组成的抗炎（除湿）镇痛组。

（二）基于网络药理学的痹祺胶囊配伍规律研究

分析痹祺胶囊益气养血组网络药理结果发现，益气养血组药材党参、茯苓、白术中党参炔苷、党参苷Ⅰ、党参苷Ⅱ、白术内酯Ⅰ、白术内酯Ⅱ、苍术酮、土莫酸、茯苓酸等化合物可作用于ALB、TNF、IL6、CASP3、MAPK1、MAPK14、MAPK8、AR、ADRB2、PIM1、FKBP1A、AKR1C3等蛋白进而通过T cell receptor signaling pathway、FoxO signaling pathway、Neurotrophin signaling pathway、Hematopoietic cell lineage、Prolactin signaling pathway、TGF-beta signaling pathway等通路调控骨髓造血细胞增殖、凋亡，维持骨髓造血微环境；通过

Osteoclast differentiation、MAPK signaling pathway、cAMP signaling pathway、Focal adhesion、PI3K-Akt signaling pathway等通路调控骨形成与代谢，抑制血管翳形成，维持关节微环境稳态；通过NOD-like receptor signaling pathway、Th1 and Th2 cell differentiation等通路调控免疫过程等发挥益气养血作用。

活血通络组药材丹参、三七、川芎、牛膝和地龙中丹酚酸B、迷迭香酸、丹参素、丹参酮 II_A、人参皂苷Rg_1、阿魏酸、25S-牛膝甾酮等化合物可作用于AKT1、MMP9、CXCL8、TP53、FN1、STAT3、SRC、CCL2、EGFR、MMP2等蛋白进而通过Fluid shear stress and atherosclerosis、Platelet activation、Aldosterone-regulated sodium reabsorption、cGMP-PKG signaling pathway等通路调控血流动力学、凝血系统等过程；通过PI3K-Akt signaling pathway、VEGF signaling pathway、Vascular smooth muscle contraction等通路调控血管内皮增生、血管收缩等过程；通过IL-17 signaling pathway、Toll-like receptor signaling pathway、NF-kappa B signaling pathway、Chemokine signaling pathway等通路调控淋巴细胞分化、抑制炎症因子释放等发挥抗免疫炎症、软骨保护等作用。

抗炎（除湿）镇痛组药材马钱子、甘草中士的宁、马钱子碱、甘草苷、甘草次酸等化合物可作用于TNF、AKT1、IL6、TP53、IL1B、VEGFA、PTGS2、CCL4、CCL3、OPRM1、OPRD1等蛋白进而通过Toll-like receptor signaling pathway、Sphingolipid signaling pathway、Serotonergic synapse、Long-term depression、Long-term potentiation、Chemokine signaling pathway、Neurotrophin signaling pathway等通路抑制中枢敏化调控中枢镇痛过程；通过C-type lectin receptor signaling pathway、FoxO signaling pathway、NF-kappa B signaling pathway、Fc epsilon RI signaling pathway、Arachidonic acid metabolism等抑制炎症因子释放及外周疼痛感受器敏化调控外周抗炎镇痛过程；通过IL-17 signaling pathway、Th17 cell differentiation、T cell receptor signaling pathway、Osteoclast differentiation、B cell receptor signaling pathway、Antigen processing and presentation、cGMP-PKG signaling pathway等通路抑制抗原递呈、滑膜中炎症细胞募集、血管翳形成、软骨破坏等过程发挥免疫抗炎、骨保护等作用。

综上，通过利用网络药理学的方法基于配伍理论分析了痹祺胶囊3个功能拆方组代表性化合物的作用靶点及作用途径，结果发现其可广泛作用于与骨髓造血微环境、血流动力学、凝血和纤溶系统、血管内皮损伤、抗炎镇痛等相关的蛋白及通路，揭示了痹祺胶囊在治疗RA的配伍合理性，显示了中医治疗疾病的整体观念。

（三）基于体外细胞模型的痹祺胶囊配伍规律研究

从体外细胞模型角度，探究痹祺胶囊全方及抗炎（除湿）镇痛组、活血通络组、益气养血组3组拆方对人类风湿关节炎成纤维样滑膜细胞（RA-HFLS）增殖及炎症因子释放量的影响，分析比较全方及3组拆方抑制滑膜细胞增殖及抗炎药效作用，阐释其配伍规律。实验结果表明，痹祺胶囊全方组和3个拆方组均能显著抑制TNF-α诱导的RA-HFLS细胞增殖，并且能显著抑制细胞上清液中炎症因子PGE2、IL-6、IL-1β的释放，其中痹祺胶囊全方组的药效活性最好，3个拆方组中活血通络组优于抗炎（除湿）镇痛组和益气养血组。说明3个功能拆方组配伍后（即痹祺胶囊）可起到一定的配伍增效作用。

（四）基于配伍环境的质量标志物确定

复方是中药临床运用的主要形式，复方中药的"系统质"具有"非加和性"。同时，同一中药材在不同复方中发挥的作用及其药效物质基础不同，表现为不同疾病对外源性药物有不同的生物效应；不同疾病的治则和用药目的不同；不同配伍环境中药物之间的交互作用不同，既反映在不同作用靶点、通路之间的关联串扰、协同拮抗，又涉及吸收、代谢等体内过程的交互作用。因此，中药质量标志物的确定，必须延伸到中药临床运用层面，针对具体疾病病因病机和治法治则，从处方配伍环境出发，基于中药临床运用时最终效应成分及其功效的临床表达形式，确定质量标志物。本研究从网络药理学、体外细胞模型和整体动物功能评价模型角度，探究了痹祺胶囊的处方配伍规律，通过实验结果分析，推测士的宁、马钱子碱、甘草苷、甘草次酸、丹酚酸B、迷迭香酸、丹参素、丹参酮 II_A、人参皂苷 Rg_1、人参皂苷 Rb_1、阿魏酸、藁本内酯、25S-牛膝甾酮、党参炔苷、党参苷 I、党参苷 II、白术内酯 I、白术内酯 II、茯苓酸等化合物可能为痹祺胶囊处方配伍的主要有效成分。

五、结　　论

本部分基于中药质量标志物的研究和确定的"五原则"，确定痹祺胶囊中19个化合物（马钱子碱、士的宁、党参炔苷、白术内酯III、茯苓酸、丹参素、迷迭香酸、丹参酮 II_A、丹酚酸B、三七皂苷 R_1、人参皂苷 Rg_1、人参皂苷 Rb_1、阿魏酸、藁本内酯、蜕皮甾酮、牛膝皂苷D、次黄嘌呤、甘草次酸、甘草苷）为痹祺胶囊候选Q-marker。

第二节　痹祺胶囊质量标准提升研究

本部分基于痹祺胶囊候选Q-marker，采用HPLC法，建立痹祺胶囊的指纹图谱方法，并且选取臣药丹参、佐药川芎、使药甘草中特征明显的化学成分进行含量测定研究，修订后的质量标准（草案）对处方中每味药材均有分析，对全面地控制产品质量具有积极意义。

一、指纹图谱研究

（一）实验材料

1. 仪器

Waters e2695高效液相色谱仪（美国Waters公司）；Shimadzu LC-20AD高效液相色谱仪（日本岛津公司）；Agilent 1260 Infinity II高效液相色谱仪（美国Agilent公司）；Mettler XS205型精密天平（瑞士梅特勒-托利多公司）。

2. 试药

丹酚酸B（批号111562-201917，质量分数96.6%）、党参炔苷（批号111732-201908，质量分数≥90%）、士的宁（批号110705-201307，质量分数97.1%）、马钱子碱（批号110706-201306，质量分数91.7%）、丹参素钠（批号110855-201915，质量分数97.8%）、迷迭香酸（批号111871-202007，质量分数98.1%）、丹参酮 II_A（批号111766-201520，质量分数98.9%）、三七皂苷 R_1（批号110745-201921，质量分数90.4%）、人参皂苷 Rg_1（批号110703-202034，质量分数94.0%）、人参皂苷 Rb_1（批号110704-202129，质量分数94.3%）、阿魏酸（批号111773-201915，质量分数99.4%）、藁本内酯（批号111737-201910，质量分数≥90%）、β-蜕皮甾酮

（批号111638-201907，质量分数98.3%）、次黄嘌呤（批号140661-202005，质量分数99.4%）、甘草苷（批号111610-201908，质量分数95.0%）、甘草次酸（批号110723-201715，质量分数99.6%）、甘草酸铵（批号110731-202021，质量分数96.2%），以上均购自中国食品药品检定研究院；茯苓酸，批号DSTDF00101，质量分数98.0%，购自乐美天医药德思特生物；白术内酯Ⅲ，批号F0032856，质量分数98.5%，购自北京曼哈格生物科技有限公司；牛膝皂苷D，批号08M-MXC-22-2，质量分数96.68%，购自Panphy化学品公司。

处方饮片党参（批号1-2009007）、制马钱子粉（批号1-2004017）、茯苓（批号1-2007004）、白术（批号1-2008043）、丹参（批号1-2009002）、三七（批号1-2008036）、川芎（批号1-2007005）、牛膝（批号1-2008044）、地龙（批号1-2008024）、甘草（批号1-2008053），均由天津达仁堂京万红药业有限公司提供。

痹祺胶囊样品由天津达仁堂京万红药业有限公司提供，规格为0.3g/粒，批号分别为311282、311284、311285、311393、311403、311413、311414、311415、311416、311417、311544、311545、311546、311554、311555、311556、311557、311558、311725。

乙腈（液质联用级）、甲醇（色谱纯）购自天津市康科德科技有限公司；磷酸（分析纯）购自天津市风船化学试剂科技有限公司；去离子水（自制）Milli-Q超纯水仪。

（二）实验方法

1. 色谱条件

色谱柱：SHISEIDO CAPCELL PAK C$_{18}$ MGII（250mm×4.6mm，5μm）；流动相：以乙腈为流动相A，0.1%磷酸溶液为流动相B，按表6-2-1中规定进行梯度洗脱；柱温：35℃；流速：1.0mL/min；检测波长：203nm；进样量10μL。理论板数按丹酚酸B峰计算应不低于100000。

表6-2-1　梯度洗脱程序

时间/min	流动相A/%	流动相B/%
0~8	2→12	98→88
8~20	12→25	88→75
20~32	25→30	75→70
32~35	30→45	70→55
35~60	45→55	55→45
60~70	55→65	45→35
70~75	65→95	35→5
75~80	95	5
80~81	95→2	5→98
81~90	2	98

2. 溶液的制备

（1）参照物溶液的制备　取丹酚酸B对照品适量，精密称定，加甲醇制成每1mL含0.2mg的溶液，即得。

（2）供试品溶液的制备　取本品装量差异项下内容物，研细，取约1g，精密称定，精密加入甲醇10mL，密塞，称定质量，加热回流30min，放冷，再称定质量，用甲醇补足减失的质量，摇匀，滤过，取续滤液，即得。

（三）方法学验证

1. 精密度试验

取批号311725样品1份，按2制备供试品溶液，按1色谱条件分析，所得图谱以中药色谱指纹图谱相似度评价系统2012.1版处理，以精密度1样品为参照，时间窗为0.10，自动匹配方式，对照图谱生成以平均数计算，测定各样品相似度，结果见表6-2-2，图6-2-1。精密度符合要求。

表6-2-2　精密度试验结果

编号	1	2	3	4	5	6
相似度（参照）	1.000	0.999	0.930	0.907	0.909	0.909
相似度（对照）	0.971	0.966	0.962	0.979	0.980	0.980

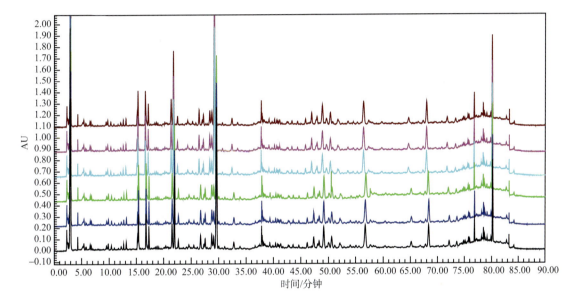

图6-2-1　精密度试验色谱图

由下至上：精密度1～6

2. 稳定性试验

取批号311725样品1份，按2制备供试品溶液，按1色谱条件分析，分别于0、3、7.5、12、19.5、24h进样，所得图谱以中药色谱指纹图谱相似度评价系统2012.1版处理，以重复性1（稳定性0h）样品为参照，时间窗为0.10，自动匹配方式，对照图谱生成以平均数计算，测定各样品相似度，结果见表6-2-3，图6-2-2。结果表明，供试品溶液在24h内测定稳定。

表6-2-3　稳定性试验结果

时间/h	0	3	7.5	12	19.5	24
相似度（参照）	1.000	0.996	0.991	0.992	0.906	0.964
相似度（对照）	0.987	0.990	0.997	0.991	0.958	0.993

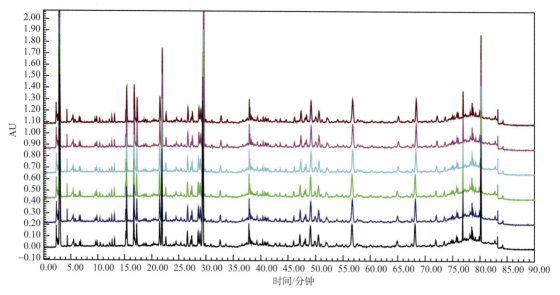

图6-2-2 稳定性试验色谱图

由下至上：0、3、7.5、12、19.5、24h

3. 重复性试验

取批号311725样品6份，按2制备供试品溶液，按1色谱条件分析，所得图谱以中药色谱指纹图谱相似度评价系统2012.1版处理，以重复性1样品为参照，时间窗为0.10，自动匹配方式，对照图谱生成以平均数计算，测定各样品相似度，结果见表6-2-4，图6-2-3。重复性符合要求。

表6-2-4　重复性试验结果

编号	1	2	3	4	5	6
相似度（参照）	1.000	0.969	0.990	0.985	0.987	0.963
相似度（对照）	0.988	0.994	0.998	0.998	0.998	0.992

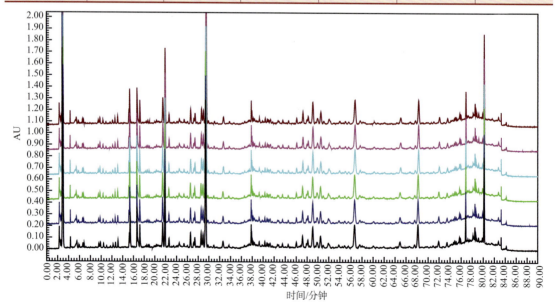

图6-2-3 重复性试验色谱图

由下至上：重复性1～6

4. 对照图谱

（1）对照图谱的建立　取19批样品，按2制备供试品溶液，按1色谱条件分析，所得图谱以中药色谱指纹图谱相似度评价系统2012.1版处理，以311725样品为参照，时间窗为0.10，mark峰匹配方式，对照图谱生成以平均数计算，测定各样品相似度，结果见表6-2-5。

表6-2-5　对照图谱的建立

批号	相似度	批号	相似度	批号	相似度
311282	0.992	311415	0.992	311555	0.991
311284	0.992	311416	0.992	311556	0.991
311285	0.992	311417	0.994	311557	0.989
311393	0.993	311544	0.991	311558	0.991
311403	0.975	311545	0.990	311725	0.973
311413	0.994	311546	0.991		
311414	0.996	311554	0.991		

19批样品相似度在0.973～0.996，表明各批次之间相似度良好。19批样品的叠加指纹图谱和对照指纹图谱见图6-2-4。

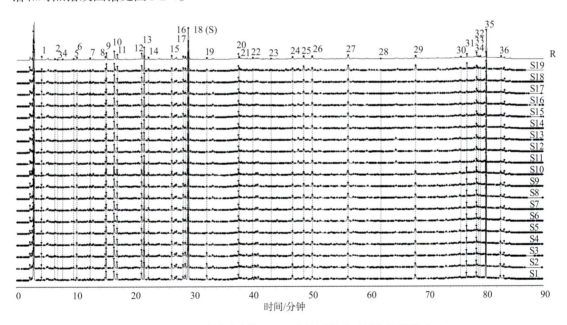

图6-2-4　19批痹祺胶囊的HPLC指纹图谱及对照指纹图谱（R）

6-丹参素　10-士的宁　11-马钱子碱　13-甘草苷　14-阿魏酸　15-迷迭香酸　16-人参皂苷Rg₁　18-丹酚酸B（S）　20-人参皂苷Rb₁
22-甘草酸铵　27-藁本内酯　30-丹参酮Ⅱ_A　33-茯苓酸

（2）共有峰的确定及归属　取处方中的10味药材，按处方量取样，分别按2制备供对比用药材溶液，将痹祺胶囊候选Q-marker（马钱子碱、士的宁、党参炔苷、白术内酯Ⅲ、茯苓酸、丹参素、迷迭香酸、丹参酮Ⅱ_A、丹酚酸B、三七皂苷R₁、人参皂苷Rg₁、人参皂苷Rb₁、阿魏酸、藁本内酯、β-蜕皮甾酮、牛膝皂苷D、次黄嘌呤、甘草次酸）等对照品制成相应的对照品溶液，将上述溶液按1项下色谱条件分析，先将药材及对照品色谱图与制剂色谱图进行比对，确定保留时间相同的色谱峰，再用二极管阵列检测器中光谱图进行验证，最终选取了归属明确、指纹性强的色谱峰，确定了36个峰作为共有峰。结果见表6-2-6，图6-2-5。

表6-2-6　共有峰的确认及归属

峰号	药材归属	成分确定	峰号	药材归属	成分确定
1	三七、川芎、茯苓、地龙、甘草		19	甘草	
2	白术、三七		20	三七	人参皂苷Rb₁
3	地龙		21	牛膝	
4	牛膝		22	甘草	甘草酸铵
5	党参		23	甘草	
6	丹参	丹参素	24	甘草	
7	马钱子粉		25	川芎	
8	马钱子粉、白术、川芎		26	川芎	
9	甘草		27	川芎	藁本内酯
10	马钱子粉	士的宁	28	白术	
11	马钱子粉	马钱子碱	29	甘草	
12	甘草		30	丹参	丹参酮ⅡA
13	甘草	甘草苷	31	甘草	
14	川芎	阿魏酸	32	党参、牛膝、三七、川芎、地龙	
15	丹参	迷迭香酸	33	茯苓	茯苓酸
16	三七	人参皂苷Rg₁	34	地龙	
17	甘草		35	党参、牛膝、白术、三七、川芎、地龙	
18	丹参	丹酚酸B（S）	36	地龙	

$$人参皂苷Rb_1 \quad 甘草酸铵 \quad 藁本内酯 \quad 丹参酮II_A \quad 茯苓酸 \quad 人参皂苷Rg_1$$

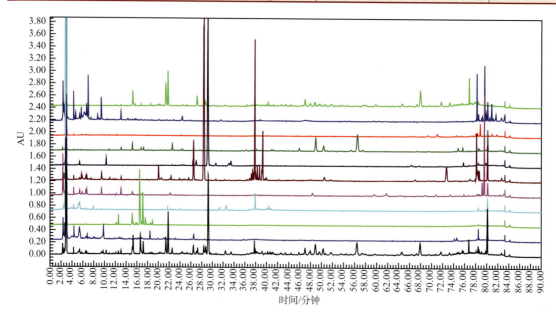

图6-2-5　十味药材相关图

由下至上：供试品、党参、马钱子粉、牛膝、白术、三七、丹参、川芎、茯苓、地龙、甘草

5. 耐用性试验

（1）同仪器不同批号色谱柱试验　取批号311725样品2份，按照"2."制备供试品溶液，使用Waters e2695高效液相色谱仪，色谱柱分别为SHISEIDO CAPCELL PAK C$_{18}$ MGII（250mm×4.6mm，5μm，lot：A4AD 20532），大曹三耀 CAPCELL PAK C18 MGII（250mm×4.6mm，5μm，lot：A4AD 50464），大曹三耀CAPCELL PAK C18 MGII（250mm×4.6mm，5μm，lot：A4AD 50811），按"1."色谱条件分析，测定样品相似度。三根色谱柱相似度分别为0.976、0.970、0.964，平均值0.970，RSD为0.62%，结果表明不同批号色谱柱无影响。

（2）同色谱柱不同仪器试验　取供试品溶液2份，分别使用Waters e2695高效液相色谱仪；Shimadzu LC-20AD高效液相色谱仪；Agilent 1260Infinity Ⅱ高效液相色谱仪。采用同一大曹三耀CAPCELL PAK C18 MGII（250mm×4.6mm，5μm，lot：A4AD 50811）色谱柱，按"1."色谱条件分析测定样品相似度。三根色谱柱相似度分别为0.964、0.960、0.972，平均值0.965，RSD为0.63%，结果表明不同仪器无影响。

6. 理论板数的确定

三根不同批号色谱柱中丹酚酸B理论板数分别为191767、179947、221906，指纹图谱中丹酚酸B理论板数暂定为100000。

7. 限度的确定

供试品指纹图谱中，应呈现36个与对照指纹图谱相对应的特征峰，按中药色谱指纹图谱相似度评价系统计算，供试品指纹图谱与对照指纹图谱的相似度不得低于0.90。

二、含量测定研究

在上述指纹图谱研究基础上，选取具有代表性的化学成分，兼顾君臣佐使的原则，进行含量测定研究。君药中马钱子粉已有士的宁、马钱子碱含量测定方法；本实验选取臣药丹参中丹酚酸B、佐药川芎中阿魏酸、使药甘草中甘草苷进行含量测定研究。

（一）实验材料

1. 仪器与试剂

Waters e2695高效液相色谱仪	美国Waters公司
Shimadzu LC-20AD高效液相色谱仪	日本岛津公司
Mettler XS205型精密天平	瑞士梅特勒-托利多公司
乙腈（液质联用级）	天津市康科德科技有限公司
甲醇（色谱纯）	天津市康科德科技有限公司
磷酸（分析纯）	天津市风船化学试剂科技有限公司
去离子水	Milli-Q超纯水仪

2. 试药

丹酚酸B（中国食品药品检定研究院，批号：111562－201917，供含量测定用，含量以96.6%计）；阿魏酸（中国食品药品检定研究院，批号：111773－201915，供含量测定用，含量以99.4%计）；甘草苷（中国食品药品检定研究院，批号：111610－201908，供含量测定用，含量以95.0%计）。

痹祺胶囊样品由天津达仁堂京万红药业有限公司提供，规格为0.3g/粒，批号分别为

311282、311284、311285、311393、311403、311413、311414、311415、311416、311417、311544、311545、311546、311554、311555、311556、311557、311558、311725。

（二）实验方法

1. 色谱条件

色谱柱：SHISEIDO CAPCELL PAK C$_{18}$ MGII（250mm×4.6mm，5μm）；流动相：乙腈-水-磷酸（21∶79∶0.1）；柱温：40℃；流速：1.0mL/min；检测波长：以二极管阵列检测器检测，甘草苷检测波长为276nm，阿魏酸检测波长为321nm，丹酚酸B检测波长为286nm。理论板数按丹酚酸B峰计算应不低于8000。

2. 溶液的制备

（1）对照品溶液的制备　取甘草苷对照品、阿魏酸对照品、丹酚酸B对照品适量，精密称定，加甲醇制成每1mL含甘草苷30μg、阿魏酸5μg、丹酚酸B 60μg的混合溶液，即得。

（2）供试品溶液的制备　取本品装量差异项下内容物，研细，取约0.5g，精密称定，精密加入75%甲醇25mL，密塞，称定质量，加热回流30min，放冷，再称定质量，用75%甲醇补足减失的质量，摇匀，滤过，取续滤液，即得。

（3）阴性样品溶液的制备　按处方配比，分别取除甘草、川芎、丹参外其他药材，按【制法】项下的工艺制成制剂，再按（2）供试品溶液制备方法，分别制得阴性样品溶液。相关比较图见图6-2-6～图6-2-8。

（三）方法学验证

1. 标准曲线的制备

取甘草苷对照品、阿魏酸对照品、丹酚酸B对照品适量，精密称定，加甲醇制成每1mL含甘草苷0.03035mg、阿魏酸0.005046mg、丹酚酸B 0.06179mg的混合对照品溶液，分别精密吸取上述溶液1、3、5、10、15μL，注入液相色谱仪，按1.色谱条件分析，分别测定各自峰面积，以对照品进样量（μg）为横坐标，峰面积值为纵坐标，绘制标准曲线，结果见表6-2-7。

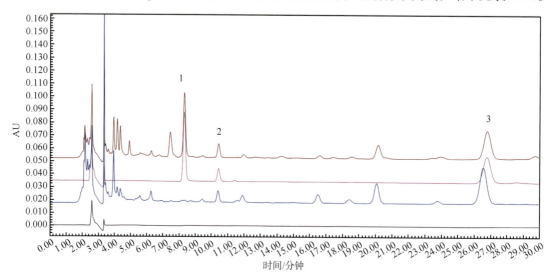

图6-2-6　甘草苷相关比较图（276nm）

1. 甘草苷　2. 阿魏酸　3. 丹酚酸B

由下至上：溶剂、甘草阴性样品、混合对照品、供试品

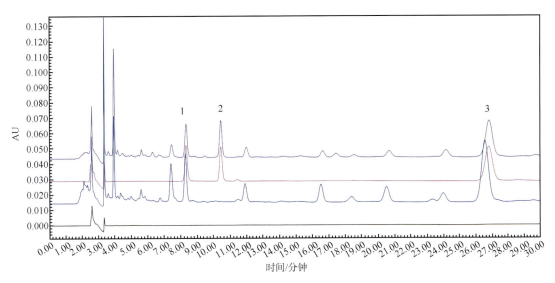

图 6-2-7　阿魏酸相关比较图（321nm）

1. 甘草苷　2. 阿魏酸　3. 丹酚酸B

由下至上：溶剂、川芎阴性样品、混合对照品、供试品

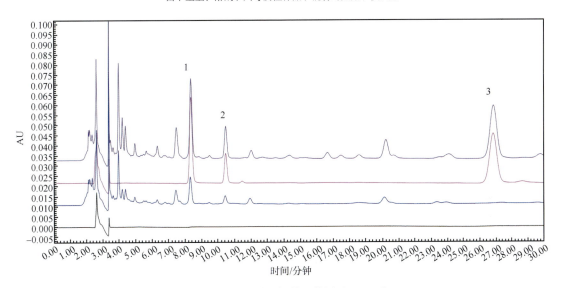

图 6-2-8　丹酚酸B相关比较图（286nm）

1. 甘草苷　2. 阿魏酸　3. 丹酚酸B

由下至上：溶剂、丹参阴性样品、混合对照品、供试品

表 6-2-7　3个成分标准曲线考察结果

成分	线性方程	r	线性范围/μg
甘草苷	$Y = 1.9234 \times 10^6 X + 6.1357 \times 10^3$	0.9999	0.03035～0.4553
阿魏酸	$Y = 4.9290 \times 10^6 X + 3.9881 \times 10^2$	0.9999	0.005046～0.07569
丹酚酸B	$Y = 1.2508 \times 10^6 X + 1.3053 \times 10^4$	0.9999	0.06179～0.9269μg

2. 进样精密度试验

取批号311725样品1份，按（2）制备供试品溶液，按1. 色谱条件分析，精密吸取供试

品溶液10μL，连续进样6次，样品中甘草苷峰面积值的RSD为1.50%；阿魏酸峰面积值的RSD为1.11%；丹酚酸B峰面积值的RSD为0.83%，精密度均符合要求，结果见表6-2-8。

表6-2-8　精密度试验

成分	峰面积					
	1	2	3	4	5	6
甘草苷	507147	502383	512204	516137	524774	513417
阿魏酸	256045	254794	259446	260977	259482	262242
丹酚酸B	790076	775726	788606	790353	792601	781024

3. 重复性试验

取批号311725样品6份，按照2制备供试品溶液，按1色谱条件分析，测定，样品中甘草苷含量平均值为1.2880mg/g，RSD为0.45%；阿魏酸含量平均值为0.2525mg/g，RSD为1.05%；丹酚酸B含量平均值为3.0167mg/g，RSD为0.61%，重复性均符合要求，结果见表6-2-9。

表6-2-9　重复性试验

成分	含量/（mg/g）					
	1	2	3	4	5	6
甘草苷	1.2885	1.2810	1.2955	1.2853	1.2837	1.2941
阿魏酸	0.2504	0.2508	0.2558	0.2561	0.2513	0.2509
丹酚酸B	3.0303	3.0034	3.0215	3.0211	2.9871	3.0367

4. 稳定性试验

取批号311725样品1份，按照2制备供试品溶液，按1色谱条件分析，分别精密吸取供试品溶液10μL，分别于0、2、5.5、9、16.5、24h进样，测定甘草苷峰面积值的RSD为0.77%；阿魏酸峰面积值的RSD为1.46%；丹酚酸B峰面积值的RSD为0.60%，结果表明，供试品溶液在24h内测定稳定，结果见表6-2-10。

表6-2-10　稳定性试验

成分	峰面积					
	0h	2h	5.5h	9h	16.5h	24h
甘草苷	501292	501700	502837	503247	508712	510469
阿魏酸	254174	258309	258378	260247	265087	262637
丹酚酸B	782278	778912	781679	775240	789539	781007

5. 回收率试验

取批号311725样品6份，每份0.25g，精密称定，精密加入每1mL含甘草苷对照品0.01221mg、阿魏酸对照品0.002858mg、丹酚酸B对照品0.03048mg的75%甲醇溶液25mL，再按照2供试品溶液制备操作，制得供回收率用供试品溶液，按1色谱条件分析，计算回收率，结果甘草苷平均回收率为98.32%，RSD为1.22%；阿魏酸平均回收率为102.42%，RSD为1.48%；丹酚酸B平均回收率为101.59%，RSD为1.19%。结果见表6-2-11。

表6-2-11 回收率试验

成分	编号	称样量/g	样品中含量/mg	加入量/mg	测得量/mg	回收率/%
甘草苷	1	0.2529	0.3257	0.3052	0.6240	97.73
	2	0.2527	0.3255		0.6226	97.35
	3	0.2534	0.3264		0.6228	97.12
	4	0.2533	0.3263		0.6260	98.21
	5	0.2539	0.3270		0.6327	100.16
	6	0.2538	0.3269		0.6301	99.35
阿魏酸	1	0.2529	0.06386	0.07145	0.1357	100.55
	2	0.2527	0.06381		0.1353	100.06
	3	0.2534	0.06398		0.1371	102.33
	4	0.2533	0.06396		0.1375	102.93
	5	0.2539	0.06411		0.1384	103.98
	6	0.2538	0.06408		0.1376	102.89
丹酚酸B	1	0.2529	0.7629	0.7620	1.5370	101.58
	2	0.2527	0.7623		1.5321	101.02
	3	0.2534	0.7644		1.5258	99.92
	4	0.2533	0.7641		1.5397	101.78
	5	0.2539	0.7659		1.5556	103.63
	6	0.2538	0.7656		1.5397	101.58

6. 样品测定

取其余18个不同批号的样品，按照2制备供试品溶液，按1色谱条件分析，测定，计算样品中甘草苷、阿魏酸、丹酚酸B含量，方法学验证用批号一同列出。结果见表6-2-12。

表6-2-12 样品测定结果

批号	质量分数/(mg/g)			含量/(mg/粒)		
	甘草苷	阿魏酸	丹酚酸B	甘草苷	阿魏酸	丹酚酸B
311282	1.428	0.189	3.350	0.449	0.0594	1.053
311284	1.419	0.191	3.293	0.449	0.0604	1.043
311285	1.414	0.188	3.202	0.446	0.0592	1.009
311393	1.078	0.230	3.131	0.329	0.0702	0.956
311403	1.158	0.233	2.539	0.352	0.0710	0.773
311413	1.035	0.251	3.057	0.316	0.0767	0.934
311414	0.974	0.250	3.197	0.299	0.0768	0.983
311415	0.993	0.252	3.054	0.303	0.0769	0.931
311416	1.005	0.259	3.209	0.300	0.0771	0.956
311417	1.034	0.260	3.193	0.307	0.0775	0.952
311544	0.659	0.200	3.117	0.196	0.0595	0.927
311545	0.630	0.199	3.027	0.188	0.0592	0.902

续表

批号	质量分数/(mg/g)			含量/(mg/粒)		
	甘草苷	阿魏酸	丹酚酸B	甘草苷	阿魏酸	丹酚酸B
311546	0.640	0.212	3.241	0.196	0.0652	0.995
311554	0.727	0.212	3.442	0.223	0.0652	1.057
311555	0.762	0.206	3.383	0.233	0.0631	1.035
311556	0.707	0.212	3.381	0.220	0.0660	1.053
311557	0.772	0.212	3.378	0.244	0.0668	1.067
311558	0.772	0.217	3.459	0.236	0.0666	1.059
311725	1.285	0.251	3.017	0.383	0.0746	0.899

7. 耐用性试验

（1）同仪器不同色谱柱试验　取批号311725样品2份，按照2供试品溶液制备操作，使用Waters e2695高效液相色谱仪，色谱柱分别为SHISEIDO CAPCELL PAK C_{18} MGII（250mm×4.6mm，5μm），Agilent ZORBAX SB-C_{18}（250mm×4.6mm，5μm），Waters Symmetry C_{18}（250mm×4.6mm，5μm），按1色谱条件分析，测定样品中甘草苷、阿魏酸、丹酚酸B含量。结果见表6-2-13。

表6-2-13　同仪器不同色谱柱试验

成分	含量/(mg/粒)			平均含量/（mg/粒）	RSD/%
	SHISEIDO CAPCELL PAK C_{18} MGII	Agilent ZORBAX SB-C_{18}	Waters Symmetry C_{18}		
甘草苷	0.406	0.402	0.414	0.407	1.50
阿魏酸	0.0724	0.0715	0.0736	0.0725	1.45
丹酚酸B	0.950	0.949	0.928	0.942	1.32

三个成分RSD均在2%以内，结果表明不同色谱柱无影响，本含量测定方法耐用性良好。

（2）同色谱柱不同仪器试验　取1供试品溶液2份，使用Shimadzu LC-20AD高效液相色谱仪，采用同一SHISEIDO CAPCELL PAK C_{18} MGII（250mm×4.6mm，5μm）色谱柱，按1色谱条件分析。结果见表6-2-14。

表6-2-14　同色谱柱不同仪器

成分	含量/（mg/粒）		平均含量/（mg/粒）	RSD/%
	Waters e2695 HPLC	SHIMADZU LC-20AD HPLC		
甘草苷	0.406	0.424	0.415	2.17
阿魏酸	0.0724	0.0732	0.0728	0.55
丹酚酸B	0.950	0.949	0.950	0.05

3个成分RSD均在3%以内，结果表明不同仪器无影响，本含量测定方法耐用性良好。

8. 理论板数的确定

各品牌色谱柱中各成分的理论板数见表6-2-15。

表 6-2-15　理论板数

成分	色谱柱		
	SHISEIDO CAPCELL PAK C$_{18}$	Agilent ZORBAX SB–C$_{18}$	Waters Symmetry
甘草苷	16328	11435	12751
阿魏酸	22499	16779	17463
丹酚酸B	17700	13466	13877

根据上表中三支色谱柱理论板数，确定本品含量测定丹酚酸B理论板数暂定为8000。

9. 含量限度的确定

参照《中国药典》2020年版一部甘草、川芎、丹参项下含量限度制定。本品每粒含甘草0.03727g、川芎0.04969g、丹参0.02484g，鉴于3味药材均为生粉入药，转移率按90%计算，本品每粒含甘草以甘草苷（$C_{21}H_{22}O_9$）计，不得少于0.17mg；含川芎以阿魏酸（$C_{10}H_{10}O_4$）计，不得少于0.045mg；含丹参以丹酚酸B（$C_{36}H_{30}O_{16}$）计，不得少于0.67mg。

三、痹祺胶囊质量标准（草案）及起草说明

（一）质量标准草案

痹祺胶囊（草案）

Biqi Jiaonang（Cao an）

【处方】
马钱子粉	24.84g	地龙	2.48g
党参	37.27g	茯苓	37.27g
白术	37.27g	川芎	49.69g
丹参	24.84g	三七	24.84g
牛膝	24.84g	甘草	37.27g

【制法】以上10味，除马钱子粉外，其余9味粉碎成细粉，混匀，与马钱子粉套研，装入胶囊，制成1000粒，即得。

【性状】本品为硬胶囊，内容物为浅黄棕色的粉末；味苦。

【鉴别】（1）取本品，置显微镜下观察：不规则分枝状团块无色，遇水合氯醛液溶化；菌丝无色或淡棕色，直径4～6μm（茯苓）。纤维束周围薄壁细胞含草酸钙方晶，形成晶纤维（甘草）。草酸钙砂晶存在于薄壁细胞中（牛膝）。草酸钙针晶细小，长10～32μm，不规则地充塞于薄壁细胞中（白术）。非腺毛单细胞，多碎断，基部膨大似石细胞，木化（马钱子粉）。肌纤维无色至淡棕色，微波状弯曲，有时呈垂直交错排列（地龙）。

（2）取本品内容物4g，加水4mL，搅匀，加水饱和的正丁醇20mL，密塞，振摇10min，放置2h，离心，取上清液，加正丁醇饱和的水50mL，摇匀，放置使分层（必要时离心），分取正丁醇层，蒸干，残渣加甲醇1mL使溶解，作为供试品溶液。另取人参皂苷Rb$_1$对照品、人参皂苷Rg$_1$对照品及三七皂苷R$_1$对照品，加甲醇制成每1mL各含2.5mg的混合溶液，作为对照品溶液。照薄层色谱法（《中国药典》2020年版四部通则0502）试验，吸取上述两种溶液各5～10μL，分别点于同一硅胶G薄层板上，以正丁醇-乙酸乙酯-水（4∶1∶5）的上层溶液为展开剂，展开，取出，晾干，喷以10%硫酸乙醇溶液，在105℃

加热至斑点显色清晰。供试品色谱中，在与对照品色谱相应的位置上，显相同颜色的斑点。

（3）取本品内容物2g，置具塞锥形瓶中，加三氯甲烷20mL，加浓氨试液1mL，摇匀，放置24h，充分振摇，滤过，滤液用硫酸溶液（3→100）提取3次，每次15mL，合并硫酸溶液，加浓氨试液调节pH值呈碱性，用三氯甲烷振摇提取4次，每次15mL，合并三氯甲烷液，蒸干，残渣加三氯甲烷5mL使溶解，作为供试品溶液。另取士的宁对照品、马钱子碱对照品，加三氯甲烷制成每1mL各含0.4mg的混合溶液，作为对照品溶液。照薄层色谱法（《中国药典》2020年版四部通则0502）试验，吸取上述两种溶液各8μL，分别点于同一硅胶G薄层板上，以甲苯-丙酮-乙醇-浓氨试液（8∶6∶0.5∶2）的上层溶液为展开剂，展开，取出，晾干，喷以稀碘化铋钾试液。供试品色谱中，在与对照品色谱相应的位置上，显相同颜色的斑点。

（4）取本品内容物1g，加乙醚20mL，超声处理10min，滤过，滤液挥干，残渣加乙酸乙酯2mL使溶解，作为供试品溶液。另取川芎对照药材1g，同法制成对照药材溶液。照薄层色谱法（《中国药典》2020年版四部通则0502）试验，吸取上述两种溶液各1~2μL，分别点于同一硅胶G薄层板上，以正己烷-乙酸乙酯（9∶1）为展开剂，展开，取出，晾干，置紫外光灯（365nm）下检视。供试品色谱中，在与对照药材色谱相应的位置上，显相同颜色的荧光斑点。

（5）取本品内容物1g，加乙醚40mL，加热回流1h，滤过，弃去乙醚液，残渣挥干溶剂，加甲醇30mL，加热回流1h，滤过，滤液蒸干，残渣加水40mL使溶解，用正丁醇振摇提取3次，每次20mL，合并正丁醇液，用水洗涤3次，每次20mL，分取正丁醇液，蒸干，残渣加甲醇2mL使溶解，作为供试品溶液。另取甘草对照药材1g，同法制成对照药材溶液。照薄层色谱法（《中国药典》2020年版四部通则0502）试验，吸取上述两种溶液各1~2μL，分别点于同一用1%氢氧化钠溶液制备的硅胶G薄层板上，以乙酸乙酯-甲酸-冰醋酸-水（15∶1∶1∶2）为展开剂，展开，取出，晾干，喷以10%硫酸乙醇溶液，在105℃加热至斑点显色清晰，置紫外光灯（365nm）下检视。供试品色谱中，在与对照药材色谱相应的位置上，显相同颜色的荧光斑点。

【检查】　水分　不得过10.0%（《中国药典》2020年版四部通则0832）。

其他　应符合胶囊剂项下有关的各项规定（《中国药典》2020年版四部通则0103）。

【指纹图谱】　照高效液相色谱法（《中国药典》2020年版四部通则0512）测定。

色谱条件与系统适用性试验　用SHISEIDO（大曹三耀）CAPCELL PAK C$_{18}$ MGII色谱柱（柱长为250mm，内径为4.6mm，粒径为5μm）；以乙腈为流动相A，以0.1%磷酸溶液为流动相B，按下表中的规定进行梯度洗脱；流速为每分钟1.0mL；检测波长为203nm；柱温为35℃。理论板数按丹酚酸B峰计算应不低于10000。

时间/min	流动相A/%	流动相B/%
0~8	2→12	98→88
8~20	12→25	88→75
20~32	25→30	75→70
32~35	30→45	70→55
35~60	45→55	55→45

续表

时间/min	流动相A/%	流动相B/%
60～70	55→65	45→35
70～75	65→95	35→5
75～80	95	5
80～81	95→2	5→98
81～90	2	98

参照物溶液的制备 取丹酚酸B对照品适量，精密称定，加甲醇制成每1mL含0.2mg的溶液，即得。

供试品溶液的制备 取装量差异项下的本品内容物，研细，取约1g，精密称定，精密加入甲醇10mL，密塞，称定质量，加热回流30min，放冷，再称定质量，用甲醇补足减失的质量，摇匀，滤过，取续滤液，即得。

测定法 分别精密吸取参照物溶液和供试品溶液各10μL，注入高效液相色谱仪，记录4～83min色谱图，即得。

供试品指纹图谱中，应呈现36个与对照指纹图谱相对应的特征峰，按中药色谱指纹图谱相似度评价系统计算，供试品指纹图谱与对照指纹图谱的相似度不得低于0.90。

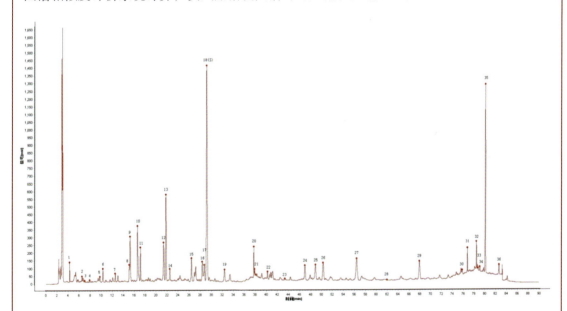

对照指纹图谱

峰18（S）为丹酚酸B

【含量测定】 马钱子粉 照高效液相色谱法（《中国药典》2020年版四部通则0512）测定。

色谱条件与系统适用性试验 以十八烷基硅烷键合硅胶为填充剂；以乙腈-水-磷酸（24∶76∶0.1）（每1000mL中加戊烷磺酸钠1.74g）为流动相；检测波长为254nm。理论板数按士的宁峰计算应不低于6000。士的宁峰与马钱子碱峰的分离度应符合要求。

对照品溶液的制备　取士的宁对照品、马钱子碱对照品适量，精密称定，加流动相制成每1mL中含士的宁25μg与马钱子碱17μg的混合溶液，即得。

供试品溶液的制备　取装量差异项下的本品内容物，研细，取0.3g，精密称定，精密加入三氯甲烷25mL，加入浓氨试液2.5mL，密塞，称定质量，加热回流30min，放冷，再称定质量，用三氯甲烷补足减失的质量，摇匀，分取三氯甲烷层，精密量取15mL，蒸干，残渣加流动相使溶解，转移至5mL量瓶中，用流动相稀释至刻度，摇匀，即得。

测定法　分别精密吸取对照品溶液与供试品溶液各10μL，注入液相色谱仪，测定，即得。

本品每粒含马钱子粉以士的宁（$C_{21}H_{22}O_2$）计，应为0.21～0.36mg，马钱子碱（$C_{23}H_{26}N_2O_4$）不得少于0.09mg。

甘草、川芎、丹参　照高效液相色谱法（《中国药典》2020年版四部通则0512）测定。

色谱条件与系统适用性试验　以十八烷基硅烷键合硅胶为填充剂，以乙腈-水-磷酸（21∶79∶0.1）为流动相，检测波长：以二极管阵列检测器检测，甘草苷检测波长为276nm，阿魏酸检测波长为321nm，丹酚酸B检测波长为286nm。理论板数按丹酚酸B峰计算应不低于8000。

对照品溶液的制备　取甘草苷对照品、阿魏酸对照品、丹酚酸B对照品适量，精密称定，加甲醇制成每1mL含甘草苷30μg、阿魏酸5μg、丹酚酸B60μg的混合溶液，即得。

供试品溶液的制备　取装量差异项下的本品内容物，研细，取约0.5g，精密称定，精密加入75%甲醇25mL，密塞，称定质量，加热回流30min，放冷，再称定重量，用75%甲醇补足减失的质量，摇匀，滤过，取续滤液，即得。

测定法　分别精密吸取对照品溶液与供试品溶液各10μL，注入液相色谱仪，测定，即得。

本品每粒含甘草以甘草苷（$C_{21}H_{22}O_9$）计，不得少于0.17mg；含川芎以阿魏酸（$C_{10}H_{10}O_4$）计，不得少于0.045mg；含丹参以丹酚酸B（$C_{36}H_{30}O_{16}$）计，不得少于0.67mg。

【功能与主治】　益气养血，祛风除湿，活血止痛。用于气血不足，风湿瘀阻，肌肉关节酸痛，关节肿大、僵硬变形或肌肉萎缩，气短乏力；风湿、类风湿关节炎，腰肌劳损，软组织损伤属上述证候者。

【用法与用量】　口服。1次4粒，1日2～3次。

【注意】　孕妇禁服。

【规格】　每粒装0.3g

【贮藏】　密封。

（二）起草说明

1. 指纹图谱

（1）色谱条件的考察

1）流动相的确定：本方由10味药材组成，成分较为复杂，为保证每味药材在图谱中有所体现，首选梯度洗脱程序进行试验，分别采用甲醇-1%冰醋酸溶液、乙腈-0.05%磷酸溶液、乙腈-0.1%磷酸溶液等流动相系统进行梯度洗脱程序考察，乙腈-磷酸系统与甲醇-冰醋酸系统相比较，色谱基线更为平直，色谱峰数量相对较多，采用0.1%磷酸溶液相对于0.05%磷酸溶液，色谱峰分离效果更好，经过多个梯度洗脱程序的考察，最终确定以乙腈为流动相A，0.1%磷酸溶液为流动相B，按表6-2-16进行梯度洗脱，流速为1.0mL/min，见图6-2-9。

表6-2-16　梯度洗脱程序

时间/min	流动相A/%	流动相B/%
0～8	2→12	98→88
8～20	12→25	88→75
20～32	25→30	75→70
32～35	30→45	70→55
35～60	45→55	55→45
60～70	55→65	45→35
70～75	65→95	35→5
75～80	95	5
80～81	95→2	5→98
81～90	2	98

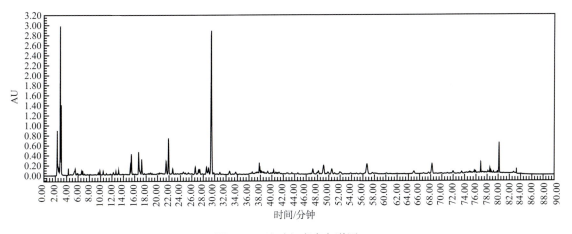

图6-2-9　流动相考察色谱图

由图可见，各色谱峰分布均匀，分离度较好，丹酚酸B色谱峰保留时间29min左右，与其他峰均有良好的分离效果，各药材在色谱图中均有体现。由此确定该梯度洗脱程序作为指纹图谱检验的流动相。

2）检测波长的确定：采用二极管阵列检测器，在200～400nm进行全波长扫描，并且分别在203、254、280、321nm波长处测定，对比不同波长色谱图。见图6-2-10～图6-2-12。

实验结果表明，采用203nm所得色谱图，不论在色谱峰数目及色谱峰强度上均明显优于其他波长处色谱图，故选用203nm作为检测波长。

3）色谱柱的选择：分别选用SHISEIDO CAPCELL PAK C$_{18}$ MGII（250mm×4.6mm，5μm），Agilent ZORBAX SB-C$_{18}$（250mm×4.6mm，5μm），Waters Symmetry C$_{18}$（250mm×4.6mm，5μm）3种不同品牌的色谱柱进行试验，见图6-2-13。

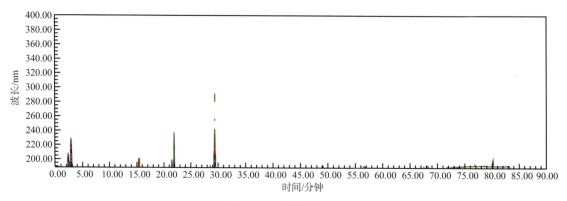

图6-2-10　等高线视图

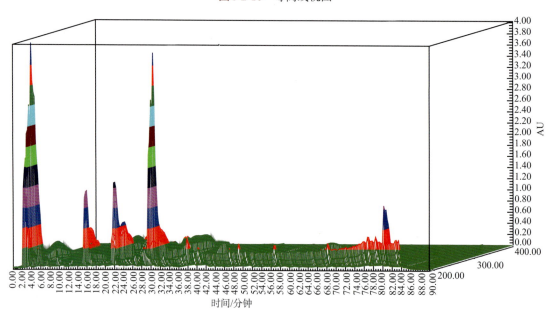

图6-2-11　3D图谱

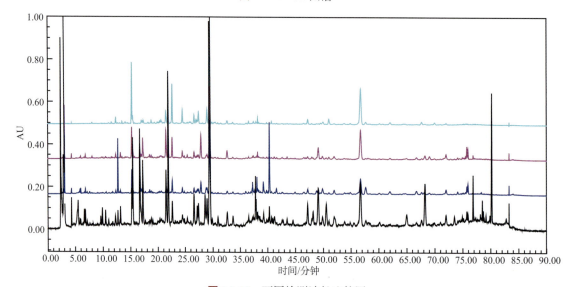

图6-2-12　不同检测波长比较图

由下至上：203nm、254nm、280nm、321nm

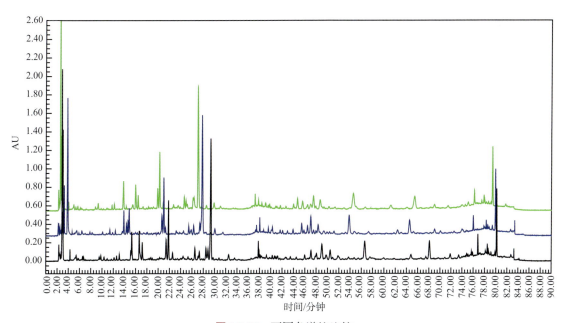

图6-2-13　不同色谱柱比较

由下至上：SHISEIDO、Waters、Agilent色谱柱

实验结果表明，3根不同品牌色谱柱相比较，SHISEIDO色谱柱保留时间适中，分离效果较好，故选择SHISEIDO色谱柱（现更名为大曹三耀）作为指纹图谱检验用色谱柱。

4）柱温的考察：分别选取柱温30、35、40℃，在上述流动相梯度程序，检测波长203nm下进行试验，见图6-2-14。

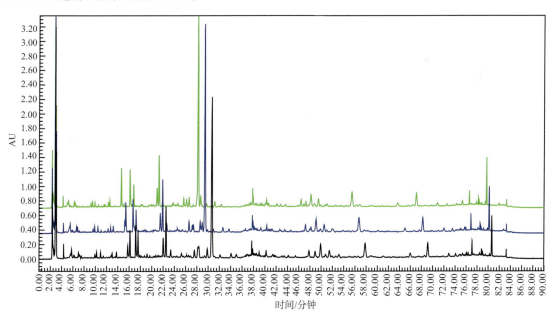

图6-2-14　不同柱温比较图

由下至上：30℃、35℃、40℃

实验结果表明，柱温35℃色谱图明显优于其他两个柱温的色谱图，故选择35℃作为柱温。

5）流速的考察：分别按照上述色谱条件，分别采用0.8、1.0、1.2mL/min 3种流速进行试验，见图6-2-15。

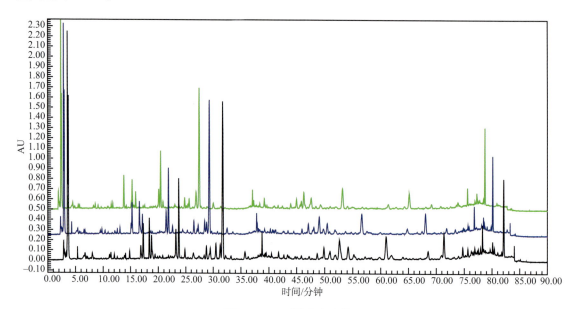

图6-2-15　不同流速比较
由下至上：0.8、1.0、1.2mL/min

由图可见：3种流速相比较，流速1.0mL/min测得的色谱图，保留时间适中，分离效果较好，故选择1.0mL/min作为流速。

6）延迟性试验：按上述色谱条件，记录2倍流动相保留时间色谱图，90min后无色谱峰出现，表明此方法符合分析要求，见图6-2-16。

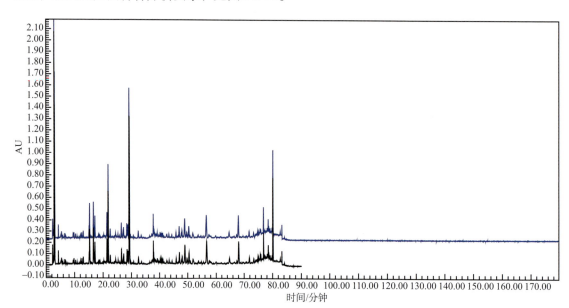

图6-2-16　延迟性图谱比较图

（2）提取方法的确定与考察

1）提取溶剂及方法的确定：取批号311725样品，研细，取约1g，精密称定，分别精密加入

50%甲醇、75%甲醇、甲醇10mL，称定质量，分别超声处理、加热回流2h，放冷，再称定质量，用相应的试剂补足减失的质量，摇匀，滤过，取续滤液，即得。按上述色谱条件分析。见图6-2-17。

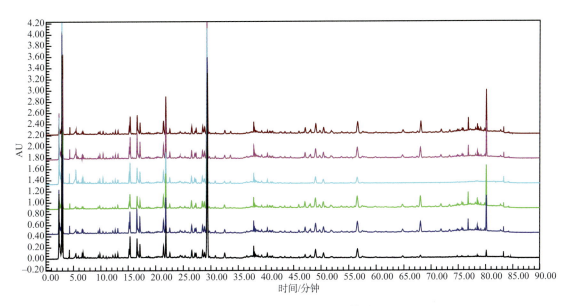

图6-2-17　提取溶剂及方法比较图
由下至上：50%甲醇超声处理、75%甲醇超声处理、甲醇超声处理、50%甲醇加热回流、75%甲醇加热回流、甲醇加热回流

实验结果表明，采用甲醇作溶剂，加热回流方式所得的色谱图中色谱峰数量及强度优于其他两种溶剂及提取方法，故确定以甲醇作为提取溶剂，采用加热回流方式作为提取方法。

2）提取时间考察：取批号311725样品，研细，取约1g，精密称定，精密加入甲醇10mL，称定质量，分别加热回流15、30、45、60min，放冷，再称定质量，用甲醇补足减失的质量，摇匀，滤过，取续滤液，即得。按上述色谱条件分析，见图6-2-18。

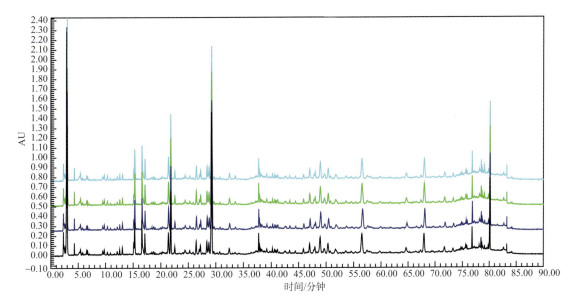

图6-2-18　提取时间比较图
由下至上：15、30、45、60min

实验结果表明，4个时间基本无差异，为保证提取完全，节约提取时间，故确定提取时间为30min。

3）提取溶剂量的考察：取批号311725样品，研细，取约1g，精密称定，分别精密加入甲醇10、20mL，称定质量，加热回流30min，放冷，再称定质量，用甲醇补足减失的质量，摇匀，滤过，取续滤液，即得。按上述色谱条件分析，见图6-2-19。

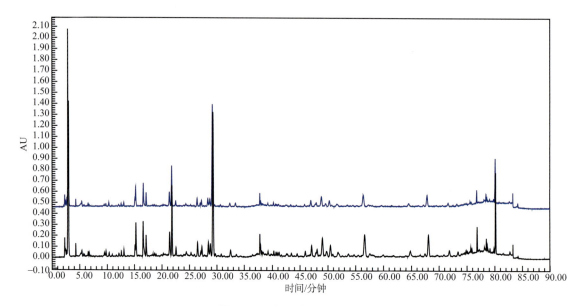

图6-2-19　提取溶剂量比较图

实验结果表明，采用溶剂20mL的响应值较10mL低1/2，其余基本无差异，故选用甲醇10mL作为提取溶剂量。

2. 含量测定

（1）色谱条件的考察

1）检测波长的确定：参照《中国药典》2020年版一部，丹参项下丹酚酸B检测波长为286nm；川芎项下阿魏酸检测波长为321nm；甘草项下甘草苷检测波长为237nm（因同时测定甘草酸及甘草苷含量，故项目检测波长为237nm，经光谱扫描对照品溶液，甘草苷最大吸收波长为277nm，参照附子理中丸项下含量测定，检测波长为276nm）。

研究过程中，采用二极管阵列检测器，分别对对照品溶液中3种对照品及供试品溶液中3种成分进行光谱扫描，见图6-2-20～图6-2-22。

研究初期，曾经考虑选取一个波长进行测定，由上述3种光谱图可见，3种成分光谱图差异较大，选取一个波长较为困难，考虑到目前二极管阵列检测器普及面较大，故结合光谱图及参照《中国药典》项下药材（甘草苷参照附子理中丸项下），分别选取3种成分的最大吸收波长作为检测波长：丹酚酸B检测波长为286nm，阿魏酸检测波长为321nm，甘草苷检测波长为276nm。

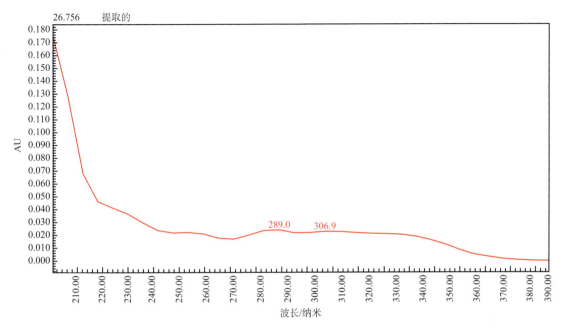

图6-2-20　对照品色谱图中丹酚酸B光谱图

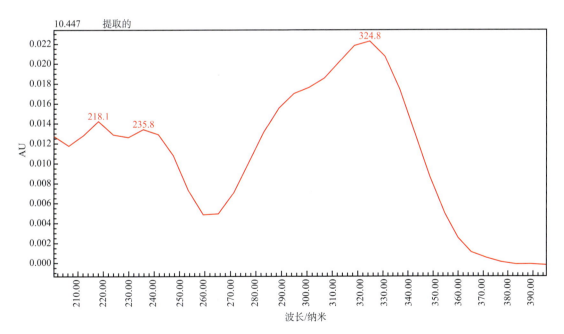

图6-2-21　对照品色谱图中阿魏酸光谱图

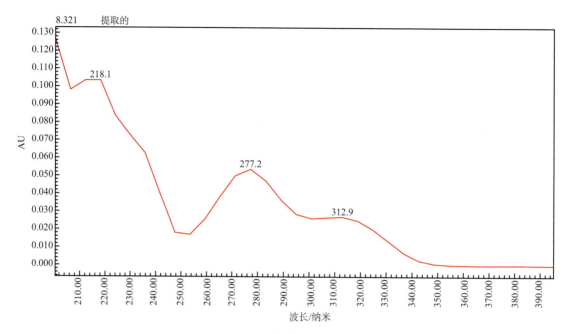

图6-2-22   对照品色谱图中甘草苷光谱图

2）流动相的确定：分别参照《中国药典》2020年版一部川芎、丹参、附子理中丸含量测定项下的流动相，初步采用丹酚酸B流动相乙腈–0.1%磷酸溶液（22：78）为初始流动相进行试验，分离效果较差，经过对流动相比例的多次调整，也考察了乙腈–0.1%磷酸溶液的梯度洗脱程序，最终采用乙腈-水-磷酸（21：79：0.1）进行试验，结果见图6-2-23、图6-2-24。

结果采用该流动相系统，峰形对称，保留时间适中，分离效果较好，故确定乙腈-水-磷酸（21：79：0.1）为流动相。

（2）提取方法的确定与考察

1）提取溶剂及方法的确定：取批号311725样品，研细，取约0.5g，精密称定，分别精密加入50%甲醇、75%甲醇、甲醇25mL，称定质量，分别超声处理、加热回流2h，放冷，再称定质量，用相应的试剂补足减失的质量，摇匀，滤过，取续滤液，即得。按上述色谱条件分析，分别测定样品中甘草苷、阿魏酸及丹酚酸B含量。结果见表6-2-17。

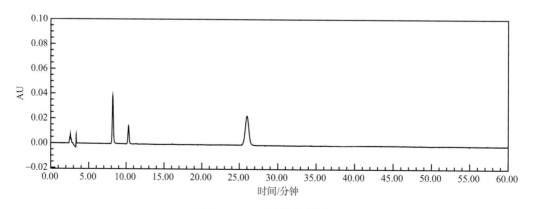

图6-2-23   对照品色谱图

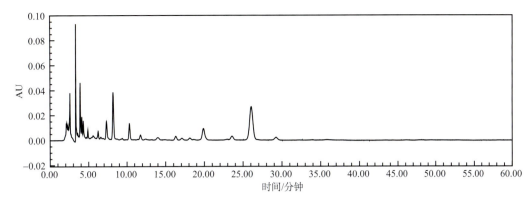

图6-2-24　供试品色谱图

表6-2-17　提取溶剂及方法的考察

	甘草苷含量/(mg/g)		阿魏酸含量/(mg/g)		丹酚酸B含量/(mg/g)	
	超声处理	加热回流	超声处理	加热回流	超声处理	加热回流
50%甲醇	1.18	1.06	0.227	0.192	3.01	2.28
75%甲醇	1.28	1.35	0.201	0.245	2.98	2.93
甲醇	1.29	1.37	0.161	0.205	2.31	2.33

经比较，甘草苷中以甲醇作溶剂，加热回流方式测定结果最高；阿魏酸以75%甲醇作溶剂，加热回流方式测定结果最高；丹酚酸B以50%甲醇作溶剂，超声处理方式测定结果最高。综合3种成分测定结果进行比较，当采用75%甲醇作溶剂，加热回流方式时，甘草苷与丹酚酸B的含量未与测定的最高结果有明显差异，故确定以75%甲醇作为提取溶剂，采用加热回流方式作为提取方法。

2）提取时间考察：取批号311725样品，研细，取约0.5g，精密称定，精密加入75%甲醇25mL，称定质量，分别加热回流15、30、45、60min，放冷，再称定质量，用75%甲醇补足减失的质量，摇匀，滤过，取续滤液，即得。按上述色谱条件分析，测定样品中甘草苷、阿魏酸及丹酚酸B含量。结果见表6-2-18。

表6-2-18　提取时间的考察

成分	测定结果/(mg/g)			
	15min	30min	45min	60min
甘草苷	1.27	1.30	1.32	1.33
阿魏酸	0.242	0.254	0.260	0.260
丹酚酸B	3.07	3.09	3.09	3.12

经比较，加热回流30min测定结果略高于15min测定结果，与45、60min测定结果无显著差异，在保证提取完全的前提下，节约提取时间，故确定提取时间为30min。

3）提取溶剂量的考察：取批号311725样品，研细，取约0.5g，精密称定，分别精密加入75%甲醇25、50mL，称定质量，加热回流30min，放冷，再称定质量，用75%甲醇补足减失的质量，摇匀，滤过，取续滤液，即得。按上述色谱条件分析，测定样品中甘草苷、阿魏酸及丹酚酸B含量。结果见表6-2-19。

表6-2-19　提取溶剂量的考察

成分	测定结果/（mg/g）	
	25mL溶剂	50mL溶剂
甘草苷	1.30	1.29
阿魏酸	0.254	0.249
丹酚酸B	3.09	3.05

经比较，3种成分测定结果无显著差异（RAD＜2%），表明采用75%甲醇25mL即可提取完全，故选用75%甲醇25mL作为提取溶剂量。

四、讨论与小结

1）流动相的选择：本方由10味药材组成，经粉碎混合后直接入药，成分复杂。指纹图谱实验流动相首选采用梯度洗脱程序，试验中分别采用甲醇-1%冰醋酸溶液、乙腈-0.05%磷酸溶液及乙腈-0.1%磷酸溶液系统进行测定，经比较，采用乙腈-0.1%磷酸溶液进行梯度洗脱，色谱图基线平直，色谱峰数目多并且分离度较好。含量测定选用较为简单的等度洗脱，以节约时间成本及试剂成本，最终确定乙腈-水-0.1%磷酸（21∶79∶0.1），各相关成分分离度均＞1.5，分离效果较好。

2）指纹图谱共有峰的确定：痹祺胶囊由10味药材组成，均为生粉入药，确定的36个共有峰中1、2、8、32、35号峰归属于多个药材，其余峰均归属于单一药材。从药材分析，茯苓药材峰数最少，仅有2个，甘草药材峰数最多，共计11个，与甘草中成分吸收值较高相关，党参、牛膝、白术、茯苓、地龙5味药材其峰面积吸收值整体偏低，党参炔苷、β-蜕皮甾酮等成分在指纹图谱未检出，一方面是因为这些成分在药材中本身含量较低，另一方面是因为有的成分无明显的紫外吸收。

3）本实验建立的HPLC指纹图谱及含量测定方法操作简便，重复性好，建立的对照指纹图谱中10味药材均有体现，通过相似度的测定，19批痹祺胶囊的相似度测定结果均在0.976之上，表明痹祺胶囊生产工艺稳定，质量一致性较好，该方法可用于痹祺胶囊质量的全面评价。

4）本实验通过采用中药Q-Marker理论，重点开展指纹图谱-含量测定相应检测方法，达到"指纹成分-工艺过程可重现性"、"质量物质可测性"和"质量标准稳定性"相关要素研究，为建立痹祺胶囊药品全新的质量管理体系提供科学依据。